21世纪高等学校计算机应用技术规划教材

Photoshop 平面图像处理基础教程

隋春荣　宋清阁　主编

清华大学出版社
北 京

内 容 简 介

本书共12章，详细介绍Photoshop CS6软件的相关基础知识，内容包括平面图像的基础知识、软件的基本操作、创建与编辑选区、绘制与修饰图像、图像的色彩和色彩调整、图层的应用、路径的应用、通道与蒙版的应用、文字的应用、滤镜的应用、图像自动化处理，每章在介绍理论知识的同时，还加入了典型的实例制作，理论联系实际，操作性更强。

本书融合平面图像处理设计理论与具体实践为一体，从最基础的平面设计理论与Photoshop CS6操作入手，从易到难，每章课程都是精选经典案例，更能应对平面设计、图片制作等实际工作需要。全书内容安排由浅入深，语言写作通俗易懂，实例题材丰富多彩，操作步骤的介绍清晰、准确。

本书可供平面设计爱好者、图形图像爱好者学习使用，也可作为设计人员的参考用书，还可作为大中专类院校教育用书和相关行业的培训教材。

图书在版编目(CIP)数据

Photoshop平面图像处理基础教程/隋春荣、宋清阁主编. --北京：清华大学出版社，2016
ISBN 978-7-302-41861-0

Ⅰ. ①P… Ⅱ. ①隋… ②宋… Ⅲ. ①图像处理软件－教材 Ⅳ. ①TP391.41

中国版本图书馆CIP数据核字(2015)第252095号

责任编辑：魏江江 赵晓宁
封面设计：杨 兮
责任校对：胡伟民
责任印制：李红英

出版发行：清华大学出版社
网　　址：http://www.tup.com.cn，http://www.wqbook.com
地　　址：北京清华大学学研大厦A座　　**邮　　编**：100084
社 总 机：010-62770175　　**邮　　购**：010-62786544
投稿与读者服务：010-62776969，c-service@tup.tsinghua.edu.cn
质量反馈：010-62772015，zhiliang@tup.tsinghua.edu.cn
课件下载：http://www.tup.com.cn，010-62795954
印 刷 者：北京鑫丰华彩印有限公司
装 订 者：三河市溧源装订厂
经　　销：全国新华书店
开　　本：185mm×260mm　　**印　张**：23.75　　**字　　数**：600千字
版　　次：2016年1月第1版　　**印　　次**：2016年1月第1次印刷
印　　数：1～2000
定　　价：49.50元

产品编号：059484-01

前言

Photoshop是世界顶尖级的图像设计与制作工具软件。图像处理是对已有的位图图像进行编辑加工处理以及运用一些特殊效果，其重点在于对图像的处理加工。

Adobe Photoshop CS6是Adobe Photoshop的第13代，是一个较为重大的版本更新，此版本采用新的暗色调用户界面，较之前的版本，增加了一些新的功能，如一些新的滤镜功能等。

全书共12章，第1章介绍平面图像的基础知识，第2～第11章系统介绍Photoshop CS6工具，包括软件的基本操作、创建与编辑选区、绘制与修饰图像、图像的色彩和色彩调整、图层的应用、路径的应用、通道与蒙版的应用、文字的应用、滤镜的应用、图像自动化处理，每章在介绍理论知识的同时，还加入了典型的实例制作，理论联系实际，操作性更强。第12章为综合实例制作，介绍三个实例的详细操作方法，综合实例制作是对该软件的概括和升华。

本书在编写过程中注意保持了教学内容的系统性，并力求理论性与实践性的统一与融合，在每章理论知识之后，都有相应的实例操作，在习题后也都配有上机操作。在写作中，编者力求做到层次清楚，语言简洁流畅，内容丰富，既便于读者系统学习，又能使读者了解到平面图像处理技术新的发展，希望本书对读者掌握平面图像处理技术有一定的帮助。

本书由邢台学院的隋春荣和宋清阁任主编，副主编为张江霄、李海颖、刘东君。其中，第1和第2章由李海颖编写；第3、第10和第12章由宋清阁编写；第4章由河北农业大学董婧文编写；第5和第6章由隋春荣编写；第7和第8章由刘东君编写；第9章由董万全编写；第11章由张江霄编写。

限于编者的学术水平，错误与不妥之处在所难免，敬请读者批评指正，编者联系邮箱：suichr@163.com。

编　者

2015年10月

目录

平面图像基础知识

使用Photoshop处理图像时，需要掌握关于平面图像的一些基本知识，重点掌握图像文件的模式、格式等知识。

本章主要内容：

- 图像的分类；
- 图像的像素与分辨率；
- 图像的文件格式。

1.1 图像的分类

图像在计算机中都是以数字进行记录和存储的，主要分为矢量图像和位图图像两种。这两种图像类型有着各自的优点，在处理编辑图像文件过程中，这两种图像类型经常交叉使用。

1.1.1 位图

位图图像也称为点阵图像或绘图图像，由称作像素的单个点组成，这些点可以进行不同的排列和染色以构成图样。

由于位图采取了点阵的方式，每个像素都能够记录图像的色彩信息，因而可以精确地表现色彩丰富的图像。图像的色彩越丰富，图像的像素就越大，文件也越大。

位图文件与分辨率有关，如果以较大的倍数放大显示图像，或以过低的分辨率打印图像，图像就会出现锯齿状的边缘，并且会丢失细节。

1.1.2 矢量图

矢量图像是以数学的矢量方式来记录图像内容的。矢量图像中的图形元素称为"对象"，每个对象都是独立的，具有各自的属性。矢量图像由各种线条及曲线或是文字组合而成，由AutoCAD、CorelDraw、Illustrator、Freehand等绘图软件创作的都是矢量图。

归纳起来就是位图——像素——图像，而矢量图——数学公式——图形，简单来说，图像是看到的自然景物的直接反映，如照片、摄像的画面等。图形是按照绘图者的理解表达出来的形状，如一条线、一个圆、一个卡通的人物等。矢量图像与位图图像最大的区别是它与分辨率无关，可以将矢量图像缩放到任意尺寸，其清晰度不变，也不会出现锯齿状的边缘。在任何分辨率下显示或打印图像都不会损失细节。矢量图像的文件所占的空间较小，其缺点就是不易制作色调丰富的图像，而且绘制出来的图形无法像位图那样精确地描绘各种绚丽的景象。

1.2 图像的像素与分辨率

图像文件在显示器上的显示大小取决于图像文件的像素大小、显示器的大小和显示分辨率的设置。

1.2.1 像素

像素全称为图像元素。从定义上来看，像素是指基本原色素及其灰度的基本编码。像素是构成图像文件的基本单元，通常以像素每英寸 PPI(pixels per inch)为单位来表示影像分辨率的大小。

例如，300×300 PPI 分辨率，即表示水平方向与垂直方向上每英寸长度上的像素数都是300，也可表示为一平方英寸内有 9 万(300×300)像素。

图像文件具有连续性的浓淡阶调，若把图像文件放大数倍，会发现这些连续色调其实是由许多色彩相近的小方点组成，这些小方点就是构成图像的最小单元——像素。这种最小的图形单元在屏幕上显示通常是单个的染色点。像素的位数越多，其拥有的色板也就越丰富，也就越能表达颜色的真实感。文件中包含的像素越多，文件量就越大，图像品质就越好。

1.2.2 分辨率

分辨率是度量位图图像内数据量多少的一个参数。通常表示成每英寸像素(pixel per inch，PPI)和每英寸点(dot per inch，DPI)。包含的数据越多，图形文件的长度就越大，也能表现更丰富的细节。但更大的文件需要耗用更多的计算机资源、内存、硬盘空间等。假如图像包含的数据不够充分(图形分辨率较低)，就会显得相当粗糙，特别是把图像放大为一个较大尺寸观看时更为明显。所以，在图片创建期间，应该根据图像最终的用途决定正确的分辨率。一般是要保证图像包含足够多的数据，能满足最终输出的需要。同时要适量，尽量少占用一些计算机的资源。

1.2.3 图像分辨率

图像分辨率是单位英寸中所包含的像素点数，其定义更趋近于分辨率本身的定义。

分辨率决定了位图图像细节的精细程度。通常情况下，图像的分辨率越高，所包含的像素就越多，图像就越清晰，印刷的质量也就越好。同时，它也会增加文件占用的存储空间。

1.2.4 屏幕分辨率

屏幕分辨率(显示分辨率)是屏幕图像的精密度，是指显示器所能显示的像素有多少。由于屏幕上的点、线和面都是由像素组成的，显示器可显示的像素越多，画面就越精细，同样的屏幕区域内能显示的信息也越多，所以分辨率是个非常重要的性能指标之一。可以把整个图像想象成是一个大型的棋盘，而分辨率的表示方式就是所有经线和纬线交叉点的数目。显示分辨率一定的情况下，显示屏越小图像越清晰；反之，显示屏大小固定时，显示分辨率越高图像越清晰。

1.2.5 打印机分辨率

打印机分辨率也称为输出分辨率，是照排机或激光打印机等输出设备产生的每英寸的油墨点数。为获得好的效果，使用的图像分辨率应与打印机分辨率成正比。

1.3 图像的色彩模式

Photoshop CS6 提供了多种色彩模式，这些色彩模式是数字世界中表示颜色的一种算法。在数字世界中，为了表示各种颜色，人们通常将颜色划分为若干分量。由于成色原理的不同，决定了显示器、投影仪、扫描仪这类靠色光直接合成颜色的颜色设备和打印机、印刷机这类靠使用颜料的印刷设备在生成颜色方式上的区别。经常使用的有 CMYK 模式、RGB 模式、Lab 模式及 HSB 模式。另外，还有索引模式、灰度模式、位图模式、双色调模式和多通道模式等。

1.3.1 RGB 模式

RGB 色彩就是常说的三原色，R 代表 Red(红色)；G 代表 Green(绿色)；B 代表 Blue(蓝色)。之所以称为三原色，是因为在自然界中肉眼所能看到的任何色彩都可以由这三种色彩混合叠加而成，因此也称为加色模式。三原色光的相加：红光加绿光为黄光，黄光加蓝光为白光，如图 1-1 所示。RGB 模式又称 RGB 色彩空间。它广泛用于人们的生活中，如电视机、计算机显示屏、幻灯片等都是利用光来呈色。印刷出版中常需扫描图像，扫描仪在扫描时首先提取的就是原稿图像上的 RGB 色光信息。RGB 模式是一种加色法模式，RGB 图像只使用三种颜色，就可以使它们按照不同的比例混合，在屏幕上重现 16 777 216 种颜色。计算机定义颜色时 R、G、B 三种成分的取值范围是 0～255，0 表示没有刺激量，255 表示刺激量达最大值。R、G、B 均为 255 时就合成了白光，R、G、B 均为 0 时就形成了黑色，当两色分别叠加时将得到不同的 C、M、Y 颜色。在显示屏上显示颜色定义时，往往采用这种模式。图像如用于电视、幻灯片、网络、多媒体，一般使用 RGB 模式。

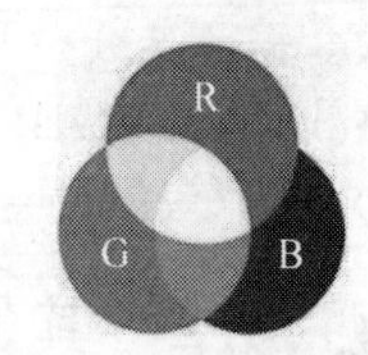

图 1-1 RGB图例

1.3.2 CMYK 模式

当阳光照射到一个物体上时，这个物体将吸收一部分光线，并将剩下的光线进行反射，反射的光线就是人们所看见的物体颜色。这是一种减色色彩模式，同时也是与 RGB 模式的根本不同之处。不但人们看物体的颜色时用到了这种减色模式，而且在纸上印刷时应用的也是这种减色模式。按照这种减色模式，就衍变出了适合印刷的 CMYK 色彩模式。

CMYK 代表印刷上用的 4 种颜色，C 代表青色(Cyan)，M 代表洋红色(Magenta)，Y 代表黄色(Yellow)，K 代表黑色(Black)。因为在实际应用中，青色、洋红色和黄色很难叠加形成真正的黑色，最多不过是褐色而已。因此才引入了 K——黑色。黑色的作用是强化暗调，加深暗部色彩。CMYK 模式是图片、插图和 Photoshop 作品中最常用的印刷方式之一。在印刷中通常都要进行 4 色分色，出 4 色胶片，然后再进行印刷。

1.3.3 灰度模式

灰度模式可以使用多达 256 级灰度来表现图像，使图像的过渡更平滑细腻。灰度图像的每个像素有一个 0(黑色)～255(白色)之间的亮度值。灰度值也可以用黑色油墨覆盖的百分比来表示(0%等于白色，100%等于黑色)。使用黑折或灰度扫描仪产生的图像常以灰度显示。当一个彩色文件被转换为灰度模式文件时，所有的颜色信息都将从文件中丢失。尽管 Photoshop 允许将一个灰度文件转换为彩色模式文件，但不可能将原来的颜色完全还原。所以要转换为灰度模式时,应先备份好图像。

1.4 图像的文件格式

作为图像处理的常用工具,Photoshop 提供了完整的图像文件处理格式,不同的格式对于图像文件的今后使用具有一定影响。这里将介绍一些 Photoshop 操作中常见的图像文件格式。

1.4.1 PSD、PDD 格式

PSD 格式是 Photoshop 的专用格式 PSD(Photoshop document),能保存图像数据的每一个细小部分,包括像素信息、图层信息、通道信息、蒙版信息、色彩模式信息,以便下次打开文件时可以修改上一次的设计,所以 PSD 格式的文件较大。而其中的一些内容在转存为其他格式时将会丢失,并且在储存为其他格式的文件时,有时会合并图像中的各图层及附加的蒙版信息,当再次编辑时会产生不少麻烦。因此,最好再备份一个 PSD 格式的文件后再进行格式转换。在 Photoshop 所支持的各种图像格式中,PSD 的存取速度比其他格式快很多,功能也很强大。

PDD 和 PSD 一样,也是 Photoshop 的专用文件格式,可保存层、通道、路径等信息,文件比较大。需要继续在 Photoshop 中进行编辑的相片应存为此格式。在 Photoshop 中可转换成其他格式,如 JPEG、BMP 等。PDD 在对应最开始 4.0、5.0 的版本,6.0、7.0、8.0 出来后就有了 PSD,其实跟 PDD 是同一个意思,只是适用的版本不同。

1.4.2 其他跨平台常用图形文件格式

1. TIFF 格式

TIFF(tag image file format)是 Mac 机中广泛使用的图像格式,由 Aldus 和微软公司联合开发,最初是出于跨平台存储扫描图像的需要而设计的。它的特点是图像格式复杂、存储信息多。正因为它存储的图像细微层次的信息非常多,图像的质量也得以提高,故而非常有利于原稿的复制。

该格式有压缩和非压缩两种形式,其中压缩可采用 LZW 无损压缩方案存储。不过,由于 TIFF 格式结构较为复杂,兼容性较差,因此有时一般的软件可能不能正确识别 TIFF 文件(现在绝大部分软件都已解决了这个问题)。目前在 Mac 和 PC 上移植 TIFF 文件也十分便捷,因而 TIFF 现在也是微机上使用最广泛的图像文件格式之一。

TIFF(标签图像文件格式)图像文件格式是为色彩通道图像创建的最有用的格式,可以在不同的平台和应用软件间进行数据交换。该格式支持 RGB、CMYK、Lab、BMP、灰度等色彩模式,而且在 RGB、CMYK 以及灰度等模式中支持 ALPHA 通道的使用。一般大多数扫描仪都输出 TIFF 格式的图像文件。

当用户在 Photoshop 中将图像文件另存为 TIFF 格式时,系统将显示 TIFF OPTIONS 对话框,要求用户选择字节顺序,此处选择 IBM PC。在保存为 TIFF 格式时,选择 LZW Compression(LZW 是一种无损压缩方法),可对图像文件进行压缩,使其占用较少的磁盘空间。

2. JPEG 格式

JPEG 也是常见的一种图像格式,由联合照片专家组(Joint Photographic Experts Group)

开发并命名为ISO10918-1,JPEG仅仅是一种俗称而已。

JPEG文件的扩展名为jpg或jpeg,其压缩技术先进,它用有损压缩方式去除冗余的图像和彩色数据,获取极高压缩率的同时能展现十分丰富生动的图像,换句话说,就是可以用最少的磁盘空间得到较好的图像质量。

同时,JPEG还是一种很灵活的格式,具有调节图像质量的功能,允许用不同的压缩比例对这种文件压缩,比如最高可以把1.37MB的BMP位图文件压缩至20.3KB。一般要注意在图像质量和文件尺寸之间找到平衡点。

3. JPEG2000格式

JPEG2000同样是由JPEG组织负责制定的,它正式名称叫做ISO15444,与JPEG相比,具备更高压缩率以及更多新功能的新一代静态影像压缩技术。

JPEG2000作为JPEG的升级版,其压缩率比JPEG高30%左右。与JPEG不同的是,JPEG2000同时支持有损和无损压缩,而JPEG只能支持有损压缩。无损压缩对保存一些重要图片是十分实用的。JPEG2000的一个极其重要的特征在于它能实现渐进传输,这与GIF的"渐显"有异曲同工之妙,即先传输图像的轮廓,然后逐步传输数据,不断提高图像质量,让图像由朦胧到清晰显示,而不必像现在的JPEG一样,由上到下慢慢显示。

此外,JPEG2000还支持所谓的"感兴趣区域"特性,可以任意指定影像上感兴趣区域的压缩质量,还可以选择指定的部分先解压缩。JPEG2000和JPEG相比优势明显,且向下兼容,因此取代传统的JPEG格式指日可待。

JPEG2000可应用于传统的JPEG市场,如扫描仪、数码相机等,亦可应用于新兴领域,如网路传输、无线通信等。

4. BMP格式

BMP文件格式是一种Windows或OS2标准的位图式图像文件格式,支持RGB、索引颜色、灰度和位图样式模式,但不支持Alpha通道。该文件格式还可以支持1～24位的格式,其中对于4～8位的图像,使用RLE运行长度编码(Run Length Encoding)压缩方案。这种压缩方案不会损失数据,是一种非常稳定的格式。BMP格式不支持CMYK模式的图像。

1.5 本章小结

要想在Photoshop中得心应手地处理图像,就要对图像处理的知识有所了解和掌握。本章详细讲解了在应用Photoshop处理图像时,需要掌握的一些基础知识。通过本章的学习,读者能够认识到图像色彩模式和文件格式的重要性,并根据工作需要灵活地应用色彩模式和文件格式。

1.6 本章习题

1. 填空题

(1) 位图图像也称为________图像或绘图图像。

(2) 矢量图像是以________来记录图像内容。

(3) RGB色彩就是常说的三原色,也称为________。

2. 单项选择题

(1) 在Photoshop中,(　　)是图像的基本单位。

A. 毫米　　B. 像素　　C. 英寸　　D. 厘米

(2)(　　)是图像中每单位长度所含有的像素数的多少。

A. 屏幕分辨率　　B. 输出分辨率　　C. 图像分辨率　　D. 显示器分辨率

(3)(　　)是 Photoshop 软件自身的专用文件格式。

A. PSD 格式　　B. TIF 格式　　C. JPEG 格式　　D. GIF 格式

(4)(　　)是由许多不同颜色的小方块组成的,每一个小方块称为像素。

A. 位图　　B. 矢量图　　C. 向量图　　D. 平面图

(5)(　　)即灰度图又叫 8 比特深度图。

A. 灰度模式　　B. 位图模式　　C. 索引模式　　D. Lab 模式

第2章 Photoshop CS6基本操作

使用 Photoshop CS6 应用程序编辑处理图像文件之前，必须掌握图像文件的基本操作。

本章主要介绍 Photoshop CS6 应用程序的界面、工作区域、图像文件的操作方法、图像的编辑方法、图像大小操作的基本方法、图像的屏幕模式及常用辅助工具的使用，使用户能够更好、更有效地绘制和处理图像文件。

本章主要内容：

- Photoshop 的应用及功能；
- Photoshop CS6 的界面介绍；
- 个性化的工作区域；
- 操作图像文件的方法；
- 图像的常用编辑方法；
- 操作图像大小的基本方法；
- 图像的屏幕模式；
- 常用辅助工具。

2.1 Photoshop 的应用及功能

Adobe Photoshop，简称“PS”，是由 Adobe Systems 公司开发和发行的图像处理软件。

Photoshop 主要处理以像素构成的数字图像。使用其众多的编修与绘图工具，可以有效地进行图片编辑工作。

Photoshop 有很多功能，在图像、图形、文字、视频、出版等各领域应用广泛。

2.1.1 Photoshop 应用领域

Photoshop 应用领域很广泛，主要体现在以下几方面。

- 专业测评领域：Photoshop 的专长在于图像处理，而不是图形创作。图像处理是对已有的位图图像进行编辑加工处理以及运用一些特殊效果，其重点在于对图像的处理加工；图形创作软件是按照自己的构思创意，使用矢量图形来设计图形。
- 平面设计领域：平面设计是 Photoshop 应用最为广泛的领域，无论是图书封面，还是招帖、海报，这些平面印刷品都需要 Photoshop 软件对图像进行处理。
- 广告摄影领域：广告摄影作为一种对视觉要求非常严格的工作，其最终成品往往要经过 Photoshop 的修改才能得到满意的效果。
- 影像创意领域：影像创意是 Photoshop 的特长，通过 Photoshop 的处理，可以将不同的对象组合在一起，使图像发生变化。

- 网页制作领域：网络的普及促使更多人掌握 Photoshop，因为在制作网页时 Photoshop 是必不可少的网页图像处理软件。
- 后期修饰领域：在制作建筑效果图包括三维场景时，人物与配景包括场景的颜色等常常需要在 Photoshop 中增加并调整。
- 视觉创意领域：视觉创意与设计是设计艺术的一个分支，此类设计通常没有非常明显的商业目的，但由于它为广大设计爱好者提供了广阔的设计空间，因此越来越多的设计爱好者开始学习 Photoshop，并进行具有个人特色与风格的视觉创意。
- 界面设计领域：界面设计是一个新兴的领域，受到越来越多的软件企业及开发者的重视。在当前还没有用于做界面设计的专业软件，因此绝大多数设计者使用的都是该软件。

Photoshop 软件的应用非常广泛，不仅仅限于上述领域，并且由于领域划分的融合性，有许多交叉的领域很难清晰地界定。

2.1.2 Photoshop 的主要功能

Photoshop 软件有很多功能，从功能上划分，该软件可分为图像编辑、图像合成、校色调色及特效制作等方面。

- 图像编辑是图像处理的基础，使用 Photoshop 软件可以对图像做各种变换如放大、缩小、旋转、倾斜、镜像、透视等；也可进行复制、去除斑点、修补、修饰图像的残损等。
- 图像合成则是将几幅图像通过图层操作、工具应用等方法合成完整、传达明确意义的图像，这是美术设计的必经之路；Photoshop 软件提供的绘图工具让外来图像与创意可以很好地融合。
- Photoshop 软件可以实现校色调色，方便快捷地对图像的颜色进行明暗、色偏的调整和校正，也可在不同颜色进行切换以满足图像在不同领域如网页设计、印刷、多媒体等方面应用。
- 特效制作在 Photoshop 软件中主要由滤镜、通道及其他工具综合应用完成，包括图像的特效创意和特效文字的制作，如油画、浮雕、石膏画、素描等常用的传统美术技巧都可以通过该软件特效完成。

2.1.3 Photoshop CS6 的主要新增功能

Adobe Photoshop CS6 是 Adobe Photoshop 的第 13 代，是一次较为重大的版本更新。Photoshop 在前几代加入了 GPUOpenGL 加速、内容填充等新特性，此代加强 3D 图像编辑，采用新的暗色调用户界面，其他改进还有整合 Adobe 云服务、改进文件搜索等。

在 Adobe Photoshop CS6 主程序界面，单击右侧 CS6 新增功能 按钮，则会显示出 CS6 的新增功能，如图 2-1 所示。

图 2-1　Photoshop CS6 的新增功能

下面简单介绍一下 Adobe Photoshop CS6 的新功能。

该版本主要特性体现在“内容感知移动工具”的使用，“内容感知移动工具”是 Photoshop CS6 新增加的功能，该功能可以实现将图片中多余部分物体去除，同时会自动计算和修复移除部分，从而实现更加完美的图片合成效果。

利用 Photoshop CS6 的“内容感知移动工具”可以简单到只需

选择图像场景中的某个物体，然后将其移动到图像的中的任何位置，经过 Photoshop CS6 的计算，完成极其真实的合成效果。

“肤色感应选择和遮色片”：让用户不费力地调整或保留肤色；轻松选择精细的影像元素，如脸孔、头发等。

“侵蚀效果笔刷”：使用具有侵蚀效果的绘图笔尖，产生更自然逼真的效果。任意磨钝和削尖木炭笔或蜡笔，以建立不同的效果，并将惯用的笔尖效果储存为预设集。

“原稿图样”：利用全新的原稿图样，更轻松地产生几何图样填色。

“文字样式”：节省时间并协助确保一致的文字样式，只需按一下就能将格式套用至选取的文字、线条或文字段落。

“自定笔画和虚线”：轻松建立自定笔画和虚线。

“图层搜寻”：使用图层搜寻功能，可以轻松锁定需要的图层。

“油画滤镜”：使用 Mercury 图形引擎的油画滤镜，快速地让作品呈现油画效果。控制笔刷样式以及光线方向和亮度，产生出色的效果。

“喷枪笔尖”：使用流畅逼真的控制功能和精细的绘图颗粒产生自然真实的喷枪效果。

“全新绘图预设集”：运用全新的预设集来简化绘图工作，轻松产生逼真的绘图效果。

“属性面板”：使用内容相关的属性面板快速更新遮色片的属性、进行调整。

“Adobe Bridge CS6”：使用 Adobe Bridge CS6 软体视觉化组织和管理媒体。

“Adobe Mini Bridge”：Adobe Mini Bridge 已重新设计为典雅的幻灯卷片，能快速轻松地存取影像和文件。

“增强的 TIFF 支援”：可处理更广泛的 TIFF 档案。增强的 TIFF 支援可处理更大的位元色深和档案大小。

“自动重新取样”：在调整影像大小时产生最佳效果，自动选取最佳的重新取样方式。

“填充文字”：在处理文字时可插入“假文(Lorem Ipsum)”填充文字以节省时间。

“提高最大笔刷大小”：使用最大 5000 像素的笔刷来编辑和绘图。

2.2 Photoshop CS6 的界面介绍

启动 Photoshop CS6，打开“第 2 章\素材\桂林 1.jpg”文件，软件的界面如图 2-2 所示。

2.2.1 标题栏

“标题栏”位于主窗口顶端，最左边是 Photoshop 标记，右边分别是最小化、最大化/还原和关闭按钮。

2.2.2 菜单栏

“菜单栏”为整个环境下所有窗口提供菜单控制，包括文件、编辑、图像、图层、文字、选择、滤镜、视图、窗口和帮助 10 项。Photoshop 中通过两种方式执行所有命令，一是菜单；二是快捷键。

Photoshop CS6 的“菜单栏”，如图 2-3 所示。

2.2.3 属性栏

“属性栏”又称工具选项栏，选中某个工具后，属性栏就会改变成相应工具的属性设置选

图 2-2　Photoshop CS6 的程序界面

文件(F)　编辑(E)　图像(I)　图层(L)　文字(Y)　选择(S)　滤镜(T)　视图(V)　窗口(W)　帮助(H)

图 2-3　“菜单栏”

项，可更改相应的选项。

Photoshop CS6 的“属性栏”，如图 2-4 所示。

羽化：0像素　消除锯齿　样式：正常　宽度：　高度：　调整边缘...

图 2-4　“属性栏”

2.2.4　工具箱

“工具箱”中的工具可用来选择、绘画、编辑以及查看图像。拖曳工具箱的标题栏，可移动工具箱；单击可选中工具或移动光标到该工具上，属性栏会显示该工具的属性。有些工具的右下角有一个小三角形符号，表示在工具位置上存在一个工具组，其中包括若干个相关工具。

Photoshop CS6 的“工具箱”，如图 2-5 所示。

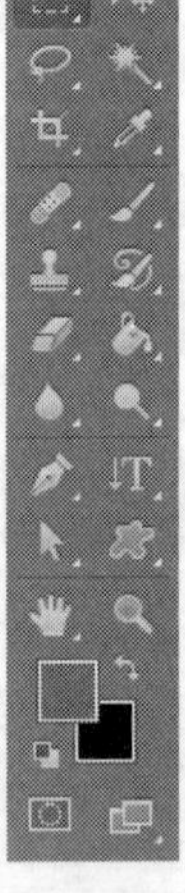

图 2-5　“工具箱”

2.2.5　图像编辑窗口

“图像编辑窗口”位于中间区域，是 Photoshop 的主要工作区，用于显示图像文件。图像窗口带有自己的标题栏，提供了打开文件的基本信息，如文件名、缩放比例、颜色模式等。如同时打开两幅图像，可通过单击图像窗口进行切换。按 Ctrl＋Tab 组合键实现图像窗口切换。

Photoshop CS6 的“图像编辑窗口”，如图 2-6 所示。

2.2.6　状态栏

“状态栏”在主窗口底部，由“缩放栏”、“文本行”和“预览框”三部分

图 2-6 “图像编辑窗口”

组成。

Photoshop CS6 的“状态栏”,如图 2-7 所示。

图 2-7 “状态栏”

“缩放栏”:显示当前图像窗口的显示比例,用户也可在此窗口中输入数值后按 Enter 键来改变显示比例。

“文本行”:说明当前所选工具和所进行操作的功能与作用等信息。

“预览框”:单击右边的黑色三角按钮,打开弹出菜单,如图 2-8 所示,选择任一命令,相应的信息就会在预览框中显示。

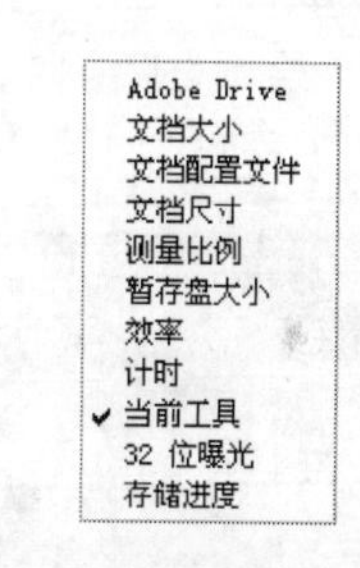

图 2-8 “预览框”选项

2.2.7 常用面板简介

面板是用户可以自定义显示的内容,在菜单栏选择“窗口”下拉菜单,选择需要的面板,面板就会出现在界面上。

面板默认位置在窗口右侧,是为了实现某些特定的功能而设置的。例如,“图层”面板可以对图层进行操作以实现对图像的编辑使用,如图 2-9 所示。“信息”面板可以了解图像中某个点的颜色信息和操作过程,如图 2-10 所示。“历史记录”面板可监控和记录操作的步骤,如图 2-11 所示。“颜色”面板可以设置前景色和背景色,如图 2-12 所示。

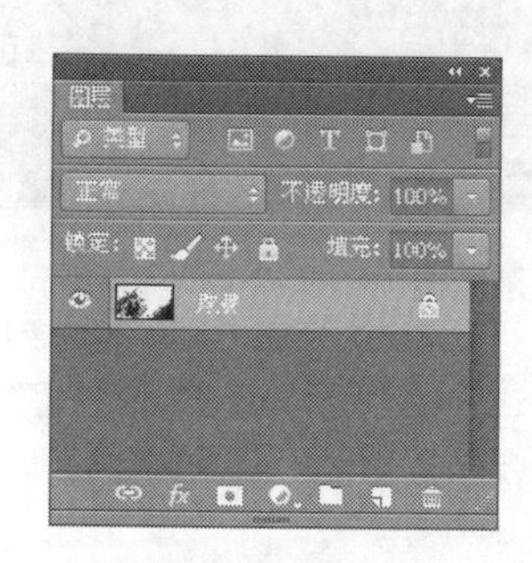

图 2-9 “图层”面板

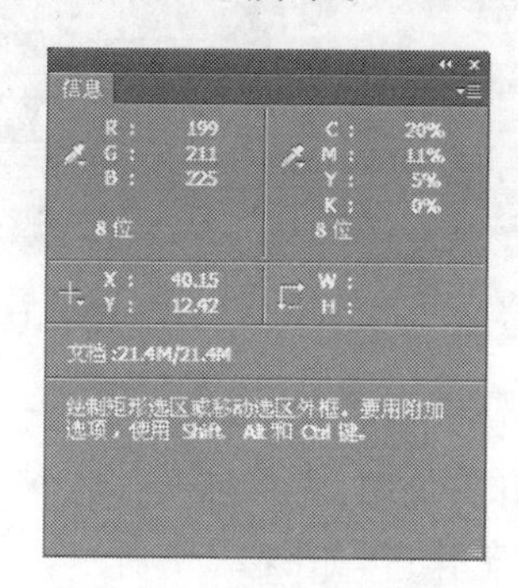

图 2-10 “信息”面板

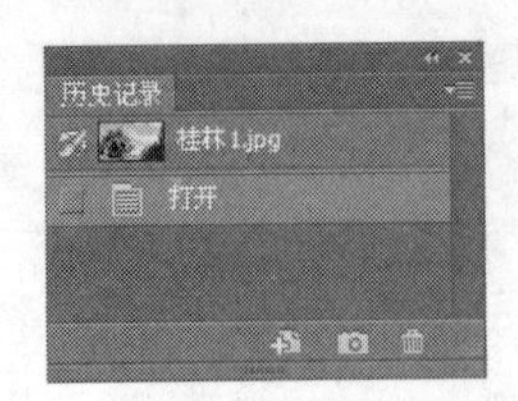

图 2-11 “历史记录”面板

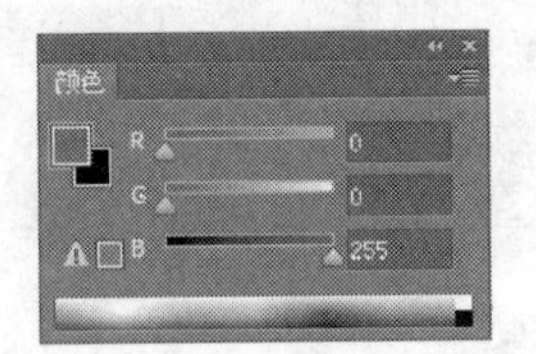

图 2-12 “颜色”面板

2.3 个性化的工作区域

在实际操作中，不同领域的操作员对于功能的使用频率不同，在 Photoshop CS6 软件中，允许用户自己定义相关的工作区域。

选择“窗口”|“工作区”命令，就会打开与工作区有关的操作命令，如图 2-13 所示。

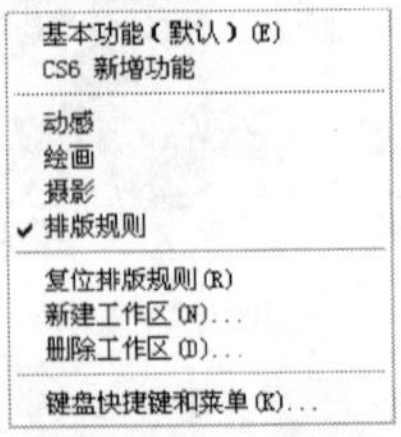

基本功能（默认）(E)
CS6 新增功能
动感
绘画
摄影
✔ 排版规则
复位排版规则 (R)
新建工作区 (N)...
删除工作区 (D)...
键盘快捷键和菜单 (K)...

图 2-13 “工作区”子菜单

2.3.1 从用户群选择工作区

Photoshop CS6 根据不同的用户习惯，设置了一些默认的工作区域，选择“窗口”|“工作区”命令，可以选择不同的工作区，如“动感”工作区、“绘画”工作区、“摄影”工作区和“排版规则”工作区。

“动感”工作区，如图 2-14 所示。

图 2-14 “动感”工作区

“绘画”工作区，如图 2-15 所示。

“摄影”工作区，如图 2-16 所示。

“排版规则”工作区，如图 2-17 所示。

图 2-15　“绘画”工作区

图 2-16　“摄影”工作区

2.3.2　面板的拆分和组合

面板可以放置在任意地方，按住鼠标左键不放可以将面板进行拖曳，右击面板可以选择关闭选项卡组，关闭面板。

面板可以进行任意的组合，也可以很方便地进行拆分。

选择“窗口”|“色板”和“窗口”|“颜色”命令，显示“色板”及“颜色”面板，如图 2-18 和图 2-19 所示。

图 2-17 “排版规则”工作区

鼠标左键按着“颜色”面板不放，拖曳到“色板”面板下方，两个面板就组合在一起，如图 2-20 所示。

鼠标左键按着“颜色”面板不放，可以从组合中拖出，再将其拖曳到“色板”面板右侧，推入“色板”面板，两个面板就以选项卡的方式组合在一起，如图 2-21 所示。

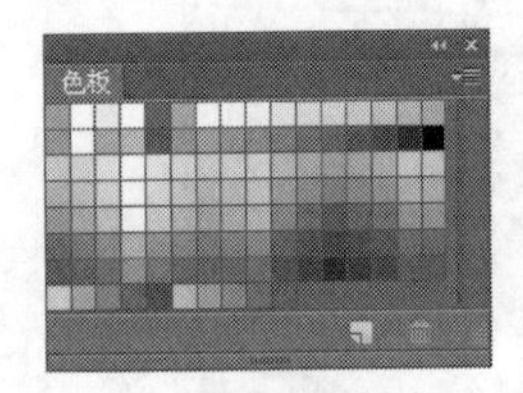

图 2-18 “色板”面板

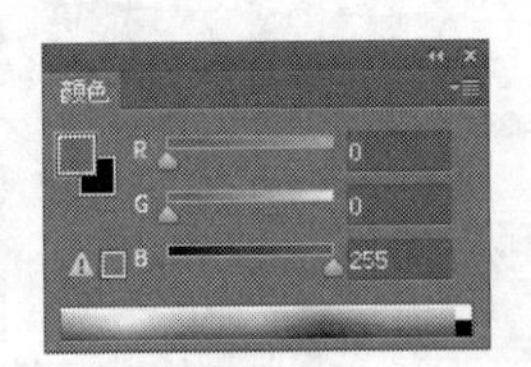

图 2-19 “颜色”面板

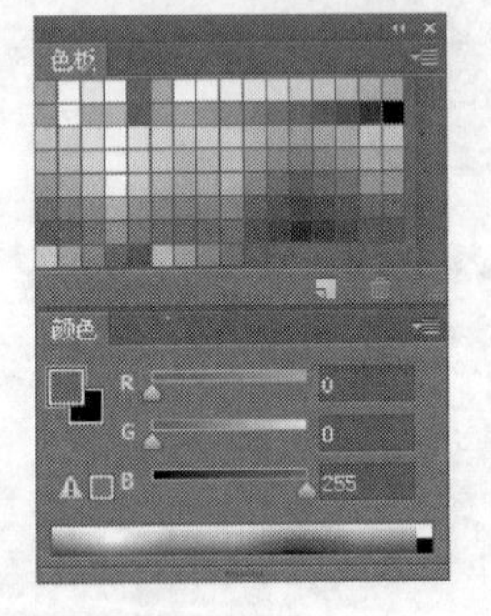

图 2-20 面板上下组合

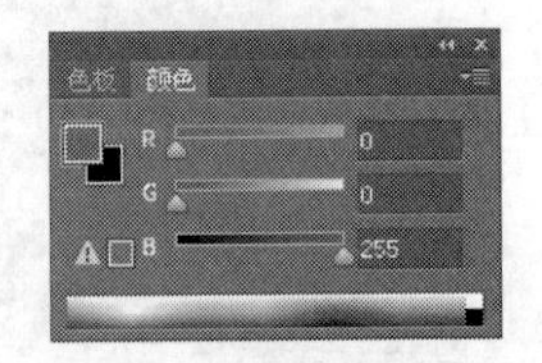

图 2-21 面板选项卡式组合

2.3.3 存储定义的工作区

在“窗口”下拉菜单中，选择需要显示的面板，然后选择“窗口”|“工作区”|“新建工作区”命令，打开“新建工作区”对话框，输入名称“练习”，如图 2-22 所示。这时，所显示的面板就存储在新建的工作区中，如图 2-23 所示。

2.3.4 复位工作区

选择工作区进行操作后，有些面板的位置会因为操作发生改变，软件提供了复位工作区的功能。例如，当前工作区为新建的“练习”工作区，如图 2-24 所示。如果在操作中调整了面板

的位置，可以随时选择“窗口”|“工作区”|“复位练习”命令，复位“练习”工作区。

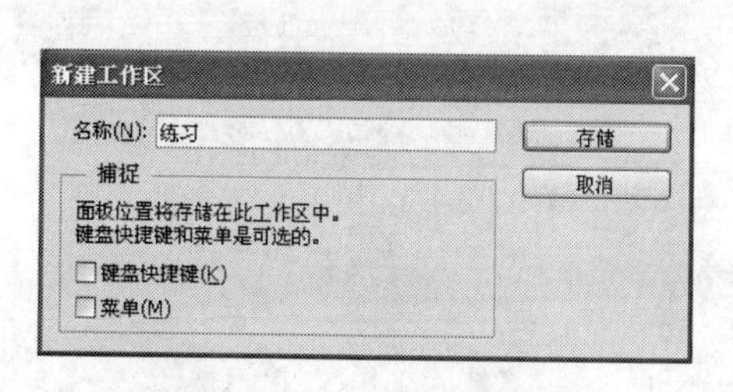

图 2-22 “新建工作区”对话框

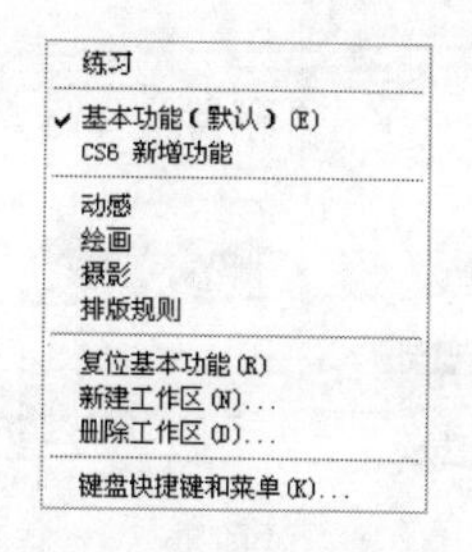

图 2-23 新建的工作区

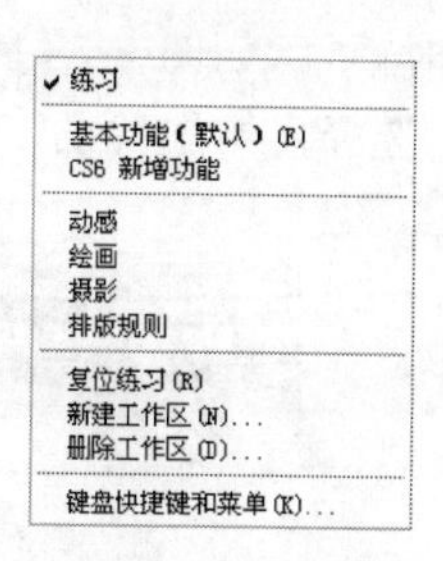

图 2-24 “练习”工作区

2.3.5 删除工作区

对于工作区的删除，分为两类，一类是系统自带的工作区删除；另一类是用户自建的工作区删除，删除工作区时，不能删除正在使用的工作区。

删除系统自带工作区的方法是，选择“窗口”|“工作区”|“删除工作区”命令，显示“删除工作区”对话框，如图 2-25 所示。

选择需要删除的工作区后，单击“删除”按钮，显示如图 2-26 所示。

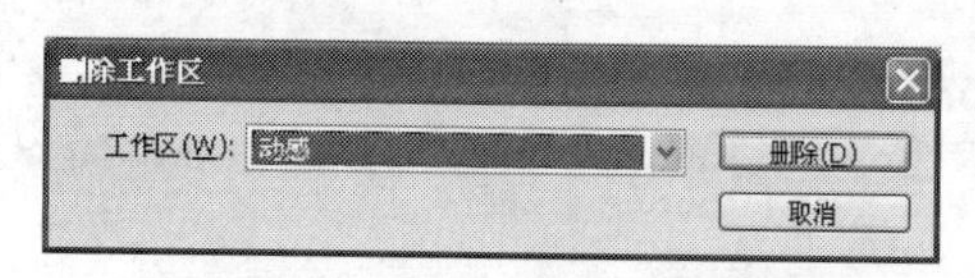

图 2-25 “删除工作区”对话框

图 2-26 “删除工作区”提示框

单击“是”按钮，即可删除系统自带的工作区。删除系统自带的工作区后，可以在“编辑”|“首选项”|“界面”对话框，如图 2-27 所示，选择恢复默认的工作区。

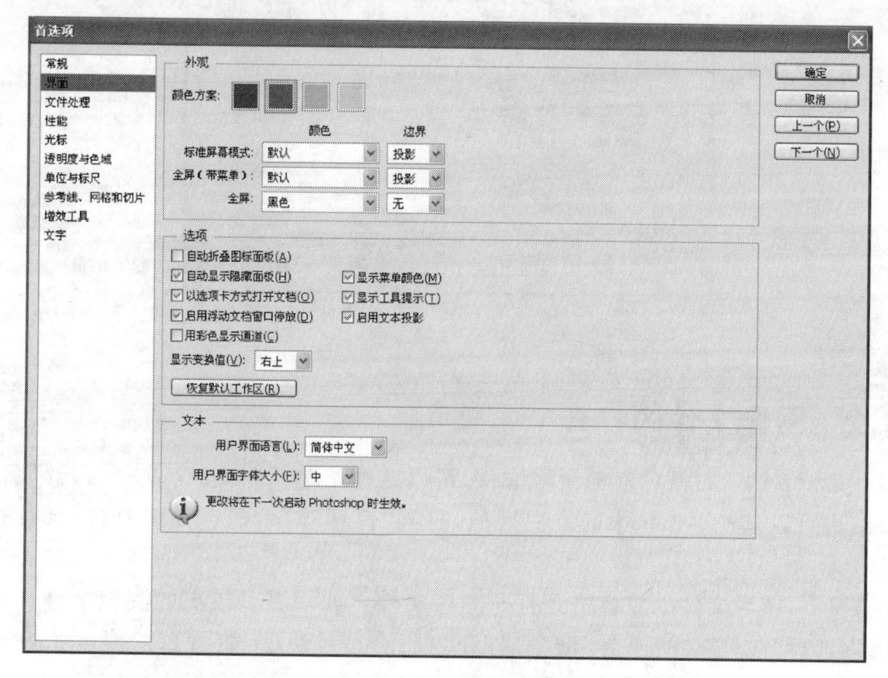

图 2-27 恢复默认工作区

对于用户自建工作区的删除，选择“窗口”|“工作区”|“删除工作区”命令，显示“删除工作区”对话框，如图 2-28 所示。

选择需要删除的工作区后，单击“删除”按钮，显示如图 2-29 所示。

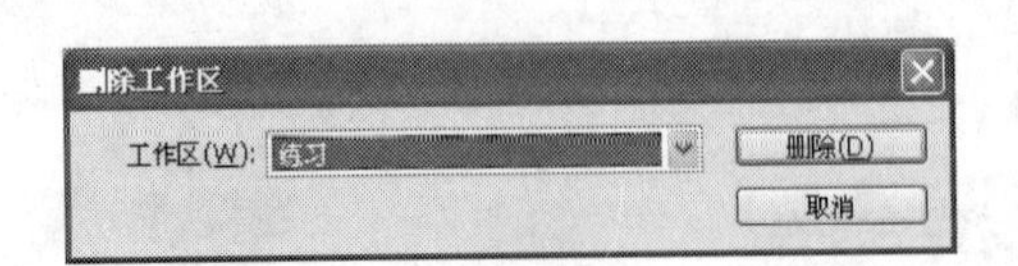

图 2-28 “删除工作区”对话框

图 2-29 “删除工作区”提示框

单击“是”按钮，即可删除系统自带的工作区。

2.4 图像文件的操作方法

启动 Photoshop CS6 应用程序后，需要新建文件或打开需要编辑的文件，在文档窗口才可以进行下一步的编辑操作。

2.4.1 图像文件的新建

选择“文件”|“新建”命令，或按 Ctrl+N 键，可以打开“新建”对话框，在对话框中设置文件的名称、尺寸、分辨率、颜色模式、背景内容等选项，单击“确定”按钮，即可创建一个空白图像，如图 2-30 所示。

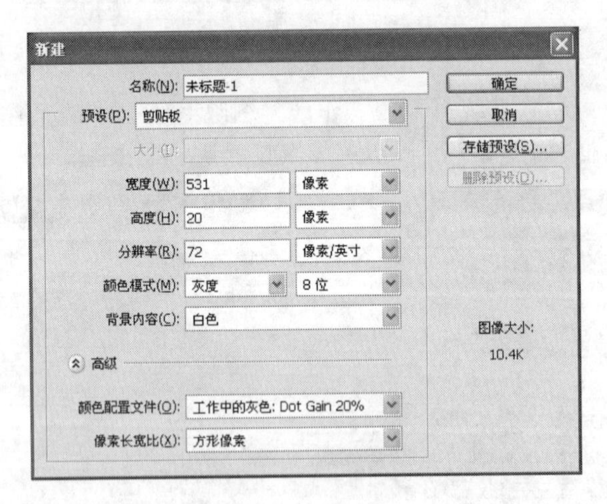

图 2-30 “新建”对话框

2.4.2 图像文件的打开

用 Photoshop CS6 打开已有的图像文件，可以选择菜单栏中的“文件”|“打开”命令，或按 Ctrl+O 键，也可以双击工作区中的空白区域，打开“打开”对话框选择需要打开的图像文件，如图 2-31 所示。

一般情况下，图像文件以原有格式打开图像文件。如果要以指定的图像文件格式打开图像文件，可以选择“文件”|“打开为”命令，打开“打开为”对话框，如图 2-32 所示。在该对话框的文件列表框中选择要打开的图像文件，然后在“打开为”下拉列表框中设定要转换的图像文

件格式，单击“打开”按钮，即可按选择的图像文件格式打开图像文件。

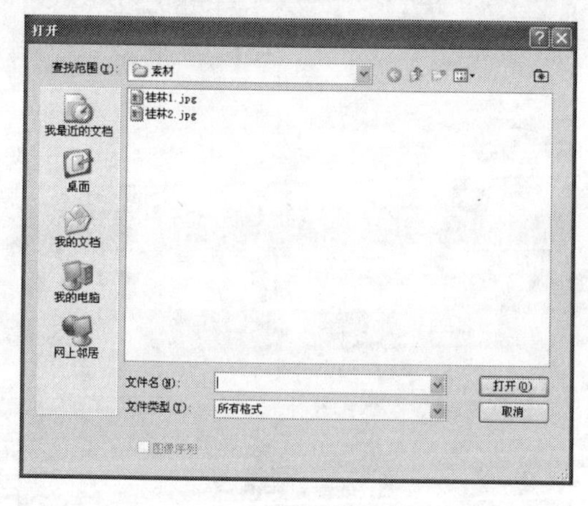

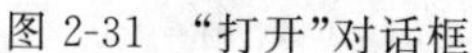
图 2-31 “打开”对话框

图 2-32 “打开为”对话框

除了上述方法外，用户还可以选择“文件”|“最近打开的文件”命令，打开其子菜单，从中可以选择最近打开过的图像文件，如图 2-33 所示。选择“清除最近的文件列表”命令可以清除最近打开的文件名称列表。

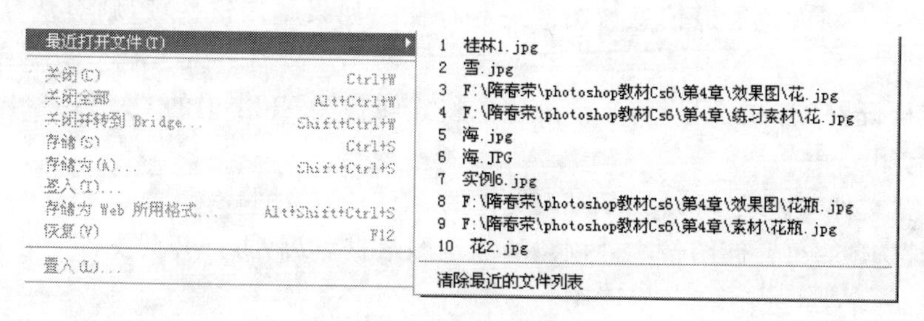

图 2-33 最近打开的文件

2.4.3 图像文件的保存

在 Photoshop CS6 中，完成对图像文件的编辑后，需要对编辑的图像文件进行存储。

如果是第一次保存文件，“文件”|“存储”命令不可用，需选择“文件”|“存储为”命令，如图 2-34 所示。在打开的“存储为”对话框中指定保存位置、保存文件名和文件类型。

如果要对编辑后的图像文件以其他文件格式或文件路径进行存储，选择“文件”|“存储为”命令，打开“存储为”对话框进行设置，在“格式”下拉列表框中选择另存图像文件的文件格式，然后单击“保存”按钮即可，如图 2-35 所示。如果对已打开的图像文件进行编辑后，要将修改部分保存到原文件中，也可以选择“文件”|“存储”命令，或按 Ctrl+S 键。

在“存储为”对话框中，可以设置各种文件存储选项，下面逐一介绍。

“作为副本”选项：用于存储文件副本，同时使当前文件保持打开。

“Alpha 通道”选项：将 Alpha 通道信息与图像一起存储。禁用该选项可将 Alpha 通道从存储的图像中删除。

“图层”选项：保留图像中的所有图层。如果此选项被停用或不可用，则会拼合或合并所有可见图层，具体取决于所选格式。

“批注”选项：用于存储图像的注释。

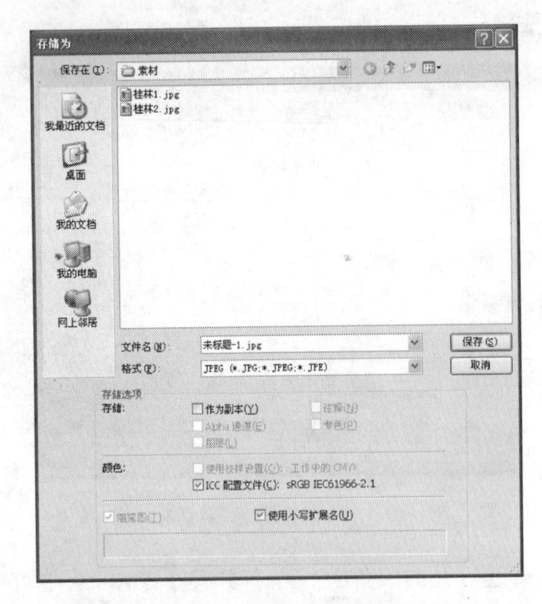

图 2-34　第一次保存的“存储为”对话框

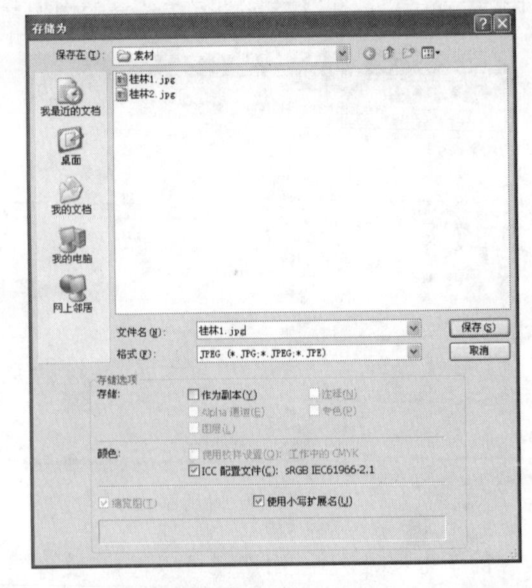

图 2-35　修改后另存的“存储为”对话框

“专色”选项：将专色通道信息与图像一起存储。如果禁用该选项，则会从存储的图像中移去专色。

“使用校样设置”选项：可以将文件的颜色格式转换为“工作中的 CMYK”，对于创建打印的输出文件有用。

“ICC 配置文件”选项：可以保存嵌入文件的 ICC 配置文件。

“缩览图”选项：可存储图像文件创建的缩览图数据，以后再打开此文件时，可在对话框中预览图像。

“使用小写扩展名”选项：可将文件的扩展名设置为小写。

2.4.4　图像文件的关闭

同时打开多个图像文件进行操作后，要在文件使用完毕后，关闭不需要的图像文件。选择“文件”|“关闭”命令，可以关闭当前图像文件；单击需要关闭图像文件窗口选项卡上的“关闭”按钮；或按 Ctrl＋W 键也可以关闭当前图像文件。

选择“文件”|“关闭全部”命令，或按 Alt＋Ctrl＋W 键可以关闭全部图像文件。

2.4.5　新建文件应用实例——新建图像文件

1. 实例简介

本实例通过一个新建图像文件的操作，使学习者通过实际操作练习，熟练掌握新建图像文件的基本操作。

2. 实例制作步骤

(1) 启动 Photoshop CS6 应用程序，选择“文件”|“新建”命令，打开“新建”对话框，如图 2-36 所示。

(2) 在对话框的“名称”文本框中，输入文件的名称“练习”，如图 2-37 所示。

(3) 在“宽度”数值框右侧的选项下拉列表中选择“毫米”选项，在“宽度”文本框中输入数值 200，“高度”文本框中输入 300，如图 2-38 所示。

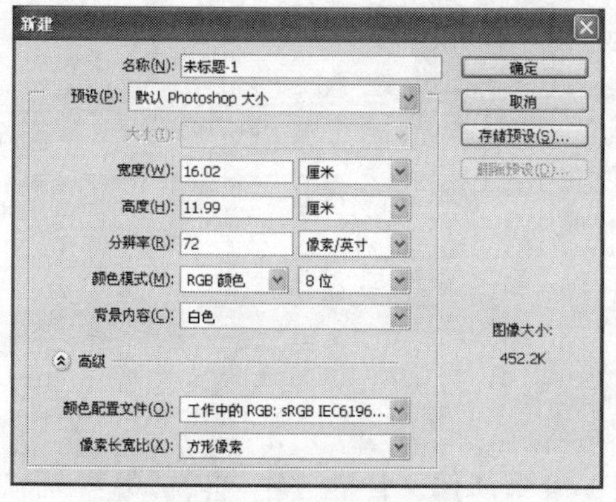

图 2-36 “新建”对话框

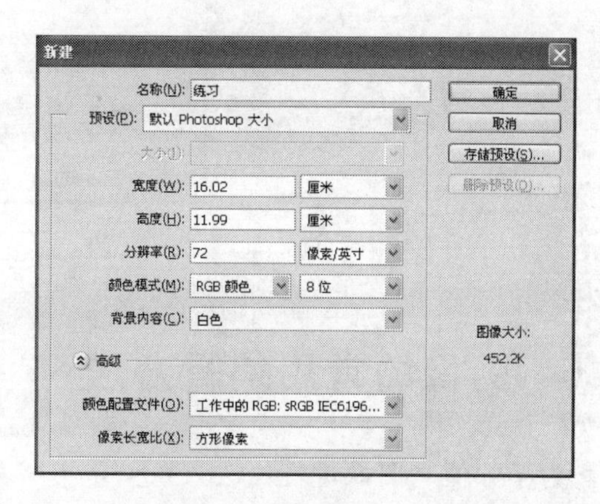

图 2-37 输入文件名称

(4) 在“分辨率”文本框中输入 300,在“颜色模式”下拉列表中选择“CMYK 颜色”选项,如图 2-39 所示。

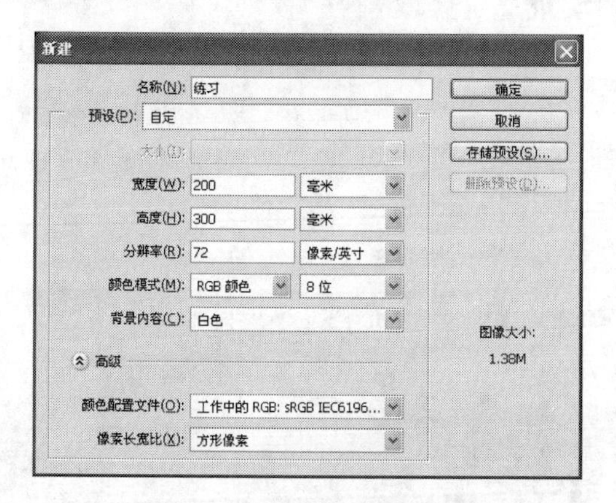

图 2-38 设置“宽度”和“高度”

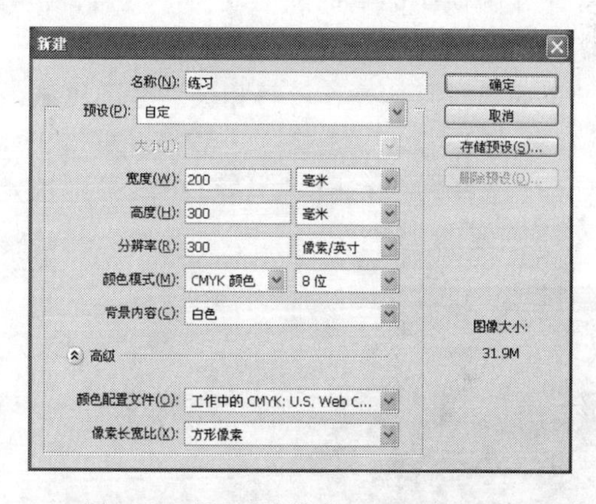

图 2-39 设置“分辨率”和“颜色模式”

(5) 单击“新建”对话框中的“存储预设”按钮,打开“新建文档预设”对话框,在“预设名称”文本框中输入预设名称,单击“确定”按钮新建预设,如图 2-40 所示。

(6) 设置完成后,在“新建”对话框中单击“确定”按钮,新建文件。再次选择“文件”|“新建”命令,打开“新建”对话框,在“预设”下拉列表中选择刚存储的预设,如图 2-41 所示。单击“删除预设”按钮,在弹出的“新建”提示对话框中单击“是”按钮,删除预设,如图 2-42 所示。

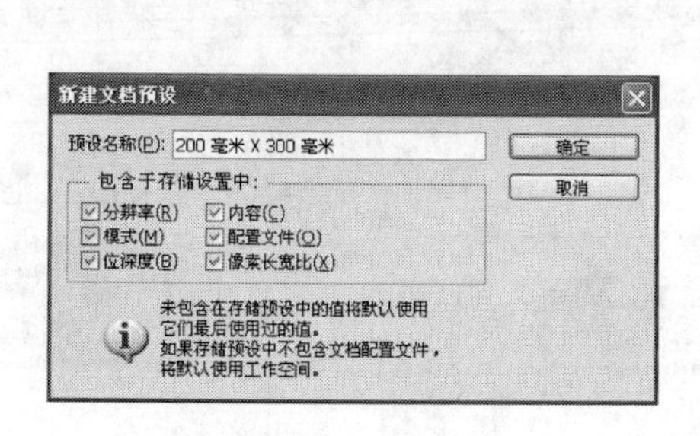

图 2-40 存储预设

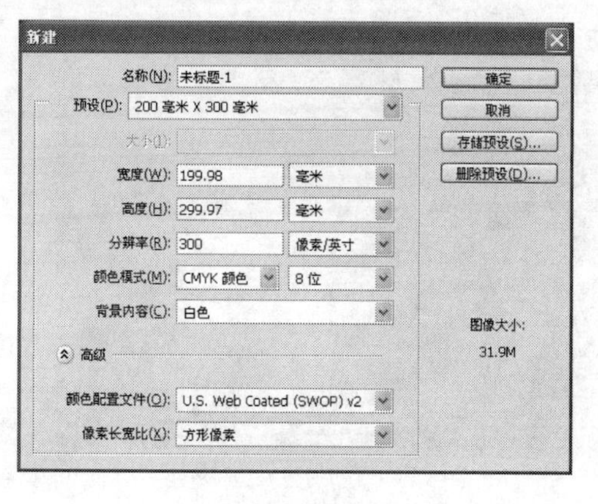

图 2-41 “新建”对话框

图 2-42 删除预设

2.5 图像的常用编辑方法

为了方便对图像进行修改，Photoshop 提供了编辑图像文件的方法，单击“编辑”下拉菜单，编辑图像的命令，如图 2-43 所示。

2.5.1 图像的剪切、复制与粘贴

当在图像文件中选定了操作区域后，就可以实现选定区域内图像的剪切、复制与粘贴操作。

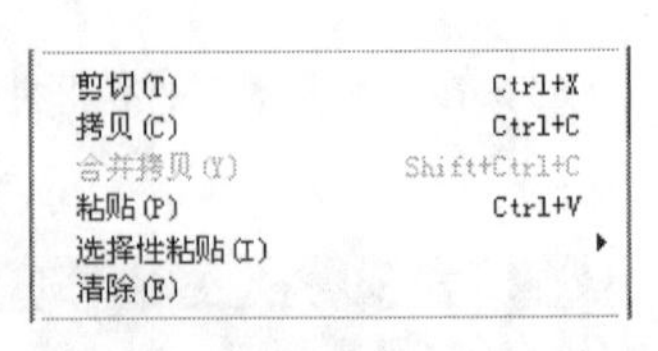

图 2-43 “编辑”下拉菜单编辑图像的命令

下面通过具体操作讲解相关命令的用法。

(1) 打开“第 2 章\素材\桂林 1.jpg”文件，如图 2-44 所示。

(2) 选择“矩形选框工具”，在图像中选定一矩形区域，如图 2-45 所示。

图 2-44 素材图片

图 2-45 选定矩形区域 1

(3) 选择“编辑”|“拷贝”命令，然后再执行“编辑”|“粘贴”命令，效果如图 2-46 所示。

(4) 再使用“矩形选框工具”，在图像中选定另外一矩形区域，如图 2-47 所示。

图 2-46 “粘贴”效果

图 2-47 选定矩形区域 2

(5) 执行“编辑”|“选择性粘贴”命令，如图 2-48 所示。

(6) 执行“编辑”|“选择性粘贴”|“贴入”命令，将复制的区域内容粘贴在矩形选区之中，如图 2-49 所示。

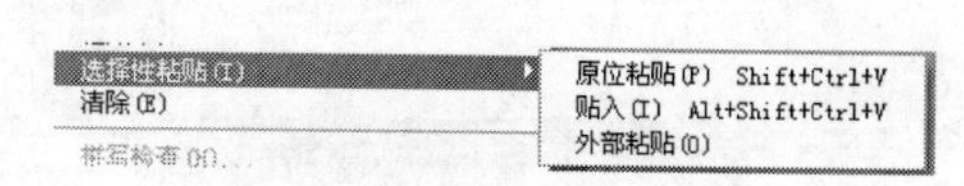

图 2-48 “选择性粘贴”命令

图 2-49 “贴入”效果

“剪切”|“粘贴”操作与“复制”|“粘贴”操作类似，在此不再讲解。

2.5.2 图像的变换操作

软件提供对选定区域图像的变换操作，可以使用“编辑”|“自由变换”和“编辑”|“变换”命令，选择“编辑”|“变换”命令，可以打开“变换”子菜单，如图 2-50 所示。

再次(A) Shift+Ctrl+T
缩放(S)
旋转(R)
斜切(K)
扭曲(D)
透视(P)
变形(W)
旋转 180 度(1)
旋转 90 度(顺时针)(9)
旋转 90 度(逆时针)(0)
水平翻转(H)
垂直翻转(V)

图 2-50 “变换”子菜单

下面通过具体操作讲解命令的使用方法。

(1) 打开“第 2 章\素材\花.jpg”文件，如图 2-51 所示。

(2) 选择“矩形选框工具”，选定区域，如图 2-52 所示。

(3) 使用“编辑”|“拷贝”命令，再执行“编辑”|“粘贴”命令后，“图层”面板如图 2-53 所示。

(4) 使用“编辑”|“自由变换”命令，或按 Ctrl＋T 键，如图 2-54 所示。

图 2-51 素材图片

图 2-52 矩形选框

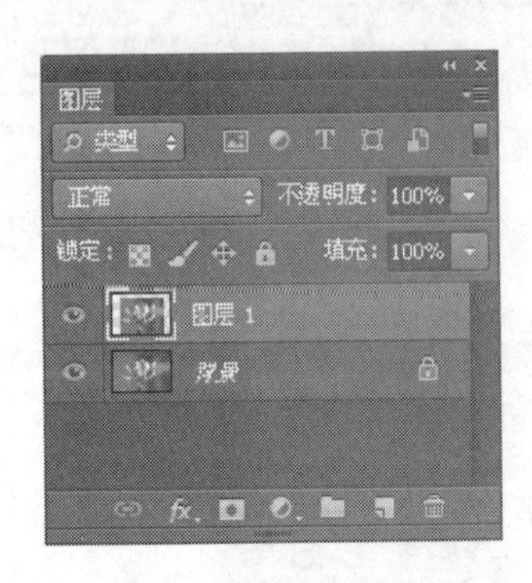

图 2-53 “图层”面板

图 2-54 “自由变换”

(5) 执行“自由变换”后，如图 2-55 所示。

(6) 在变形框内双击，图像效果如图 2-56 所示。

图 2-55 “自由变换”变形

图 2-56 “自由变换”变形效果

使用“编辑”|“变换”命令，功能更加齐全，操作更加准确。下面通过一个实例讲解“变换”命令的使用。

2.5.3 变换图像应用实例——花开效果

1. 实例简介

本实例通过对图片的变形操作，达到修饰图片的目的，本实例主要使用“编辑”|“变换”的子菜单中的命令。通过本实例的制作，使读者掌握“变换”子菜单中命令的使用方法。

2. 实例制作步骤

(1) 打开“第 2 章\素材\花 1.jpg”文件，如图 2-57 所示。

(2) 使用“快速选择工具”，选择一朵花，如图 2-58 所示。

(3) 按 Ctrl+C 键对选择区域图像复制，按 Ctrl+V 键 4 次进行粘贴，移动图片到目标位置，效果如图 2-59 所示。

(4) 选中图层 1，使用“编辑”|“变换”|“缩放”命令，如图 2-60 所示。调整花到合适大小。

(5) 选中图层 2，使用“编辑”|“变换”|“旋转”命令，调整花到合适位置，效果如图 2-61 所示。

(6) 选中图层 3，使用“编辑”|“变换”|“斜切”命令，调整花到合适形态，如图 2-62 所示。

图 2-57 素材图片

图 2-58 选择操作区域

图 2-59 复制粘贴选区内图像

图 2-60 “缩放”命令

图 2-61 “旋转”命令

图 2-62 “斜切”命令

(7) 选中图层 4,使用"编辑"|"变换"|"扭曲"命令,调整花到合适形态,效果如图 2-63 所示。

图 2-63 "扭曲"命令

(8) 存储文件到"效果图"文件夹,名称为"实例 5. psd",图像最终效果如图 2-64 所示。

图 2-64 最终效果

2.6 图像大小操作的基本方法

图像文件的大小、画布尺寸和分辨率是一组相互关联的图像属性。在图像编辑处理的过程中,会经常需要对其进行设置和调整。

2.6.1 设置图像的大小

图像大小和分辨率有着密切的关系。同样大小的图像文件,分辨率越高,图像文件越清晰。如果要修改现有图像文件的像素大小,分辨率和打印尺寸,可以选择"图像"|"图像大小"命令,打开"图像大小"对话框,如图 2-65 所示。在打开的"图像大小"对话框中进行调整。

2.6.2 设置画布的大小

画布是指整个文档的工作区域。在处理图像时，可以根据需要来增加或减少画布。选择"图像"|"画布大小"命令，打开"画布大小"对话框，如图 2-66 所示，可以修改画布的大小。当增加画布大小时，可在图像周围添加空白区域；当减小画布大小时，则裁剪图像。

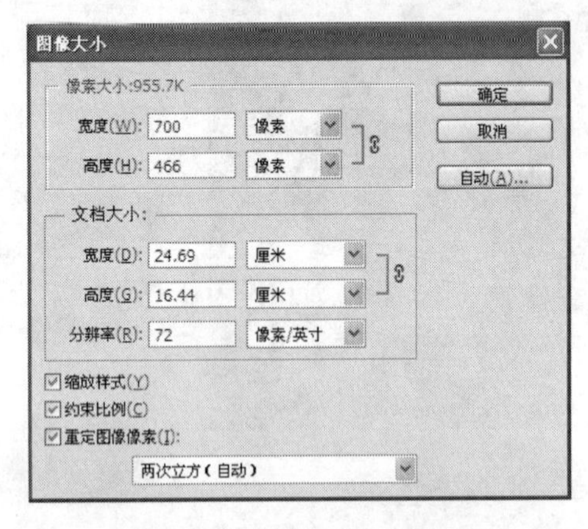

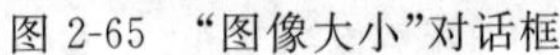

图 2-65 "图像大小"对话框

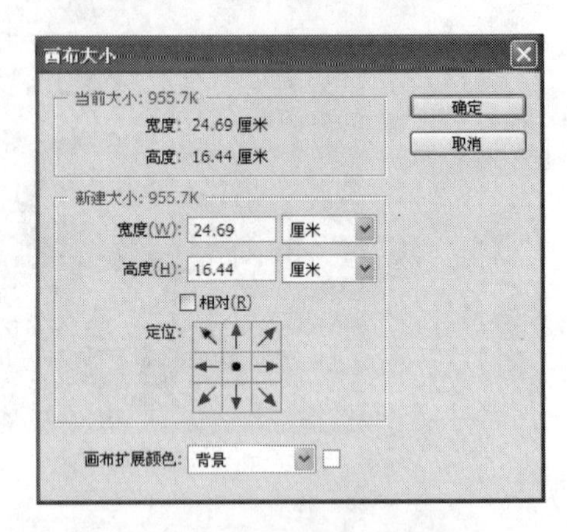

图 2-66 "画布大小"对话框

2.6.3 图像大小应用实例——艺术画制作

1. 实例简介

本实例通过制作一幅艺术画来讲解"图像大小"和"画布大小"命令的使用方法。

2. 实例制作步骤

(1) 打开"第 2 章\素材\桂林 2.jpg"文件，如图 2-67 所示，观察图像大小为 21.4MB。

(2) 选择"图像"|"图像大小"命令，打开"图像大小"对话框，设置宽度为"1048 像素"，如图 2-68 所示。

图 2-67 素材图片

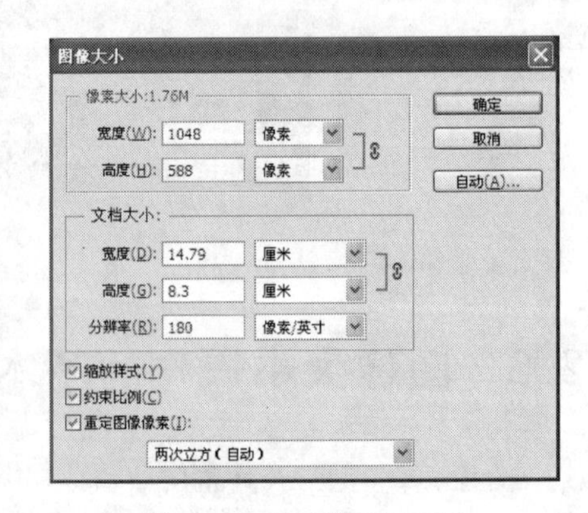

图 2-68 设置"图像大小"

(3) 设置好宽度后，图像效果及图像大小信息，如图 2-69 所示，此时，图像大小变为 1.76MB。

(4) 选择"图像"|"画布大小"命令，打开"画布大小"对话框，设置参数如图 2-70 所示。

(5) 单击"确定"按钮后，图像效果如图 2-71 所示。

(6) 存储文件到"效果图"文件夹，名称为"实例 6.jpg"，图像最终效果如图 2-72 所示。

图 2-69　设置“图像大小”后效果

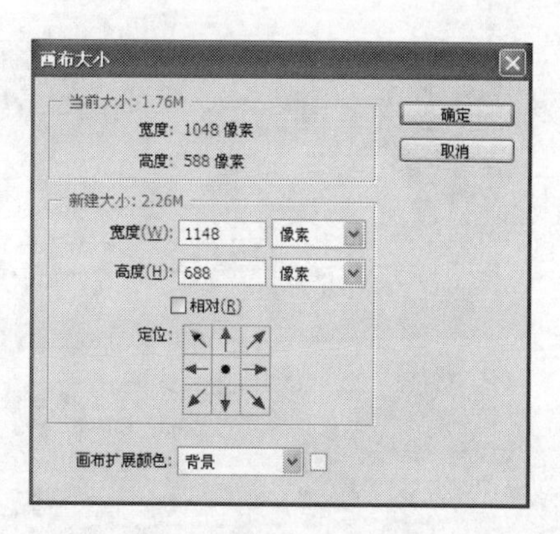

图 2-70　设置“画布大小”

图 2-71　设置“画布大小”后效果

图 2-72　图像最终效果

2.7　图像的屏幕模式

图像的屏幕模式有三种，分别是“标准屏幕模式”、“带有菜单栏的全屏模式”和“全屏模式”，如图 2-73 所示。

图 2-73　图像的屏幕模式

选择“视图”|“屏幕模式”，或单击“工具箱”的“更改屏幕模式”按钮，可以对屏幕模式进行选择和切换。

2.7.1　标准屏幕模式

“标准屏幕模式”是 Photoshop CS6 默认的视图方式，在这种方式下显示菜单栏、滚动条和其他屏幕元素。

打开“第 2 章\素材\花.jpg”文件，选择“视图”|“屏幕模式”|“标准屏幕模式”命令，如图 2-74 所示。

2.7.2　带有菜单栏的全屏模式

“带有菜单栏的全屏模式”为有菜单栏和灰色背景、没有标题栏和滚动条的全屏窗口。

打开“第 2 章\素材\花.jpg”文件，选择“视图”|“屏幕模式”|“带有菜单栏的全屏模式”命令，如图 2-75 所示。

图 2-74　标准屏幕模式

图 2-75　带有菜单栏的全屏模式

2.7.3　全屏模式

“全屏模式”隐藏所有窗口内容，也就是显示只有黑色背景、没有标题栏、菜单栏和滚动条的全屏窗口。

打开“第 2 章\素材\花.jpg”文件，选择“视图”|“屏幕模式”|“全屏模式”命令，系统提示如图 2-76 所示，“全屏模式”效果如图 2-77 所示。

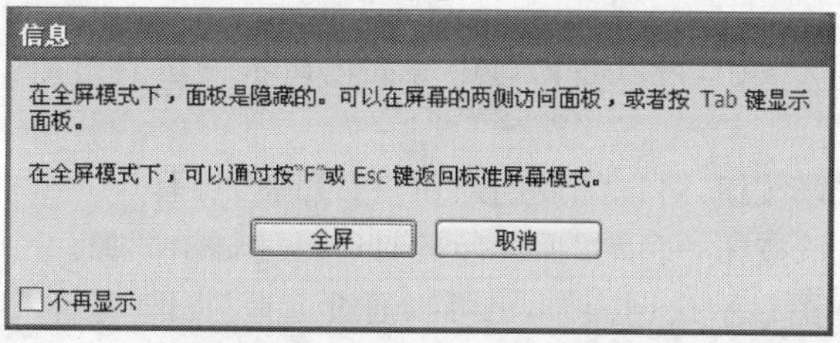

信息

在全屏模式下，面板是隐藏的。可以在屏幕的两侧访问面板，或者按 Tab 键显示面板。

在全屏模式下，可以通过按"F"或 Esc 键返回标准屏幕模式。

全屏　取消

不再显示

图 2-76　“全屏模式”系统提示

图 2-77　全屏模式

2.8　常用辅助工具

2.8.1　缩放工具

使用“缩放工具”可放大或缩小图像。使用“缩放工具”时，每单击一次都会将图像放大或缩小到下一个预设百分比，并以单击的点为中心将显示区域居中。

选择“工具箱”中的“缩放工具”，“缩放工具”的属性栏如图 2-78 所示。

调整窗口大小以满屏显示　缩放所有窗口　细微缩放　实际像素　适合屏幕　填充屏幕　打印尺寸

图 2-78　“缩放工具”属性栏

在属性栏中，可以通过相应的选项放大或缩小图像，下面介绍属性栏的按钮作用。

“放大”按钮：单击该按钮后，在图像中单击可以放大图像的显示比例。

“缩小”按钮：单击该按钮后，在图像中单击可以缩小图像的显示比例。

“调整窗口大小以满屏显示”复选框：在缩放窗口的同时自动调整窗口的大小。

“缩放所有窗口”复选框：可以同时缩放所有打开的图像的窗口。

“实际像素”：单击该按钮，图像以实际像素即以 100%的比例显示，也可以双击缩放工具来进行同样的调整。

“适合屏幕”：单击该按钮，可以在窗口中最大化显示完整的图像。也可以双击抓手工具来进行同样的调整。

“填充屏幕”：单击该按钮，可以缩放当前窗口，以适合屏幕。

“打印尺寸”：单击该按钮，可以按照实际的打印尺寸显示图像。

对于图像画面的视图显示比例操作，也可以通过选择“视图”菜单中相关命令实现。在“视图”菜单中，可以选择“放大”、“缩小”、“按屏幕大小缩放”、“实际像素”和“打印尺寸”命令。

选择“视图”下拉菜单，有关图像大小的命令如图 2-79 所示。

放大(I)	Ctrl++
缩小(O)	Ctrl+-
按屏幕大小缩放(F)	Ctrl+0
实际像素(A)	Ctrl+1
打印尺寸(Z)	

图 2-79 “视图”菜单缩放命令

“放大”命令：可以放大文档窗口的显示比例。

“缩小”命令：可以缩小文档窗口的显示比例。

“按屏幕大小缩放”命令：可以自动调整图像的比例，使之能够完整地在窗口中显示。

“实际像素”命令：图像将按照实际的像素，并以 100% 的比例显示。

“打印尺寸”命令：图像将按照实际的打印尺寸显示。

用户还可以使用快捷键调整图像画面的显示区域，按 Ctrl＋＋键可以放大显示图像画面；按 Ctrl＋－键可以缩小显示图像画面；按 Ctrl＋0 键按屏幕大小显示图像画面。

2.8.2 抓手工具

在图像放大后，需要看到放大图像中的某个局部细节。如果在图像窗口中出现了垂直滚动条或水平滚动条，可以直接拖曳滚动条来改变图像在图像窗口中显示的位置，也可以选择“工具箱”中的“抓手工具”，在图像上按住鼠标左键移动鼠标，就可以实现图像在文档窗口中的任意拖曳。

“抓手工具”的使用可以用下述方法。

(1) 选择“抓手工具”，此时鼠标光标变成手的形状，按住图标左键，在图像窗口中拖动即可移动图像。

(2) 在使用工具箱中任何工具时，按住键盘上的空格键后，会自动切换到“抓手工具”，按住鼠标左键，在图像窗口中拖曳就可以移动图像。

选择“工具箱”中的“抓手工具”，“抓手工具”的属性栏如图 2-80 所示。

图 2-80 “抓手工具”属性栏

“滚动所有窗口”命令：不选中此选项，使用“抓手工具”移动图像时，只会移动当前所选择的窗口内的图像；选中此选项，使用“抓手工具”时，将移动所有已打开窗口内的所有图像。

“实际像素”命令：单击此按钮，图像将自动还原到图像实际尺寸大小。

“适合屏幕”命令：单击此按钮，图像将自动缩放到窗口，方便对图像的整体预览。

“填充屏幕”命令：单击此按钮，图像将自动填充整个图像窗口大小，而实际长宽比例不变。

“打印尺寸”命令：单击此按钮，图像将缩放到适合打印的大小。

2.9　本章小结

本章介绍了 Photoshop CS6 的基本操作，主要介绍了 Photoshop CS6 软件的应用及功能、软件的界面、软件的工作区域以及文件的操作方法和图像的常用编辑方法及图像大小操作和屏幕模式，最后介绍了常用的辅助工具。通过本章的学习，使读者对 Photoshop CS6 有一个基本的了解，掌握了基本操作后，为后期的进一步深入学习打下了基础。

2.10　本章习题

1. 填空题

(1)“菜单栏”为整个环境下所有窗口提供菜单控制，包括文件、编辑、图像、图层、文字、选择、滤镜、视图、窗口和帮助(　　)项。

(2) Photoshop 中通过两种方式执行所有命令，一是菜单；二是(　　)。

(3)“属性栏”又称(　　)，选中某个工具后，属性栏就会改变成相应工具的属性设置选项，可更改相应的选项。

(4)“状态栏”在主窗口底部，由(　　)、(　　)和(　　)三部分组成。

(5) 选择工作区进行操作后，有些面板的位置会因为操作发生改变，软件提供了(　　)工作区的功能。

(6) 图像的屏幕模式有三种，分别是(　　)、(　　)和(　　)。

2. 选择题

(1) 打开“新建”对话框的方法是，选择“文件”|“新建”命令，或按(　　)键。

A. Ctrl＋S　　B. Ctrl＋A　　C. Ctrl＋D　　D. Ctrl＋N

(2) 使“缩放工具”时，按下(　　)键可以实现放大和缩小的转换。

A. Ctrl　　B. Alt　　C. Shift　　D. Tab

(3) 放大文档窗口的图像可以使用(　　)＋＋键完成。

A. Ctrl　　B. Alt　　C. Shift　　D. Tab

2.11　上机练习

练习 1　创建新的图像文件

创建一个名为“新建文件”的文件，宽为 800 像素，高为 600 像素，分辨率为 300 像素，颜色模式为 CMYK，背景透明的图像文件，存储到“效果图”文件夹，参考数值如图 2-81 所示。

主要制作步骤提示如下。

(1) 选择“文件”|“新建”命令，打开“新建”对话框。

(2) 在“名称”文本框中输入文件名。将宽度和高度单位改为“像素”，同时在“宽度”、“高度”文本框中输入文件宽度和高度值。

(3) 在“分辨率”文本框输入数值。

(4) 在“颜色模式”文本框选择颜色模式。

(5) 在“背景内容”下拉列表中选择“透明”选项。

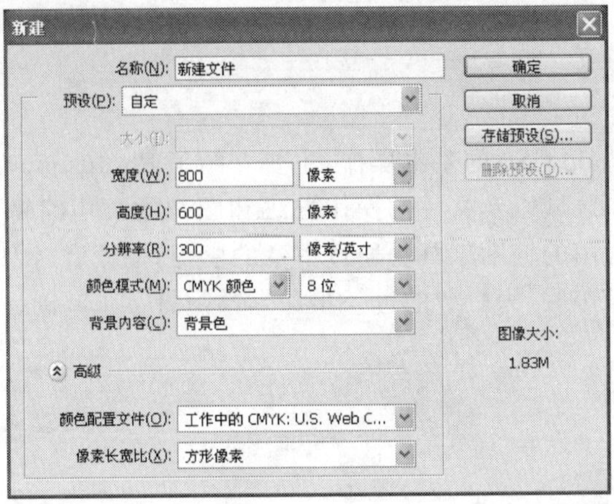

图 2-81 “新建”对话框

(6) 完成设置后单击“确定”按钮创建文件。

(7) 存储文件到“效果图”文件夹。

练习 2　更改图像文件的大小

打开“第 2 章\练习素材\图片 2.jpg”文件，如图 2-82 所示，将图片大小更改为 1024×768 像素，“图像大小”对话框，如图 2-83 所示。

图 2-82　素材文件

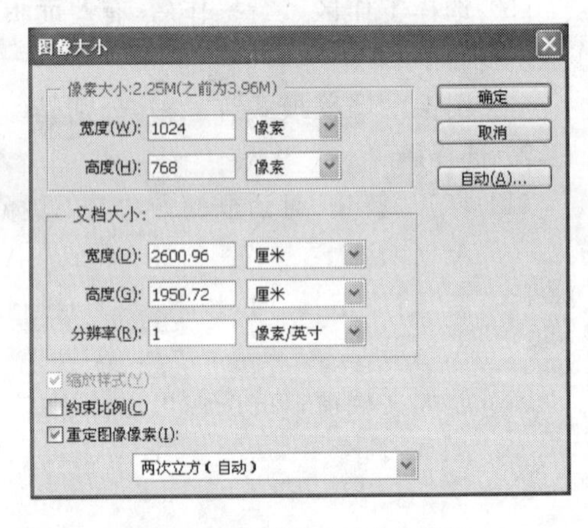

图 2-83 “图像大小”对话框

主要制作步骤提示如下。

(1) 打开素材图片。

(2) 选择“图像”|“图像大小”命令，打开“图像大小”对话框。在对话框中取消“约束比例”复选框的选中。

(3) 将“像素大小”栏中更改宽度和高度单位为像素，在“宽度”和“高度”文本框中输入数值。

(4) 单击“确定”按钮，关闭对话框完成图片大小的修改。

(5) 存储文件到“效果图”文件夹。

练习 3　更改画布大小

打开“第 2 章\练习素材\图片 1.jpg”文件，如图 2-84 所示。将“图布大小”更改为 30×30 像素，画布扩展颜色为“黄色”，此时的“图布大小”对话框如图 2-85 所示。图片最后效果，如

图 2-86 所示。

图 2-84　素材文件

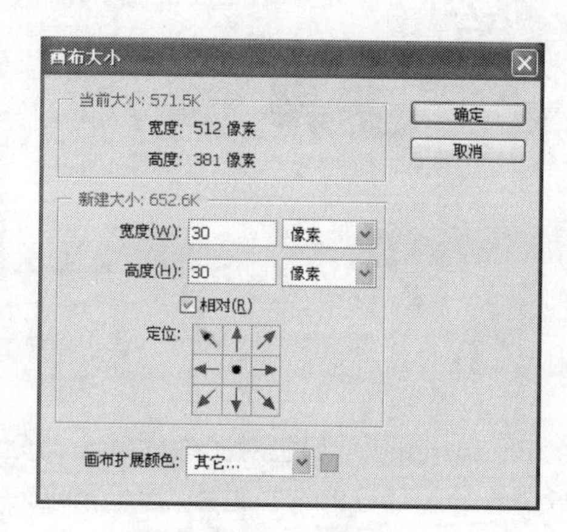

图 2-85　"图布大小"对话框

图 2-86　最终效果图

主要制作步骤提示如下。

(1) 打开素材图片。

(2) 选择"图像"|"图布大小"命令,打开"图布大小"对话框。

(3) 将"像素大小"栏中更改宽度和高度单位为像素,在"宽度"和"高度"文本框中输入数值。

(4) 单击"确定"按钮,关闭对话框完成图片大小的修改。

(5) 存储文件到"效果图"文件夹。

创建与编辑选区

在 Photoshop 中，如想对图像的某个部分进行色彩调整、颜色替换等特殊设置，就必须有一个指定的对某部分的选择过程，这个指定的过程称为选取。通过某些方式选取图像中的区域，形成选区。选区是一个重要部分，Photoshop 三大重要部分是选区、图层、路径。这三者是 Photoshop 的精髓所在。

本章的主要内容有：

- 选区的建立；
- 选区的编辑；
- 选区的应用。

3.1 选区的建立

Photoshop CS6 中，共有三类选区工具，分别是“选框工具”、“套索工具”和“魔棒工具”，这三类工具的用法虽然不同，但目的都是为了选取不同类型的对象，形成选区。

运行 Photoshop CS6，右击工具箱中的“选框工具”，打开其级联工具，Photoshop CS6 共有 4 种选框工具，分别是“矩形选框工具”、“椭圆选框工具”、“单行选框工具”和“单列选框工具”，如图 3-1 所示。

运行 Photoshop CS6，右击工具箱中的“套索工具”，打开其级联工具，Photoshop CS6 共有三种套索工具，分别是“套索工具”、“多边形套索工具”和“磁性套索工具”，如图 3-2 所示。

运行 Photoshop CS6，右击工具箱中的“魔棒工具”，打开其级联工具，Photoshop CS6 共有两种魔棒工具，分别是“快速选择工具”和“魔棒工具”，如图 3-3 所示。

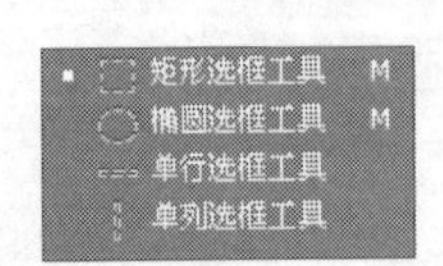

图 3-1 “选框工具组”

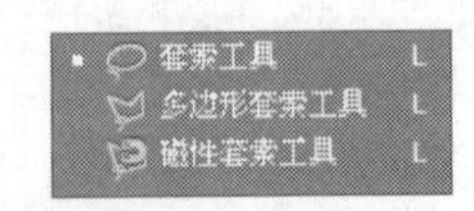

图 3-2 “套索工具组”

图 3-3 “魔棒工具组”

3.1.1 矩形选框工具

使用“矩形选框工具”可以在图像中绘制矩形或正方形的选区。

选择“矩形选框工具”，其属性栏设置如图 3-4 所示。

图 3-4 “矩形选框工具”属性栏

“新选区”：绘制新选区。

“添加到选区”：在原有选区的基础上增加新的选区。

“从选区减去”：在原有选区的基础上减去新的选区。

“与选区交叉”：选择新选区与原有选区交叉的部分。

“羽化” 羽化: 0像素 ：用于设定选区边界的羽化程度，像素越大，羽化值越大，羽化效果越明显。

“样式” 样式: 正常 ：用于选择不同的矩形选框类型。

选中“矩形选框工具”后，在图像上按住鼠标左键并沿对角线方向拖曳，即可创建矩形选区。按住 Shift 键，在图像中可以绘制正方形选区，矩形选区和正方形选区效果如图 3-5 所示。

专家点拨：在“矩形选框工具”属性栏中，单击“样式”下拉列表，在打开的列表中可以设置绘制选区的形态，默认情况下选择“正常”样式，当选择“固定比例”或“固定大小”时，则可以根据设置的比例或数值来创建选区。

3.1.2 椭圆选框工具

使用“椭圆选框工具”可以在图像中绘制椭圆或圆形选区。

选中“椭圆选框工具”后，在图像上按住鼠标左键并拖曳，即可创建椭圆选区。按住 Shift 键，在图像中可以绘制圆形选区，椭圆选区和圆形选区效果如图 3-6 所示。

图 3-5 正方形选区和矩形选区

图 3-6 圆形选区和椭圆选区

3.1.3 单行选框工具和单列选框工具

选中“单行选框工具”和“单列选框工具”，可以在图像中绘制 1 像素宽度的横向或纵向选区。只要选中该工具后，在图像中直接单击即可。单行选区和单列选区效果如图 3-7 所示。

3.1.4 套索工具

利用选框工具组只能在图像上创建简单的几何选区，当选择创建稍复杂的选区时，就需要利用其他选区工具来创建，“套索工具组”就可以创建稍复杂任意形态的选区。

使用“套索工具”可以创建任意形状的不规则选区。单击工具箱中的“套索工具”，然后在需要选取的图像位置按住鼠标左键并开始拖曳进行绘制，当绘制线条的终点与起点重合时，单击即可闭合线条，得到一个封闭的选区，效果如图 3-8 所示。

图 3-7　单行选区和单列选区

图 3-8　“套索工具”绘制的选区

3.1.5　多边形套索工具

使用“多边形套索工具”可以在图像中创建不规则形状的选区，如三角形、菱形等。单击工具箱中的“多边形套索工具”，沿图像边缘单击选中即可创建不规则的多边形选区，效果如图 3-9 所示。

图 3-9　“多边形套索工具”绘制的选区

3.1.6　磁性套索工具

使用“磁性套索工具”可以快速选择边缘与背景反差较大的图像，反差越大，所选取的图像就越精确。磁性套索工具属性栏各相关属性如图 3-10 所示。

图 3-10　“磁性套索工具”属性栏

- “羽化”：此选框用于设置 Photoshop CS6 选区的羽化属性。羽化选区可以模糊选区边缘的像素，产生过渡效果。羽化宽度越大，则选区的边缘越模糊，选区的直角部分也将变得圆滑，这种模糊会使选定范围边缘上的一些细节丢失。在羽化后面的文本框中可以输入羽化数值设置选区的羽化功能(取值范围是 0～250px)。
- “消除锯齿”：选中此复选框后，选区边缘的锯齿将消除。
- “宽度”：此选项用于设定系统检测范围。系统将以鼠标为中心在设定的范围内选定抬头最大的边缘，此值范围为 1～40 像素。
- “对比度”：此选项用于设置系统检测边缘的精度，值越大，该工具所能识别的边界对比度也就越高，此值的取值范围为 0～100。
- “频率”：此选项用于设定创建关键点的频率(速度)，值设置越大，系统创建关键点的速度越快，此参数设置范围为 0～100。
- “使用绘图板压力以更改钢笔宽度”：此工具用于绘图板压力以更改钢笔宽度。

单击工具箱中的“磁性套索工具”，在图像边缘位置单击并按住鼠标左键沿边缘进行拖曳，鼠标移动的轨迹自动创建带有锚点的路径，拖曳的终点与起点位置重合时放开鼠标，即可创建封闭选区，效果如图 3-11 所示。

3.1.7 快速选择工具

图 3-11 “磁性套索工具”绘制的选区

“快速选择工具”和“魔棒工具”都是根据图像中的颜色区域来创建选区的。不同的是，前者是根据画笔大小来确定选区范围；而后者是根据容差大小来确定选区范围。

使用“快速选择工具”，可以快速地选择图像中所需要的区域。选择画笔大小，在图像的相应位置单击，即可创建选区，画笔的大小决定了所选区域的大小，图 3-12 所示是画笔笔尖大小为 20 像素和 40 像素时，在图像中单击所产生的选区。

(a) 画笔笔尖为20像素时的选区

(b) 画笔笔尖为40像素时的选区

图 3-12 “快速选择工具”绘制的选区

3.1.8 魔棒工具

使用“魔棒工具”，可通过在图像中单击，选取颜色相似的区域。此工具适合于对颜色对比明显的图像进行选取，使用此工具创建选区时，可利用容差值的大小来确定选择的颜色范围，容差值越大，选择的范围就越广，反之，容差值越小，选择的范围就越小。图 3-13 所示为容差值为 20 和 40 时，在图像中单击所产生的选区。

(a) 容差值为20时的选区

(b) 容差值为40时的选区

图 3-13 “魔棒工具”绘制的选区

3.1.9 选区的建立应用实例——制作“全新卧牛”图

1. 实例简介

本实例通过使用 Photoshop CS6 中的选区工具，来制作一则“全新卧牛”的图片。本实例中应用到的工具主要有“魔棒工具”、“磁性套索工具”等。通过本实例的制作，使读者掌握应用不同工具创建选区的方法。

该实例最终制作效果如图 3-14 所示。

2. 实例制作步骤

(1) 运行 Photoshop CS6，执行“文件”|“打开”命令，或按 Ctrl＋O 组合键，或在页面空白区域双击，打开素材图像“第 3 章\素材\卧牛.jpg”，效果如图 3-15 所示。将背景图层转换为普通图层 0，并将图层 0 复制。

图 3-14 全新卧牛效果图

图 3-15 打开素材文件

(2) 选择“魔棒工具”，选区类型为“添加到选区”，容差值设置为 40，在素材图像的蓝色天空部分多次单击，将整个天空创建为选区，效果如图 3-16 所示。

(3) 按住 Del 键，将选区删除。删除选区后的效果如图 3-17 所示。

图 3-16 将蓝色天空创建为选区

图 3-17 将选区删除

(4) 打开素材图像“第 3 章\素材\大海.jpg”，如图 3-18 所示。

(5) 选择“移动工具”，将新打开的素材图像移动到“卧牛”图像中，并调整图层上下位置，图层位置调整后效果如图 3-19 所示，图像效果如图 3-20 所示。

(6) 选中“图层 0 副本”图层，选择“磁性套索工具”，沿卧牛边缘单击，创建选区，效果如图 3-21 所示。

(7) 执行“图像”|“调整”|“色相/饱和度”命令，打开“色相/饱和度”对话框，对话框属性如图 3-22 所示。单击“确定”按钮后图像效果如图 3-23 所示。

(8) 打开素材图像“第 3 章\素材\小朋友.jpg”，如图 3-24 所示。

(9) 选择“魔棒工具”，容差值设置为 20，在图像白色背景处单击，创建选区，效果如图 3-25 所示。

图 3-18 打开素材图像

图 3-19 图层位置

图 3-20 调整图层位置后图像效果

图 3-21 用“磁性套索工具”将图像生成选区

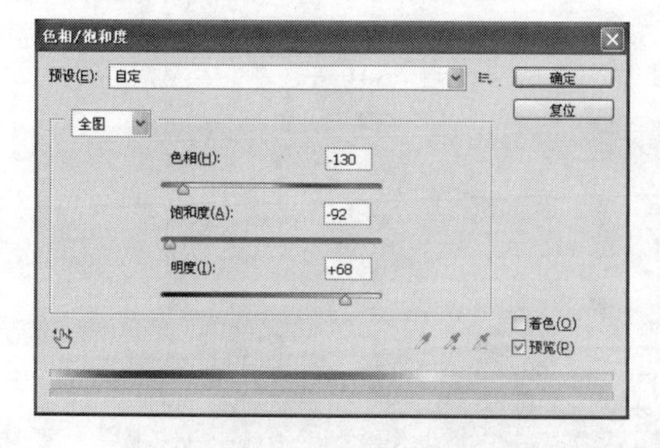

图 3-22 “色相/饱和度”对话框属性

图 3-23 颜色调整后图像效果

(10) 按 Del 键删除选区,删除后图像效果如图 3-26 所示。按 Ctrl+D 组合键取消选区,效果如图 3-27 所示。

图 3-24 打开素材图像

图 3-25 创建选区

图 3-26 删除选区

图 3-27 取消选区

(11) 选择"移动工具"，将删除选区后的图像移动到"卧牛"文件中，并按 Ctrl+T 组合键改变图像大小，并将图像移动到合适位置，改变大小并移动位置后效果如图 3-28 所示。

(12) 打开素材图像"第 3 章\素材\相机小孩.jpg"，如图 3-29 所示。

图 3-28　小孩图像放置到合适位置

图 3-29　打开素材图像

(13) 选择"魔棒工具"，单击图像的白色背景生成选区，并按 Del 键，将选区删除。删除并取消选区后的效果如图 3-30 所示。

(14) 选择"移动工具"，将删除选区后的图像移动到原文件中，并按 Ctrl+T 组合键改变图像大小，将图像移动到合适位置，执行"编辑"|"变换"|"水平翻转"命令，图像经过编辑后效果如图 3-31 所示。

图 3-30　删除选区

图 3-31　移动并编辑图像后的效果

(15) 将所有图层合并，保存到"效果图"文件夹中，并命名为"全新卧牛.psd"。最终效果如图 3-14 所示。

3.2　选区的编辑

创建选区后，为了得到更满意的选区效果，还可以对选区进行编辑，如移动选区、取消选区、全选选区、反选选区、修改选区、羽化选区、存储选区、填充和描边选区、变换选区、应用"色彩范围"创建选区等。

3.2.1 移动选区

移动选区有两种方法，一是使用鼠标移动选区；二是使用键盘移动选区。

使用鼠标移动选区：在图像中创建选区后，将鼠标放置在选区内，当鼠标形状变为 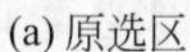 时，按住鼠标并进行拖曳，将选区拖曳到其他位置，松开鼠标后，即可完成选区的移动。选区移动前和移动后的效果分别如图 3-32 所示。

(a) 原选区

(b) 移动选区

图 3-32 移动选区前和移动选区后

使用键盘移动鼠标：在图像中创建选区后，可使用键盘上的方向键对选区进行微调，每按一次方向键，可将选区向相应方向移动 1 像素。

3.2.2 取消选区

当完成编辑，不再需要选区时，或对选区操作不合适时，都可以通过"取消选区"命令取消图像中已经创建的选区。

执行菜单"选择"|"取消选择"命令，或直接按 Ctrl+D 组合键，就可以取消选区。

3.2.3 全选选区

全选选区：即选择所有像素，也就是将图像中所有图像全部选取。

执行菜单"选择"|"全部"命令，或直接按 Ctrl+A 组合键，即可选取全部图像，效果如图 3-33 所示。

图 3-33 选取全部图像

3.2.4 反选选区

反选选区：即选择已有选区外的其他像素。

执行菜单"选择"|"反向"命令，或直接按 Shift+Ctrl+I 组合键，即可反选选区，效果如图 3-34 所示。

3.2.5 修改选区

利用选区工具在图像中创建选区后，还可以对选区进行修改，如修改其边界、平滑、扩展、收缩、羽化等。

执行菜单“选择”|“修改”命令，打开其级联菜单，如图 3-35 所示。

图 3-34 反选选区

图 3-35 “选择”|“修改”级联菜单

1. “修改”|“边界”

“边界”指的是在原有的选区上再套用一个选区，填充颜色时只能填充两个选区中间的部分。

执行菜单“选择”|“修改”|“边界”命令，打开其对话框，并进行如图 3-36 所示的设置，单击“确定”按钮后的效果如图 3-37 所示。

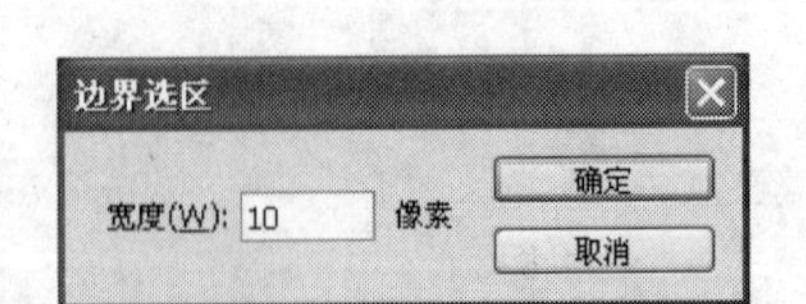

图 3-36 “边界选区”对话框

图 3-37 “边界选区”效果

2. “修改”|“平滑”

“平滑”是指调节选区角的平滑度，如一个矩形选框，把平滑度调为 10 则成了圆角矩形。

执行菜单“选择”|“修改”|“平滑”命令，打开其对话框，并进行如图 3-38 所示的设置，确定后效果如图 3-39 所示。

3. “修改”|“扩展(收缩)”

按特定数量的像素扩展或收缩选区。

执行菜单“选择”|“修改”|“扩展(收缩)”命令，打开其对话框进行相应设置即可。

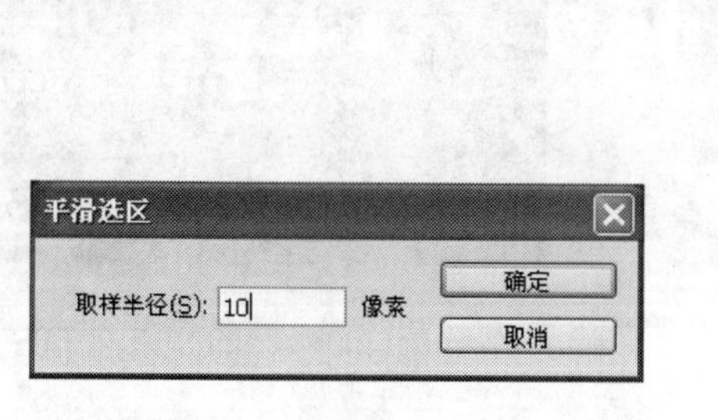

图 3-38 “平滑选区”对话框

图 3-39 “平滑选区”效果

4. “修改”|“羽化”

“羽化”可以对已经创建的选区边缘进行柔化处理,使选区更加平滑、自然。羽化半径像素值越高,选区的边缘越光滑；反之,选区的边缘会越趋近于原来选区的效果。

执行菜单“选择”|“修改”|“羽化”命令,打开其对话框,进行如图 3-40 所示的设置,单击“确定”按钮后,选区被羽化,效果如图 3-41 所示。

图 3-40 “羽化选区”对话框图

图 3-41 “羽化选区”

为了明显地看到羽化效果,需将现有选区反选,按 Shift+Ctrl+I 组合键,反选选区,如图 3-42 所示。在现有选区中填充前景色黑色,效果如图 3-43 所示,即为羽化后的显示效果。

另外,也可以在绘制选区前,先设置羽化的像素值,如图 3-44 所示,此时,绘制的选区将自动成为带有羽化边缘的选区。

专家点拨:对选区进行羽化后,并不能直观地看到羽化效果,为了显示出羽化效果,需对羽化外的选区进行其他颜色的填充或直接删除掉羽化外的选区。

图 3-42　反选选区

图 3-43　最终“羽化”效果

3.2.6　存储选区

图 3-44　设置“羽化”像素值

使用选区工具在图像中创建选区后，还可以使用“存储”和“载入”命令对选区或图像进行编辑。

打开图像，在图像中用选区工具创建选区后，如图 3-45 所示，执行菜单“选择”|“存储选区”命令，打开“存储选区”对话框，如图 3-46 所示，在对话框中输入名称，单击“确定”按钮即可存储选区。

图 3-45　创建选区

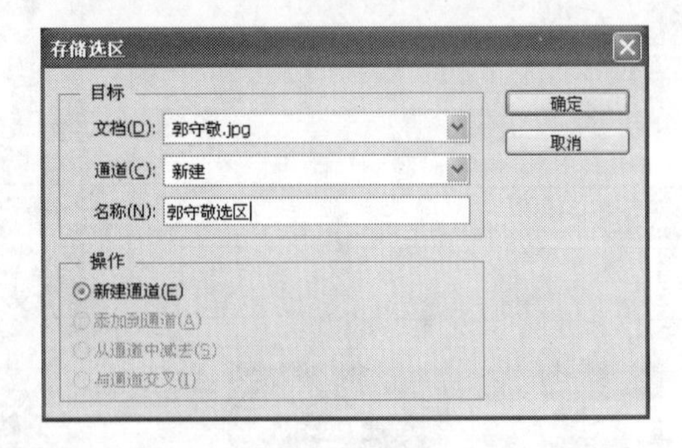

图 3-46　存储选区

3.2.7　填充和描边选区

创建选区后，还可对选区边缘进行填充和描边，从而实现丰富多彩的选区效果。

在图像中创建选区后，如图 3-47 所示，将鼠标放在选区框内，右击，弹出如图 3-48 所示的菜单，执行菜单中的“填充”命令，打开如图 3-49 所示的对话框，单击“使用”下拉箭头，打开如图 3-50 所示的填充颜色菜单，选择“前景色”填充后单击“确定”按钮，填充效果如图 3-51 所示。

同理，在设置对选区进行描边时，打开如图 3-52 所示的“描边”对话框，并进行相应属性设置，单击“确定”按钮后，选区描边效果如图 3-53 所示。

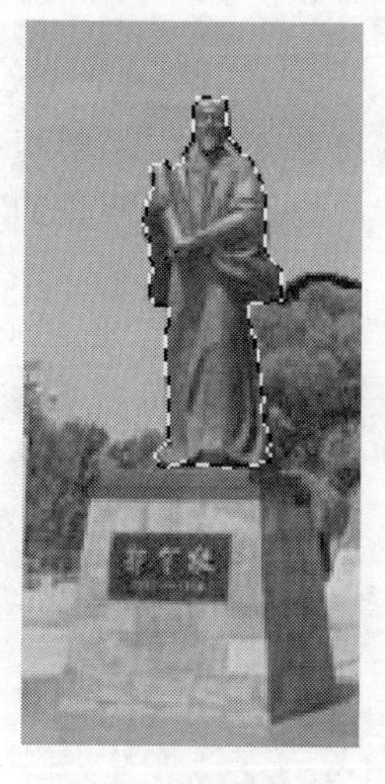

图 3-47　创建选区

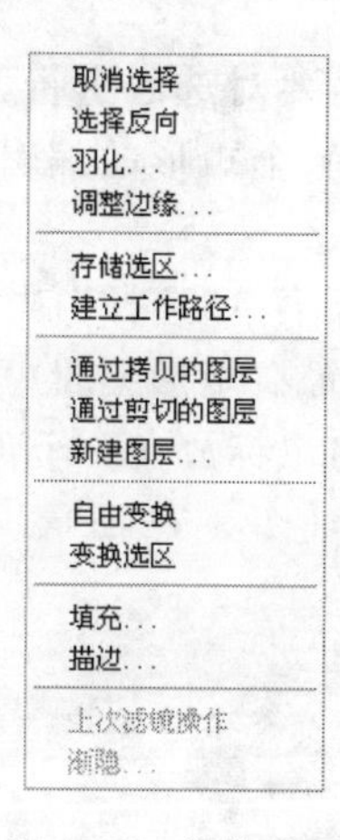

取消选择
选择反向
羽化...
调整边缘...
存储选区...
建立工作路径...
通过拷贝的图层
通过剪切的图层
新建图层...
自由变换
变换选区
填充...
描边...
上次滤镜操作
渐隐...

图 3-48　菜单选项

填充
内容
使用(U): 前景色
自定图案:
确定
取消
混合
模式(M): 正常
不透明度(O): 100 %
保留透明区域(P)

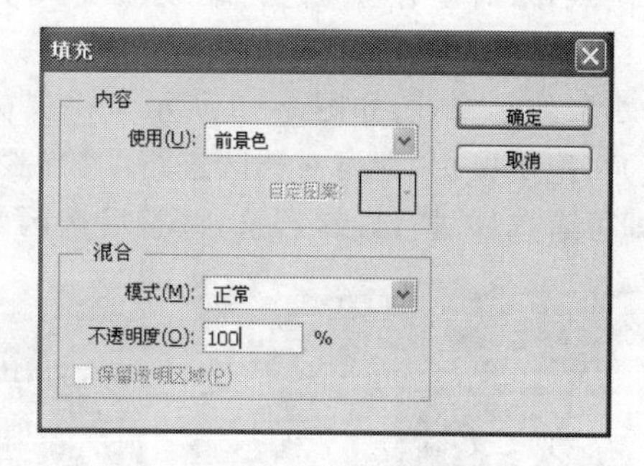

图 3-49　“填充”对话框

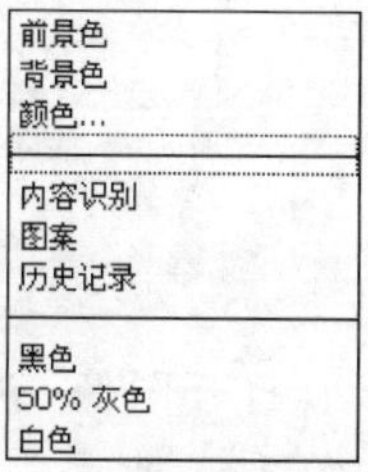

前景色
背景色
颜色...
内容识别
图案
历史记录
黑色
50% 灰色
白色

图 3-50　填充颜色菜单

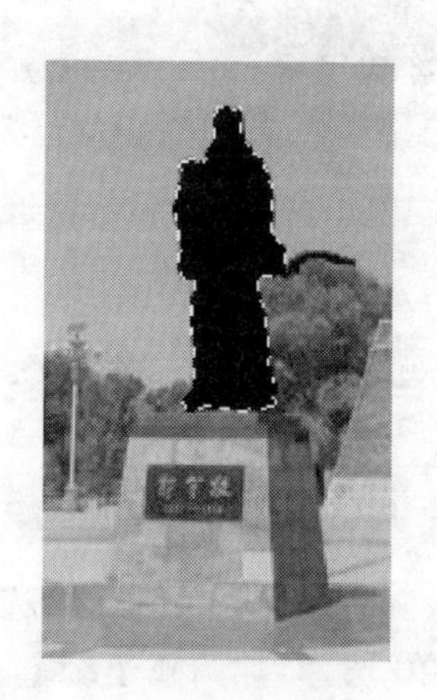

图 3-51　选区“填充”效果

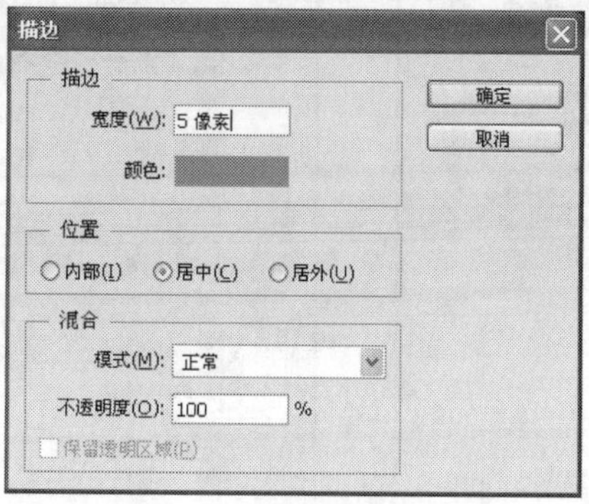

描边
描边
宽度(W): 5 像素
颜色:
确定
取消
位置
内部(I)
居中(C)
居外(U)
混合
模式(M): 正常
不透明度(O): 100 %
保留透明区域(P)

图 3-52　“描边”对话框

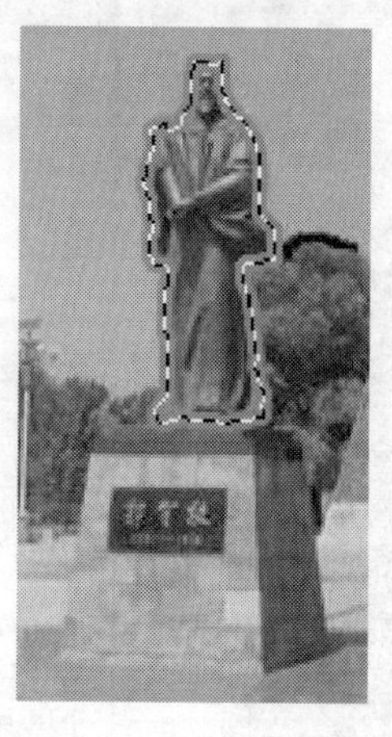

图 3-53　选区“描边”效果

3.2.8 变换选区

利用选区工具在图像中创建选区后，如果需要对选区进行大小、角度等的变换，可以执行菜单“选择”|“变换选区”命令，当选区周围出现一个矩形的编辑框时，则可通过拖曳编辑框上的控制点，来对已有选区进行缩放、旋转等操作。

打开图像，创建选区，如图 3-54 所示。执行菜单“选择”|“变换选区”命令，选区周围出现一个矩形的编辑框，如图 3-55 所示。将鼠标放置在矩形编辑框的控制点上，当光标变为双向箭头时，拖曳鼠标，即可对选区进行缩放调整，将鼠标放在 4 个顶点外侧，当鼠标变为旋转箭头时，即可对选区进行旋转调整，调整后选区效果如图 3-56 所示。

图 3-54　创建选区

图 3-55　变换选区编辑框

图 3-56　变换选区效果

3.2.9 调整边缘

“调整边缘”命令可以对现有的选区进行更深入地修改。打开图像，创建选区，如图 3-57 所示。执行菜单“选择”|“调整边缘”命令，弹出其对话框，如图 3-58 所示。

“视图模式”复选框共有 7 个不同的模式，为用户在不同的图像背景和色彩环境下编辑图像提供了视觉上的方便。7 种模式如图 3-59 所示。

图 3-57　创建选区

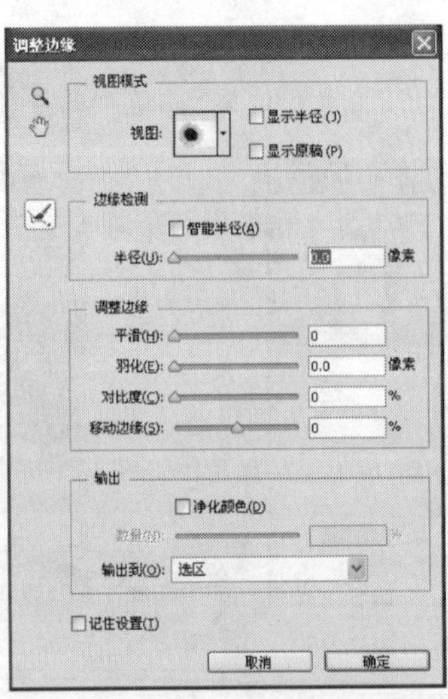

图 3-58　“调整边缘”对话框

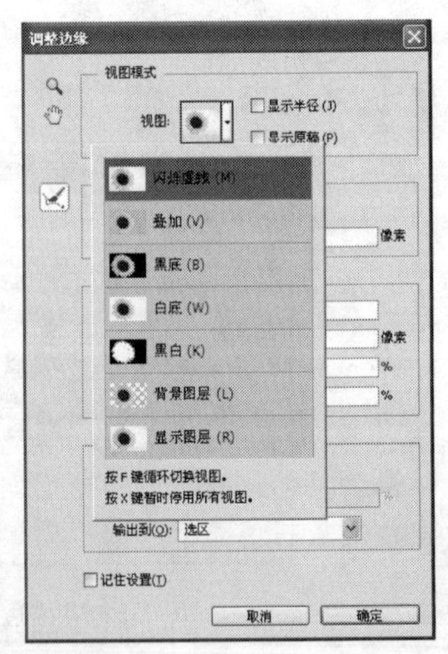

图 3-59　7 种视图模式

闪烁虚线(M)查看带有标准选区边界选区,在柔化边缘选区上,边界将会围绕被选中50%以上的像素；切换此模式快捷键为M。

叠加(V)选区将会看作快速蒙版查看。按住Alt键单击,可以编辑快速蒙版设置；切换此模式快捷键为V。

黑底(B)在黑色背景上查看选区；切换此模式快捷键为B。

白底(W)在白色背景上查看选区；切换此模式快捷键为W。

黑白(K)将选区作为蒙版查看；切换此模式快捷键为K。

背景图层(L)查看被选区蒙版的图层；切换此模式快捷键为L。

显示图层(R)在未使用蒙版情况下,查看整个图层。切换此模式快捷键为R。

“边缘检测”复选框内的选项,如图3-60所示。

“智能半径”：可以自动调整区域中发现的硬边缘和柔滑边缘的半径。

“半径”：可以调整选区与图像边缘之间的距离,数值越大,选区越靠近图像边缘。

“调整边缘”选项区域内的各选项,如图3-61所示。

“平滑”：边缘平滑的程度,范围0～100,数值越大,越平滑,不利于调整毛刺边缘。

“羽化”：柔滑过度边缘,范围0～250,值越大,柔滑过度会更好,但更模糊。

“对比度”：剔除边缘的不自然感,范围0～100,值越大,越锋利。

“移动边缘”：类似扩展和收缩选区。适当收缩选区,可去除选区白边；“移动边缘”滑块向左拖动,会收缩选区；“移动边缘”滑块向右拖动,会扩展选区。

“输出”选项区域内的各选项,如图3-62所示。

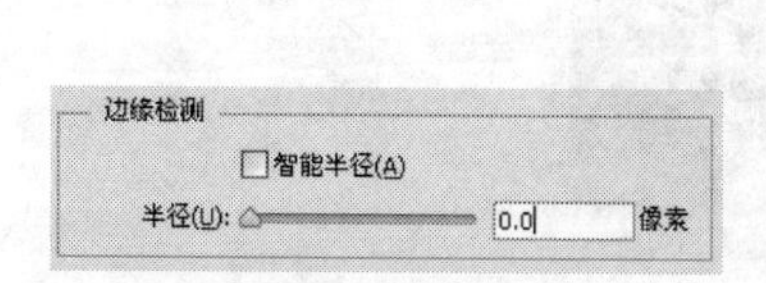

图3-60　“边缘检测”选项区域

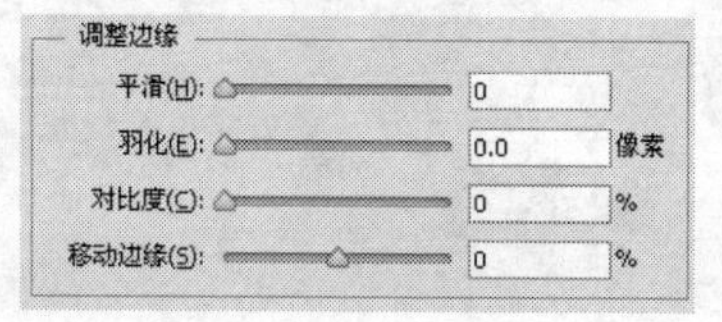

图3-61　“调整边缘”选项区域

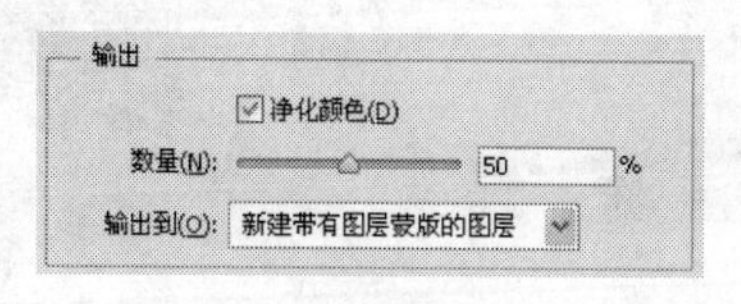

图3-62　“输出”选项区域

“净化颜色”：将彩色边完全替换为附近选中的像素的颜色。

“数量”：更改净化和彩色边的替换程度。

“输出到”：有输出选区、图层蒙版、新建图层等。

选中“净化颜色”复选框,在编辑时就可以直观地看到软件会对对象边缘的颜色进行自动处理,使其最终结果在输出后不再产生之前版本里令人头痛的“黑白”边缘。

勾选“输出到(可选择)”选项,可在弹出的复选项内自主选择适合的选项便于编辑。

专家点拨：在“输出”选项区域内,一般情况下会选择勾中“净化颜色”复选框,输出选择“新建带有图层蒙版的图层”,以便在蒙版中对选区进行更完美地处理。

3.2.10　应用“色彩范围”创建选区

“色彩范围”命令是根据图像中某一颜色区域进行选取,从而创建选区。

执行菜单“选择”|“色彩范围”命令,打开其对话框,如图3-63所示,在对话框中可以看到以黑、白、灰三色显示的选择范围。其中白色为选中区域,灰色为半透明区域,黑色为未选中区域。

打开图像,执行菜单“选择”|“色彩范围”命令,打开其对话框,用吸管工具在图像蓝色背景处单击,并将容差值设置为100,如图3-64所示。确定后生成的选区如图3-65所示。

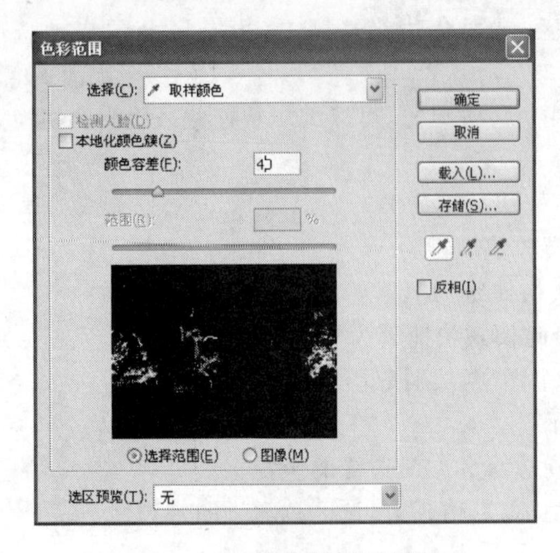

图 3-63 “色彩范围”对话框

图 3-64 “色彩范围”对话框

图 3-65 应用“色彩范围”创建的选区

3.2.11 选区的编辑应用实例——制作禁烟标志

1. 实例简介

本实例通过对选区的编辑来制作一则禁烟标志。本实例中应用到的工具主要有“椭圆选框工具”、“矩形选框工具”、“套索工具”等。通过本实例的制作，使读者掌握对选区进行编辑和调整的方法和技巧。

该实例最终制作效果如图 3-66 所示。

图 3-66 禁烟标志

2. 实例制作步骤

(1) 打开 Photoshop CS6，执行菜单“文件”|“新建”命令，新建一个文档，各属性设置如图 3-67 所示。

(2) 新建图层，命名为“圆环”。选择“椭圆选框工具”，按住 Shift 键的同时创建一个正圆选区。设置前景色为红色，在正圆选区内右击，在弹出的快捷菜单中选择“填充”项，用前景色填充选区，效果如图 3-68 所示。同理，再用“椭圆选框工具”创建一稍小的正圆选区，按 Del 键删除选区内颜色，删除后产生的圆环如

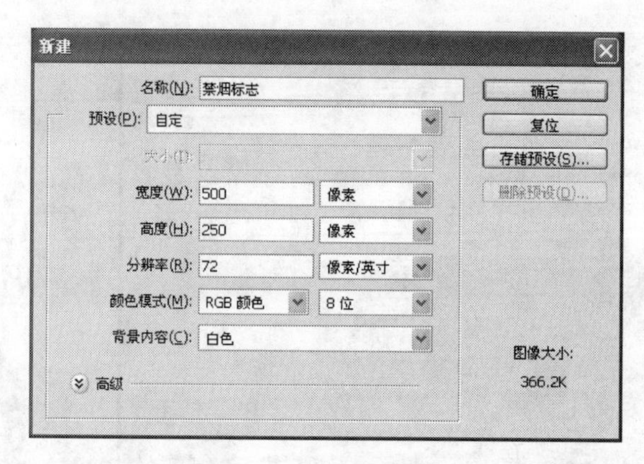

图 3-67　新建文件

图 3-69 所示。

(3) 新建图层，命名为“斜线”。选择“矩形选框工具”，在圆环的适当位置创建一个长方形选区，如图 3-70 所示。执行菜单“选择”|“变换选区”命令，对矩形选区进行大小、旋转的调整，调整到合适位置后，选择“填充”，用前景色填充选区，效果如图 3-71 所示。

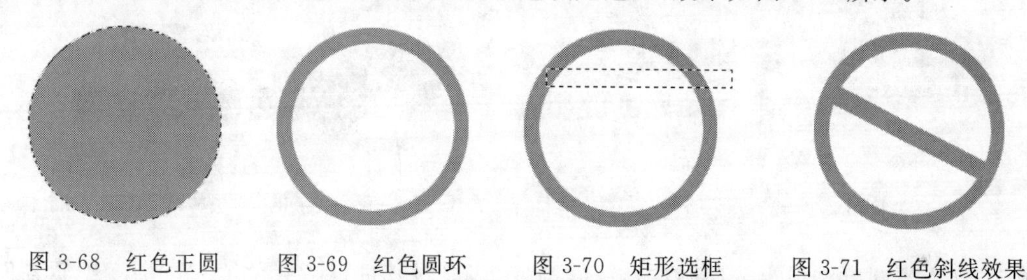

图 3-68　红色正圆　　图 3-69　红色圆环　　图 3-70　矩形选框　　图 3-71　红色斜线效果

(4) 新建图层，命名为“香烟”，并将该图层拖曳到“斜线”图层的下方，图层效果如图 3-72 所示。将前景色设置为黑色，选择“矩形选框工具”，在适当位置绘制矩形选区，并用前景色填充，效果如图 3-73 所示。选择“套索工具”，在适当位置绘制不规则的烟气效果，并用前景色填充，香烟冒烟效果如图 3-74 所示。

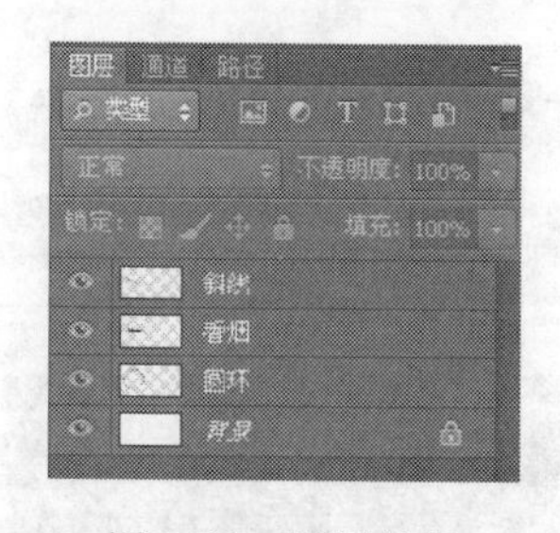

图 3-72　图层效果

图 3-73　矩形选区填充效果

图 3-74　香烟冒烟效果

(5) 合并“斜线”、“香烟”、“圆环”三个图层，对合并后的新图层命名为“禁烟”，双击“禁烟”图层，打开“图层样式”对话框，选择“投影”样式，图层样式属性设置如图 3-75 所示，单击“确定”按钮后的图像效果如图 3-76 所示。

(6) 选择“横排文字工具”，在图像的相应位置输入相应文字，并对文字进行相关属性设置，设置完成后，文字效果如图 3-77 所示。双击文字图层，打开“图层样式”对话框，选择“描边”和“投影”样式，属性数值均采用默认数值，单击“确定”按钮后的文字样式效果如图 3-78 所示。

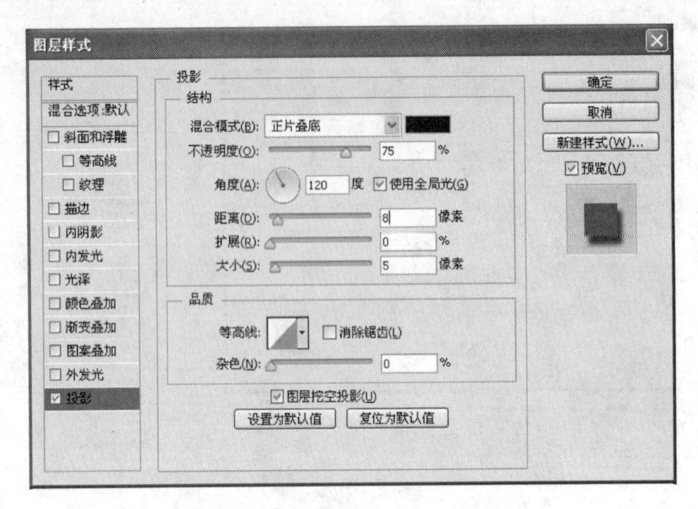

图 3-75 “图层样式”对话框

图 3-76 “投影”效果

图 3-77 输入文字

图 3-78 文字的“图层样式”效果

(7) 将背景图层转换为普通图层,选择“渐变工具”对其进行渐变色填充,“渐变编辑器”对话框如图 3-79 所示。单击“确定”按钮后的渐变效果如图 3-80 所示。

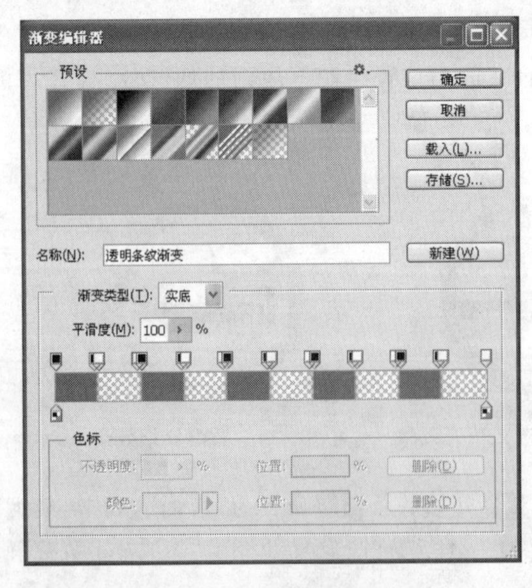

图 3-79 “渐变编辑器”对话框

图 3-80 渐变颜色填充效果

(8) 制作完成,保存到“效果图”文件夹中,并命名为“禁烟标志.psd”。最终效果如图 3-66 所示。

3.3　选区的应用

在对选区进行了创建和编辑后，就可以应用选区来对图像进行进一步的处理，如对选区内图像的移动、复制、删除等。

3.3.1　选区图像的移动

对选区图像的移动，包括两种情况，一种是在同一文件中移动；另一种是移动到其他文件中。

- 在同一文件中移动图像：在文件中创建选区后，如图 3-81 所示，选择“移动工具”，将光标置于选区内，当光标变为时，拖曳选区，即可实现对选区内图像的移动，移动图像后效果如图 3-82 所示。

图 3-81　创建选区

图 3-82　移动图像

- 在不同文件中移动图像：在文件中创建选区后，选择“移动工具”，将光标置于选区内，按住鼠标左键不放，将其拖曳到另一文件的状态栏上，如图 3-83 所示。此时自动切换到第二幅背景图片中，把图像拖曳到合适位置，松开鼠标左键，此时牡丹花图片就移动到背景图片中，如图 3-84 所示，Photoshop CS6 会自动生成一个新图层，图层状态如图 3-85 所示。

图 3-83　状态栏

图 3-84　移动图像到另一个文件中

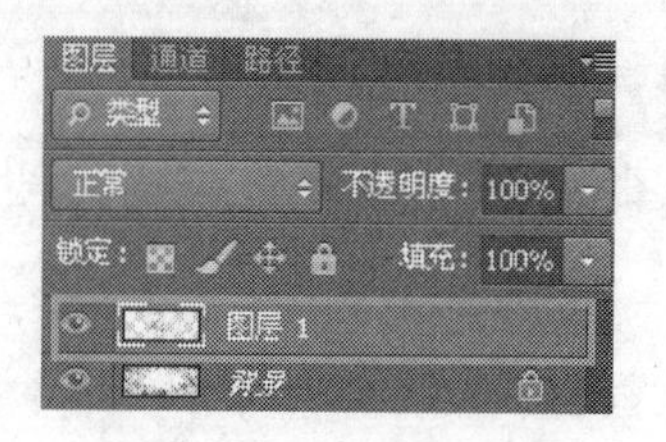

图 3-85　自动生成图层

专家点拨：在按住鼠标左键拖曳选区图像到目的地之后不要立即松开鼠标左键，等到鼠标移动到目的地的文件上面之后，会看到文件周围出现白色边框，这时候松开鼠标就可以成功实现拖曳操作了。

3.3.2 选区图像的复制

对选区内的图像，可以通过复制命令对图像进行快速复制和粘贴。

在文件中创建选区后，选择“移动工具”，将光标置于选区内，按住 Alt 键的同时拖曳鼠标，即可完成对选区内图像的复制，复制结果如图 3-86 所示。

另外，除了用移动工具复制外，还可以使用菜单命令进行复制，执行菜单“编辑”|“拷贝”命令和“编辑”|“粘贴”命令，即可完成复制。与使用移动工具复制效果不同的是，复制的对象会在原图的上方，此时需再次使用移动工具对复制图像进行移动。并且图层中也会自动生成一个新的有复制图像的图层，如图 3-87 所示。

图 3-86 图像的复制

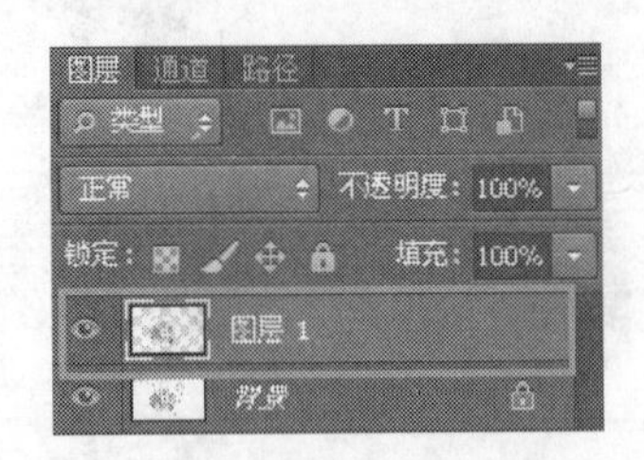

图 3-87 使用菜单复制后的图层效果

3.3.3 选区图像的删除

对选区内的图像，可以通过删除命令对其进行删除。

在文件中创建出选区后，如图 3-81 所示，按 Del 键或 Backspace 键，可以将选区中的图像删除；或执行菜单“编辑”|“清除”命令，也可删除图像。删除图像后的效果如图 3-88 所示。

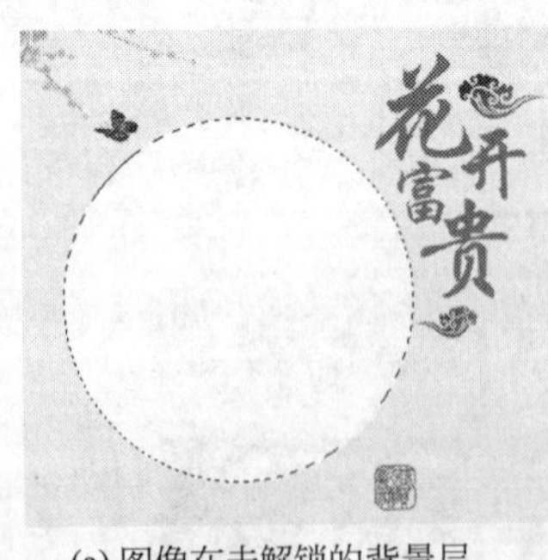

(a) 图像在未解锁的背景层

(b) 图像在下层为紫色填充的图层

(c) 图像在解锁的背景层

图 3-88 图像的删除效果

专家点拨：如果图像所在的这个图层是背景层，并且没有解锁，删除后，被删除区域是背景色；如果不是背景层，将显示下层的内容；如果是解锁的背景层，将显示透明。

3.3.4　选区的应用实例制作——“奔跑吧，小伙伴”海报

1. 实例简介

本实例通过对选区的应用，制作“奔跑吧，小伙伴”海报。本实例应用到的主要工具有“魔棒工具”、“磁性套索工具”、“移动工具”等。通过本实例的制作，使读者熟悉和掌握选区的相关应用。

该实例最终制作效果如图 3-89 所示。

2. 实例制作步骤

(1) 运行 Photoshop CS6，执行菜单“文件”|“打开”命令，或按 Ctrl＋O 组合键，或在页面空白区域双击鼠标左键，打开素材图像“第 3 章\素材\奔跑的人.jpg”，如图 3-90 所示。

图 3-89　“奔跑吧，小伙伴”效果图

图 3-90　打开素材图片

(2) 选择“魔棒工具”，选区类型为“添加到选区”，将容差值设置为 50，在素材图片的背景处多次单击，创建选区，效果如图 3-91 所示。

(3) 按住 Del 键删除并取消选区，素材图片成为背景为透明的图像，效果如图 3-92 所示。

图 3-91　创建选区

图 3-92　删除选区

(4) 执行菜单“文件”|“打开”命令，打开素材图像“第 3 章\素材\公路.jpg”，如图 3-93 所示。

(5) 执行菜单“图像”|“调整”|“亮度/对比度”命令，打开其对话框并进行如图 3-94 所示的设置，单击“确定”按钮后图像色彩调整的效果如图 3-95 所示。

图 3-93 打开素材图片

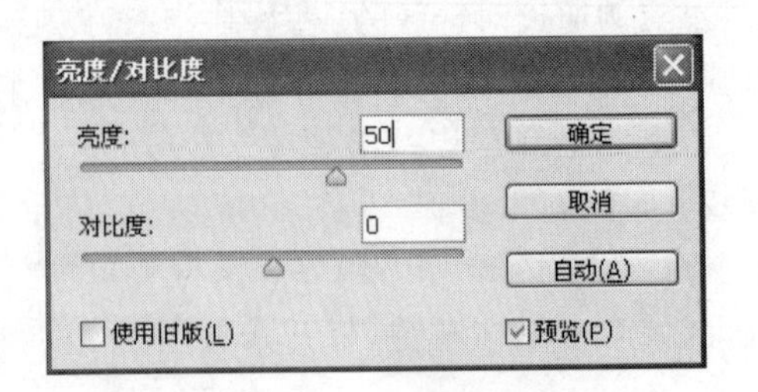

图 3-94 “亮度/对比度”对话框

(6) 选择背景为透明的“奔跑的人”图像,选择“移动工具”,拖曳鼠标左键至“公路”文件的状态栏上,看到文件周围出现白色边框,此时松开鼠标,原选区被移动到新文件中,按 Ctrl+T 组合键,对移动过来的选区图像进行大小改变,并放置在适当位置,效果如图 3-96 所示。

图 3-95 执行“亮度/对比度”后图像颜色效果

图 3-96 将透明图像移动到新文件中

(7) 执行菜单“文件”|“打开”命令,打开素材图像“第 3 章\素材\极速蜗牛.jpg”,如图 3-97 所示。

(8) 选择“磁性套索工具”,选区类型为“从选区减去”,频率设置为 100,沿蜗牛边缘进行选区创建,创建完成后的选区如图 3-98 所示。

图 3-97 打开素材图片

图 3-98 创建选区

(9) 将蜗牛图像移动到“公路”文件中,并调整其大小、位置,效果如图 3-99 所示。

(10) 选择“横排文字工具”,在图片的适当位置输入文字,并在“字符”对话框中进行属性的设置,效果如图 3-100 所示。在属性栏中选择“变形文字”,对文字进行变形设置。打开“变形文字”对话框，进行如图 3-101 所示的设置，设置完成后文字变形效果如图 3-102 所示。

图 3-99　将蜗牛移动都到公路文件中

图 3-100　输入文字

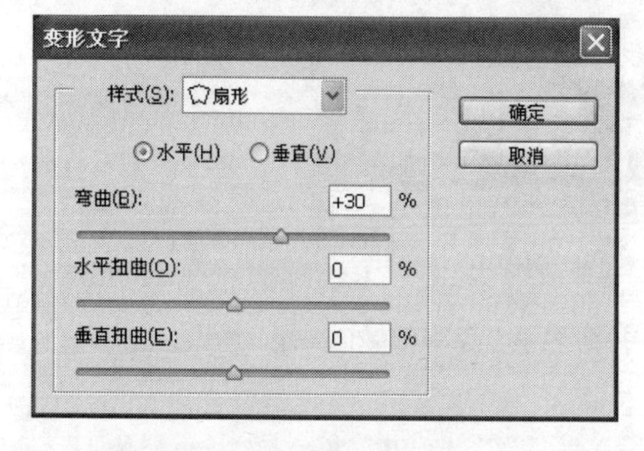

图 3-101　文字变形设置

图 3-102　文字变形效果

(11) 双击文字图层，打开“图层样式”对话框，并进行如图 3-103 所示的设置，单击“确定”按钮后文字的图层样式效果如图 3-104 所示。

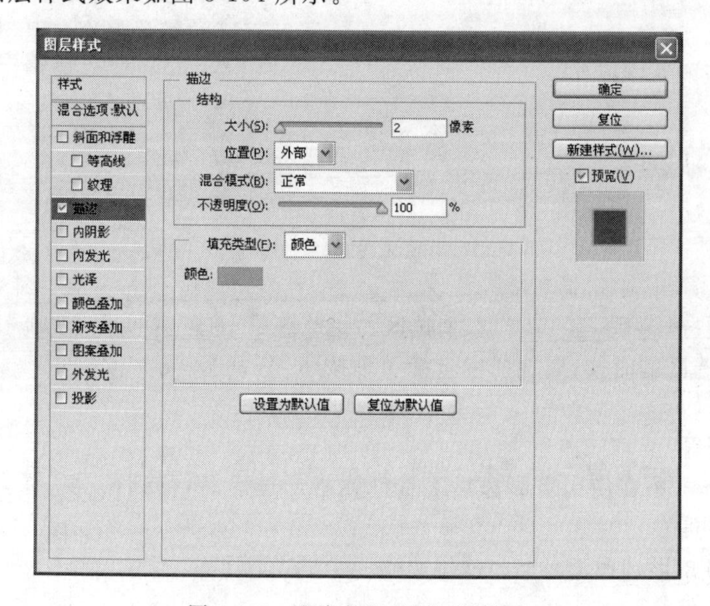

图 3-103　文字的“图层样式”设置

(12) 执行菜单“文件”|“打开”命令，打开素材图像“第3章\素材\台标.jpg”，如图3-105所示。选择“魔棒工具”，在素材的白色区域单击，创建选区，并按Del键删除为透明背景，效果如图3-106所示。将透明的台标移动到公路文件中，并放在适当位置，效果如图3-107所示。

图3-104 文字的“图层样式”效果

图3-105 打开素材图

图3-106 透明背景

图3-107 移动到公路文件中

(13) 制作完成，保存到“效果图”文件夹中，并命名为“奔跑吧，小伙伴.psd”。

3.4 本章小结

选区是Photoshop中非常重要的一个应用，应用选区不仅可以对图像中的指定区域进行特殊设置，还可以对指定区域进行抠图。本章从选区的建立、选区的编辑以及选区的应用几个方面进行了介绍。通过本章的学习，用户可以基本了解选区的相关理论知识，并通过具体案例的介绍，了解选区的基本操作。

3.5 本章习题

1. 填空题

(1) “选框工具组”中包括________、________、________、________4个工具。

(2) 全选的快捷键是________，取消选区的快捷键是________，反选的快捷键________。

(3) 在绘制选区的时候，属性栏中包括4种按钮，分别为________、________、________和“与选区交叉”。

2. 单项选择题

(1) Photoshop中在使用矩形选择工具创建矩形选区时，得到的是一个具有圆角的矩形选择区域，其原因是(　　)。

A. 拖曳矩形选择工具的方法不正确

B. 矩形选择工具具有一个较大的羽化值

C. 使用的是圆角矩形选择工具而非矩形选择工具

D. 所绘制的矩形选区过大

(2) Photoshop 中利用“单行或单列选框工具”选中的是(　　)。

A. 拖曳区域中的对象　　B. 图像行向或竖向的像素

C. 一行或一列像素　　D. 当前图层中的像素

(3) Photoshop 中当使用魔棒工具选择图像时，在“容差”数值输入框中，输入的数值是(　　)所选择的范围相对最大。

A. 5　　B. 10　　C. 15　　D. 25

(4) Photoshop 中使用“矩形选框工具”和“椭圆选框工具”时，如何做出正形选区？(　　)

A. 按住 Alt 键并拖曳鼠标　　B. 按住 Ctrl 键并拖曳鼠标

C. 按住 Shift 键并拖曳鼠标　　D. 按住 Shift+Ctrl 键并拖曳鼠标

(5) Photoshop 中使用“矩形选框工具”和“椭圆选框工具”时，如何以鼠标落点为中心做选区？(　　)

A. 按住 Alt 键并拖曳鼠标　　B. 按住 Ctrl 键并拖曳鼠标

C. 按住 Shift 键并拖曳鼠标　　D. 按住 Shift+Ctrl 键并拖曳鼠标

3.6 上机练习

练习 1　制作太极图

综合运用 Photoshop CS6 中的选区工具绘制出如图 3-108 所示的太极图。

主要制作步骤提示：

(1) 新建文件并进行背景颜色填充。

(2) 创建正圆选区并进行白色填充。

(3) 新建图层，使用矩形选框工具并选择“交叉”选项，建立一个与正圆左半边相交的选区——得到一个半圆的选区，填充黑色。

图 3-108　太极图

(4) 按下 Ctrl 键，鼠标单击图层 1 缩略图，调出正圆选区，然后，新建一图层，并确保当前编辑状态是在新建图层上，右击选区，弹出快捷菜单，选择“变换选区”，调整中心控制点到正圆上边中点，合理设置选区大小后填充白色。同理制作底部的黑色圆。

(5) 同步骤(4)，制作最小的两个圆点。

(6) 保存文件到“效果图”文件夹，命名为“太极图.psd”。

图 3-109　冬景大树素材

练习 2　制作人物“穿越”

根据给出的素材图 3-109 和图 3-110，综合运用 Photoshop CS6 中的选区工具制作出如图 3-111 所示的人物“穿越”效果。

主要制作步骤提示如下。

(1) 打开两幅人物素材图(第 3 章\练习素材\

夏装美女.jpg),用选区工具对人物进行抠图。

图 3-110　夏装美女素材

图 3-111　人物"穿越"

(2) 使用移动工具将抠图移动到"冬景大树素材"中,并进行大小和位置的设置。

(3) 使用"文字工具"进行文字输入,并进行相应属性设置。

(4) 栅格化文字图层后,对文字图层进行图层样式的设置。

(5) 保存文件到"效果图"文件夹,命名为"人物穿越.psd"。

练习 3　制作梦幻婚纱

根据给出的素材图 3-112 和图 113,综合运用 Photoshop CS6 中的选区工具制作出如图 3-114 所示的梦幻婚纱照片。

图 3-112　婚纱照 1 素材

图 3-113　婚纱照 2 素材

图 3-114　梦幻婚纱

主要制作步骤提示如下。

(1) 打开素材图“第 3 章\练习素材\婚纱照 1、2.jpg”。

(2) 设置羽化半径为 50，使用“椭圆选区工具”在两张素材中分别创建选区，并将两个素材合成为一个文件。

(3) 新建图层，置于最底层，进行渐变填充。

(4) 使用“文字工具”创建文字，并应用“图层样式”。

(5) 保存文件到“效果图”文件夹，命名为“梦幻婚纱.psd”。

第4章 图像的绘制与修饰

图像设计与处理中经常要绘制各种几何形状，如直线、矩形、圆角矩形、椭圆、多边形等，Photoshop 提供了专门的工具进行绘制，使用这些工具不仅能绘制各种图像，还可以绘制各种矢量图形。

本章主要介绍 Photoshop CS6 中常用绘图工具的使用、修饰图像工具的使用、填充工具的使用，以及修复和擦除图像的工具使用等；主要掌握“画笔工具”、“铅笔工具”、“油漆桶工具”、“渐变工具”、“仿制图章工具”和“修补工具”等的使用。

本章主要内容：

- 绘制图像；
- 修饰图像；
- 填充图像；
- 修复图像；
- 擦除图像；
- 恢复图像。

4.1 绘制图像

绘制各种几何形状是在图像设计与处理中必不可少的操作，Photoshop 提供了用于在图像上绘制颜色的工具，当使用工具在图像上拖动时，拖动过的部位将会被相应的工具填充颜色。使用不同的工具选项设置，可以绘制出丰富多彩的图像。

在“工具箱”中右击“画笔工具”，则显示画笔工具组，如图 4-1 所示。

4.1.1 画笔工具

“画笔工具”可用来在图像中以前景色绘制比较柔和的线条。

在“工具箱”中选择“画笔工具”后，选项栏如图 4-2 所示，在选项栏中可以设置画笔的形态、大小、不透明度以及绘画模式等特性。

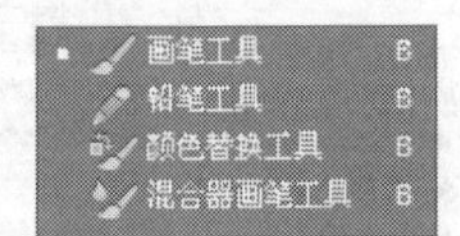

图 4-1 画笔工具组

图 4-2 “画笔工具”的选项栏

在“画笔工具”选项栏中单击，打开画笔形态设置，如图 4-3 所示，单击按钮，打开“画笔预设”选取器，“画笔预设”选取器用来设置画笔的大小、硬度及画笔的形状，如图 4-4 所示。

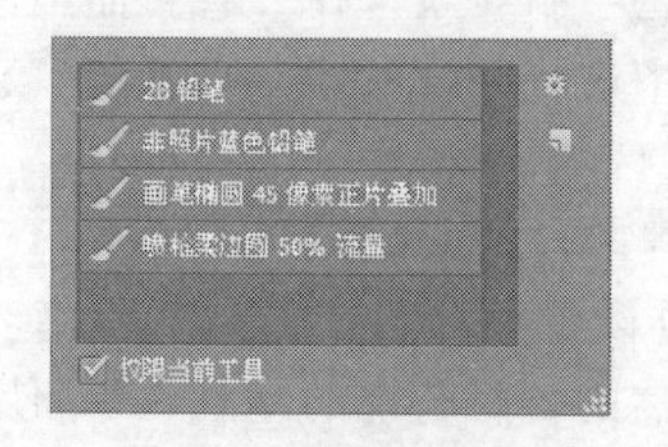

图 4-3　画笔状态

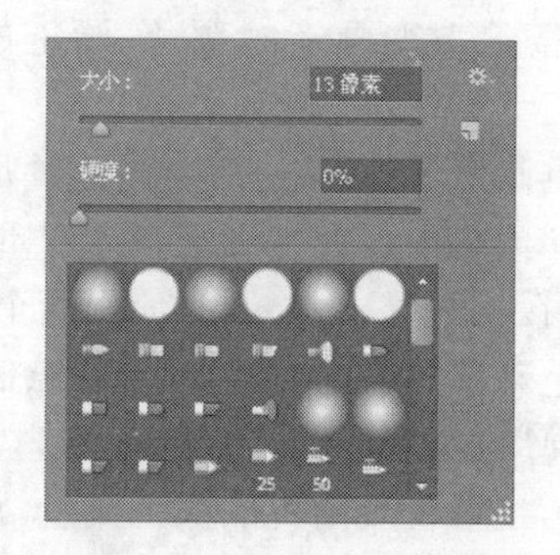

图 4-4　“画笔预设”选取器

单击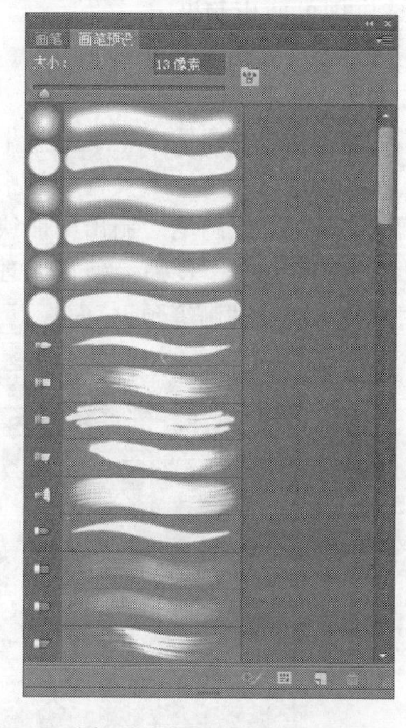按钮，可以打开“画笔”面板对画笔进行更为多样化的设置，如图 4-5 所示。在“画笔”面板中单击 画笔预设 ，可以打开“画笔预设”面板，如图 4-6 所示。

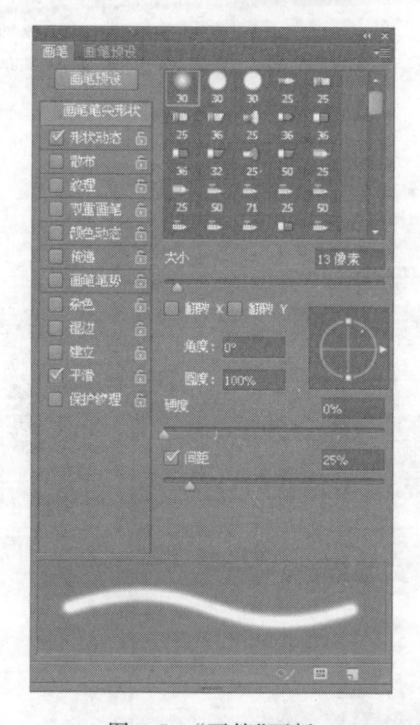

图 4-5　“画笔”面板

图 4-6　“画笔预设”面板

使用“画笔”面板，既能够设置画笔笔尖的形状和大小，还能设置画笔的动态变化样式，创建不同大小形态的画笔笔尖，获得各种意想不到的效果。

“画笔笔尖形状”选项设置中提供了 12 类选项，用于改变画笔的整体形态，“画笔笔尖形状”调板可改变画笔大小、角度、粗糙程度、间距等属性。

如果要使用画笔形状属性，应单击选项名称左侧的复选框，将其选中；再次单击将取消复选框的选中，此时即使该选项进行了参数设置也无效；要锁定画笔形状属性，可单击解锁图标；单击锁定图标，则解除对笔尖的锁定。

- “形状动态”选项：决定画笔笔迹的随机变化，可使画笔粗细、角度、圆度等呈现动态变化。
- “散布”选项：设置画笔的上色位置和分散程度。
- “纹理”选项：使画笔绘制的线条中包含图案预设窗口中的各种纹理。在画笔中添加纹理不会改变画笔的颜色,画笔的颜色仍由前景色控制,纹理仅改变前景色的明暗强度。

- “双重画笔”选项：使两个画笔叠加混合在一起绘制线条。在“画笔”面板的“画笔笔尖形状”面板中设置主画笔,在“双重画笔”面板中选择并设置第二个画笔,第二个画笔被应用在主画笔中,绘制时使用两个画笔的交叉区域。
- “颜色动态”选项：设置画笔在绘制线条的过程中,颜色的动态变化。
- “传递”选项：是新增加的画笔选项设置,通过设置该项目,可以控制画笔随机的不透明度,还可设置随机的颜色流量,从而绘制自然的若隐若现的笔触效果,使画面更加灵动、通透。
- “画笔笔势”指定光笔倾斜、旋转和压力。使用光笔可更改默认笔势的相关笔触,或选择“覆盖”选项维持静态笔势。

“画笔”画板下方有 5 个选项,这些选项没有相应的数据控制,只需用鼠标单击名称前的复选框将其选中即可使用效果。

- “杂色”选项：在画笔上添加杂点,从而制作粗糙的画笔,这项功能对软边画笔尤其有效。
- “湿边”选项：使画笔产生水笔效果。
- “建立”选项：与画笔工具选项栏中喷枪功能相同。
- “平滑”选项：使画笔绘制出的曲线更流畅。
- “保护纹理”选项：使所有使用纹理的画笔使用相同的纹理图案和缩放比例。

单击“画笔”面板或“画笔预设”面板下方按钮 ,可以打开“预设管理器”对话框,如图 4-7 所示。

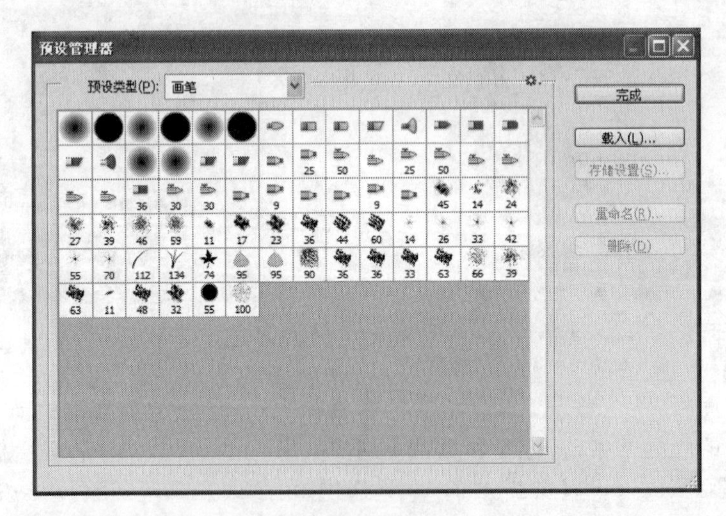

图 4-7 “预设管理器”对话框

在“预设管理器”对话框中可以设置预设的类型,类型有画笔、色板、渐变、样式、图案、等高线、自定形状及工具等选项,如图 4-8 所示。选择不同类型后,可以对相应内容进行设置。

“画笔工具”根据所画出的线条类型可以分为硬边画笔、软边画笔和图案画笔,硬边画笔绘制的线条没有柔和的边缘;软边画笔具有柔和边缘,图案画笔为不规则形状画笔。

除了软件提供的画笔外,用户还可以建立新画笔进行图形的绘制。

单击“画笔”面板或“画笔预设”面板右上角的小三角按钮打开画笔面板菜单,在弹出的快捷菜单中可以设置新画笔以及画笔的复位、载入、存储及替换等操作，如图 4-9 和图 4-10 所示。

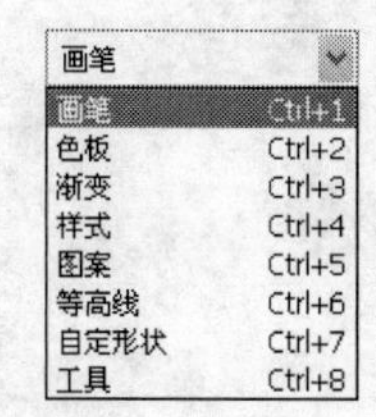

图 4-8 “预设类型”

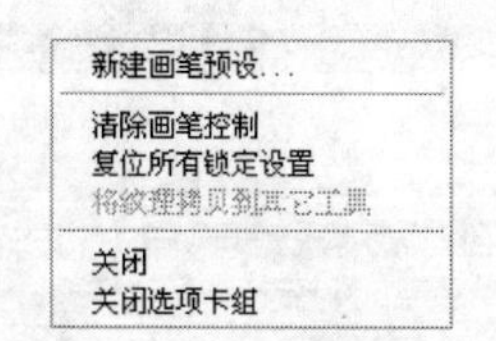

图 4-9 “画笔”面板弹出菜单

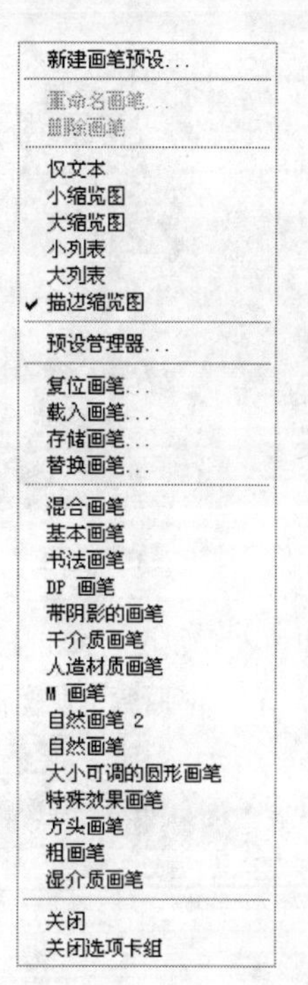

图 4-10 “画笔预设”面板弹出菜单

“画笔工具”还可以实现图案画笔的定义，下面通过实例讲解如何定义图案画笔。

(1) 打开“第 4 章\素材\花.jpg”文件，选择一朵花，如图 4-11 所示。

(2) 选择“编辑”|“定义画笔预设”命令，打开“画笔名称”对话框新建画笔，如图 4-12 所示。

图 4-11 素材图片

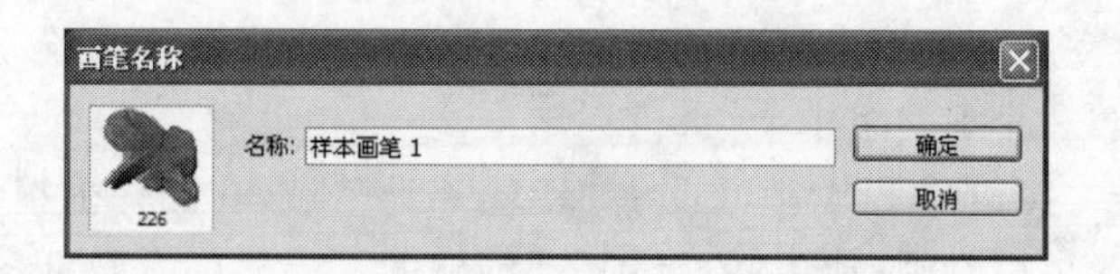

图 4-12 “画笔名称”对话框

(3) 单击“画笔”属性栏中 按钮，可以看到新建的画笔，如图 4-13 所示。

(4) 选择新建的画笔，在屏幕上单击，可以绘制新的画笔图案，如图 4-14 所示。

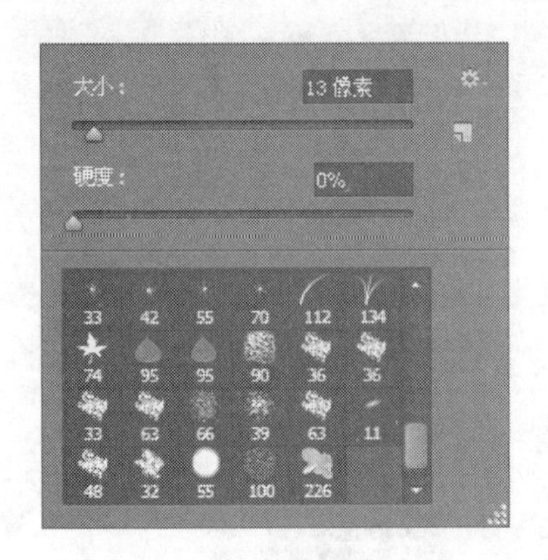

图 4-13　新建画笔

图 4-14　新画笔绘画

(5) 新建文件,如图 4-15 所示。

(6) 选择新建的画笔,改变颜色、大小以及画笔间距,在屏幕上绘画,效果如图 4-16 所示。

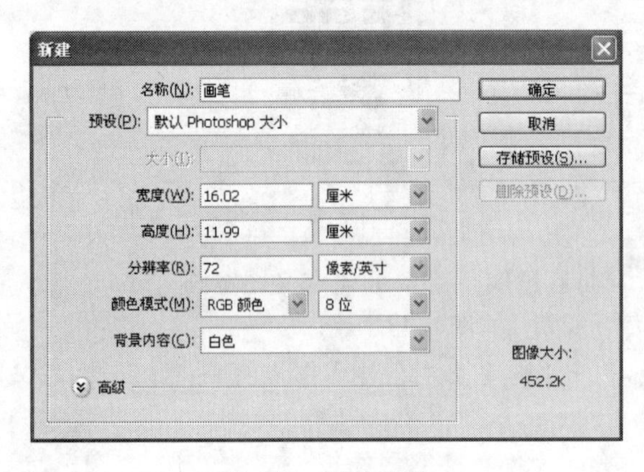

图 4-15　新建文件

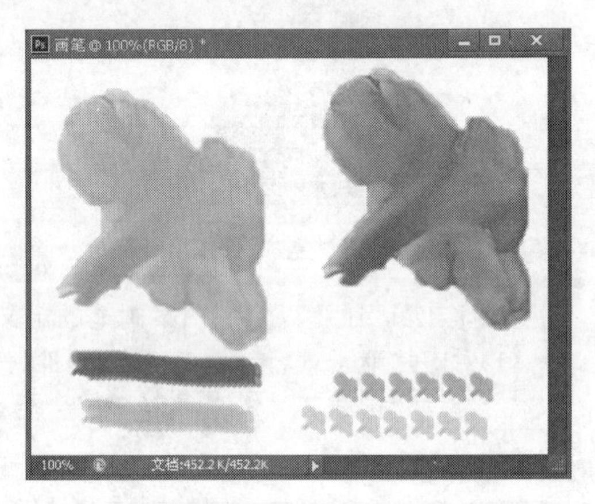

图 4-16　更换颜色及大小用新画笔绘画

通过实例可以看出,用画笔绘图时颜色是由前景色来决定的,因此定义图案画笔时,用户所定义的画笔,只保留形状,而不能保留原来图案的颜色。

4.1.2　铅笔工具

“铅笔工具”和“画笔工具”类似,都可以用来绘制各种直线和曲线,它们位于“工具箱”的同一个工具组中。

在“工具箱”中选择“铅笔工具”,在图像上拖曳鼠标即可绘制需要的图形。从绘制效果可以看到,使用“铅笔工具”创建的是硬边的手绘线条效果,该工具绘制的线条边缘清晰,是一种硬性边缘的线条效果。

“铅笔工具”的选项栏,如图 4-17 所示。

图 4-17　“铅笔工具”的选项栏

在选项栏中，当选中“自动抹除”复选框时，“铅笔工具”会自动判断绘画的初始像素点的颜色。如果像素点的颜色为前景色，则“铅笔工具”在绘制时将以背景色进行绘制；如果像素点的颜色为背景色，则会以前景色进行绘制。

下面通过实例介绍铅笔工具的使用。

(1) 新建文件，如图 4-18 所示。

(2) 选择“铅笔工具”，设置“前景色”为紫色，“背景色”为黑色，在屏幕上绘画，左侧为普通模式下绘制效果，右侧为选择“自动抹除”后的效果，如图 4-19 所示。

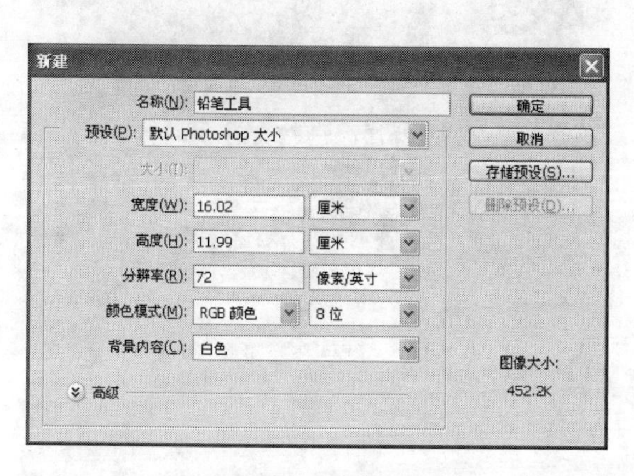

图 4-18　新建文件

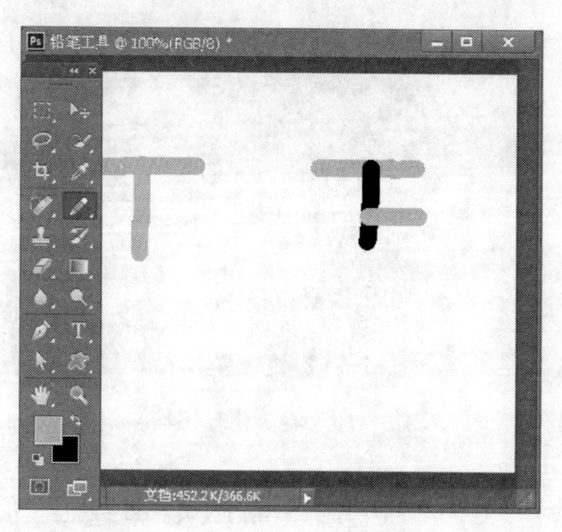

图 4-19　“自动抹除”效果

4.1.3　颜色替换工具

“颜色替换工具”是使用前景色对图像中特定的颜色进行替换，该工具常用来校正图像中较小区域颜色的图像。

“颜色替换工具”的选项栏，如图 4-20 所示。

图 4-20　“颜色替换工具”的选项栏

通过设置“模式”选项可以调整替换颜色与底图的混合模式。“模式”选项分为“色相”、“饱和度”、“颜色”和“明度”。

单击“连续”按钮，在图像上涂抹，将使用前景色连续替换画笔经过的所有像素颜色。单击“一次”按钮，按住鼠标在图像上涂抹，将只替换第一次单击的颜色所在区域中的目标颜色(即如果一幅图有红、黄、绿三种颜色，设置前景色为蓝色，选择“一次”按钮，鼠标单击红色处开始涂抹，将只替换图像中红色的颜色为蓝色，其他颜色不受影响)。单击“背景色板”按钮，按住鼠标在图像上涂抹，将只使用前景色替换包含当前背景色的区域(即如果一幅图有红、黄、绿三种颜色，设置前景色为蓝色，设置背景色为黄色，选择“背景色板”按钮，在图像上涂抹，将只替换图像中(背景色)黄色的颜色为蓝色，其他颜色不受影响)。

“限制”选项：决定了替换的作用方式，分为“连续”、“不连续”和“查找边缘”。“连续”用来替换与紧挨在指针下的颜色临近的颜色。“不连续”用来替换出现在指针下任何位置的样本颜色。“查找边缘”用来替换包含样本颜色的相连区域，同时更好地保留形状边缘的锐化程度。

“容差”选项：设置了与替换颜色的相似程度范围，较低的百分比可以替换与所点像素非常相似的颜色；而增加百分比可以替换范围更广的颜色。

下面通过实例说明颜色替换工具的使用

(1) 打开“第 4 章\素材\花 2.jpg”文件，如图 4-21 所示。

(2) 设置前景色为蓝色，选择“一次”按钮，单击粉色处开始涂抹，将只替换图像中粉色为蓝色，其他颜色不受影响，图片效果如图 4-22 所示。

图 4-21　素材图片

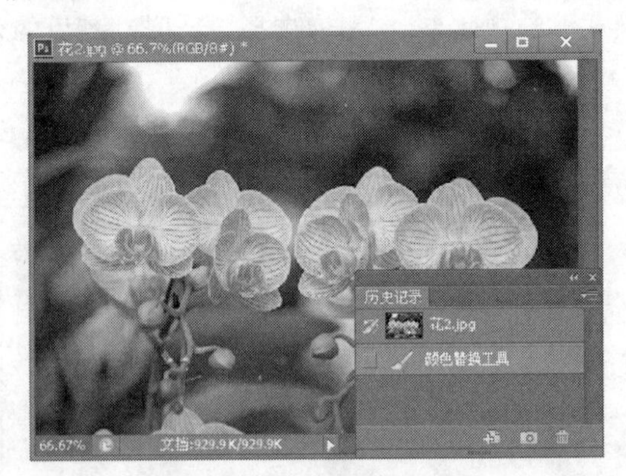

图 4-22　“颜色替换工具”效果

4.1.4　混合器画笔工具

“混合器画笔工具”可以绘制逼真的手绘效果，是较为专业的绘画工具，通过属性栏的设置可以调节笔触的颜色、潮湿度和混合颜色等。

“混合器画笔工具”的选项栏，如图 4-23 所示。

图 4-23　“混合器画笔工具”的选项栏

按钮：可以在下拉列表中进行调整画笔直径大小及画笔类型的选择。

按钮：显示前景色颜色，单击右侧三角可以选择“载入画笔”、“清理画笔”和“只载入纯色”。

按钮：每次描边后载入画笔。

按钮：每次描边后清理画笔。

“每次描边后载入画笔”和“每次描边后清理画笔”两个按钮，控制了每一笔涂抹结束后是否对画笔进行更新和清理。

“有用的混合画笔组合”：提供多种为用户提前设定的画笔组合类型，包括干燥、湿润、潮湿和非常潮湿等。在“有用的混合画笔组合”下拉列表中，为预先设置好的混合画笔。选择某一种混合画笔时，右边的 4 个选择数值会自动改变为预设值。

“设置从画布拾取的油彩量”，“潮湿”用于设置从画布拾取的油彩量，就像是给颜料加水，设置的值越大，画在画布上的色彩越淡。

“设置画笔上的油彩量”：“载入”用于设置画笔上的油彩量。

“设置描边的颜色混合比”：“混合”用于设置多种颜色的混合，当潮湿为 0 时，该选项不能用。

“设置描边的流动速率”：“流量”用于设置描边的流动速率。

按钮：启用喷枪样式的作用效果，当画笔在一个固定的位置一直描绘时，画笔会像喷枪那样一直喷出颜色。如果不启用这个模式，则画笔只描绘一下就停止流出颜色。

“从所有图层拾取湿油彩”：无论文件有多少图层，将它们作为一个单独的合并的图层看待。

按钮：绘图板压力控制大小选项，选择普通画笔时，它可以被选择。此时可以用绘图板来控制画笔的压力。

4.1.5　绘制图像应用实例——“画笔工具”制作图片边框效果

1．实例简介

本实例介绍一种为风景图片添加边框效果的方法。在本实例的制作过程中，使用“画笔工具”和“快速选择工具”进行操作。通过本实例的制作，使读者掌握使用“画笔工具”定义画笔的方法。

2．实例制作步骤

(1) 打开“第 4 章\素材\花 3.jpg”文件，如图 4-24 所示。

(2) 放大图像后，使用“快速选择工具”选择一朵花，如图 4-25 所示。

图 4-24　素材图像文件

图 4-25　选择区域

(3) 选择“编辑”|“定义画笔预设”命令，新建画笔，名称为“花”，如图 4-26 所示。

(4) 新建文件，名称为“实例 1”，如图 4-27 所示。

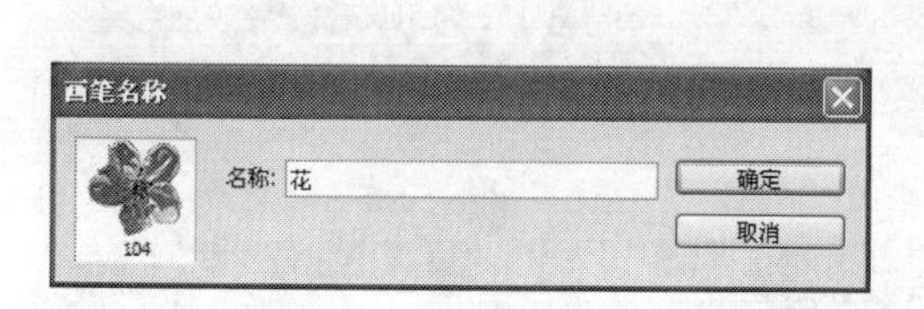

图 4-26　“定义画笔预设”

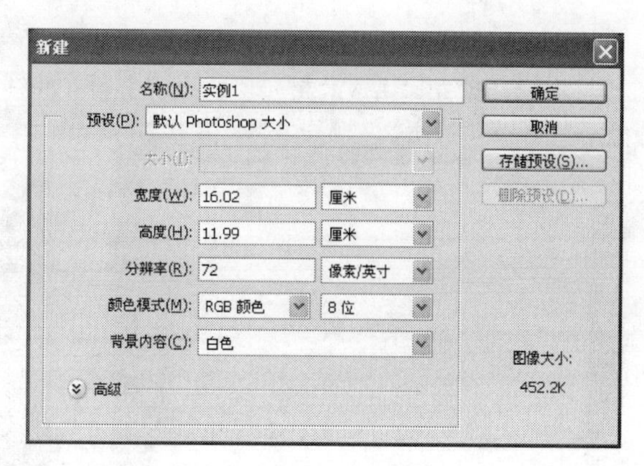

图 4-27　新建文件

(5) 新建图层 1，选择“画笔工具”，选择合适的大小、颜色及间距，绘制边框，如图 4-28 所示。

图 4-28　绘制边框

(6) 双击边框所在图层 1,添加图层样式,如图 4-29 所示。

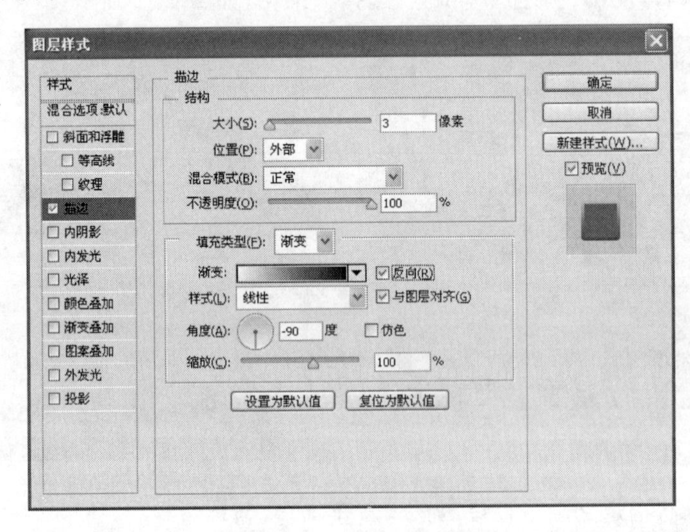

图 4-29　添加图层样式

(7) 添加图层样式后,图像效果如图 4-30 所示。

(8) 打开"第 4 章\素材\花 1.jpg"文件,如图 4-31 所示。

图 4-30　添加图层样式后的效果

图 4-31　素材图像文件

(9) 将“花 1.jpg”文件拖入边框所在图层的下面，调整图层的不透明度，图像效果如图 4-32 所示。

(10) 存储文件到“效果图”文件夹，“图层”面板如图 4-33 所示。

图 4-32　图像最终效果

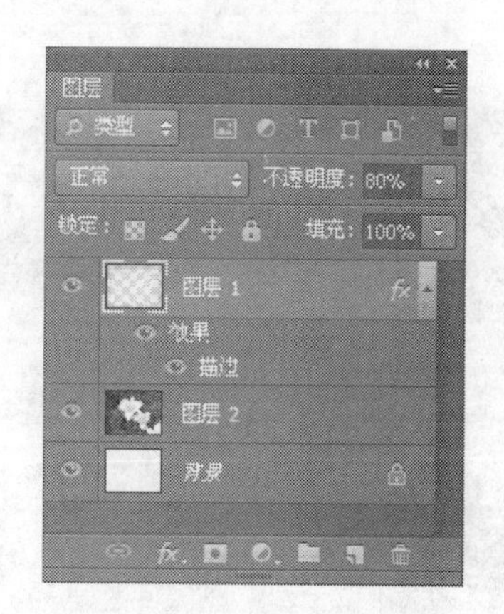

图 4-33　“图层”面板

4.2　修饰图像

通过素材或绘制工具得到图像后，有时还需要对图片进一步处理，这就需要使用修饰图像的工具。修饰图像的工具包括，“模糊工具”、“锐化工具”和“涂抹工具”工具组，如图 4-34 所示；“减淡工具”、“加深工具”和“海绵工具”工具组，如图 4-35 所示；“仿制图章工具”和“图案图章工具”工具组，如图 4-36 所示。

图 4-34　“模糊工具”组

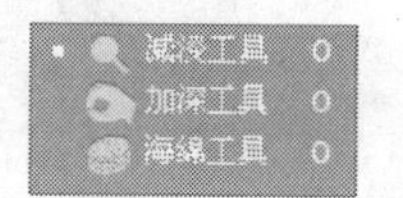

图 4-35　“减淡工具”组

图 4-36　“仿制图章工具”组

4.2.1　模糊工具

“模糊工具”一般用于柔化图像边缘或减少图像中的细节，使用模糊工具涂抹的区域，图像会变模糊，从而使图像的主体部分变得更清晰。模糊工具主要通过柔化图像中的突出的色彩和僵硬的边界，从而使图像的色彩过渡平滑，产生模糊图像效果。

“模糊工具”的使用方法是，先选择“模糊工具”，在属性栏设置相关属性后，主要是设置笔触大小及强度大小，然后在需要模糊的部分涂抹即可，涂抹的越久涂抹后的效果越模糊。

(1) 打开“第 4 章\素材\花 2.jpg”文件，见图 4-21。

(2) 选择“模糊工具”，设置相关属性后，在图片左侧花朵处涂抹，图片效果如图 4-37 所示。

4.2.2　锐化工具

“锐化工具”作用与模糊工具相反，通过锐化图像边缘来增加清晰度，使模糊的图像边缘变的清晰。“锐化工具”用于增加图像边缘的对比度，以达到增强外观上的锐化程度的效果，简单地说,就是使用"锐化工具"能够使图像看起来更加清晰,清晰的程度与在工具选项栏中设置的强度有关。

(1) 打开"第4章\素材\花2.jpg"文件,见图4-21。

(2) 选择"锐化工具",设置相关属性后,在图片左侧花朵处涂抹,图片效果如图4-38所示。

图4-37 "模糊工具"使用后效果

图4-38 "锐化工具"使用后效果

4.2.3 涂抹工具

"涂抹工具"可以模拟手指绘图在图像中产生流动的效果,被涂抹的颜色会沿着拖动鼠标的方向将颜色进行展开。"涂抹工具"的效果类似于用刷子在颜料没有干的油画上涂抹,产生刷子划过的痕迹。涂抹的起始点颜色会随着涂抹工具的滑动延伸。

"涂抹工具"可以用来修正物体的轮廓,制作一些具有流动效果的图片。

"手指绘画"选项:选中此项后,可以设定图痕的色彩,好像用蘸上色彩在未干的油墨上绘画一样。

(1) 打开"第4章\素材\花2.jpg"文件,见图4-21。

(2) 选择"涂抹工具",设置相关属性后,在图片左侧花朵处涂抹,图片效果如图4-39所示。

图4-39 "涂抹工具"使用后效果

4.2.4 减淡工具

"减淡工具"可以快速增加图像中特定区域的亮度,表现发亮的效果。"减淡工具"可以把图片中需要变亮或增强质感的部分颜色加亮。通常情况下,选择中间调范围、曝光度较低的数值进行操作。这样涂亮的部分过渡会自然。

"减淡工具"的"范围"选项:"阴影"选项表示仅对图像中的较暗区域起作用;"中间调"表示仅对图像的中间色调区域起作用;"高光"表示仅对图像的较亮区域起作用。

(1) 打开"第4章\素材\荷花.jpg"文件,如图4-40所示。

(2) 选择"减淡工具",设置相关属性后,在花朵处涂抹,图片效果如图4-41所示。

图 4-40　素材图片

图 4-41　“减淡工具”使用后效果

4.2.5　加深工具

“加深工具”跟减淡工具刚好相反，通过降低图像的曝光度来降低图像的亮度。“加深工具”主要用来增加图片的暗部，加深图片的颜色。可以用来修复一些过曝的图片，制作图片的暗角，加深局部颜色。

(1) 打开“第 4 章\素材\荷花.jpg”文件，见图 4-40。

(2) 选择“加深工具”，设置相关属性后，在花朵处涂抹，图片效果如图 4-42 所示。

4.2.6　海绵工具

“海绵工具”用于增加或降低图像的饱和度，类似于海绵吸水的效果，从而为图像增加或减少光泽感。当图像为灰度模式时，该工具通过使灰阶远离或靠近中间灰色来增加或降低对比度。在校色的时候经常用到。如图片局部的色彩浓度过大，可以用降低饱和度模式来减少颜

图 4-42 “加深工具”使用后效果

色。同时图片局部颜色过淡的时候，可以用增加饱和度模式来加强颜色。“海绵工具”只会改变颜色，不会对图像造成任何损害。

(1) 打开“第 4 章\素材\荷花.jpg”文件。

(2) 使用“海绵工具”，选择“降低饱和度”属性后，在花朵处涂抹，图片效果如图 4-43 所示。

图 4-43 “海绵工具”使用后效果

4.2.7 仿制图章工具

“仿制图章工具” 可以将图像中的全部或部分复制到当前图像中或其他图像中。“仿制图章工具”和“画笔工具”类似，“画笔工具”使用指定的颜色来绘制，而“仿制图章工具”是使用仿制取样点处的图像来进行绘制。

“仿制图章工具”也是专门的修图工具，可以用来消除人物脸部斑点、背景部分不相干的杂物、填补图片空缺等。使用“仿制图章工具”复制图像过程中，复制的图像将一直保留在仿制图章上，除非重新取样将原来复制图像覆盖；如果在图像中定义了选区内的图像，复制将仅限于在选区内有效。

在“工具箱”中选择“仿制图章工具”，按 Alt 键在需要复制的图像上单击创建仿制取样点，在目标位置按下鼠标拖动即可将图像复制到鼠标位置。

“仿制图章工具”的选项栏如图 4-44 所示。在选项栏中，可以进行模式、不透明度、流量、对齐以及样本的设置，当选中“对齐”复选框时，在图像中多次拖动鼠标，绘制的是同一幅图像，否则会每次都从取样点重新绘制图像。

图 4-44　“仿制图章工具”选项栏

“仿制图章工具”选项栏中前几个参数与前面介绍的工具相关参数含义相同，此处不再介绍。

“对齐”复选框：勾选该选项可以多次复制图像，所复制出来的图像仍是选定点内的图像，若未选中该复选框，则复制的图像将不再是同一幅图像，而是多幅以基准点为模板的相同图像。

“不透明度”和“流量”选项：可以根据需要设置笔刷的不透明度和流量，使仿制的图像效果更加自然。

下面通过实例说明仿制图章工具的用法。

(1) 打开“第 4 章\素材\花 3.jpg”文件，见图 4-24。

(2) 按 Alt 键在需要复制的花上单击创建仿制取样点，在目标位置按下鼠标拖曳即可将花复制到鼠标位置，效果如图 4-45 所示。

(3) 松开鼠标后，再次绘制，如果“对齐”复选框选中，绘制的是同一幅图像，效果如图 4-46 所示。

图 4-45　“仿制图章工具”后效果

图 4-46　选择“对齐”选项

(4) 松开鼠标后，再次绘制，如果“对齐”复选框未选中，则每次都重新从取样点开始绘制，效果如图 4-47 所示。

4.2.8　图案图章工具

“工具箱”中的“图案图章工具”是用来绘制已有图案的。“图案图章工具”类似图案填充效果,使用工具之前需要定义想要的图案,适当设置选项栏的相关参数,如笔触大小、不透明度、流量等,然后在画布上涂抹就可以出现想要的图案效果。绘出的图案会重复排列。

“图案图章工具”的选项栏如图 4-48 所示。在选项栏中,可以进行模式、不透明度、流量、图案选择、对齐样本及印象派效果的设置。当选中“对齐”复选框时,在图像中多次拖动鼠标,图案将整齐排列,否则图案将无序地散落于图像中。当选中“印象派效果”复选框时,复制的图案将产生扭曲模糊效果。

图 4-47 未选择“对齐”选项

图 4-48 “图案图章工具”选项栏

下面通过实例说明图案图章工具的用法。

(1) 打开“第 4 章\素材\花 3.jpg”文件,见图 4-24。

(2) 使用矩形选区,选择一朵花的区域,如图 4-49 所示。

(3) 选择“编辑”|“定义图案”,设置名称为“花”,如图 4-50 所示。

图 4-49 选区设置

图 4-50 定义图案名称

(4) 从图案库中选择刚才所定义的图案,选择“对齐”选项,则绘制整齐的图案效果,如图 4-51 所示。

(5) 如果未选择“对齐”选项,则绘制的图案效果无序地出现,如图 4-52 所示。

4.2.9 修饰图像应用实例——“涂抹工具”制作图片边框效果

1. 实例简介

本实例介绍一种为风景图片添加边框效果的方法。在本实例的制作过程中,使用“涂抹工具”、“仿制图章工具”和“矩形选框工具”进行操作。通过本实例的制作,使读者掌握使用“涂抹工具”和“仿制图章工具”的方法。

2. 实例制作步骤

(1) 新建文件,名称为“实例 2”,如图 4-53 所示。

图 4-51　选择"对齐"选项

图 4-52　未选择"对齐"选项

(2) 使用"矩形选框工具"后，选择"选择"|"反向"得到选区，如图 4-54 所示。

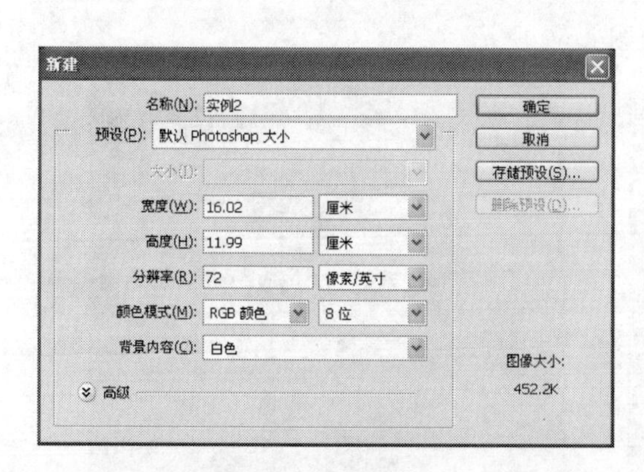

图 4-53　新建文件

图 4-54　绘制矩形区域后反选效果

(3) 新建图层 1，设置前景色为"红色"，按 Alt+Del 组合键填充，如图 4-55 所示。

(4) 取消选区后，使用"涂抹工具"进行操作，如图 4-56 所示。

图 4-55　填充颜色

图 4-56　使用"涂抹工具"后

(5) 使用"模糊工具"，对边框进行操作，效果如图 4-57 所示。

(6) 双击边框所在图层 1，添加图层样式，如图 4-58 所示。

图 4-57 使用“模糊工具”后

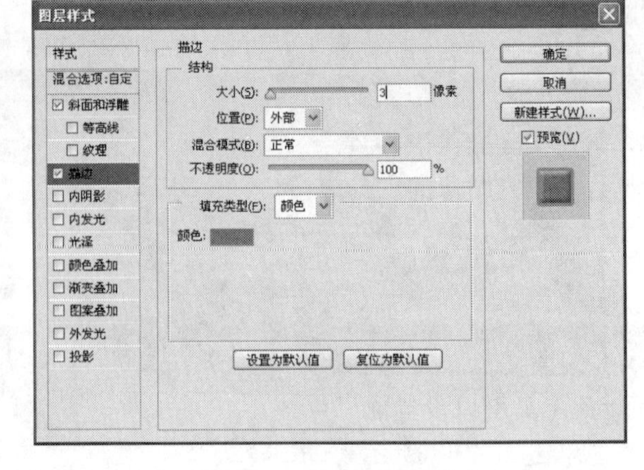

图 4-58 添加图层样式

(7) 添加图层样式后，调整图层不透明度，图像效果如图 4-59 所示。

(8) 打开“第 4 章\素材\花 5.jpg”文件，如图 4-60 所示。

图 4-59 添加图层样式后效果

图 4-60 素材图像文件

(9) 将“花 5.jpg”文件拖入边框所在图层的下面，图像效果如图 4-61 所示。

(10) 存储文件到“效果图”文件夹，“图层”面板如图 4-62 所示。

图 4-61 图像最终效果

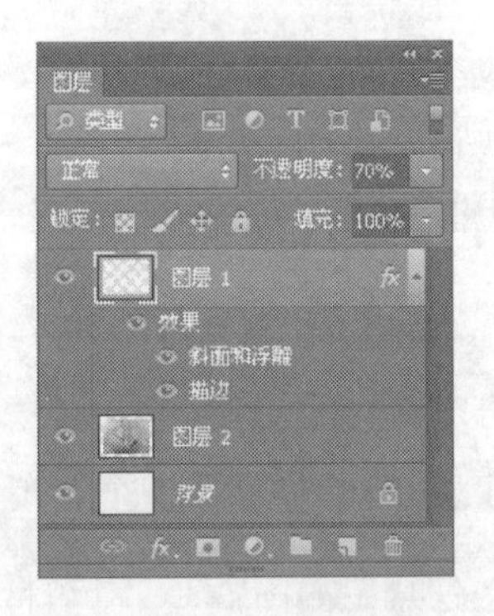

图 4-62 “图层”面板

4.3 填充图像

在实际操作中，经常会遇到对图片或选定区域进行颜色的改变，这就需要用到填充图像的工具。填充图像的工具包括“拾色器”、“颜色”面板、“色板”面板、“油漆桶工具”、“渐变工具”和“吸管工具”。

4.3.1 “拾色器”对话框

设置前景色和背景色的工具位于“工具箱”的底部，如图 4-63 所示，此工具可以设置前景色和背景色。

图 4-63 设置前景色和背景色

单击图 4-63 所示的按钮，可以打开“拾色器”对话框，如图 4-64 所示。

在“拾色器”对话框中，可以基于 HSB（色相、饱和度、亮度）、RGB（红色、绿色、蓝色）颜色模型选择颜色，或根据颜色的十六进制值来指定颜色。在 Photoshop 中，还可以基于 Lab 颜色模型选择颜色，并基于 CMYK（青色、洋红、黄色、黑色）颜色模型指定颜色。“拾色器”对话框中的色域可显示 HSB 颜色模式、RGB 颜色模式和（Photoshop）Lab 颜色模式中的颜色分量以及 CMYK 模式中的颜色比值。

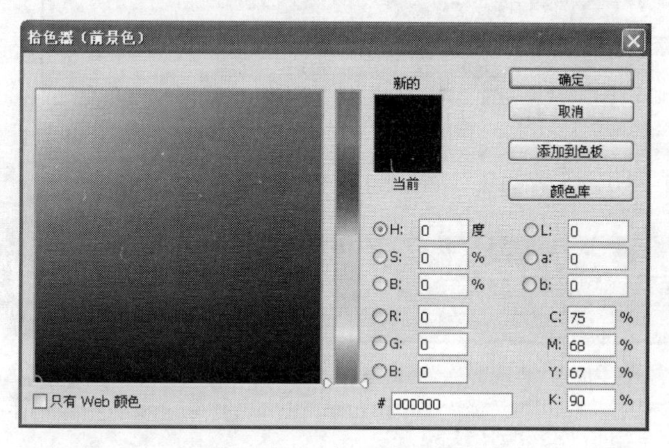

图 4-64 “拾色器”对话框

“拾色器”对话框可以设置为只有 Web 安全色或几个自定颜色系统中选取。

选中“拾色器”对话框左下角的“只有 Web 颜色”复选框。可以显示 Web 安全颜色，如图 4-65 所示。Web 安全颜色是指在浏览器中看起来相同的颜色，此时的色域不再连续，也就是说有些设置的颜色在网页中是分辨不出效果的。

单击“拾色器”对话框中的“颜色库”按钮，打开“颜色库”对话框，如图 4-66 所示。在“色库”下拉列表中包含一些公司或组织制定的颜色标准。单击“颜色库”对话框中的“拾色器”按钮，可以返回“拾色器”对话框。

单击“拾色器”对话框中的“添加到色板”按钮，打开“色板名称”对话框，如图 4-67 所示。

打开“色板”面板，如图 4-68 所示，刚才所新添加的颜色位于色板最后。

通过“拾色器”对话框设置了相应颜色后，可以通过快捷键进行填充，按 Alt＋Del 组合键可以为选区或当前图层添加前景色，按 Ctrl＋Del 组合键可以填充背景色。

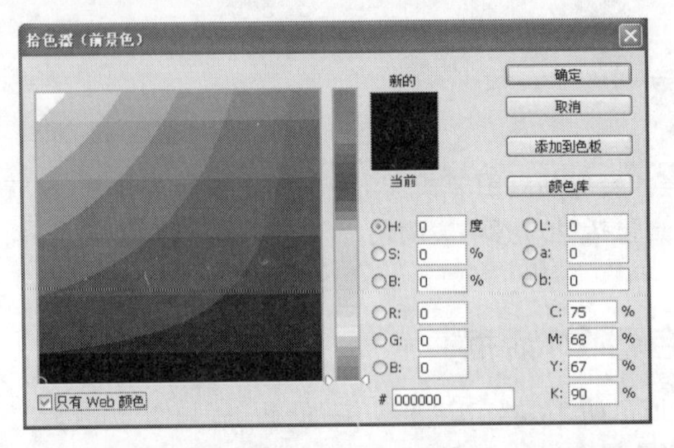

图 4-65 “Web 安全颜色”

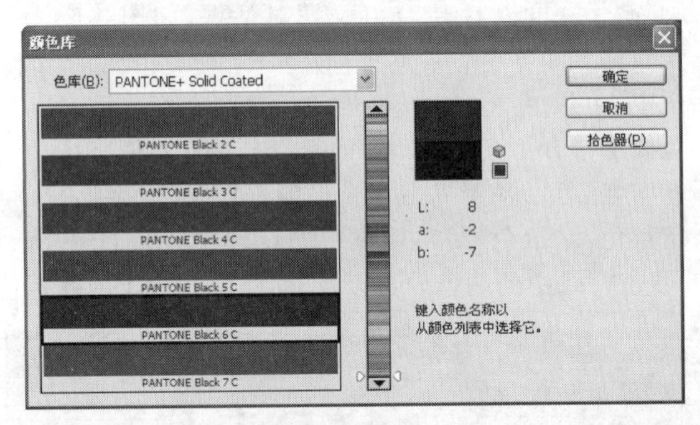

图 4-66 “颜色库”对话框

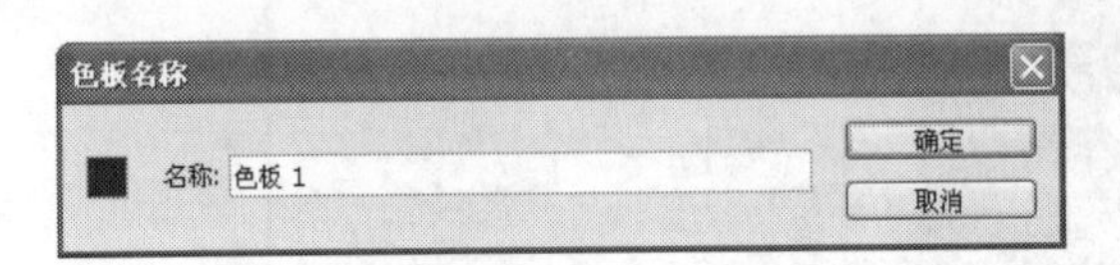

图 4-67 “色板名称”对话框

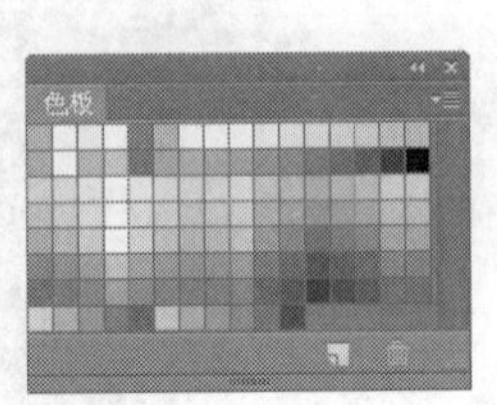

图 4-68 “色板”面板

下面通过实例介绍拾色器的用法。

(1) 打开“第 4 章\素材\荷花.jpg”文件，见图 4-40。

(2) 使用“矩形选框工具”，得到选区，如图 4-69 所示。

(3) 使用“选择”|“反向”得到选区，如图 4-70 所示。

图 4-69 绘制矩形区域

图 4-70 选区反向后效果

(4) 打开“拾色器”对话框，设置前景色为“白色”，按 Alt+Del 键填充，如图 4-71 所示。

(3) 按 Ctrl+D 键后取消选区，效果如图 4-72 所示。

图 4-71 填充后效果

图 4-72 图像效果

4.3.2 “颜色”面板

在 Photoshop 中还可以使用“颜色”面板来实现前景色和背景色的设置。编辑前景色可单击前景色块，编辑背景色单击背景色块。选择“窗口”|“颜色”命令，或按 F6 功能键，可以打开“颜色”面板，如图 4-73 所示。

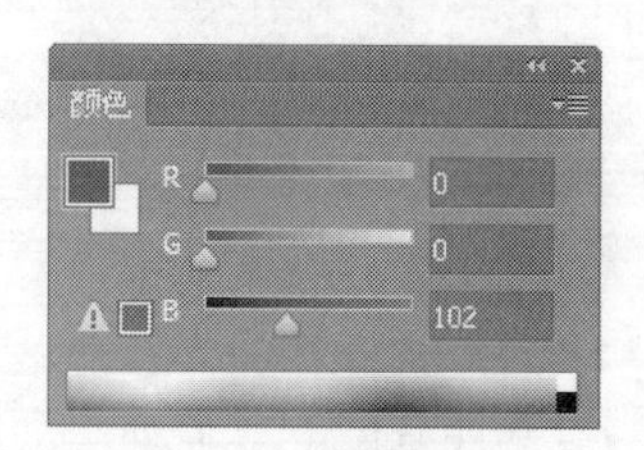

图 4-73 “颜色”面板

使用“颜色”面板可通过选择色彩模式的基本色来获得需要的颜色，单击“颜色”面板右上角的三角按钮 ，可以切换到不同颜色模式，如图 4-74 所示。

(1) 打开“第 4 章\效果图\实例 1.psd”文件，见图 4-32。

(2) 按下 Ctrl 键单击边框所在图层，得到选区，如图 4-75 所示。

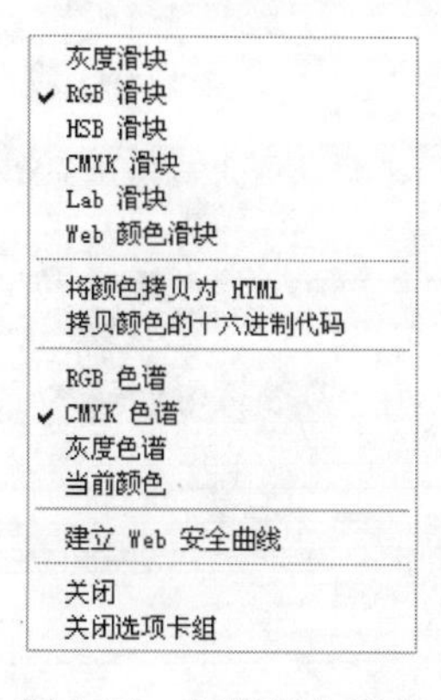

图 4-74 切换颜色模式

图 4-75 选择区域

(3) 选择“窗口”|“颜色”命令，或按 F6 功能键，打开“颜色”面板，在“颜色”面板选择，设置前景色为“绿色”，按 Alt+Del 键填充，如图 4-76 所示。

(4) 按 Ctrl+D 键后取消选区，如图 4-77 所示。

图 4-76　选区填充颜色

图 4-77　填充后效果

4.3.3 “色板”面板

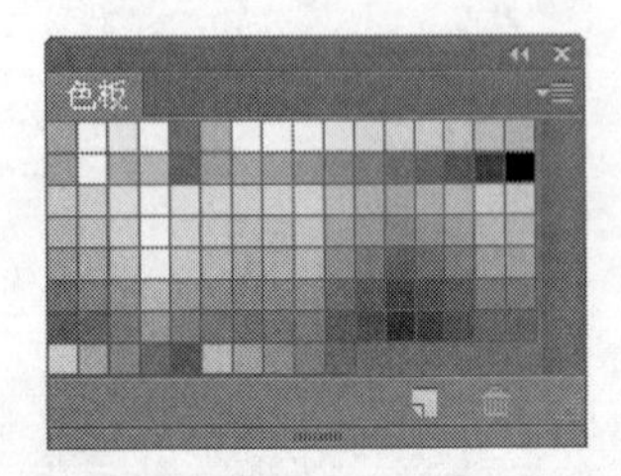

图 4-78　“色板”面板

选择“窗口”|“色板”命令可以打开“色板”面板，如图 4-78 所示。直接在“色板”面板中拾取需要的颜色，即可实现对前景色进行更改，如果单击时按下 Ctrl 键，可以将选定的颜色设置为背景色。

单击“色板”面板右上角的 按钮，在弹出的下拉菜单中提供了色板库，选择一个色板库，弹出提示信息，单击“追加”按钮，则可在原有的颜色后面追加载入的颜色；如果要让面板恢复为默认的颜色，可执行菜单中的“复位色板”命令，如图 4-79 所示。

(1) 打开“第 4 章\效果图\实例 2. psd”文件，如图 4-61 所示。

(2) 按下 Ctrl 键单击边框所在图层，得到选区，如图 4-80 所示。

(3) 选择“窗口”|“色板”命令，打开“色板”面板，在“色板”面板选择，设置前景色为“黄色”，按 Alt+Del 键填充，如图 4-81 所示。

(4) 按 Ctrl+D 键后取消选区，如图 4-82 所示。

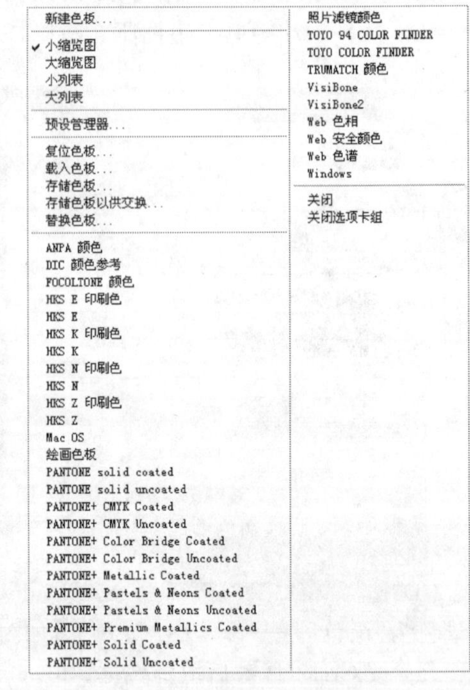

图 4-79　“色板”面板操作菜单

4.3.4 油漆桶工具

“油漆桶工具”可以对图像进行颜色或图案的填充，它的填充范围是与图像中鼠标单击点处颜色相同或相近的像素点。在“工具箱”中选择“油漆桶工具” ，在选项栏中可以对工具进行设置，如图 4-83 所示。

设置填充方式为“图案”，可以打开图案下拉列表，如图 4-84 所示，在其中选择一种图案。在选区或新图层中单击就可以填充图案。

下面通过实例介绍油漆桶工具的用法。

图 4-80　选择区域

图 4-81　选区填充颜色

图 4-82　填充后效果

图 4-83　“油漆桶工具”选项栏

(1) 打开“第 4 章\素材\1.jpg”文件，如图 4-85 所示。

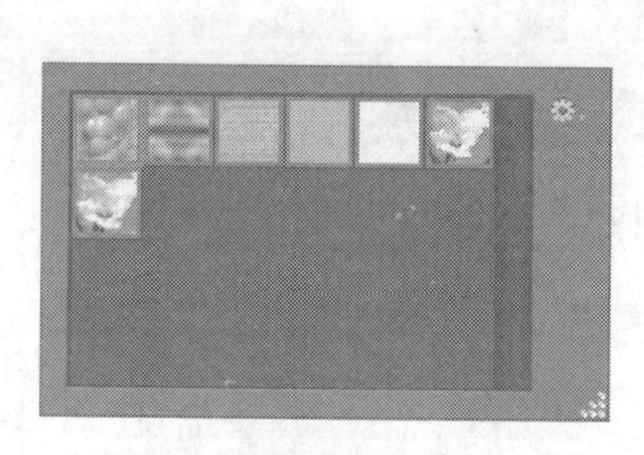

图 4-84　图案下拉列表

图 4-85　素材文件

(2) 使用“矩形选框工具”后，使用“选择”|“反向”得到选区，如图 4-86 所示。

(3) 新建图层 1，设置前景色为“蓝色”，在“工具箱”中选择“油漆桶工具”，设置“油漆桶工具”的填充模式为“前景色”，在选区内单击，效果如图 4-87 所示。

图 4-86　矩形边框

图 4-87　填充前景色后效果

(4) 新建图层 2，在“工具箱”中选择“油漆桶工具”，设置“油漆桶工具”的填充模式为“图案”，在选区内单击，效果如图 4-88 所示。

图 4-88　填充图案后效果

4.3.5 渐变工具

“渐变工具”用来填充渐变色，如果不创建选区，“渐变工具”将作用于整个图像。此工具的使用方法是按住鼠标键拖曳，形成一条直线，直线的长度和方向决定了渐变填充的区域和方向，拖曳鼠标的同时按住 Shift 键可保证鼠标的方向是水平或竖直或 45°。

“渐变工具”包括线性渐变、径向渐变、角度渐变、对称渐变和菱形渐变。这些渐变工具的使用方法相同，但产生的渐变效果不同。

“渐变工具”的工具选项栏中，“模式”的弹出菜单是表示渐变色和底图的混合模式；通过调节“不透明度”后面的数值改变整个渐变色的透明度；“反向”复选框可使现有的渐变色逆转方向；“仿色”复选框用来控制色彩的显示，选中它可以使色彩过渡更平滑；选中“透明区域”复选框对渐变填充使用透明蒙版。

Photoshop 提供了大量的渐变样式供用户直接使用，但有时这些样式并不能满足用户的要求。这时，可以根据自己的需要来编辑生成自己的渐变效果。

在“工具箱”中选择“渐变工具”，在选项栏中单击色谱框，打开“渐变编辑器”对话框，如图 4-89 所示。

使用“渐变编辑器”对话框可创建新的渐变效果，或对已有的渐变效果进行编辑。下面对“渐变编辑器”对话框进行介绍。

- “预设”框：在“预设”框中，列出了当前可用的渐变样式。单击“预设”框中的选项，可选择该渐变样式。单击“预设”框右侧的三角按钮，可获得一个弹出菜单，使用该菜单中的命令可改变“预设”框中列表的外观、列表选项的复位和选项的替换等操作。
- “名称”文本框：在“名称”文本框中输入文字，可以设置新渐变的名称。该文本框不是对已有的预设渐变进行更名操作，而是修改新创建的渐变的名称。

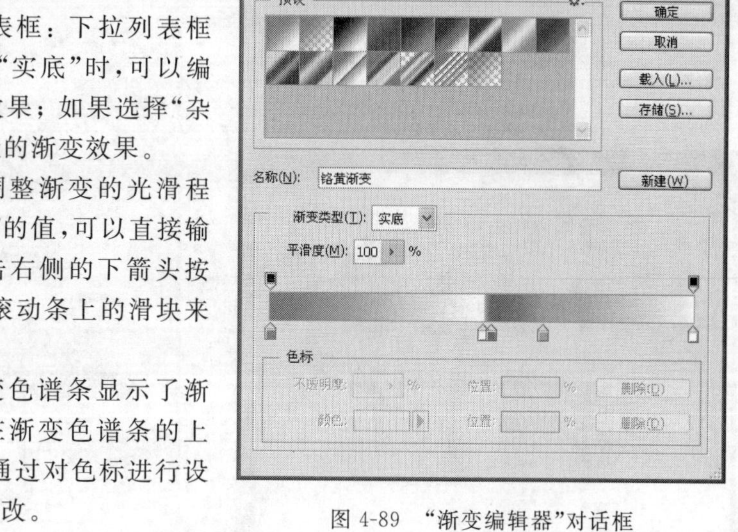

图 4-89　“渐变编辑器”对话框

- “渐变类型”下拉列表框：下拉列表框中有两个选项，选择“实底”时，可以编辑均匀过渡的渐变效果；如果选择“杂色”，将可以编辑粗糙的渐变效果。
- “平滑度”框：用来调整渐变的光滑程度。要调整“平滑度”的值，可以直接输入数值。也可以单击右侧的下箭头按钮，通过拖曳显示的滚动条上的滑块来调节其值。
- “渐变色谱条”：渐变色谱条显示了渐变颜色变化情况。在渐变色谱条的上方和下方都有色标，通过对色标进行设置可以对渐变进行修改。
- “颜色”色标：在渐变色谱条的下方是“颜色”色标，色标是一种颜色标记，“颜色”色标所在的位置就是色谱上使用原色的位置。渐变色就是从一个“颜色”色标过渡到另一个“颜色”色标的位置。拖曳“颜色”色标，可以移动其位置，能改变该颜色在色谱条中的范围。在色谱条的下边单击，可添加新的“颜色”图标。“颜色”图标有三种，当其显示为时，表示当前颜色为前景色；当色标使用背景色时，其显示为；当“颜色”图标显示为时，表示当前颜色为用户自定义颜色。单击“颜色”色标，可选定该色标，选定时其上方为黑色的三角形，此时可对色标进行编辑。
- “不透明度”色标：在色谱条上方是“不透明度”色标，“不透明度”色标的操作和“颜色”图标的操作基本一致。“不透明度”色标上的颜色根据颜色的透明度的不同显示为灰度。当颜色完全透明时，“不透明度”色标显示为纯白色的。当色标完全不透明时，“不透明度”色标显示为纯黑色。
- “中点”标志：在两个相邻的“颜色”色标或“不透明度”色标的中间都有一个菱形的标志，这个标志称为“中点”标志，“中点”标志所在的位置是两种相邻的原色或透明效果的分界线，即标示出左右两种原色各占50%的位置或50%透明度处。使用鼠标拖曳“中点”标志，可以改变渐变色的分界线的位置。“中点”标志只能在两个相邻的“颜色”色标或“不透明度”色标间移动。

“渐变工具”用来填充渐变色，如果不创建选区，渐变工具将作用于整个图像。此工具的使用方法是按住鼠标左键拖曳，形成一条直线，直线的长度和方向决定了渐变填充的区域和方向，拖曳鼠标的同时按住 Shift 键可保证鼠标的方向是水平、竖直或45°。

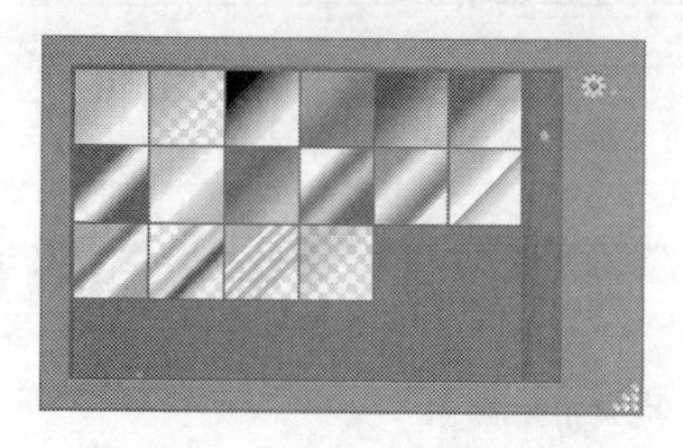
图 4-90　选择渐变类型

在“渐变工具”列表中选择渐变类型，例如选择第二行最右边的“铬黄渐变”，如图 4-90 所示，绘制各种渐变效果，依次为线性渐变、径向渐变、角度渐变、对称渐变和菱形渐变，如图 4-91 所示。

“渐变工具”可以实现自定义渐变色，方法如下。

(1) 选择“渐变工具”,单击选项栏中的“渐变效果显示框”,打开“渐变编辑器”对话框,如图 4-92 所示。

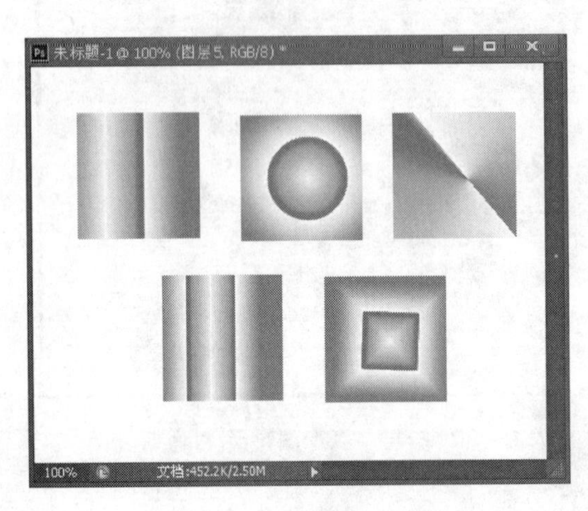

图 4-91 各种渐变效果

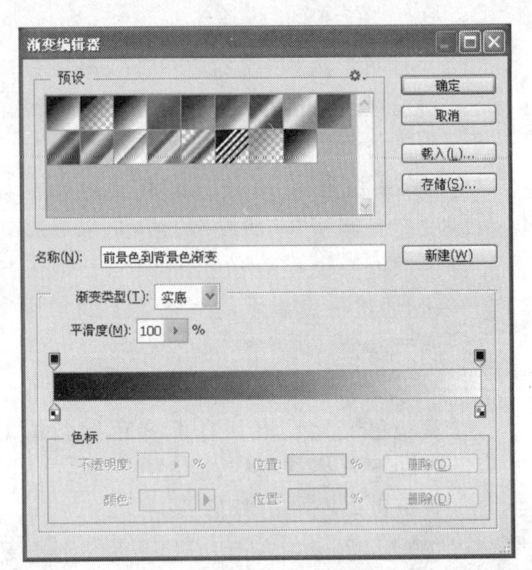

图 4-92 “渐变编辑器”对话框

(2) 双击渐变色定义栏下的“色标”,打开“拾色器(色标颜色)”对话框,在颜色区域选择红色,如图 4-93 所示。

(3) 双击与“色标”相对的“不透明度色标”,在下方设置该色标的不透明度值为 50%,如图 4-94 所示。

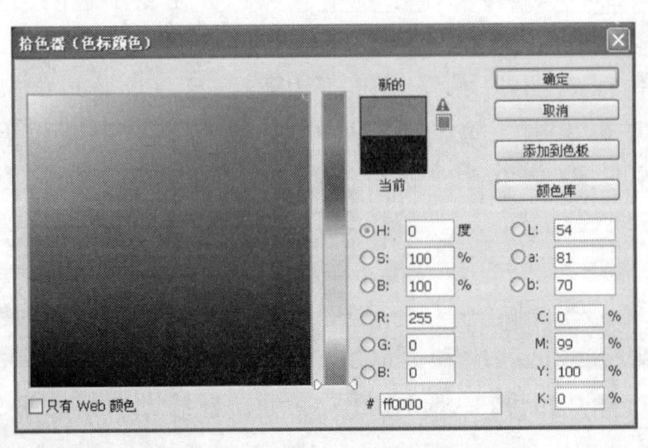

图 4-93 “拾色器(色标颜色)”对话框

图 4-94 设置色标不透明度

(4) 单击渐变定义栏下方的中间区域,添加一个新色标,设置颜色为绿色,如图 4-95 所示。

(5) 将新添加色标的位置值定位在 50%。设置完成后如图 4-96 所示。

(6) 向左拖曳“颜色中点”滑块,将位置值定位在 30%。设置完成后如图 4-97 所示。

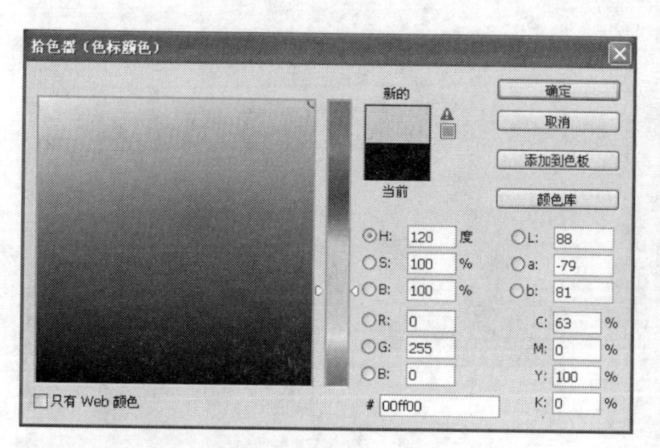

图 4-95　添加绿色色标

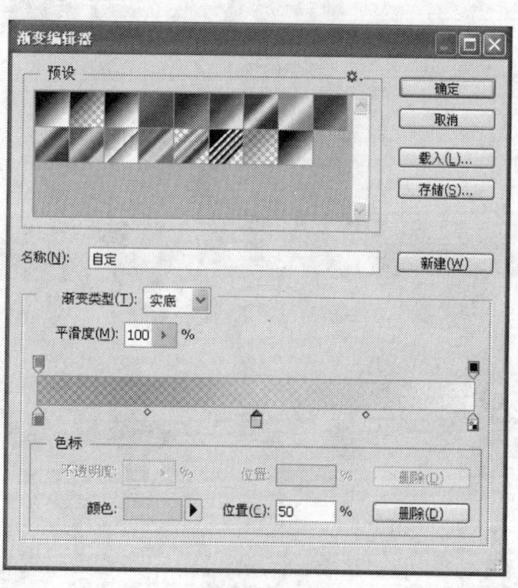

图 4-96　设置色标位置

(7) 设置完成自定义渐变后，可以存储在预设列表中，在名称后面的输入框中输入名称，单击“新建”按钮即可，如图 4-98 所示。如果需要删除颜色色标和不透明度色标，将色标拖离渐变定义栏即可。

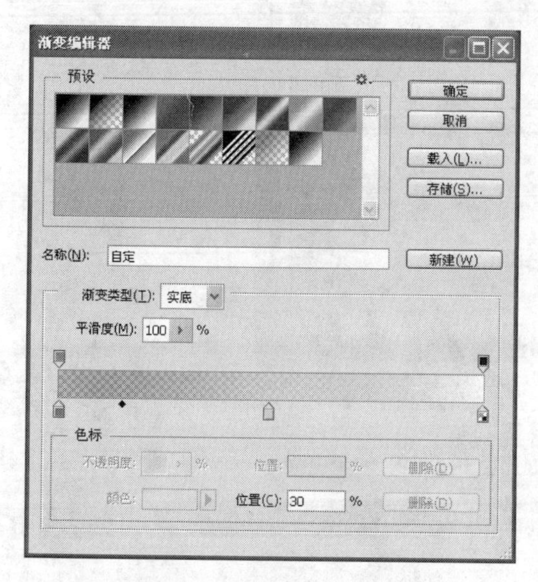

图 4-97　设置中心点位置

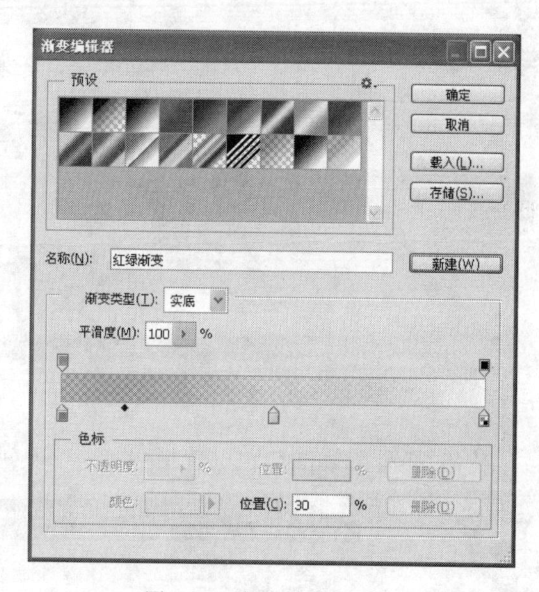

图 4-98　保存自定义渐变

下面通过实例介绍渐变工具的用法。

(1) 打开“第 4 章\素材\2.jpg”文件，如图 4-99 所示。

(2) 设置前景色为“绿色”，选择“渐变工具”，选择“前景色到透明渐变”，如图 4-100 所示。

(3) 使用“线性渐变”，在图像上自上到下绘制渐变，效果如图 4-101 所示。

4.3.6　吸管工具

“吸管工具”用来吸取图像的颜色，可以吸取 Photoshop 中任意文档的颜色，只能吸取一种。在“工具箱”中选择“吸管工具”，然后在图像中单击，即可将该点的颜色设置为前景色。

图 4-99　素材文件

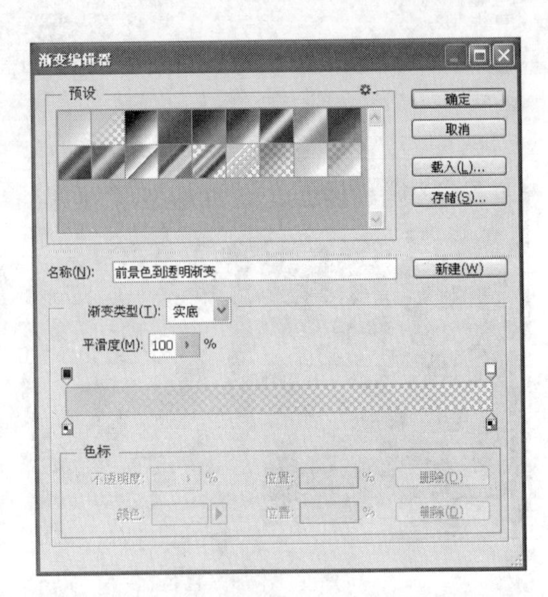

图 4-100　选择“前景色到透明渐变”

图 4-101　使用渐变后图像效果

使用“吸管工具”时，在选项栏中可对工具进行设置，如图 4-102 所示。

图 4-102　“吸管工具”选项栏

单击“取样大小”下拉列表框时，会显示如图 4-103 所示的选项，在“取样大小”下拉列表框中选择“取样点”时，“吸管工具”将只拾取光标下 1 个像素的颜色；若选择“3×3 平均”时，可拾取光标处 3×3 像素区域内的所有颜色的平均值，其他选项的含义相同。

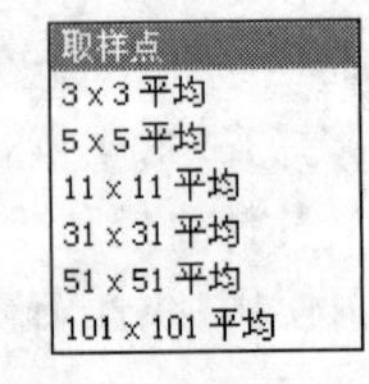

图 4-103　“取样大小”下拉列表框

“吸管工具”除了以上用途之外，还有一个非常重要的作用是吸取不同位置的颜色，然后在“信息”面板中查看颜色的数值，并进行比较，以达到精确的修整图片效果。

“吸管工具”可以在窗口的任何图像中取样，无论是活动窗口还是非活动窗口。如果单击颜色时按下 Alt 键，则将颜色设置为背景色。

下面通过实例说明。

(1) 打开“第 4 章\素材\3.jpg”文件，如图 4-104 所示。

(2) 选择“吸管工具”，选择“前景色到透明渐变”，如图 4-105 所示。

图 4-104　素材文件

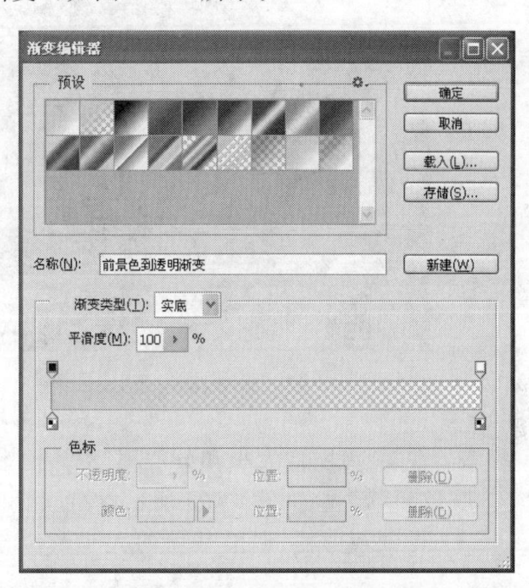

图 4-105　选择“前景色到透明渐变”

(3) 使用“线性渐变”，在图像上自上到下绘制渐变，效果如图 4-106 所示。

图 4-106　使用渐变后图像效果

4.3.7　填充图像实例——一寸证件照片

1. 实例简介

本实例介绍一种制作一英寸照片的方法。在本实例的制作过程中，使用“油漆桶工具”、“画笔工具”和“裁剪工具”进行操作。通过本实例的制作，使读者掌握填充工具的使用方法。

2. 实例制作步骤

(1) 打开“第 4 章\素材\人物.jpg”文件，如图 4-107 所示。

(2) 选择"裁剪"工具,按照一寸相片的标准裁剪相片。打开裁剪图像属性"大小和分辨率"对话框,如图4-108所示。

图4-107 素材图片

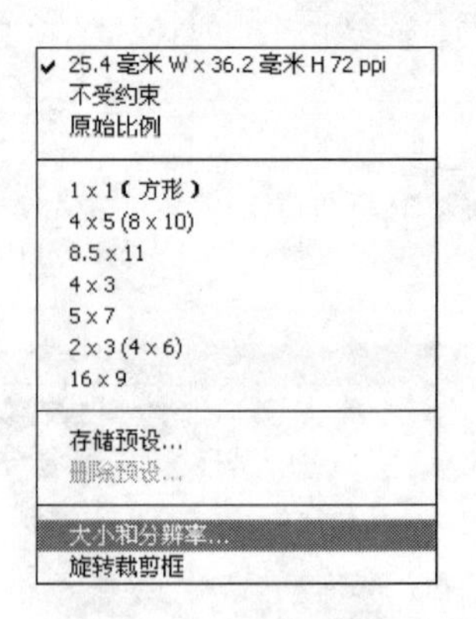

图4-108 裁剪属性

(3) 在"裁剪图像大小和分辨率"对话框中,设置宽度(25.4毫米)、高度(36.2毫米)、分辨率(300像素/英寸)如图4-109所示,设置后单击"确定"按钮。

(4) 得到裁剪框,调整裁剪的大小及位置,完成调整后按Enter键确定裁剪,如图4-110所示。

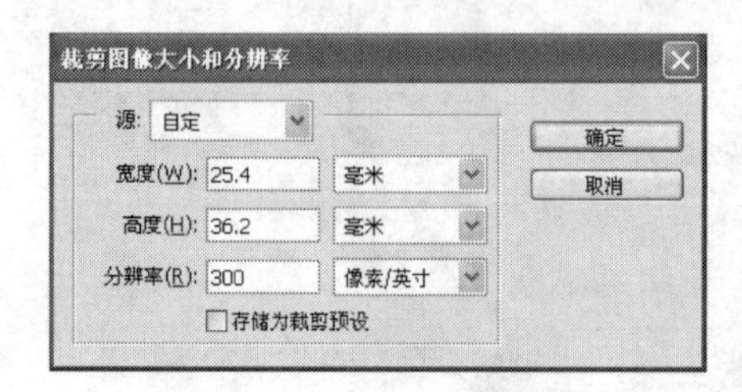

图4-109 "裁剪图像大小和分辨率"对话框

图4-110 调整裁剪

(5) 裁剪后的照片会变得很小,使用"缩放工具",在图像窗口中光标变为放大工具图标,单击将图像放大,如图4-111所示。

(6) 选择"窗口"|"调整"|"自动色调"命令,如图4-112所示。

(7) 选择"快速选择工具",单击头像以外的区域,如图4-113所示。

(8) 选择"前景色"图标选择"红色",按Alt+Del键填充红色背景,如图4-114所示,然后取消选择。

(9) 缩小图像,选择"图像"|"画布大小"命令,选择"相对"复选框,修改单位为"毫米"、宽度为3毫米、高度也为3毫米,"画布扩展颜色"为"白色",如图4-115所示。

(10) 确定后的图像效果如图4-116所示。

图 4-111　图像放大

图 4-112　“自动色调”效果

图 4-113　选择区域

图 4-114　填充效果

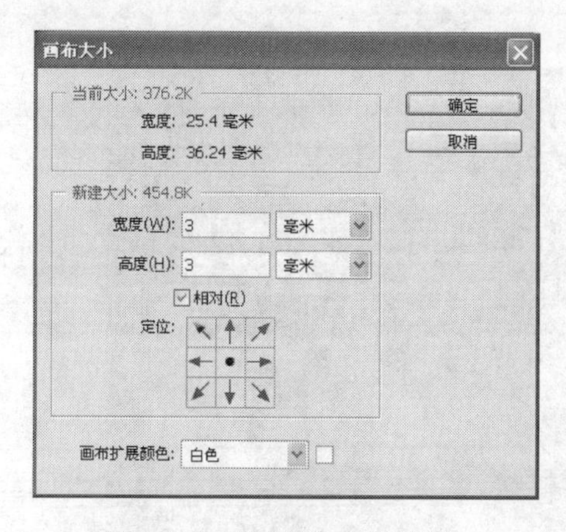

图 4-115　“画布大小”对话框

图 4-116　调整画布后效果

(11) 按 Ctrl＋A 组合键，全选图片，如图 4-117 所示。

(12) 选择“编辑”|“定义图案”命令，打开图案名称对话框后，输入名称为“一寸照”，如图 4-118 所示。

(13) 选择“文件”|“新建”命令，选择预设为“照片”，大小为“L，纵向”，单击“确定”按钮，如图 4-119 所示。

图 4-117　全选

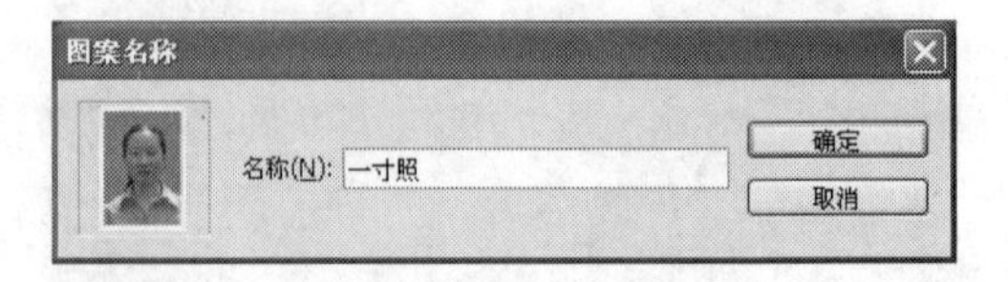

图 4-118　定义图案

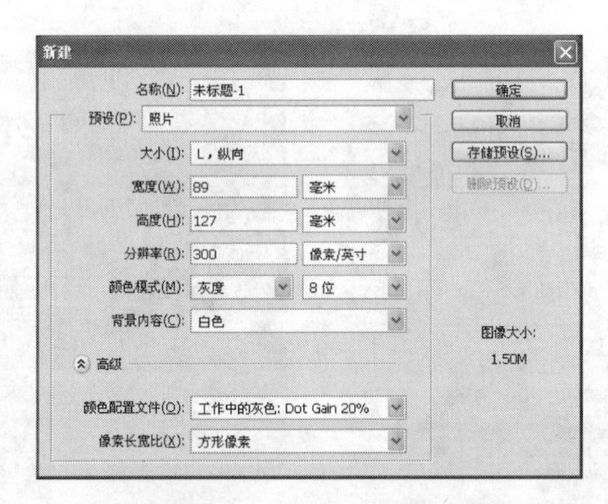

图 4-119　“新建”对话框

(14) 新建文件效果，如图 4-120 所示。

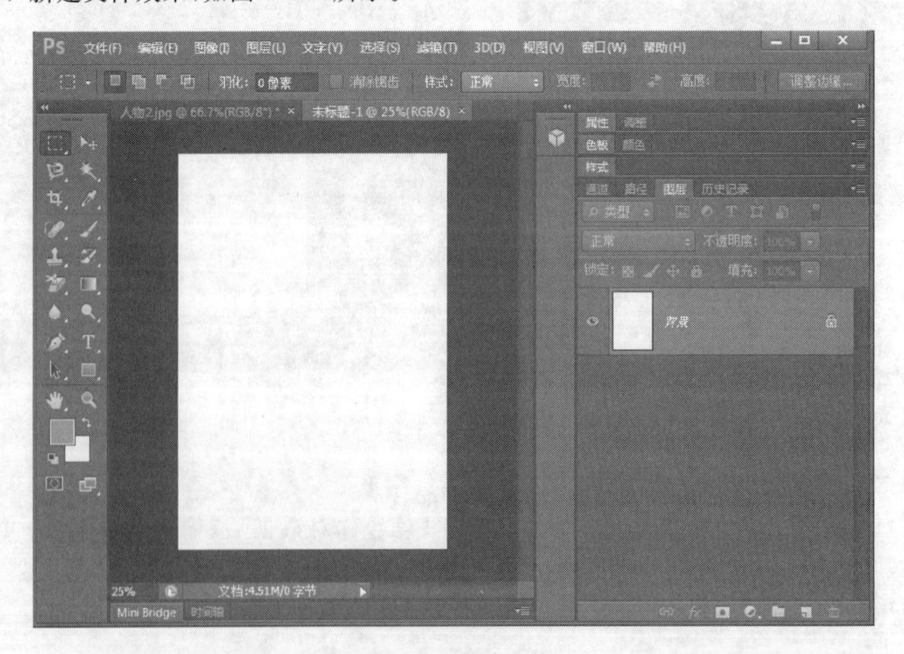

图 4-120　新建文件

(15) 选择“编辑”|“填充”命令,打开填充对话框,内容选择“图案”填充,如图 4-121 所示。

(16) 选择定义好的一寸照图案,如图 4-122 所示。

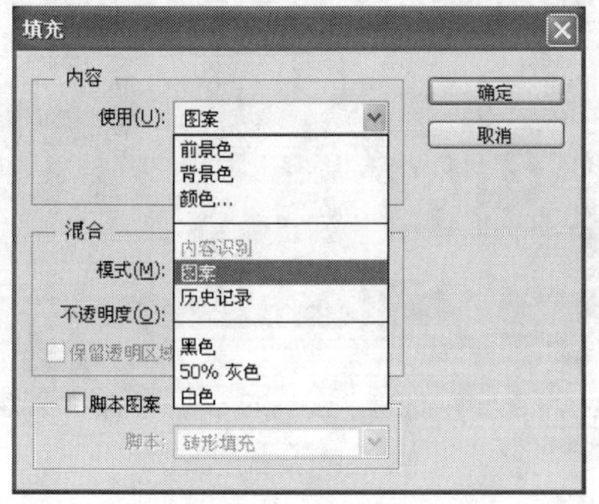

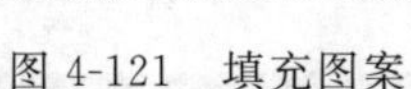
图 4-121 填充图案

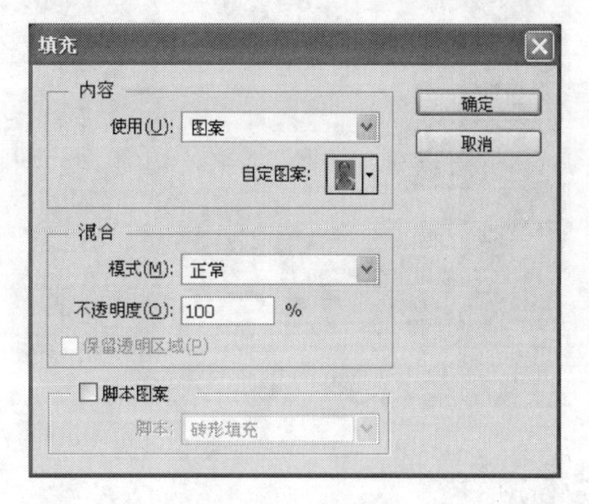

图 4-122 自定图案

(17) 填充完成后,如图 4-123 所示。

(18) 将填充不全的图像清除,选择矩形选框工具,进入“添加到选区”模式,将不全的图像框选起来,如图 4-124 所示。

图 4-123 填充后

图 4-124 添加到选区

(19) 设置“前景色”为“白色”,按 Alt+Del 键填充,如图 4-125 所示。

(20) 执行菜单中“选择”|“反向”命令,反向选区,如图 4-126 所示。

(21) 将“背景”颜色设置为白色,然后选择“移动”工具,将照片部分移动到中间位置,如图 4-127 所示。

(22) 使用“选择”|“取消选择”命令,存储文件到“效果图”文件夹,名称为“实例 3.jpg”,图像最终效果,如图 4-128 所示。

图 4-125　填充前景色

图 4-126　反向选择

图 4-127　移动选区内图片

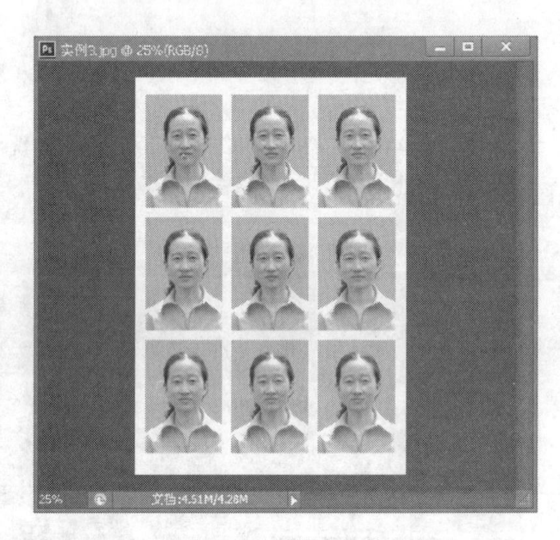

图 4-128　图像最终效果

4.4　修复图像

为了方便修改图像中的瑕疵，Photoshop 提供了各种图像修补工具，这些工具均能根据图像的质感对图像进行修复。这些工具在使用时，实际上是通过对图像进行复制来实现图像局部的修改。工具能够自动比较图像中像素的颜色，然后再进行复制工作，从而能够获得自然的图像修复效果。修复图像的工具包括"污点修复画笔工具"、"修复画笔工具"、"修补工具"、"内容感知移动工具"和"红眼工具"，如图 4-129 所示。

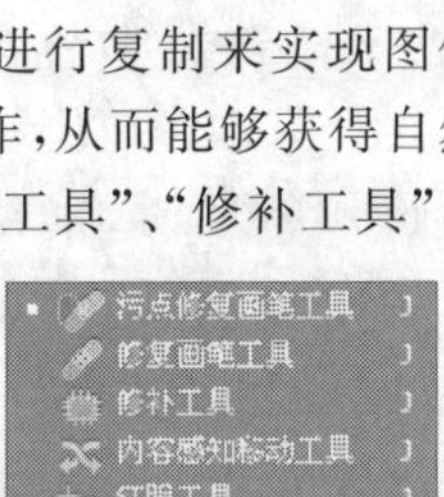

污点修复画笔工具 J
修复画笔工具 J
修补工具 J
内容感知移动工具 J
红眼工具 J

图 4-129　修补工具组

4.4.1　污点修复画笔工具

"污点修复画笔工具" 可以移去图像中的污点。其属性栏如图 4-130 所示。

图 4-130　“污点修复画笔工具”属性栏

- “画笔”：与画笔工具属性栏对应的选项一样，用来设置画笔的大小和样式等。
- “模式”：用于设置绘制后生成图像与底色之间的混合模型。
- “类型”：用于设置恢复图像区域修复过程中采用的修复类型，选中“近似匹配”单选按钮后，将使用要修复区域周围的像素来修复图像；选中“创建纹理”单选按钮，将使用被修复图像区域中的像素来创建修复纹理，并使纹理与周围纹理相协调。
- “对所有图层取样”：选中该复选框将从所有可见图层中对数据进行取样。

下面介绍工具的具体用法。

(1) 打开“第 4 章\素材\荷花.jpg”文件，见图 4-40。

(2) 选择“污点修复画笔工具”，在图片左侧小鸟处涂抹，图片效果如图 4-131 所示。

图 4-131　“污点修复画笔工具”使用后效果

4.4.2　修复画笔工具

选择“修复画笔工具”，其属性栏状态如图 4-132 所示。

图 4-132　“修复画笔工具”属性栏

“修复画笔工具”的使用方法是：先设置画笔的直径、硬度、间距、角度、圆度和压力大小，按住 Alt 键，在需要修复的区域外部取样，然后利用“修复画笔”工具修复照片。

下面看具体操作。

(1) 打开“第 4 章\素材\荷花.jpg”文件，见图 4-40。

(2) 选择“修复画笔工具”，在图片左侧小鸟处涂抹，图片效果如图 4-133 所示。

4.4.3　修补工具

选择“修补工具”，其属性栏状态如图 4-134 所示。

图 4-133 "修复画笔工具"使用后效果

图 4-134 "修补工具"属性栏

- "新选区"：去除旧选区，绘制新选区。
- "添加到选区"：在原有选区上再增加新的选区。
- "从选区减去"：在原有选区上减去新选区的部分。
- "与选区交叉"：选择新旧选区重叠的部分。

下面介绍具体操作。

(1) 打开"第 4 章\素材\荷花.jpg"文件，选择"修补工具"，在图片左侧小鸟处框选，如图 4-135 所示。

图 4-135 "修补工具"选择待修补区域

(2) 按下鼠标左键将选区拖曳到黑色背景处，效果如图 4-136 所示。

图 4-136　“修补工具”使用后选区内效果

(3) 按 Ctrl+D 组合键取消选区，图像效果如图 4-137 所示。

图 4-137　“修补工具”使用后效果

4.4.4　内容感知移动工具

“内容感知移动工具”是 Photoshop CS6 新增加的功能，该功能可以实现将图片中多余部分物体去除，同时会自动计算和修复移除部分，从而实现更加完美的图片合成效果。

利用 Photoshop CS6 的“内容感知移动工具”可以简单到只需选择图像场景中的某个物体，然后将其移动到图像中的任何位置，经过 Photoshop CS6 的计算，完成极其真实的合成效果。

选择“内容感知移动工具”，其属性栏状态如图 4-138 所示。

模式：移动 适应：中 对所有图层取样

图 4-138 “内容感知移动工具”属性栏

模式分为两种，分别是“移动”和“扩展”。

- “移动”：主要是用来移动图片中主体，并随意放置到合适的位置。移动后的空隙位置，由软件通过计算后智能修复。
- “扩展”：选取想要复制的部分，移到其他需要的位置就可以实现复制，复制后的边缘会自动柔化处理，跟周围环境融合。

首先来看“移动”模式的使用方法。

(1) 打开“第 4 章\素材\人物.jpg”文件，见图 4-107。

(2) 选择“内容感知移动工具”，其属性栏模式选择为“移动”，适应选择为“非常严格”，如图 4-139 所示。

模式：移动 适应：非常严格 对所有图层取样

图 4-139 “内容感知移动工具”属性栏

(3) 使用“内容感知移动工具”，在图像中按住鼠标左键并拖曳鼠标，套选要移动的人物，如图 4-140 所示。

(4) 把鼠标光标移动到选区内，按住鼠标不放，拖曳选区到图像的任何位置。移动到合适位置后，松开鼠标左键，按 Ctrl＋D 键取消选区。原来选区内的图像自动融合，如图 4-141 所示。

图 4-140 选择区域

图 4-141 “内容感知移动工具”使用后效果

下面来看“扩展”模式的使用方法。

(1) 打开“第 4 章\素材\人物.jpg”文件。

(2) 选择“内容感知移动工具”，其属性栏模式选择为“扩展”，适应选择为“非常严格”，如图 4-142 所示。

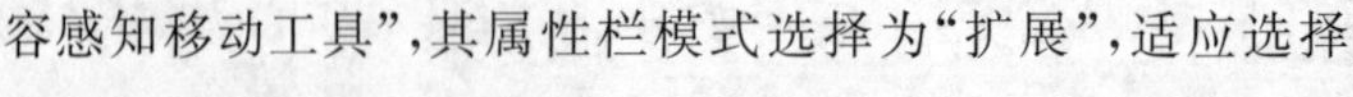

模式：扩展 适应：非常严格 对所有图层取样

图 4-142 “内容感知移动工具”属性栏

(3) 使用“内容感知移动工具”,在图像中按住鼠标左键不放拖曳鼠标,套选要复制的人物,如图 4-143 所示。

(4) 把鼠标光标移动到选区内,按住鼠标不放,拖曳选区到图像的任何位置。移动到合适位置后,松开鼠标左键,按 Ctrl＋D 键取消选区。实现选区内图像的复制,如图 4-144 所示。

图 4-143　选择区域

图 4-144　“内容感知移动工具”使用后效果

4.4.5　红眼工具

“红眼工具”是专门用来消除人物眼睛因灯光或闪光灯照射后瞳孔产生的红点,白点等反射光点。

选择“红眼工具”,其属性栏状态如图 4-145 所示:

“瞳孔大小”: 此选项用于设置修复瞳孔范围的大小。

图 4-145　“红眼工具”属性栏

“变暗量”: 此选项用于设置修复范围的颜色的亮度。

使用“红眼工具”的方法非常简单,在属性栏设置好瞳孔大小及变暗数值后,在瞳孔位置单击就可以修复。

具体操作如下。

(1) 打开“第 4 章\素材\红眼.jpg”文件,如图 4-146 所示。

(2) 选择“红眼工具”,使用默认属性值,在图片红眼处单击,图片效果如图 4-147 所示。

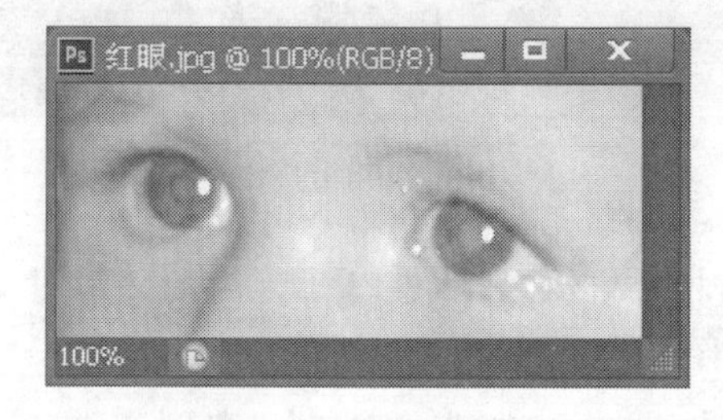

图 4-146　素材图片

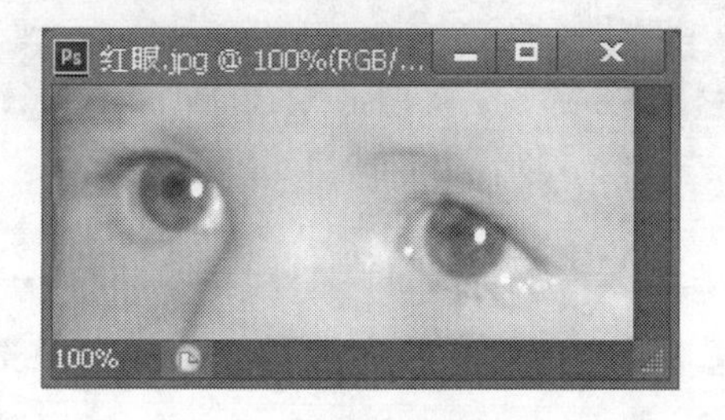

图 4-147　“红眼工具”使用后效果

4.4.6 修复图像应用实例——数码照片的修饰

1. 实例简介

在数码照片的拍摄过程中，会出现一些瑕疵，通过本软件可以很好地对图片进行修饰。在本实例的制作过程中，使用“修复画笔工具”和“内容感知移动工具”进行操作。通过本实例的制作，使读者掌握修复工具的使用方法。

2. 实例制作步骤

(1) 打开“第 4 章\素材\人物 2.jpg”文件，如图 4-148 所示。

(2) 将右下角日期处放大，如图 4-149 所示。

图 4-148　素材图片

图 4-149　放大效果

(3) 使用“修复画笔工具”，在与日期颜色相近处取样后，进行修复，效果如图 4-150 所示。

(4) 使用“内容感知移动工具”，选中人物，如图 4-151 所示。

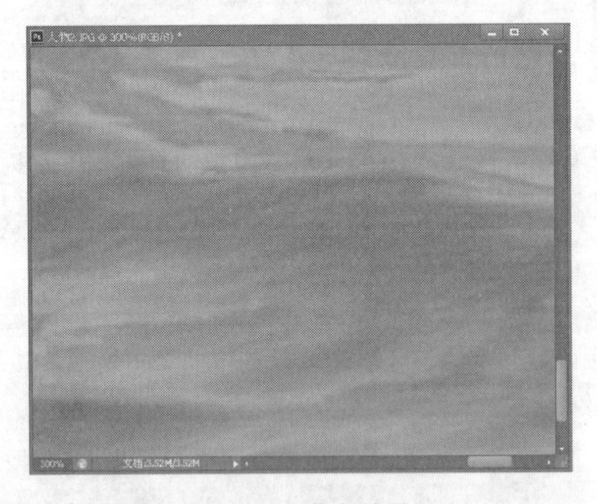

图 4-150　修复效果

图 4-151　“内容感知移动工具”选定区域

(5) “内容感知移动工具”模式使用“移动”，把鼠标光标移动到选区内，按住鼠标左键不放，拖曳选区到合适位置后，松开鼠标左键，原来选区内的图像自动融合，效果如图 4-152 所示。

(6) 按 Ctrl+D 组合键取消选区。存储文件到“效果图”文件夹，名称为“实例 4.jpg”，图像最终效果如图 4-153 所示。

图 4-152　“内容感知移动工具”使用后效果

图 4-153　最终效果

4.5　擦除图像

为了方便对图像进行修改，Photoshop 提供了擦除图像的工具，擦除图像的工具包括“橡皮擦工具”、“背景橡皮擦工具”和“魔术橡皮擦工具”，如图 4-154 所示。

图 4-154　擦除工具组

4.5.1　橡皮擦工具

“橡皮擦工具”主要用于来擦除当前图像中的颜色。选定“橡皮擦工具”后，可以在图像中拖动鼠标，根据画笔形状对图像进行擦除。当该工具在背景图层中擦除时，被擦除的部分用背景色填充。如果在普通图层中擦除，则被擦除部分变为透明。

“橡皮擦工具”属性栏如图 4-155 所示。

图 4-155　“橡皮擦工具”属性栏

- “模式”：单击其右侧的三角按钮，在下拉列表中可以选择 3 种擦除模式：画笔、铅笔和块。
- “不透明度”：设置参数可以直接改变擦除时图像的透明度。
- “流量”：数值越小，擦除图像的时候画笔压力越小，擦除得图像将透明显示。
- “抹去历史纪录”：选中此选框，可以将图像擦除至“历史记录”面板中的恢复点外的图像效果。

(1) 打开“第 4 章\素材\花 3.jpg”文件，见图 4-24。

(2) 选择“橡皮擦工具”，更换不同的画笔在图片中擦除，效果如图 4-156 所示。

图 4-156　“橡皮擦工具”使用后效果

4.5.2 背景橡皮擦工具

“背景橡皮擦工具”可以擦除背景图层的图像,“背景橡皮擦工具”可自动识别并清除背景,擦除过的图像区域为透明区域。

“背景橡皮擦工具”属性栏如图 4-157 所示。

图 4-157 “背景橡皮擦工具”属性栏

“取样按钮”分别为“取样：连续”、“取样：一次”和“取样：背景色板”。

“取样：连续”：随着拖曳连续采取色样；像“橡皮擦工具”一样将完全擦除图像。“取样：一次”：只抹除包含第一次点按的颜色的区域,其他的颜色不受擦除影响。“取样：背景色板”：只抹除包含当前背景色的区域。如把背景色设置为黑色。在图像中按住鼠标进行擦除,只擦除背景色设置的颜色黑色,其他的颜色不受擦除影响。

- “限制”选项分为三种：“连续”、“不连续”和“查找边缘”。
- “连续”：抹除包含样本颜色并且相互连接的区域；“不连续”抹除出现在画笔下任何位置的样本颜色；“查找边缘”抹除包含样本颜色的连接区域,同时更好地保留形状边缘的锐化程度。
- “容差”：输入值或拖曳滑块。低容差仅限于抹除与样本颜色非常相似的区域。高容差抹除范围更广的颜色。
- “保护前景色”：可防止抹除与工具框中的前景色匹配的区域。

具体操作如下。

(1) 打开“第 4 章\素材\ 3.jpg”文件,见图 4-104。

(2) 选择“背景橡皮擦工具”,更换不同的画笔在图片中擦除,效果如图 4-158 所示。

图 4-158 “背景橡皮擦工具”使用后效果

4.5.3 魔术橡皮擦工具

“魔术橡皮擦工具”能够擦除设定容差范围内的相邻颜色,图像擦除后得到背景透明效果。使用“魔术橡皮擦工具”时,不需要在图像中拖动鼠标,只需要在图像中单击,即可擦除图像中所有相近的颜色区域。

“魔术橡皮擦工具”属性栏如图 4-159 所示。

图 4-159 “魔术橡皮擦工具”属性栏

“魔术橡皮擦工具”的属性如下。

- “容差”：输入容差值以定义可抹除的颜色范围。低容差会抹除颜色值范围内与点按像素非常相似的像素,高容差会抹除范围更广的像素。魔术橡皮擦工具与魔棒工具选取原理类似,可以通过设置容差的大小确定删除范围的大小,容差越大删除范围越大；容差越小,删除范围越小。

- “消除锯齿”：选择“消除锯齿”可使抹除区域的边缘使其变平滑。
- “连续”：选中该复选框，可以只擦除相邻的图像区域；未选中该复选框时，可将不相邻的区域也擦除。
- “对所有图层取样”以便利用所有可见 Photoshop CS6 图层中的组合数据来采集抹除色样。
- “不透明度”指定不透明度以定义抹除强度。100%的不透明度将完全抹除像素。较低的不透明度将部分抹除像素。

具体操作如下。

(1) 打开“第 4 章\素材\荷花.jpg”文件，见图 4-40。

(2) 选择“魔术橡皮擦工具”，在黑色背景处单击鼠标，效果如图 4-160 所示。

图 4-160 “魔术橡皮擦工具”使用后效果

4.5.4 擦除图像应用实例——抠图效果

1. 实例简介

“橡皮擦工具”不仅可以擦除图像，还可以实现抠图效果，本实例通过使用“橡皮擦工具”和“魔术橡皮擦工具”进行抠图，对图像进行重新合成，形成一幅新的图像。通过本实例的制作，使读者掌握擦除工具的使用方法。

2. 实例制作步骤

(1) 打开“第 4 章\素材\桂林.jpg”文件，如图 4-161 所示。

(2) 使用“矩形选框工具”，选择水中的塔，如图 4-162 所示。

图 4-161 素材图片

图 4-162 选择操作区域

(3) 按 Ctrl+C 组合键对选择区域图像复制，按 Ctrl+V 组合键进行粘贴，移动图片到目标位置，效果如图 4-163 所示。

(4) 使用“橡皮擦工具”，选择合适的软画笔对图像进行处理，效果如图 4-164 所示。

(5) 按 Ctrl+T 组合键对图像进行缩放，效果如图 4-165 所示。

(6) 打开“第 4 章\素材\船.jpg”文件，如图 4-166 所示。

(7) 使用“魔术橡皮擦工具”，擦除船的背景，效果如图 4-167 所示。

(8) 使用“移动工具”，将“船”移动到“桂林”文件中，效果如图 4-168 所示。

(9) 选择“移动工具”按下 Alt 键拖曳，对图像进行复制，效果如图 4-169 所示。

(10) 按 Ctrl＋T 组合键对复制的"船"进行放大操作，存储文件到"效果图"文件夹，名称为"实例 5. psd"，图像最终效果如图 4-170 所示。

图 4-163　复制选区内图像

图 4-164　"橡皮擦工具"擦除后效果

图 4-165　缩放图像

图 4-166　素材文件

图 4-167　擦除图像

图 4-168　移动图像

图 4-169　复制图像

图 4-170　图像最终效果

4.6 恢复图像

在对图像进行恢复操作时，需要用到“历史记录”调板，“历史记录”调板可以在进行图像处理发生操作错误时，将图像状态恢复到前一次的状态，并且“历史记录画笔工具”和“历史记录艺术画笔工具”也都可以实现恢复操作，它们与“历史记录”调板结合使用，通过在图像中涂抹来将涂抹区域恢复到以前的状态。

选择“窗口”|“历史记录”，可以打开“历史记录”调板，如图 4-171 所示。

恢复图像的工具包括“历史记录画笔工具”和“历史记录艺术画笔工具”，如图 4-172 所示。

图 4-171　“历史记录”调板

图 4-172　恢复工具组

4.6.1 历史记录画笔工具

“历史记录画笔工具”主要作用是将部分图像恢复到某一历史状态，可以形成特殊的图像效果。

“历史记录画笔工具”必须与“历史记录”调板配合使用，用于恢复操作，但不是将整个图像都恢复到以前的状态，而是对图像的部分区域进行恢复，因而可以对图像进行更加细微的控制。

在“工具箱”中选择“历史记录画笔工具”，在“历史记录”调板中选择需要返回的位置，在图像中涂抹，即可将涂抹处的图像恢复到“历史记录”中恢复点处的画面状态。

“历史记录画笔工具”属性栏如图 4-173 所示。

图 4-173　“历史记录画笔工具”属性栏

“历史记录画笔工具”属性栏的各项作用，与“画笔工具”一致，这里不再赘述。

具体操作方法如下。

(1) 打开“第 4 章\素材\花 5.jpg”文件，见图 4-60。

(2) 选择“图像”|“调整”|“去色”命令，图像效果如图 4-174 所示。

(3) 在“工具箱”中选择“历史记录画笔工具”，在“历史记录”调板中选择返回的位置，在图像中涂抹，即可将涂抹处的图像恢复到“历史记录”中恢复点处的画面状态，如图 4-175 所示。

4.6.2 历史记录艺术画笔工具

“历史记录艺术画笔工具”也可以将指定的历史记录状态或快照用作源数据，“历史记录画笔工具”是通过重新创建指定的源数据来绘画，而“历史记录艺术画笔工具”在使用这些数据的同时，还可以应用不同的颜色和艺术风格。

图 4-174 “去色”后效果

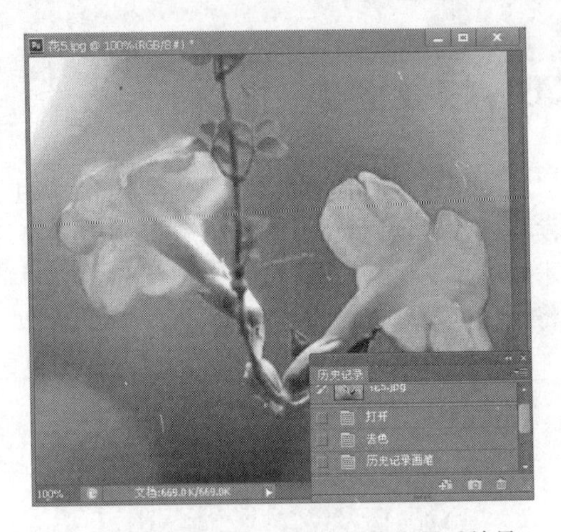

图 4-175 “历史记录画笔工具”应用后效果

“历史记录艺术画笔工具”属性栏如图 4-176 所示。

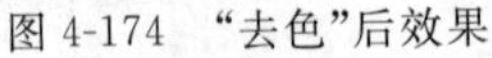

图 4-176 “历史记录艺术画笔工具”属性栏

属性栏中与“画笔工具”一致处不再讲解。下面介绍“样式”、“区域”和“容差”选项。

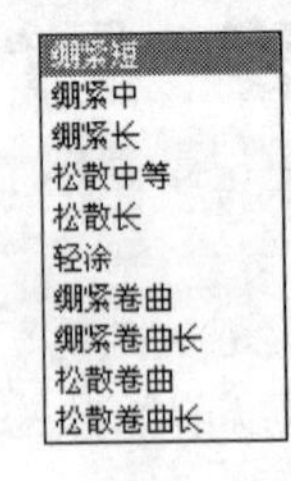

图 4-177 “样式”下拉列表

- “样式”下拉列表：可选择 10 种画笔笔触，可以根据绘画的样式选择合适的画笔笔触样式。根据画笔的类型，绘制图像的风格也会发生改变，如图 4-177 所示。
- “区域”选项：用来设置画笔的笔触区域，值越大，覆盖的区域就越大，描边的数量也就越多。
- “容差”选项：用来调整画笔笔触应用的间隔范围，值越小画笔越加精细。

具体使用方法如下。

(1) 打开“第 4 章\素材\花 2.jpg”文件，见图 4-21。

(2) 选择“图像”|“调整”|“色相/饱和度”，调整图像的色相，如图 4-178 所示。

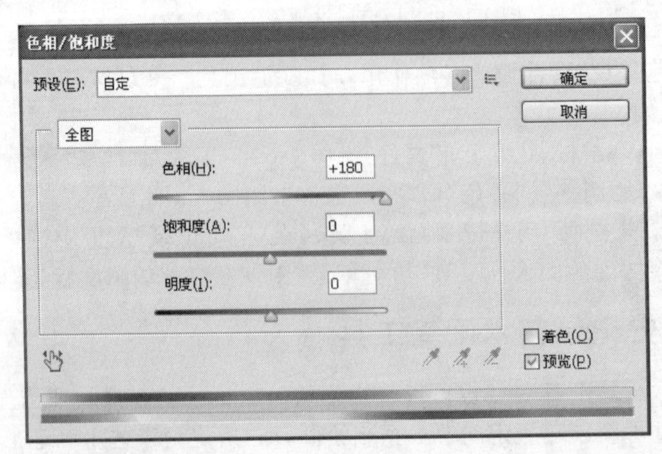

图 4-178 设置“色相/饱和度”

(3) 设置好“色相/饱和度”对话框参数后，图像效果，如图 4-179 所示。

(4) 在“工具箱”中选择“历史记录艺术画笔工具”，然后在“历史记录”调板中选择返回位置，最后在左侧花朵上涂抹，图像效果如图 4-180 所示。

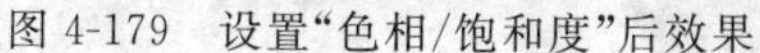

图 4-179　设置“色相/饱和度”后效果

图 4-180　“历史记录艺术画笔工具”应用后效果

4.6.3　恢复图像应用实例——艺术画制作

1. 实例简介

本实例通过制作一幅艺术品来讲解“历史记录画笔工具”和“历史记录艺术画笔工具”的使用，通过本实例的制作，使读者掌握“历史记录画笔工具”及“历史记录艺术画笔工具”的使用方法。

2. 实例制作步骤

(1) 打开“第 4 章\素材\花瓶.jpg”文件，如图 4-181 所示。

(2) 选择“图像”|“调整”|“色相/饱和度”，调整图像的色相，如图 4-182 所示。

图 4-181　素材图片

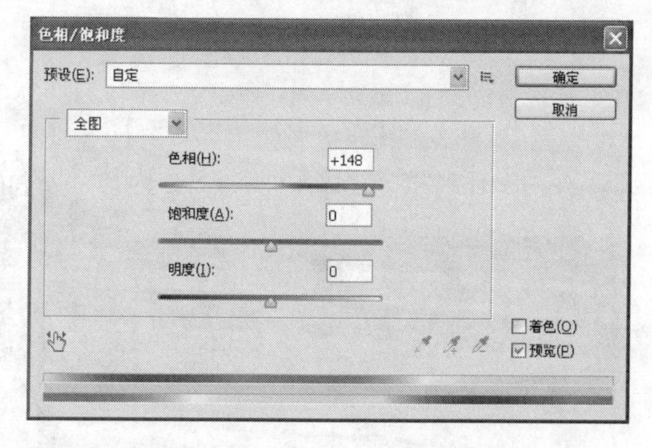

图 4-182　设置“色相/饱和度”

(3) 设置好“色相/饱和度”对话框参数后，图像效果如图 4-183 所示。

(4) 在“工具箱”中选择“历史记录画笔工具”，在“历史记录”调板中选择返回位置，最后在左侧花瓶上涂抹，图像效果如图 4-184 所示。

(5) 选择“历史记录画笔工具”，设置画笔为“枫叶”形状，调整大小，在右侧花瓶上绘制三条线，图像效果如图 4-185 所示。

(6) 在“工具箱”中选择“历史记录艺术画笔工具”，调整画笔大小，在“历史记录”调板中选择返回位置，然后在下方书本上涂抹，图像效果如图 4-186 所示。

图 4-183 设置“色相/饱和度”后效果

图 4-184 “历史记录画笔工具”应用后效果

图 4-185 绘制线条后效果

图 4-186 “历史记录艺术画笔工具”应用后效果

(7) 选择“图像”|“画布大小”命令，选择“相对”复选框，修改单位为“像素”、宽度为 30 像素、高度也为 30 像素，“画布扩展颜色”为“黄色”，如图 4-187 所示。

(8) 存储文件到“效果图”文件夹，名称为“实例 6.jpg”，图像最终效果，如图 4-188 所示。

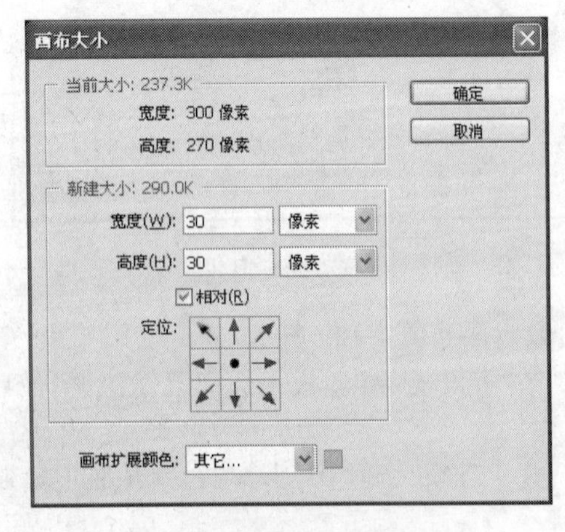

图 4-187 “画布大小”对话框

图 4-188 图像最终效果

4.7　本章小结

在 Photoshop 中，图像的绘制是一项重要内容，对图像的编辑和修饰也是在实际操作中必不可少的步骤。Photoshop 为图像图形的绘制与编辑提供了丰富的工具。本章详细介绍了绘制图像、填充图像、修复图像、擦除图像和恢复图像工具的使用方法，通过本章的学习，读者将掌握图像的绘制与修饰方法，为今后的图像处理打下基础。

4.8　本章习题

1. 填空题

(1) 系统默认的前景色是________，背景色是________。

(2)“油漆桶工具”可以填充________和________。

(3)“画笔工具”有 3 种不同类型的画笔。第一类画笔称为________，这类画笔绘制的线条不具有柔和的边缘；第二类画笔为具有柔和边缘功能的画笔，称为________；第三类画笔为不规则形状画笔，有时也称为________。

(4) 在 Photoshop cs6 中，“渐变工具”可以使用 5 种渐变填充方式对图像进行填充操作，分别是________、________、________、________和________。

(5) 在 Photoshop 中，“擦除工具”有“橡皮擦工具”、“________”和“魔术橡皮擦工具”。

(6) Photoshop 的图章工具包括“仿制图章工具”和________。

(7) Photoshop 的“历史记录画笔工具”必须与________配合使用。

2. 单项选择题

(1)“画笔工具”工具的快捷键是(　　)。

A. Ctrl+B　　B. Shift+B　　C. Alt+B　　D. B

(2) 使用“吸管”工具时，按下(　　)键可以设置新的前景颜色。

A. Ctrl　　B. Shift　　C. Alt　　D. Space

(3) 在设置画笔笔尖的形状动态时，欲调整画笔笔尖变化的随机性，应该调整(　　)设置项的值。

A.“圆角抖动”　　B.“最小直径”

C.“大小抖动”　　D.“角度抖动”

(4) 在使用“仿制图章工具”复制图像时，需要进行规则复制，应在选项栏中进行(　　)的设置。

A.“模式”下拉列表框中选择“正常”　　B. 将“流量”设置为 100%

C. 选中“对齐”复选框　　D. 不用设置

(5) 在 Photoshop 中，能自由绘制图形，并且效果最丰富的绘画工具是(　　)。

A. 钢笔工具　　B. 铅笔工具

C. 画笔工具　　D. 自定形状工具

(6) 使用快捷键可以快速对选区或当前图层填充颜色，其中按(　　)可以填充前景色。

A. Alt+Del 组合键　　B. Ctrl+Del 组合键

C. Del 键　　D. Shift+Del 组合键

4.9 上机练习

练习1 数码照片的修饰

对素材照片进行修饰，素材文件如图4-189所示，图片修饰后的效果，如图4-190所示。

图4-189 素材文件

图4-190 图像处理后的效果

主要制作步骤提示如下。

(1) 打开"第4章\练习素材\海.jpg"。

(2) 在"工具箱"中选择"仿制图章工具"，按Alt键在与背景人物颜色相似的区域上单击创建仿制取样点，在背景人物处绘制。

(3) 放大右下角日期，使用"仿制图章工具"或者"橡皮擦工具"进行修整。

(4) 存储文件到"效果图"文件夹，名称为"海.jpg"。

练习2 图像的边框制作

打开素材图片，如图4-191所示，制作边框，如图4-192所示。

图4-191 素材文件

图4-192 图像处理后的效果

主要制作步骤提示如下。

(1) 打开"第4章\练习素材\雪.jpg"。

(2) 双击背景图层解锁。

(3) 用矩形工具选取一个较小的矩形边框，大小自定，在图片右侧留出宽一些的区域。

(4) “编辑”|“描边”(宽度为 10px),颜色为“蓝色”,位置选择“内部”。

(5) “选择”|“反向”,设置前景色为“黑色”,按 Alt+Del 键填充黑色。

(6) 在“工具箱”中选择“竖排文字工具”,调整文字大小,输入文字“冬雪”。

(7) 存储文件到“效果图”文件夹,名称为“雪.jpg”。

练习3　桃花盛开

打开素材图片,如图 4-193 所示,为图片添加更多的桃花,如图 4-194 所示。

图 4-193　素材文件

图 4-194　图像处理后的效果

主要制作步骤提示如下。

(1) 打开“第 4 章\练习素材\花.jpg”。

(2) 选择“仿制图章工具”进行桃花的复制,需要选择不同的区域进行取样复制。

(3) 存储文件到“效果图”文件夹,名称为“花.jpg”。

第5章 图像的色彩和色调调整

在 Photoshop 中，色彩和色调对于图像是至关重要的，对图像的色彩和色调进行有效的控制，才能制作出高品质的作品。在使用 Photoshop 进行图像处理时，经常需要进行图像的颜色调整，这就需要使用 Photoshop 的色彩和色调调整。Photoshop CS6 提供了很多调整图像色彩和色调的命令，使用这些命令能快速方便地控制图像的色彩和色调，随心所欲地创作出美妙绝伦的作品。本章主要介绍 Photoshop CS6 中常用的图像色彩调整、色调调整以及特殊色调调整命令的使用。通过本章的学习，可以了解各种常用图像色彩和色调调整命令的功能及效果，掌握色彩和色调调整的方法和技巧。

本章主要内容：

- 图像的颜色模式；
- 图像色彩的调整；
- 图像色调的调整。

5.1 图像的颜色模式

颜色模式是图像的一个重要属性，颜色模式决定了用于显示和打印的颜色模型。颜色模式除了确定图像中显示的颜色数量外，还会对通道数和图像文件的大小产生影响。通过 Photoshop 软件可以转换图像的颜色模式。当使用软件进行颜色模式的更改时，图像中的颜色值将永远改变。

在 Photoshop 中，可以实现灰度模式、位图模式、双色调模式、索引颜色模式、RGB 颜色模式、CMYK 颜色模式、Lab 颜色模式及多通道模式等多种颜色模式的转换，如图 5-1 所示。下面分别进行介绍。

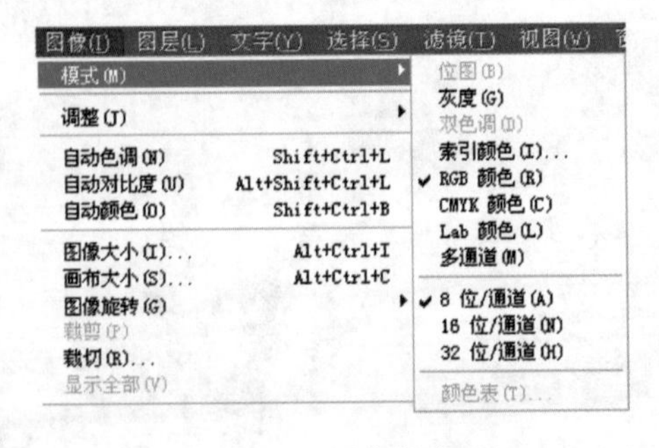

图 5-1 图像模式

5.1.1 灰度颜色模式

将图像的颜色模式转换为灰度模式时，Photoshop 会丢失图像中所有的颜色信息。

打开“第 5 章\素材\花 1.jpg”文件，在状态栏里可以看到此时图像文件大小为 981.4KB，如图 5-2 所示，使用“图像”|“模式”|“灰度”命令，弹出“信息”对话框，如图 5-3 所示，选择“扔掉”将颜色模式转换为灰度模式，此时图像文件大小为 327.1KB，如图 5-4 所示。

图 5-2　素材文件原始效果

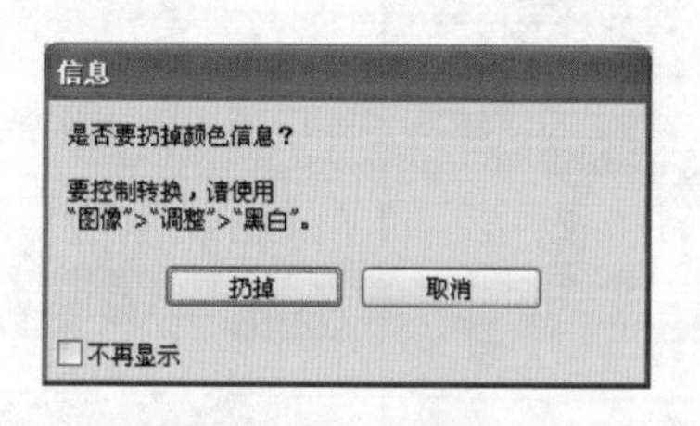

图 5-3　“灰度”命令提示信息

图 5-4　“灰度”模式转换后的效果

5.1.2　位图模式

位图模式使用黑、白两种颜色来表示图像中的像素，因此位图模式也称为黑白图像。在该图像模式下无法获得彩色图像，只能制作黑白图像效果。

Photoshop 将图像转换为位图模式时会使图像的颜色减少到两种，删除图像中的饱和度和色相信息，只保留亮度信息，从而大大减少图像的颜色信息并减小文件的大小。要获得位图模式的图像，图像必须先转换为灰度模式。

打开“第 5 章\素材\花 1.jpg”文件，将图像转换为灰度模式，选择“图像”|“模式”|“位图”命令，打开“位图”对话框对转换效果进行设置，如图 5-5 所示。将输出值设置为 100，图像的效果如图 5-6 所示。

5.1.3　双色调模式

双色调模式指的是用两种颜色的油墨制作图像，使用该模式能够增加灰度图像的色调范围。在打印时，如果仅使用黑色油墨来打印灰度图像，效果很差，但使用 2～4 种油墨打印图像，效果就会好得多。

图 5-5 “位图”对话框

图 5-6 选择“扩散仿色”选项获得的效果

打开“第 5 章\素材\花 1.jpg”文件，选择“图像”|“模式”|“灰度”命令，将文件转换为灰度图，再选择“图像”|“模式”|“双色调”命令，打开“双色调选项”对话框，在对话框里选择类型为“双色调”，使用该对话框设置油墨颜色，如图 5-7 所示。设置油墨 2(2)的颜色，如图 5-8 所示，设置完成后，图像效果如图 5-9 所示。

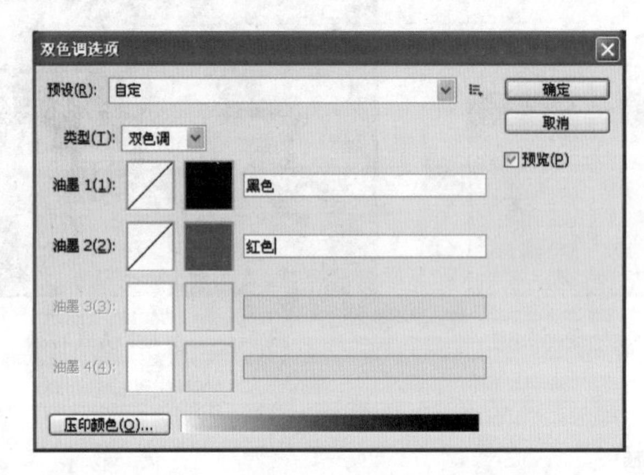

图 5-7 “双色调”选项对话框

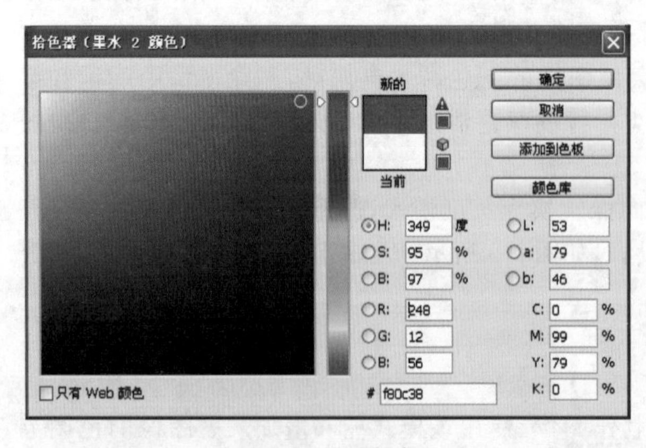

图 5-8 设置颜色

图 5-9 “双色调”模式转换后效果

5.1.4 索引颜色模式

索引颜色模式的图像是单通道图像，使用256色。在转换为索引颜色时，Photoshop会创建一个颜色表用于存放并索引图像中的颜色。如果某种颜色没有在索引表中，程序会选择已有颜色中与之最相近的颜色模拟该颜色。这种模式只能提供有限的编辑能力，因此在Photoshop中如果要对图像进一步编辑，应该将图像转换为RGB颜色模式。同时，只有RGB颜色模式或灰度颜色模式的图像才能够转换为索引色模式。

要将图像转换为索引色颜色模式，选择“图像”|“模式”|“索引颜色”命令即可。

打开“第5章\素材\花1.jpg”文件，选择“图像”|“模式”|“索引颜色”命令，打开“索引颜色”对话框，如图5-10所示。设置完成后，图像效果如图5-11所示。

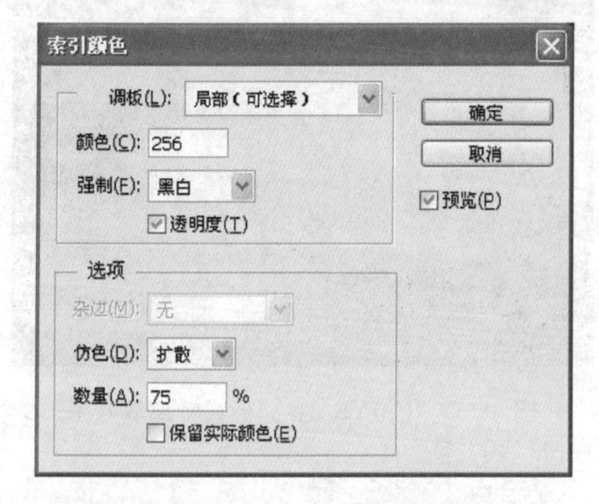

图5-10 “索引颜色”选项对话框

图5-11 “索引颜色”模式转换后效果

5.1.5 RGB颜色模式

Photoshop的RGB颜色模式给每个像素的R、G和B分配一个0～255范围的强度值，RGB模式的图像只使用红、绿和蓝3种颜色，但在屏幕上能显示1670万种颜色。新建Photoshop图像默认的颜色模式是RGB模式，将图像转换为这种颜色模式只需使用“图像”|“模式”|“RGB颜色”命令。

打开“第5章\素材\花1.psd”文件，如图5-12所示。选择“图像”|“模式”|“RGB颜色”命令，图像效果如图5-13所示。

图5-12 “索引颜色”图像文件

图5-13 “RGB颜色”模式转换后效果

5.1.6 CMYK 颜色模式

当需要使用印刷色打印图像时，图像应该使用 CMYK 颜色模式。将 RGB 模式转换为 CMYK 模式时，会产生分色。在 RGB 模式下编辑的图像，打印前最好转换为 CMYK 模式。将图像转换为 CMYK 颜色模式，只需选择“图像”|“模式”|“CMYK 颜色”命令。

打开“第 5 章\素材\花 1.jpg”文件，见图 5-2。选择“图像”|“模式”|“CMYK 颜色”命令，显示提示对话框，如图 5-14 所示，确认后，图像效果如图 5-15 所示。

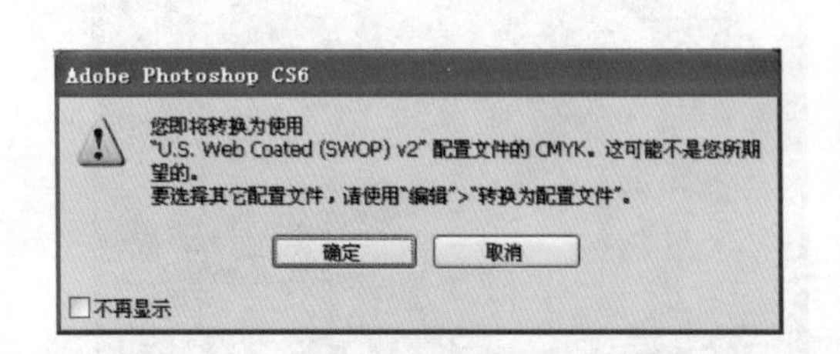

图 5-14 “CMYK 颜色”模式转换提示

图 5-15 “CMYK 颜色”模式转换后效果

5.1.7 Lab 颜色模式

Lab 颜色模式是 Photoshop 在不同颜色模式间转换时使用的内部颜色模式，能够实现不同系统和平台间的无偏差转换。其中，L 代表光亮度分量，范围为 0～100；a 代表从绿到红的光谱变化；b 代表从蓝到黄的光谱变化，两者的取值范围都在－120～＋120 之间。计算机在 RGB 颜色模式转换为 CMYK 颜色模式时，先将其转换为 Lab 颜色模式，然后再转换为 CMYK 颜色模式。Lab 颜色模式可以单独编辑图像中的亮度和颜色值。选择“图像”|“模式”|“Lab 颜色”命令可以将图像转换为 Lab 颜色模式。

打开“第 5 章\素材\花 1.jpg”文件，见图 5-2。选择“图像”|“模式”|“Lab 颜色”命令，图像效果如图 5-16 所示。

图 5-16 “Lab 颜色”模式转换后效果

5.1.8 多通道模式

多通道模式在每个通道中使用 256 级的灰度级。在 Photoshop 中能够将具有一个以上通道合成的图像转换为多通道模式，原来的通道转换为专色通道。选择“图像”|“模式”|“多通道”命令能够将图像颜色模式转换为多通道模式。

打开"第5章\素材\花1.jpg"文件，通道面板显示为"RGB、红、绿、蓝"通道，其中RGB为混合通道，"红、绿、蓝"为单色通道，在状态栏里可以看到此时图像文件大小为981.4KB，通道面板及图像如图5-2，使用"图像"|"模式"|"多通道"命令，将文件转换为多通道模式，通道面板显示为"青色、洋红、黄色"通道，这三种为专色通道，在状态栏里可以看到此时图像文件大小为327.1K，通道面板及图像如图5-17所示。

5.1.9　通道位数

所谓的每通道多少位，指的是图像的每个通道的灰度阶数。

所谓的8位每通道指的是图像的每个通道的灰度阶数为256，即8位。大多数情况下，RGB、CMYK和灰度图像都是这种模式，即每个颜色通道包含8位数据。对于RGB图像的3个通道来说，其为24位深度，即8位×3通道。将其转换为灰度颜色模式后为8位深度灰度，即8位×1通道。转换为CMYK颜色模式后为32位深度，即8位×4通道。

选择"图像"|"模式"|"8位/通道"命令可将图像转换为8位每通道的图像。

选择"图像"|"模式"|"16位/通道"命令能够将图像转换为16位每通道的颜色模式，能提供更为精细的颜色区分，但文件比8位每通道要大。

选择"图像"|"模式"|"32位/通道"命令也能将图像转换为32位每通道的颜色模式。

打开"第5章\素材\花1.jpg"文件，此时图像为8位通道，在状态栏里可以看到此时图像文件大小为981.4K，见图5-2，使用"图像"|"模式"|"16位/通道"命令，转换为16位通道，如图5-18所示，在状态栏里可以看到此时图像文件大小增加到了1.92MB。

图5-17　"多通道"模式转换后效果

图5-18　"16位通道"通道效果

5.1.10　实例制作——索引模式图像的处理

1. 实例简介

如果图像是索引模式，对图像进行进一步的编辑修改时，需要将图像转换为RGB颜色模式才可以继续处理，本实例应用到的操作主要有"模式转换"、"选择工具"、"移动工具"、"图层面板"等，通过本实例的学习，可以掌握图像颜色模式操作的相关知识。

2. 实例制作步骤

(1) 打开"第5章\素材\花.png"文件，此时，图层面板上所有功能都是禁止操作的，如图5-19所示。

(2) 选择"图像"|"模式"|"RGB颜色"命令，图像效果如图5-20所示。

图 5-19 “索引模式”图像文件

图 5-20 “RGB 模式”图像文件

(3) 使用“魔棒工具”和其他选择工具的从选区减去功能，选择荷花背景，如图 5-21 所示。

(4) 使用“选择”|“反向”命令，选择荷花，如图 5-22 所示。

图 5-21 选择背景颜色

图 5-22 选择荷花

(5) 打开“第 5 章\素材\背景.jpg”文件，如图 5-23 所示。

(6) 使用“移动工具”，将“荷花”移动到“背景”文件中，如图 5-24 所示。

图 5-23 素材文件

图 5-24 移动图片

(7) 使用“缩放工具”，再使用 Ctrl＋T 快捷键，改变窗口显示比例及“荷花”的大小，如图 5-25 所示。

(8) 在“图层”面板，将“荷花”所在层的不透明度调整为 50%，如图 5-26 所示。

图 5-25　缩放荷花

图 5-26　调整荷花层的不透明度

(9) 选择“荷花”所在图层，使用“编辑”|“变换”|“水平翻转”命令，如图 5-27 所示。

(10) 选择“文件”|“存储为”命令，将文件存储在效果图文件夹，存储文件为 JPG 格式，如图 5-28 所示。

图 5-27　水平翻转

图 5-28　最终效果

5.2　图像颜色的自动调整

在图像的下拉菜单中，存在三个自动处理颜色的命令，分别是“自动色调”、“自动对比度”和“自动颜色”，如图 5-29 所示。

自动色调(N)	Shift+Ctrl+L
自动对比度(U)	Alt+Shift+Ctrl+L
自动颜色(O)	Shift+Ctrl+B

图 5-29　自动调整颜色命令

5.2.1　“自动色调”命令

Photoshop CS6 的“自动色调”命令自动调整 Photoshop CS6 图像中的暗部和亮部。“自动色调”命令对每个颜色通道进行调整，将每个颜色通道中最亮和最暗的像素调整为纯白和纯黑，中间像素值按比例重新分布。由于“自动色调”命令单独调整每个通道，所以可能会移去颜色或引入色偏。因此，当图像的颜色比较复杂时，建议还是使用“色阶”命令。

(1) 打开“第5章\素材\背景1.jpg”文件，如图5-30所示。

(2) 在菜单栏选择“图像”|“自动色调”命令，图像效果如图5-31所示。

图5-30　素材图像文件

图5-31　“自动色调”调整后图像文件

5.2.2　“自动对比度”命令

使用“自动对比度”命令可以自动调整图像中颜色的对比度。由于“自动对比度”不单独调整通道，所以不会增加或消除色偏问题。“自动对比度”命令将图像中最亮和最暗像素映射到白色和黑色，使高光显得更亮而暗调显得更暗。使用“自动对比度”命令可以很好地改进旧照片的灰暗效果，使其更加清晰。

(1) 打开“第5章\素材\花.jpg”文件，如图5-32所示。

(2) 在菜单栏选择“图像”|“自动对比度”命令(按Alt+Shift+Ctrl+L键)，图像效果如图5-33所示。

图5-32　素材图像文件

图5-33　“自动对比度”调整后图像文件

5.2.3　“自动颜色”命令

使用“自动颜色”命令通过搜索实际像素来调整图像的色相饱和度。

(1) 打开“第5章\素材\风景1.jpg”文件，如图5-34所示。

(2) 在菜单栏选择“图像”|“自动颜色”命令(按Shift+Ctrl+B键)，图像效果如图5-35所示。

图 5-34　素材图像文件

图 5-35　“自动颜色”调整后图像文件

5.3　图像色彩的调整

色彩调整主要对图像的色相、饱和度及亮度进行调整。在 Photoshop CS6 中，使用“图像”|“调整”菜单中的“色彩平衡”、“色相/饱和度”、“替换颜色”、“匹配颜色”和“通道混合器”等命令或单击“调整”面板中的相应图标可以调整图像的色彩效果。

5.3.1　“自然饱和度”命令

“自然饱和度”命令用于调整色彩的饱和度，可以在增加饱和度的同时防止颜色过于饱和而出现溢色。

选择“图像”|“调整”|“自然饱和度”命令，可以打开“自然饱和度”对话框，拖曳滑块可对图像的自然饱和度和饱和度进行调整，如图 5-36 所示。

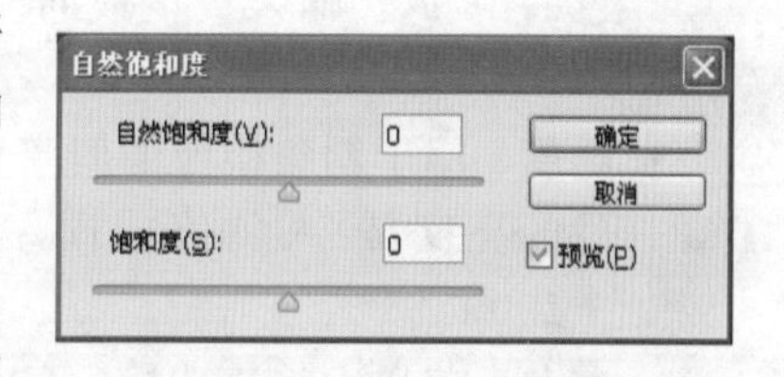

图 5-36　“自然饱和度”对话框

(1) 打开“第 5 章\素材\1.jpg”文件，如图 5-37 所示。

(2) 选择“图像”|“调整”|“自然饱和度”命令，设置图像的自然饱和度和饱和度后，图像效果如图 5-38 所示。

图 5-37　素材图像文件

图 5-38　调整“自然饱和度”后图像文件

5.3.2 “色相/饱和度”命令

利用“色相/饱和度”命令可以调整整个图像或图像中单个颜色成分的色相、饱和度和亮度。该命令是通过色彩的混合模式改变来调整图像的色彩。“色相/饱和度”命令一般用于增强照片中颜色的鲜艳度或改变图像的颜色,也常用于为黑白照片上色。

选择“图像”|“调整”|“色相/饱和度”命令,或按 Ctrl+U 键可打开“色相/饱和度”对话框,如图 5-39 所示。在“色相/饱和度”对话框的色相、饱和度及亮度文本框中分别输入数值或拖曳相应的小三角滑块,即可调整图像的色相、饱和度及亮度。

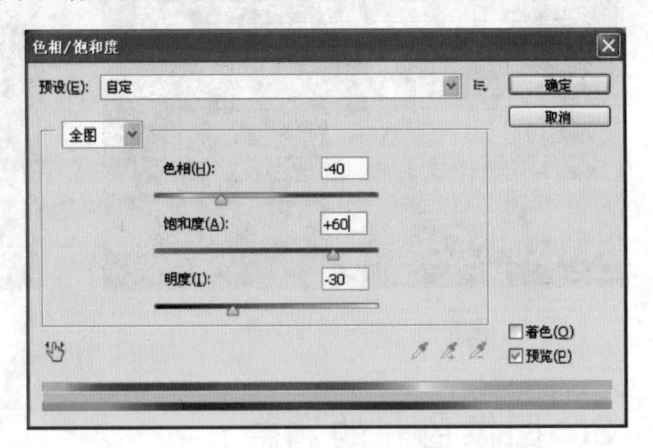

图 5-39 “色相/饱和度”对话框

“色相/饱和度”对话框中主要选项的含义如下。

- 编辑 全图 :用于确定要调整的颜色。选择“全图”选项,则所做的调整对整个图像所有的像素都有效;选择其他单色选项,则调整只对所选的单色有效。
- 色相:用于更改图像的色相。在该文本框中输入数值或拖曳滑块可更改图像的色相。其数值范围为-180~+180。
- 饱和度:用于增强图像的色彩浓度。在该文本框中输入正值或向右拖曳滑块会增加颜色的饱和度,输入负值或向左拖曳滑块会减少颜色的饱和度。其数值范围为-100~+100。
- 明度:用于调整图像的明暗程度。在该文本框中输入正值或向右拖曳滑块会增加图像的亮度,输入负值或向左拖曳滑块会减少图像的亮度。其数值范围为-100~+100。
- 着色:若选中该复选框,可以为灰色或黑白的图像上色,也可以将彩色图像变成单色的图像。选中“着色”复选框只能为 RGB、CMYK 或其他颜色模式下的灰色图像和黑白图像上色。
- 吸管工具 :用于指定在色相/饱和度调整中调整的颜色范围。在“编辑”下拉列表框中选择“全图”之外的选项时,三个吸管便会被置亮,使用“吸管工具” 在图像中单击或拖曳,可选定颜色范围;使用“添加到取样” 吸管工具在图像中单击或拖曳,可在原有色彩范围上添加当前单击处的颜色范围;使用“从取样中减去” 吸管工具在图像中单击或拖曳,可在原有色彩范围上减去当前单击处的颜色范围。
- 图像调整工具 :用于修改色相及饱和度。单击该按钮,然后单击图像中的颜色并在图像中向左或向右拖曳鼠标,可减少或增加包含所单击像素的颜色范围的饱和度;按住 Ctrl 键单击图像中的颜色并在图像中向左或向右拖曳鼠标可以修改色相值。

在对话框下方有两个颜色条,上面的颜色条固定不变,显示调整前的颜色,下面的颜色条可以改变,拖曳颜色条上的滑块即可增减色彩变化的颜色范围,也可以用鼠标拖曳滑块中间的区域来改变整个颜色范围的位置。

(1) 打开“第 5 章\素材\背景 1.jpg”文件,见图 5-30。

(2) 选择“图像”|“调整”|“色相/饱和度”命令，按图 5-39 中的参数设置图像后，图像效果如图 5-40 所示。

5.3.3 “色彩平衡”命令

“色彩平衡”命令通过对图像的暗调、中间调和高光的色彩进行调整，使图像的整体色彩发生变化。利用“色彩平衡”命令可以粗略的调整图像的总体混合效果。“色彩平衡”命令只有在复合通道中才可用。

选择“图像”|“调整”|“色彩平衡”命令，打开“色彩平衡”对话框，如图 5-41 所示。在对话框中设置各选项参数，单击“确定”按钮，即可完成色彩调整。

图 5-40　调整“色相/饱和度”后图像文件

“色彩平衡”对话框中的各选项的含义如下：

- 色彩平衡：用于设置红、绿和蓝三原色的色阶值。可以直接在“色阶”后面的三个文本框中输入数值或拖曳对应的滑块来调整图像的色彩。拖曳滑块时，颜色滑块偏向于某种颜色，则在图像中将增加该颜色成分；若远离某种颜色，则在图像中减少该颜色成分。
- 色调平衡：用于选择调整颜色的区域。可以在暗调、中间调和高光选项中选择需要调整的部分，然后通过拖曳滑块或改变文本框中的数值来调整所选色调的颜色。

(1) 打开“第 5 章\素材\风景 1.jpg”文件，见图 5-34。

(2) 选择“图像”|“调整”|“色彩平衡”命令，按照图 5-41 对参数进行设置后，图像效果如图 5-42 所示。

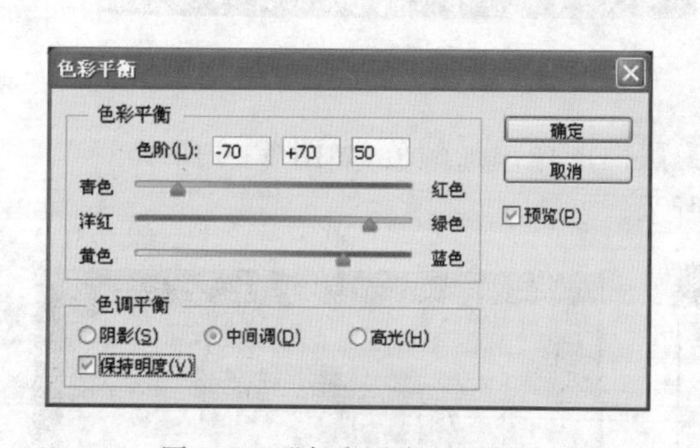

图 5-41　“色彩平衡”对话框

图 5-42　调整“色彩平衡”后图像文件

5.3.4 “黑白”命令

使用“黑白”命令可以将彩色图像转换成灰度图像，并能够对单个颜色成分作细致的调整，使用该命令也可以通过对图像应用色调来为灰度图像着色，“黑白”命令还可以将彩色图像转换为单色图像。

打开图像，选择“图像”|“调整”|“黑白”命令，打开“黑白”对话框，在对话框中设置各选项

参数，单击“确定”按钮，即可对图像进行调整，如图 5-43 所示。

“黑白”对话框中主要选项的含义如下。

- 预设：在下拉列表中可以选择预设或自定义的灰度混合效果。
- 颜色滑块：用于调整图像中单个颜色成分在灰度图像中的色调。向左或向右拖曳滑块分别可使选择的颜色成分变暗或变亮。
- 色调：选中该复选框，可以激活“色相”和“饱和度”两个选项，拖曳对应的滑块，可将灰度图像转换为单一颜色的彩色图像。单击颜色块，可以打开“拾色器”对话框进行颜色设置。

(1) 打开“第 5 章\素材\墙纸.jpg”文件，如图 5-44 所示。

(2) 选择“图像”|“调整”|“黑白”命令，按照图 5-43 中的参数进行设置后，图像效果如图 5-45 所示。

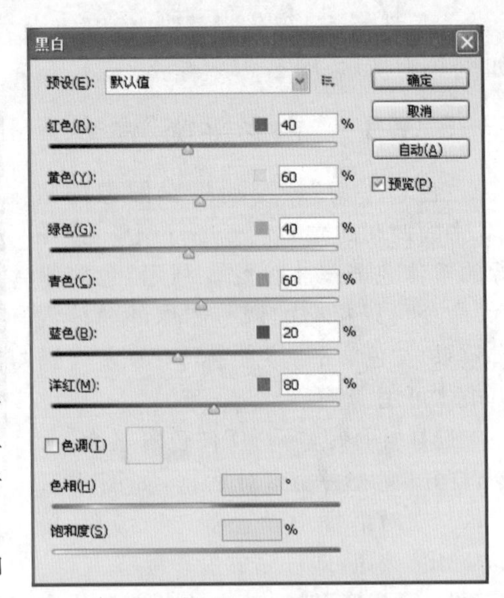

图 5-43 “黑白”对话框

图 5-44 素材图像文件

图 5-45 调整“黑白”后图像文件

(3) 在图 5-43 中，单击左下角的“色调”可以为黑白图像添加颜色，如图 5-46 所示。

(4) 按参数进行设置后，图像效果如图 5-47 所示。

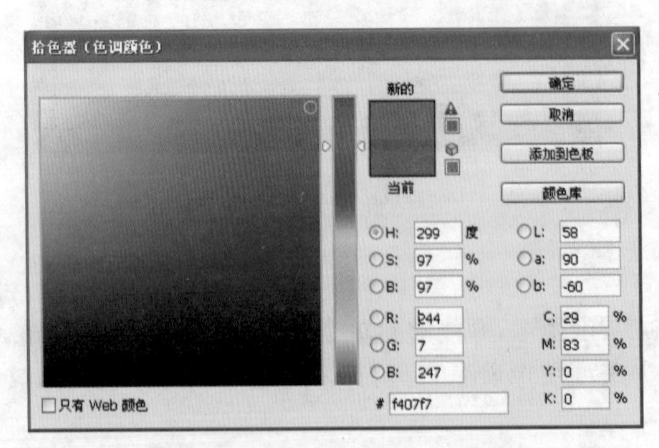

图 5-46 为黑白图像选择颜色

图 5-47 调整“黑白”后图像文件

5.3.5 “照片滤镜”命令

“照片滤镜”命令可以模拟传统相机镜头前加装滤色片后获得的照片效果，传统镜头前加装滤色片可以调整通过镜头传递的光线的色彩平衡和色温，能够使图像呈现暖色调、冷色调及其他颜色的色调。“照片滤镜”还允许选取颜色预设，以便将色相调整应用到图像。

选择“图像”|“调整”|“照片滤镜”命令打开“照片滤镜”对话框，如图 5-48 所示。

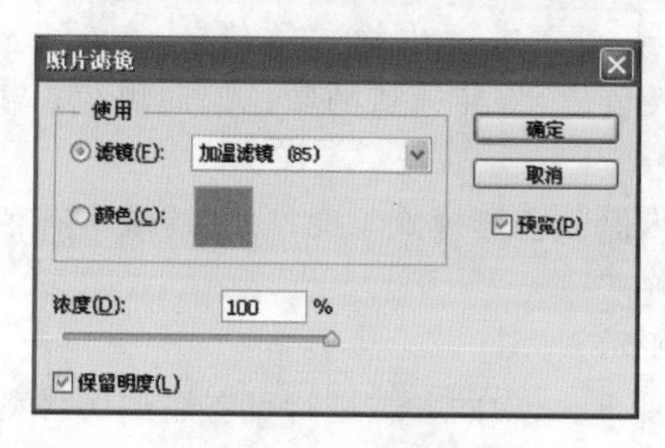

图 5-48　“照片滤镜”对话框

“照片滤镜”对话框中主要选项的含义如下。

- 滤镜：用于选择滤镜的类型。
- 颜色：用于设置滤镜颜色。单击右侧的色块■，打开“拾色器”，可设置需要的滤镜颜色。
- 浓度：用于设置滤镜颜色的浓度。拖曳滑块可调整应用于图像的颜色数量，数值越大，效果越明显。
- 保留明度：选中该复选框，在调整颜色的同时保持原图像的亮度。

(1) 打开“第 5 章\素材\雪.jpg”文件，如图 5-49 所示。

(2) 选择“图像”|“调整”|“照片滤镜”命令，按照图 5-48 中的参数进行设置后的图像效果如图 5-50 所示。

图 5-49　素材图像文件

图 5-50　调整“照片滤镜”后图像文件

5.3.6 “通道混合器”命令

“通道混合器”命令可以改变某些通道的颜色，并混合到主通道中产生图像混合效果，该命令只能用于 RGB 和灰度图像。选择“图像”|“调整”|“通道混合器”命令，打开“通道混合器”对话框，如图 5-51 所示。

使用“通道混合器”命令可以创建高品质的灰度图像和棕褐色调或其他彩色图像，也可以进行创造性的颜色调整，这是用其他颜色调整工具很难做到的。

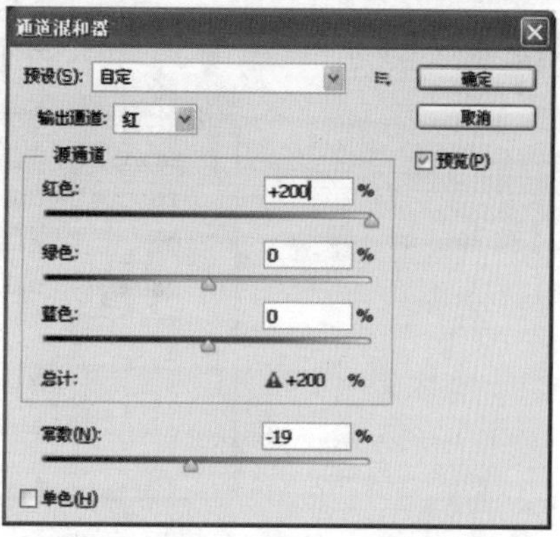

图 5-51　“通道混合器”对话框

"通道混合器"对话框中主要选项的含义如下。

- 输出通道：用于选择要调整的颜色通道。如果是RGB模式的图像，该选项的下拉列表中显示红、绿、蓝三原色通道；如果是CMYK模式的图像，则该列表中显示青、洋红、黄、黑四色通道。
- 源通道：用于调整各原色的值。拖曳滑块或直接在文本框中输入数值（－200%～200%），可以调整源通道在输出通道中所占的百分比。
- 常数：用于设置通道的不透明度。拖曳滑块或在文本框中输入数值（－200%～200%），可改变当前指定通道的不透明度。输入负值，将使通道的颜色偏向黑色；输入正值，将使通道的颜色偏向白色。
- 单色：选中该复选框，将彩色图像变成灰度图像，但其色彩模式不变。此时，对所有色彩通道应用相同的设置。

(1) 打开"第5章\素材\花2.jpg"文件，如图5-52所示。

(2) 选择"图像"|"调整"|"通道混合器"命令，按照图5-51中的参数进行设置后的图像效果如图5-53所示。

图5-52　素材图像文件

图5-53　调整"通道混合器"后图像文件

5.3.7　"颜色查找"命令

"颜色查找"命令是Photoshop CS6中文版新增功能，主要作用是对Photoshop CS6图像色彩进行校正；校正的方法有3DLUT文件（三维颜色查找表文件，精确校正图像色彩）、摘要、设备连接。通过"颜色查找"命令还可以打造一些特殊的图像效果。选择"图像"|"调整"|"颜色查找"命令，打开"颜色查找"对话框，如图5-54所示。

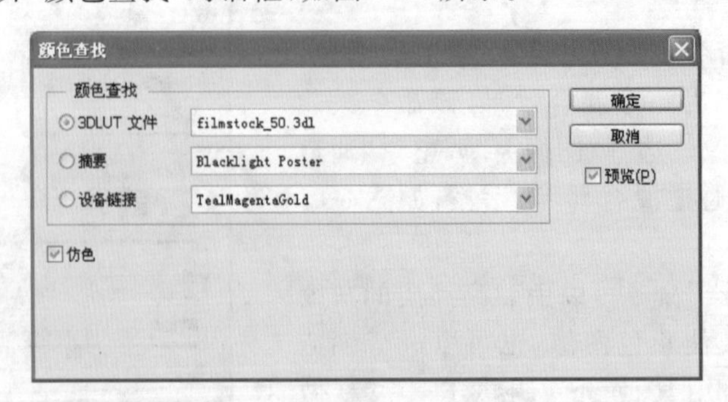

图5-54　"颜色查找"对话框

(1) 打开“第 5 章\素材\图 1.jpg”文件,如图 5-55 所示。

(2) 选择“图像”|“调整”|“颜色查找”命令,按照图 5-54 中的参数进行设置后的图像效果如图 5-56 所示。

图 5-55　素材图像文件

图 5-56　调整“颜色查找”后图像文件

5.3.8　色彩调整应用实例——花开了

1. 实例简介

本实例介绍一张图片效果的制作过程。在本实例的制作过程中,首先在图像中放置素材图片,并使用“自由变换”命令调整素材图片的大小,形成错落的版面布局。使用“横排文字工具”为图像添加文字。利用色彩调整命令对素材图片的色彩进行调整,创造需要的颜色效果。

2. 实例制作步骤

(1) 启动 Photoshop CS6,新建一个名为“花开了”的空白文档,如图 5-57 所示。

(2) 打开“第 5 章\素材\花开 1.jpg、花开 2.jpg、花开 3.jpg、花开 4.jpg”文件,对图片选取合适的区域及大小拖曳到新建的文件中,利用自由变形工具调整大小,图像效果如图 5-58 所示。

(3) 设置文件的背景色为“黑色”,输入文字“春天来了,花开了”,图像效果如图 5-59 所示。

(4) 在“图层”调板中选择“图层 1”。选择“图像”|“调整”|“色相/饱和度”命令,打开“色相/饱和度”对话框,对参数进行设置,如图 5-60 所示,颜色调整后效果如图 5-61 所示。

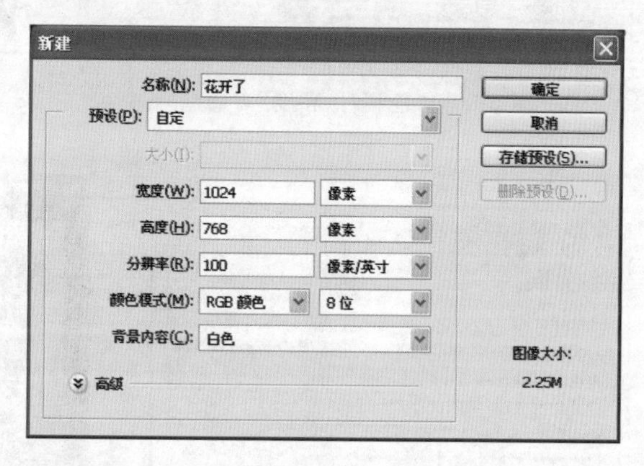

图 5-57　“新建”对话框

(5) 在“图层”调板中选择“图层 4”。选择“图像”|“调整”|“通道混合器”命令,打开“通道混合器”对话框,对参数进行设置,如图 5-62 所示。颜色调整后效果如图 5-63 所示。

(6) 在“图层”调板中选择“图层 3”。选择“图像”|“调整”|“色彩平衡”命令,打开“色彩平衡”对话框,对参数进行设置,如图 5-64 所示。颜色调整后效果如图 5-65 所示。

(7) 在“图层”调板中选择“图层 2”。选择“图像”|“调整”|“照片滤镜”命令,打开“照片滤镜”对话框,对参数进行设置,如图 5-66 所示。颜色调整后效果如图 5-67 所示。

图 5-58　调整素材图像文件

图 5-59　设置背景及输入文字

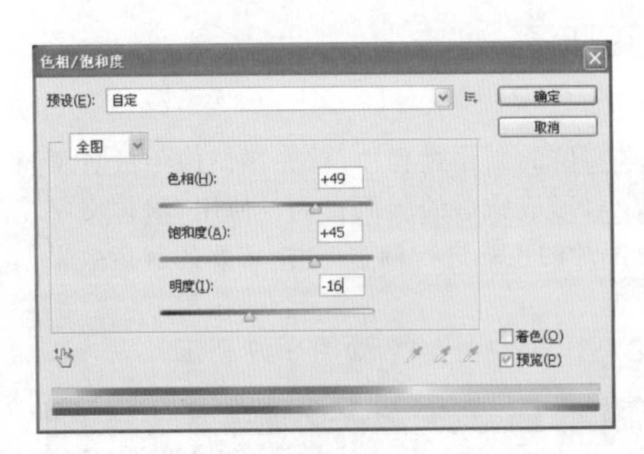

图 5-60　“色相/饱和度”对话框

图 5-61　对图层 1 颜色进行调整

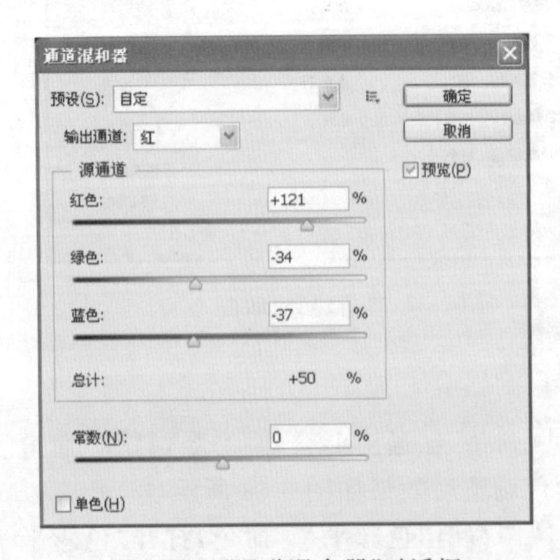

图 5-62　“通道混合器”对话框

图 5-63　对图层 4 颜色进行调整

(8) 按 Ctrl+Shift+E 键合并所有图层，将文件保存为“花开了.jpg”，保存位置为“效果图”文件夹，图像最终效果如图 5-68 所示。

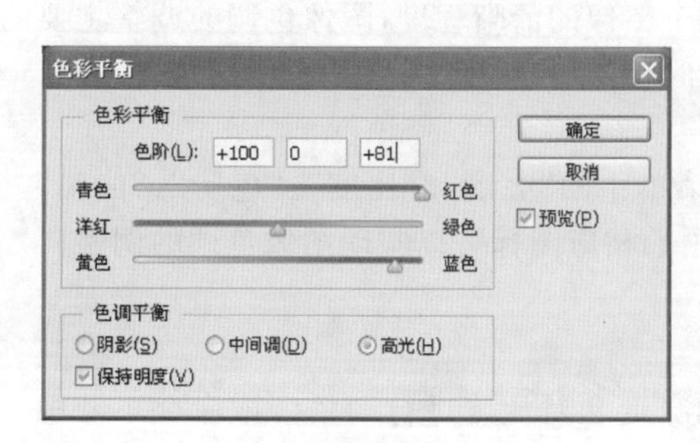

图 5-64　“色彩平衡”对话框

图 5-65　对图层 3 颜色进行调整

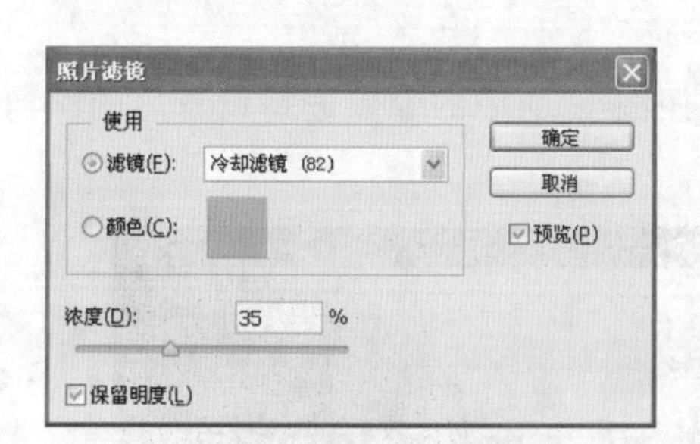

图 5-66　“照片滤镜”对话框

图 5-67　对图层 2 颜色进行调整

图 5-68　图像最终效果

5.4 图像色调的调整

色调的调整是对图像明暗程度进行调整，通过对图像色调的调整能够获得不同的图像效果。在图像中，图像整体色调的平衡程度直接影响整个图像的清晰程度，图像色调的调整主要是调整图像的明暗程度，比如一个图像显得过于暗淡时，可以将它变亮，一个图像颜色过亮时，可以将它变暗。

在 Photoshop CS6 中，可以通过"图像"|"调整"菜单中的"亮度/对比度"、"色阶"、"曲线"及"曝光度"等常用色调调整命令或单击"调整"面板中的相应图标可以实现图像色调的调整。

5.4.1 "亮度/对比度"命令

"亮度/对比度"命令能够一次性地对整个图像的亮度和对比度进行调整。该命令不考虑原图像中不同色调区域亮度和对比度的差异，对任何色调区域都进行相同的调整，因此其获得的效果有时会不够准确。当图像各个色调区域的亮度和对比度相对差异不是很大时，使用该命令能够取得需要的调整效果。

选择"图像"|"调整"|"亮度/对比度"命令，打开"亮度/对比度"对话框，如图 5-69 所示。在"亮度"和"对比度"文本框中输入－100～＋100 的数值或拖曳对应的滑块，即可调整图像的亮度及对比度。亮度和对比度的值为负值时，可以降低亮度和对比度；亮度和对比度的值为正值时，可以增加亮度和对比度。

(1) 打开"第 5 章\素材\风景 1.jpg"文件，见图 5-34。

(2) 选择"图像"|"调整"|"亮度/对比度"命令，按照图 5-69 中的参数进行设置后的图像效果如图 5-70 所示。

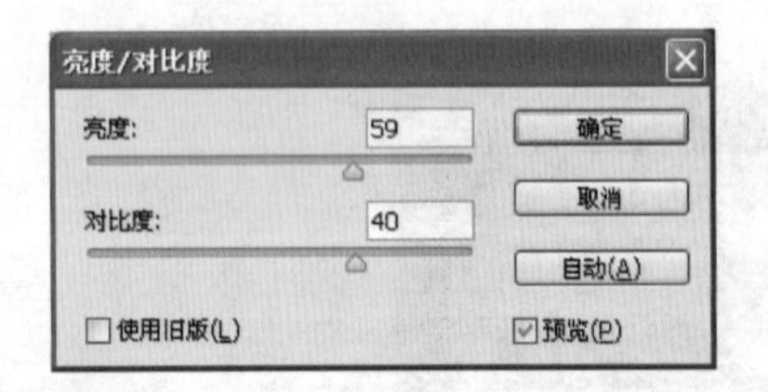

图 5-69 "亮度/对比度"对话框

图 5-70 调整"亮度/对比度"后图像文件

5.4.2 "色阶"命令

所谓色阶，是指图像在各种色彩模式下图像原色的明暗度。对色阶进行调整实际上就是对明暗度的调整，其范围为 0～255，共 256 种色阶。对于灰度模式来说，从白色到黑色被分为 256 个色阶，其变化由白到灰，再由灰到黑。RGB 模式的彩色图像的色阶代表图像中红、绿和蓝三原色的明暗度。

Photoshop 提供了用于色阶调整的"色阶"命令，该命令能够调整整幅图像的色阶或对某

个选区的色阶进行调整。选择“图像”|“调整”|“色阶”命令，或按 Ctrl＋L 组合键，可以打开“色阶”对话框，对话框中包含“色阶”直方图，它可以作为调整图像基本色调的直观参考依据，如图 5-71 所示。调整时，可以分别按不同的通道进行调整，调整红色通道，如图 5-72 所示；调整绿色通道，如图 5-73 所示；调整蓝色通道，如图 5-74 所示。

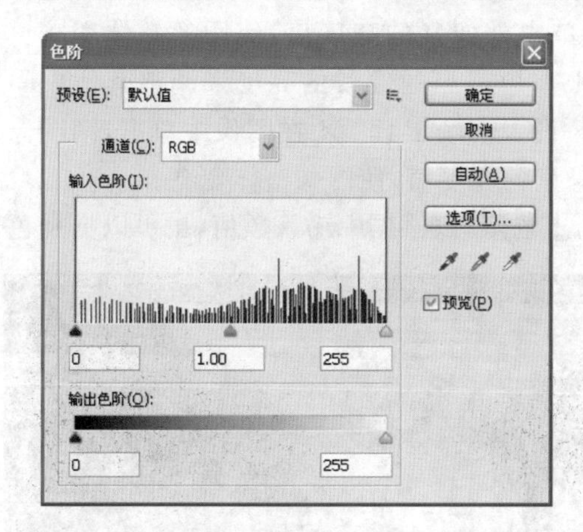

图 5-71　“色阶”对话框

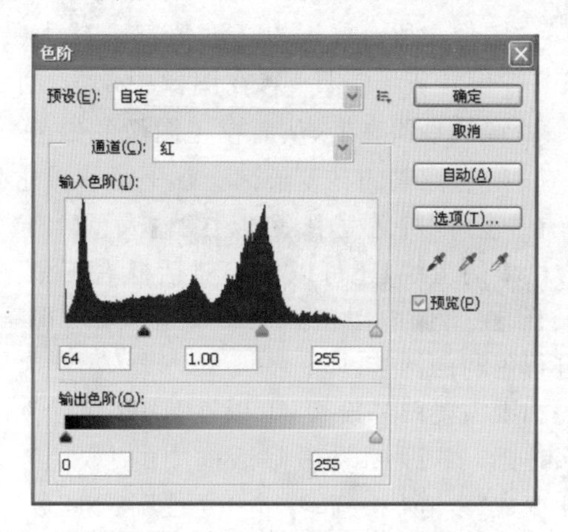

图 5-72　“色阶”对话框“红通道”

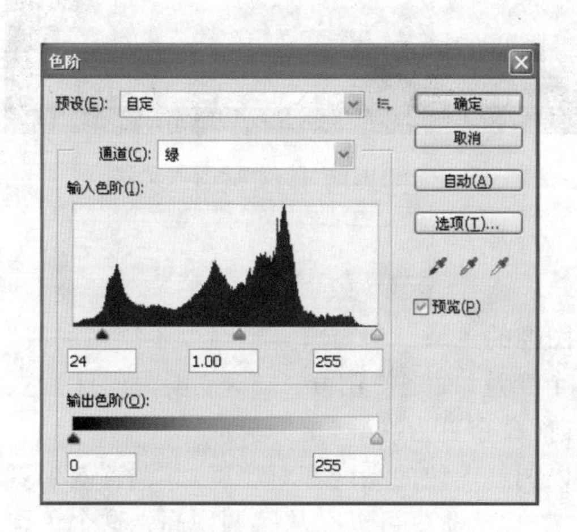

图 5-73　“色阶”对话框“绿通道”

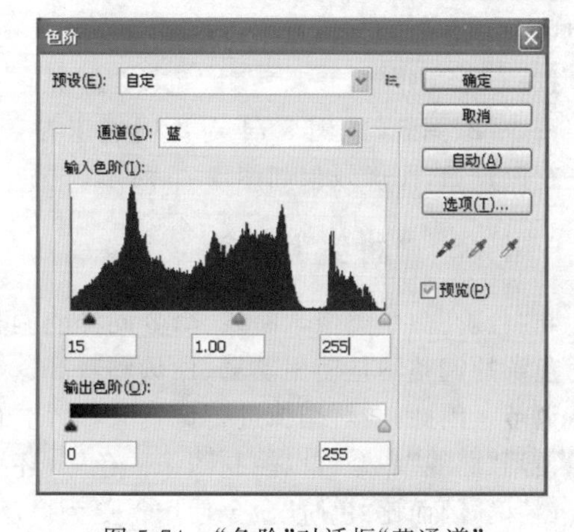

图 5-74　“色阶”对话框“蓝通道”

“色阶”对话框中各选项的含义如下。

- 预设：该下拉列表中包含了 Photoshop 提供的预设调整文件。
- 通道：用于指定需要调整的通道。
- 输入色阶：用于调节图像的色调对比度。该选项包括三个文本框，分别用于设置图像的暗调、中间调及高光范围的亮度值。也可以通过拖曳直方图下方与文本框相对应的三个小三角滑块来进行调整。向左拖曳右边的白色滑块可以使图像变亮，向右拖曳左边的黑色滑块和中间的灰色滑块则可以使图像变暗。
- 输出色阶：用于调整图像的亮度和对比度，其取值范围为 0～255。在左侧的文本框中输入数值或向右拖曳黑色滑块可以降低图像暗调的对比度，同时提高图像的亮度。在右侧的文本框中输入数值或向左拖曳白色滑块可以降低图像亮调的对比度，同时使图像变暗。
- 自动：单击该按钮，Photoshop 将自动调整图像色调，来消除图像不正常的亮部与暗部像素，图像中最亮的像素将变成白色，最暗的像素将变成黑色，使图像的亮度分布更加均匀。

- 选项：单击该按钮，打开“自动颜色校正选项”对话框，在其中可以进行自动校正颜色的参数设置。
- 预览：选中该复选框，可在图像窗口随时预览调整后的图像效果。
- 吸管工具：用于在图像中选择颜色。用“设置黑场工具”在图像中单击，则图像中所有像素的亮度值都会减去吸管单击处像素的亮度值，使图像整体变暗。用“设置灰场工具”在图像中单击，可以根据单击点的像素的亮度来调整其他中间色调的平均亮度，从而校正图像的偏色。用“设置白场工具”在图像中单击，则图像中所有像素的亮度值都会加上吸管单击处像素的亮度值，使图像整体变亮。

在“色阶”对话框中，可以在“输入色阶”或“输出色阶”数值框中输入数值，也可以拖曳色阶直方图中的滑块，还可以使用对话框右下角的吸管，在图像中单击以吸取色彩，来对图像进行色调的调整。

如果需要取消设置，可以在打开“色阶”对话框后，按下 Alt 键，对话框中的“取消”按钮变成“复位”按钮，单击“复位”按钮，可以将参数恢复到打开时的状态。

(1) 打开“第 5 章\素材\风景 1.jpg”文件，见图 5-34。

(2) 选择“图像”|“调整”|“色阶”命令，按照图 5-72、图 5-73、图 5-74 对不同通道参数进行设置后，图像效果如图 5-75 所示。

图 5-75　调整“色阶”后图像文件

5.4.3 “曲线”命令

与“色阶”命令类似，“曲线”命令同样能调整图像的色调。但与“色阶”命令不同，“曲线”命令对色调的调整不是使用黑场、白场和灰场这三个变量，而是使用 0～255 范围内的任意点来进行调节。因此，在对图像进行调整时，它比“色阶”命令更为准确，更为灵活。

使用“曲线”命令可以控制图像的色彩，还可以调整图像的亮度和对比度，其调整效果更加细腻、精确，因而比“色阶”命令使用得更为广泛。“曲线”命令可以在从暗调到高光这个色调范围内对图像中任意点的色调进行调节，从而创造更多种色调和色彩效果。

选择“图像”|“调整”|“曲线”命令，可打开“曲线”对话框，如图 5-76 所示。

对话框中的色调范围显示为一条笔直的对角基线，这是因为输入色阶和输出色阶是完全相同的。在对话框中改变曲线的形状，单击“确定”按钮，即可调整图像的色调和颜色。

“曲线”对话框中“通道”、“载入”、“存储”等选项的含义与“色阶”对话框中相应选项的含义相同，这里就不再赘述。下面介绍“曲线”对话框其他选项的含义。

坐标轴：中间区域是曲线调节区。坐标轴中的 X 轴代表图像调整前的色阶，即输入色阶，从左往右分别代表调整前的图像从最暗区域到最亮区域的各个部分；Y 轴代表图像调整后的色阶，即输出色阶，从上到下分别代表改变后图像从最暗区域到最亮区域的各个部分，变化范围都是 0～255。

节点工具：用于创建和编辑节点以修改曲线。单击“节点工具”按钮，然后在曲线上单击可以创建节点，拖曳节点可以调整其位置和曲线的形状，从而改变图像的色调。

铅笔工具：用于手动绘制曲线。单击“铅笔工具”按钮，将鼠标指针移至曲线调节窗口中单击并拖曳，即可手动绘制需要的色调曲线。使用“铅笔工具”很难得到光滑的曲线，单击“平滑”按钮，可使绘制的曲线变平滑，可多次单击该按钮直到获得满意的效果。

单击曲线显示选项按钮，可以显示更多的选项，如图 5-77 所示，曲线显示选项各选项的含义如下。

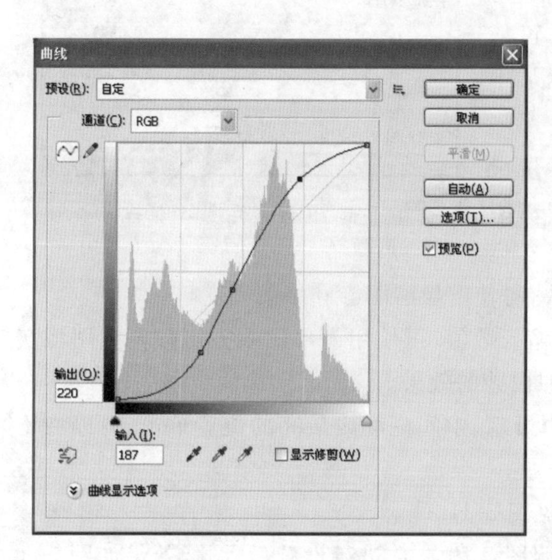

图 5-76　“曲线”对话框

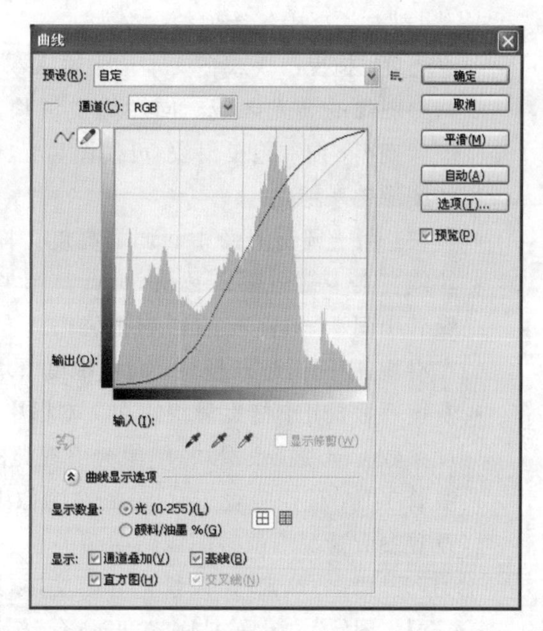

图 5-77　显示“曲线”对话框折叠选项

- 显示数量：用于设置“输入”和“输出”值的显示方式。
- 和按钮：用于调整曲线的网格密度。单击按钮，则以四分之一色调增量显示简单网格。单击按钮，则以 10%增量显示详细网格。
- 显示：选中“通道叠加”复选框，可在复合曲线上叠加不同颜色通道的曲线；选中“基线”复选框，可在网格上显示一条浅灰色的基线；选中“直方图”复选框，表示将在网格中显示灰色的直方图；选中“交叉线”复选框，表示在拖动节点改变曲线形状时，将显示用于确定节点精确位置的水平和垂直方向的参考线。

在“曲线”对话框中改变曲线的形状就可以调整图像的亮度、对比度和色彩平衡。在曲线调整框中向上拖曳曲线，会使图像变亮。向下拖曳曲线，会使图像变暗。曲线上比较陡直的部分代表图像对比度较高的部分，曲线上比较平缓的部分代表图像对比度较低的区域。如果需要精细调整图像，可以在曲线上单击以增加节点，然后拖曳相关节点，如果需要删除节点，可以按住 Ctrl 键并单击节点以将其删除。

(1) 打开“第 5 章\素材\风景 1.jpg”文件，见图 5-34。

(2) 选择“图像”|“调整”|“曲线”命令，按照图 5-76 中的参数进行设置后，图像效果如图 5-78 所示。

图 5-78　调整“曲线”后图像文件

5.4.4 “曝光度”命令

使用“曝光度”命令，能够调整照片的曝光度。选择“图像”|“调整”|“曝光度”命令，打开“曝光度”对话框，如图 5-79 所示。

“曝光度”对话框中各选项的含义如下。

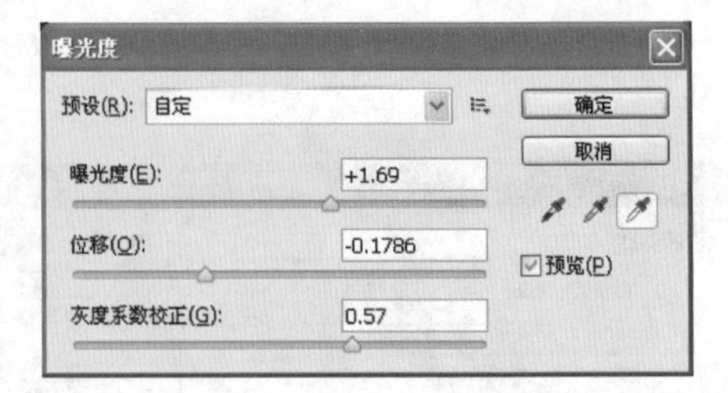

图 5-79 “曝光度”对话框

- 曝光度：拖曳滑块或在文本框中输入数值，可调整图像的高光区域。向左拖曳滑块，可使图像变黑；向右拖曳滑块，可使图高光区域中的图像越来越亮。
- 位移：用于调整图像中间调的亮度。拖曳滑块或在文本框中输入数值，可调整图像的阴影和中间调，对高光的影响很轻微。向右拖曳滑块，中间调越来越亮；向左拖曳滑块，可使图像的阴影和中间调变暗。
- 灰度系数校正：拖曳滑块或在文本框中输入数值，可使用简单的乘方函数调整图像灰度系数。向左拖曳滑块，图像会出现类似白纱的效果。
- 吸管工具：使用吸管工具，分别在图像中最暗、中间亮度或最亮的位置单击，可以在不设置参数情况下调整图像的明暗关系。

(1) 打开“第 5 章\素材\风景 1.jpg”文件，见图 5-34。

(2) 选择“图像”|“调整”|“曝光度”命令，按照图 5-79 参数进行设置后，图像效果如图 5-80 所示。

图 5-80 调整“曝光度”后图像文件

5.4.5 色调调整应用实例——风景照片润色

1. 实例简介

本实例介绍一种为风景图片添加效果的方法。在本实例的制作过程中，首先在图像中放置素材图片，制作复本，使用调整“曲线”和“亮度/对比度”等命令进行操作，使得素材图片的效果变得颜色清晰、圆润。

通过本实例的制作，使读者掌握使用调整“曲线”和“亮度/对比度”等命令调整色调效果的方法。

2. 实例制作步骤

(1) 打开“第 5 章\素材\桂林.jpg”文件，如图 5-81 所示。

(2) 制作图层副本，如图 5-82 所示。

图 5-81　素材图像文件

图 5-82　图层副本

(3) 选择“图像”|“调整”|“色阶”命令，如图 5-83 所示。

(4) 图像效果如图 5-84 所示。

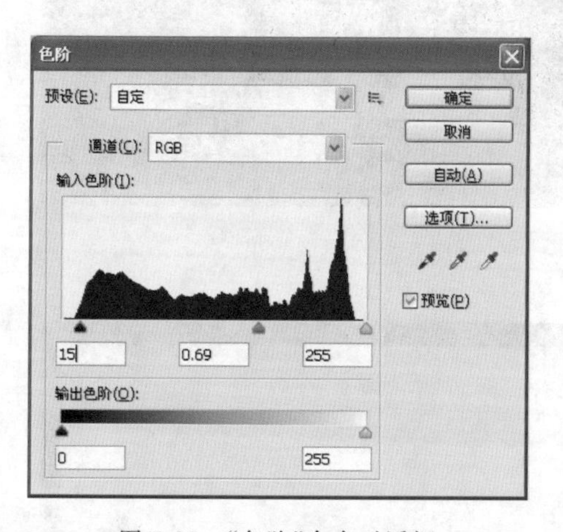

图 5-83　“色阶”命令对话框

图 5-84　图像效果

(5) 选择“图像”|“调整”|“曲线”命令，如图 5-85 所示。

(6) 图像效果，如图 5-86 所示。

(7) 选择“图像”|“调整”|“亮度/对比度”命令，如图 5-87 所示。

(8) 图像效果，如图 5-88 所示。

(9) 选择“图层”面板，将图层的混合模式改为“叠加”，如图 5-89 所示。

(10) 存储文件到“效果图”文件夹，图像最终效果，如图 5-90 所示。

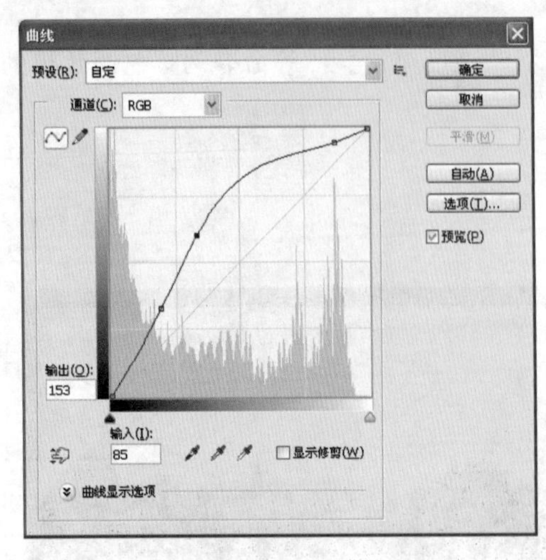

图 5-85 “曲线”命令对话框

图 5-86 图像效果

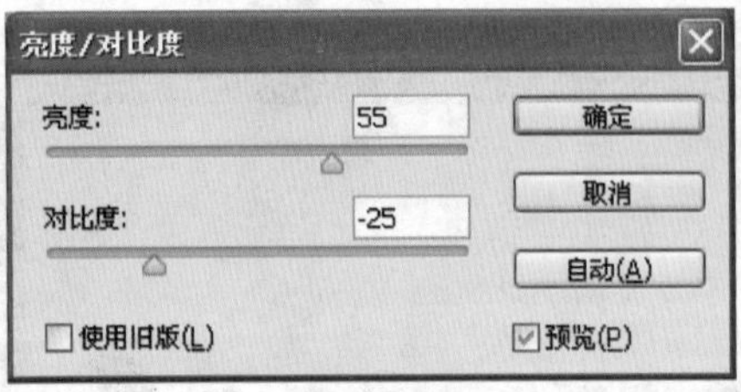

亮度/对比度
亮度: 55
对比度: -25
确定
取消
自动(A)
使用旧版(L)
预览(P)

图 5-87 “亮度/对比度”命令对话框

图 5-88 图像效果

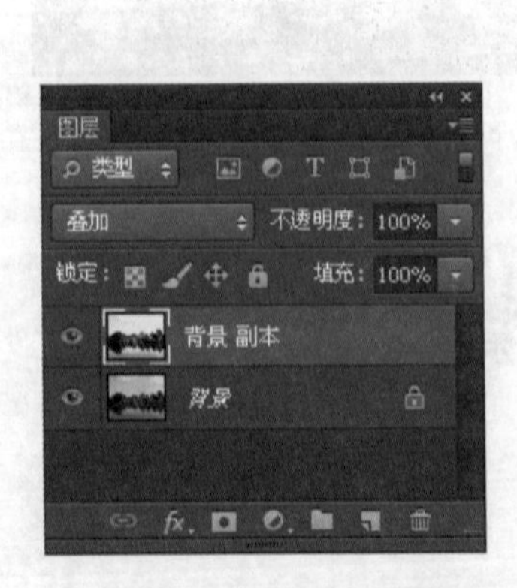

图 5-89 图层叠加效果

图 5-90 图像最终效果

5.5 图像颜色调整其他命令

5.5.1 “反相”命令

“反相”命令可以反转图像中的颜色，也就是把图像中的像素颜色转换为它们的互补色，如黑变白、白变黑等。反相图像时，通道中每个像素的亮度值转换为256级颜色值刻度上相反的值，如值为255的正片图像中的像素转换为0，值为0的像素转换为255。使用“反相”命令可以制作类似照片底片的效果。

打开图像，选择“图像”|“调整”|“反相”命令，或按Ctrl+I键，即可将图像的色彩反转，而且不会丢失图像的颜色信息。“反相”命令是唯一不损失图像色彩信息的调整命令，如果连续执行两次“反相”命令，则图像先反色后还原。

(1) 打开“第5章\素材\1.jpg”文件，见图5-37。

(2) 选择“图像”|“调整”|“反相”命令，图像效果如图5-91所示。

图5-91　调整“反相”后图像文件

5.5.2 “色调分离”命令

“色调分离”命令可以指定图像中每个通道的色调级的数目或亮度值，然后将这些像素映射为最接近的匹配色调。“色调分离”命令可以在保持图像轮廓的前提下，有效地减少并分离图像的色调。在灰度图像上使用“色调分离”命令能产生较显著的艺术效果，在彩色图像上使用该命令，会得到颜色过度粗糙的艺术效果。“色调分离”命令常用于在照片中创建较大的单调区域或一些特殊效果。

“色调分离”命令和“阈值”命令类似，都可用于减少色调。但和“阈值”命令不同的是，使用“色调分离”命令虽然减少图像中的色调，但调整后的图像仍为彩色图像；而使用“阈值”命令调整后的图像为黑白图像。

如果要在图像中使用特定数量的颜色，可以先将该图像转换为灰度模式并选择“图像”|“调整”|“色调分离”命令，设置需要的色阶数，然后将图像转换回原来的颜色模式，并使用想要的颜色替换不同的灰色调即可。

打开图像，选择“图像”|“调整”|“色调分离”命令，打开“色调分离”对话框。如图5-92所示。在对话框中的“色阶”文本框中输入一个2～255之间的数值进行色阶设置后，单击“确定”按钮，即可完成色调分离调整。

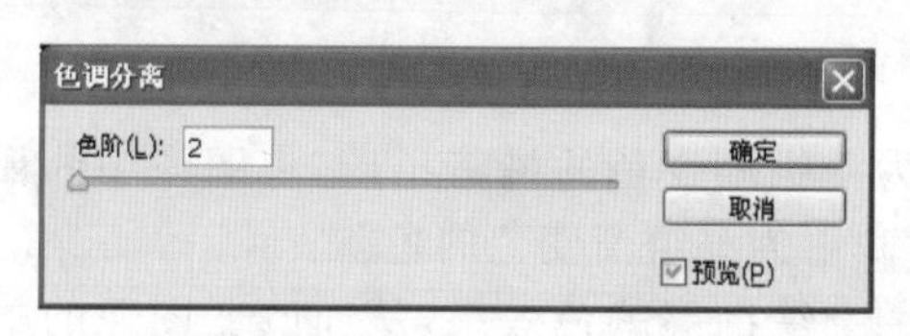

图5-92　“色调分离”对话框

在“色调分离”对话框中，“色阶”文本框中的数值决定图像色调分离的程度，色阶值越大，图像的色调变化越轻微；色阶值越小，图像的色调效果越明显，图像的色调变化也越大。

(1) 打开“第5章\素材\雪.jpg”文件，如图5-93所示。

(2) 选择"图像"|"调整"|"色调分离"命令,按图 5-92 中的参数进行设置,图像效果如图 5-94 所示。

图 5-93　素材图像文件

图 5-94　调整"色调分离"后图像文件

5.5.3 "阈值"命令

"阈值"命令能够将灰度或彩色图像调整成高对比度的黑白图像。黑白图像不同于灰度图像,灰度图像有黑、白及黑到白过渡的 256 级灰度,而黑白图像只有黑色和白色两个色调。"阈值"命令可以将一定的色阶指定为阈值,阈值就是设定色彩转化的临界值,所有小于阈值的像素转换为黑色,大于阈值的像素转换为白色。"阈值"命令可用来制作漫画、版刻画及黑白风格的图像效果。

在阈值调整过程中,图像会随时改变以反映新的阈值设置。阈值数值越大或滑块越偏向右侧,图像中黑色区域越多;反之,白色区域越多。

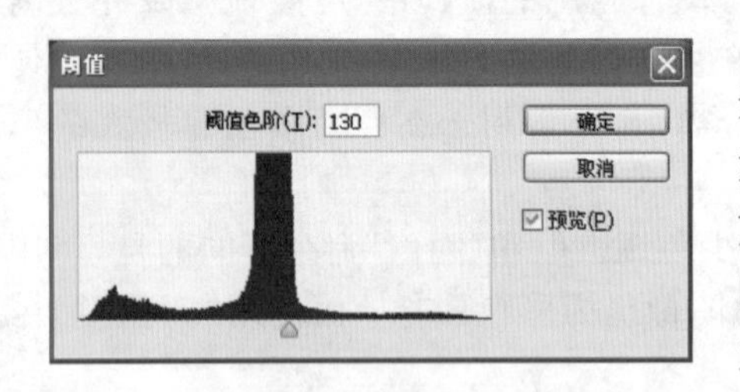

图 5-95　"阈值"对话框

打开图像,选择"图像"|"调整"|"阈值"命令,打开"阈值"对话框。在对话框中有显示当前图像中像素亮度级的直方图,如图 5-95 所示。拖移直方图下方的滑块,或在"阈值色阶"文本框中输入 1～255 之间的数值进行阈值调整,所有大于阈值的像素将转换为白色,而小于阈值的像素将转换为黑色,调整阈值可决定黑白色的分布情况。阈值调整后,单击"确定"按钮,即可得到黑白的图像效果。

打开"阈值"对话框时,按住 Alt 键,对话框中的"取消"按钮将变为"复位"按钮,单击"复位"按钮可恢复为默认阈值。

(1) 打开"第 5 章\素材\花 2.jpg"文件,如图 5-96 所示。

(2) 选择"图像"|"调整"|"阈值"命令,按图 5-95 中的参数进行设置,图像效果如图 5-97 所示。

5.5.4 "渐变映射"命令

"渐变映射"命令能够将图像中的最暗色调映射为一组渐变色的最暗色调,将图像中的最亮色调映射为渐变色的最亮色调,从而将图像的色阶映射为一组渐变色的色阶。

利用"渐变映射"命令可将图像颜色调整为选定的渐变图案颜色效果,从而改变图像的整体色调。如果指定双色渐变填充,则图像中的暗调映射到渐变填充的一个端点颜色,高光映射到另一个端点颜色,而中间调则会映射到两个端点间的层次。

图 5-96　素材图像文件

图 5-97　调整“阈值”后图像文件

打开图像，选择“图像”|“调整”|“渐变映射”命令，打开“渐变映射”对话框，如图 5-98 所示。在对话框中设置各选项参数，单击“确定”按钮，即可将渐变映射至图像上。

“渐变映射”对话框中主要选项的含义如下。

- 灰度映射所用的渐变：用于选择或编辑渐变填充样式。单击渐变条右侧的三角形按钮，在弹出的预置列表中可以选择预置渐变。如果不选择预置渐变，可以单击渐变条，打开“渐变编辑器”对话框，编辑渐变颜色或创建新的渐变填充。在默认情况下，对话框中的“灰度映射所用的渐变”选项显示的是前景色与背景色。设置前景色为阴影映射，背景色为高光映射。
- 仿色：选中该复选框，可以添加随机杂色以使渐变映射的效果过渡更加平滑。
- 反向：选中该复选框，可以颠倒渐变填充的方向以反向渐变映射。

(1) 打开“第 5 章\素材\花.jpg”文件，见图 5-32。

(2) 选择“图像”|“调整”|“渐变映射”命令，按图 5-98 中的参数进行设置，图像效果如图 5-99 所示。

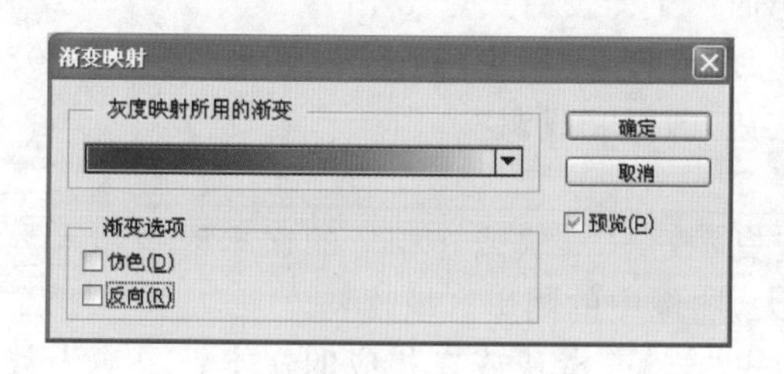

图 5-98　“渐变映射”对话框

图 5-99　调整“渐变映射”后图像文件

5.5.5　“可选颜色”命令

“可选颜色”命令是在不影响图像中其他颜色的前提下对某种颜色进行具有针对性的修改。“可选颜色”命令用于校正偏色图像，也可用于改变图像颜色。一般情况下，该命令用于调整单个颜色的色彩比重。

打开图像，选择“图像”|“调整”|“可选颜色”命令，打开“可选颜色”对话框，如图 5-100 所示。在对话框中设置各选项参数，单击“确定”按钮，即可完成颜色调整。

“可选颜色”对话框中主要选项的含义如下。

- 颜色：用于设置所要校正的颜色。在下拉列表中可以选择所要进行校正的颜色。
- 青色、洋红、黄色和黑色：拖曳相应滑块以增加或减少所选颜色中的成分。
- 相对：选择该选项，则按照总量的百分比更改现有的青色、洋红、黄色或黑色的量。
- 绝对：选择该选项，则采用绝对值调整颜色。

(1) 打开“第 5 章\素材\花.jpg”文件，见图 5-32。

(2) 选择“图像”|“调整”|“可选颜色”命令，按图 5-100 中的参数进行设置，图像效果如图 5-101 所示。

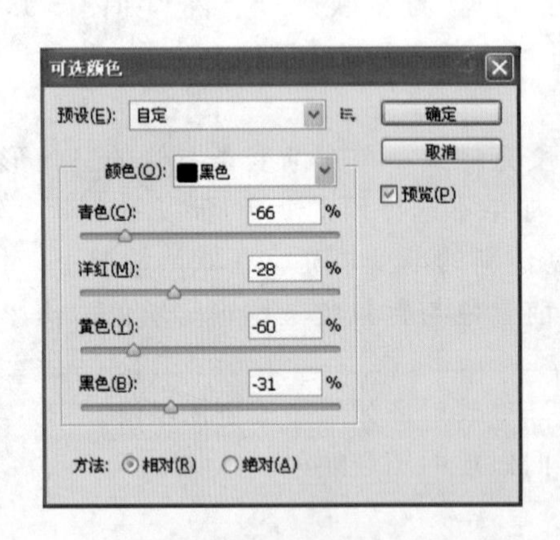

图 5-100 “可选颜色”对话框

图 5-101 调整“可选颜色”后图像文件

5.5.6 “阴影/高光”命令

“阴影/高光”命令是 Photoshop 专为数码照片的处理而设置的命令，该命令能够通过将数码照片中的阴影区域加亮来校正由于逆光拍摄而形成有缺陷的数码照片。

“阴影/高光”命令可通过运算对图像的局部进行明暗处理，从而使图像变亮或变暗。该命令不仅可以加亮或减暗整张照片，还可以分别控制暗调和高光。“阴影/高光”适用于校正由强逆光而形成剪影的照片，也可校正因过于接近光源而产生的发白焦点。

打开图像，选择“图像”|“调整”|“阴影/高光”命令，打开“阴影/高光”对话框，如图 5-102 所示。在对话框中设置各选项参数，单击“确定”按钮，即可完成调整。

“阴影/高光”对话框中主要选项的含义如下。

- 阴影：用于设置阴影部分光照校正量。拖曳“数量”滑块或在相应的文本框中输入数值，可改变阴影区域的明亮程度。数值越大，图像中的阴影区域越亮。
- 高光：用于设置高光部分光照校正量。拖曳“数量”滑块或在相应的文本框中输入数值，可改变高光区域的明亮程度。数值越大，图像中的高光区域越暗。

选中“显示其他选项”复选框，可显示其他选项，如图 5-103 所示。在其中用户可以对图像进行更加精细的调整。

- 色调宽度：用来控制阴影或高光色调的修改范围。
- 半径：用来控制每个像素周围的局部相邻像素的大小。

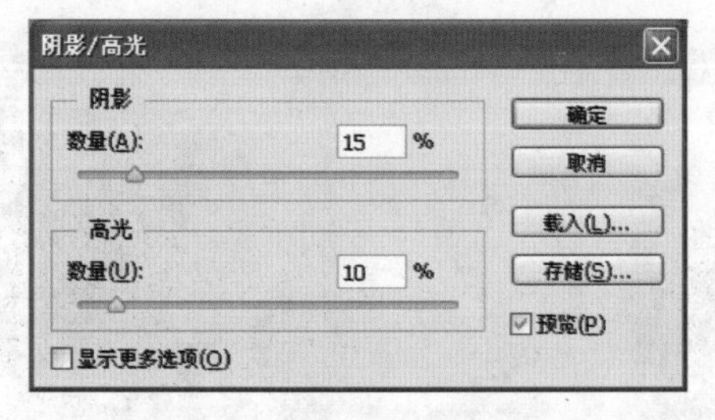

图 5-102　“阴影/高光”对话框

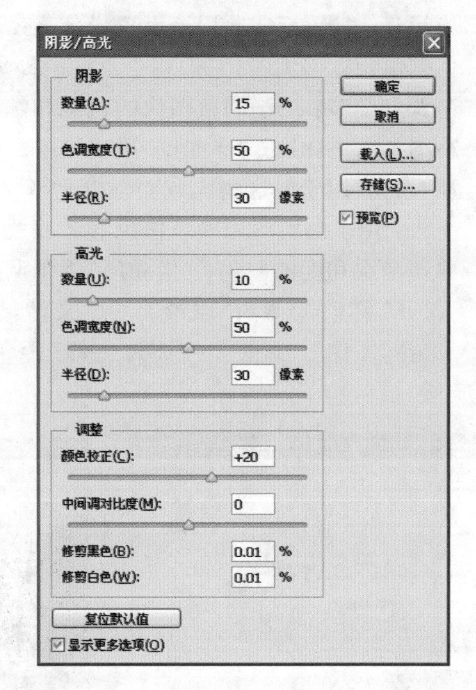

图 5-103　“阴影/高光”对话框其他选项

- 颜色校正：用于在图像的已更改区域中微调颜色，该选项仅适用于彩色图像。
- 中间调对比度：用于调整中间调的对比度。向左拖曳滑块会降低对比度，向右拖曳会增加对比度。
- 修剪黑色和修剪白色：用于设置将阴影和高光剪切到新的极端阴影和高光颜色的数量。百分比数值越大，生成图像的对比度越大。修剪黑色和修剪白色的值不宜设置过大，否则会减小阴影或高光的细节。
- 复位默认值：用于将当前设置复位默认设置。使用“载入”按钮可以载入存储的设置。

(1) 打开“第 5 章\素材\背景 1.jpg”文件，见图 5-30。

(2) 选择“图像”|“调整”|“阴影/高光”命令，按图 5-102 所示参数进行设置，图像效果如图 5-104 所示。

图 5-104　调整“阴影/高光”后图像文件

5.5.7 “HDR 色调”命令

“HDR 色调”命令可用来修补过亮或过暗的图像。使用“HDR 色调”命令可以将全范围的 HDR 对比度和曝光度设置应用于各个图像。

打开图像，选择“图像”|“调整”|“HDR 色调”命令，打开“HDR 色调”对话框，如图 5-105 所示。在对话框中设置各选项参数，单击“确定”按钮，即可对图像进行调整。

“HDR 色调”对话框中主要选项的含义如下。

- 边缘光："半径"选项用于设置局部亮度区域的大小；"强度"选项用于设置两个像素的色调值相差多大时，它们属于不同的亮度区域。
- 色调和细节：用于调整图像的色调和细节，使图像更加丰富、细腻，"灰度系数"用于调整图像的对比度；"曝光度"用于调整图像的亮度；"细节"用于调整锐化程度，"阴影"和"高光"用于使这些区域变亮或变暗。
- 高级：用于调整图像的整体色彩，"自然饱和度"用于调整细微颜色强度，同时尽量不剪切高饱和度的颜色；"饱和度"用于调整所有颜色的强度。

(1) 打开"第 5 章\素材\风景 1.jpg"文件，见图 5-34。

(2) 选择"图像"|"调整"|"HDR 色调"命令，按图 5-105 所示参数进行设置，图像效果如图 5-106 所示。

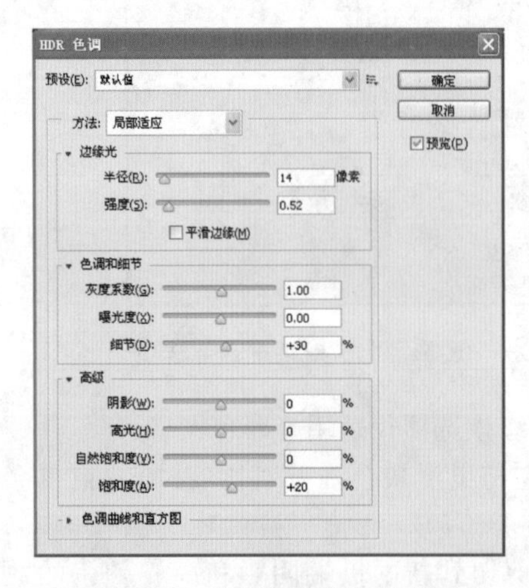

图 5-105 "HDR 色调"对话框

图 5-106 调整"HDR 色调"后图像文件

5.5.8 "变化"命令

"变化"命令通过显示实时调整效果的缩览图，使用户能够简单、直观地调整图像或选区的色彩平衡、对比度和饱和度。"变化"命令集"色彩平衡"和"色相/饱和度"命令的功能于一身。使用"变化"命令可以更精确、更方便地调整图像颜色，该命令对于不需要精确调整色彩的平均色调图像最有效。

打开图像，可以选择整个图像，也可以只选取图像的一部分。选择"图像"|"调整"|"变化"命令，打开"变化"对话框，如图 5-107 所示。在对话框中单击或连续点击相应的颜色缩略图可对图像进行调整，直到得到满意的图像效果，单击"确定"按钮，即可完成调整。

"变化"对话框中主要选项的含义如下。

- 原稿、当前挑选：用于直观显示调整前后的图像变化效果。其中，"原稿"缩略图始终显示原图像的效果，"当前挑选"显示调整后的图像效果。在第一次打开该对话框时，这两个缩览图完全相同。对图像进行调整后，"当前挑选"缩略图会发生改变以反映当前的调整，单击"原稿"缩览图可撤销调整。
- 较亮、当前挑选、较暗：用于调节图像的亮度。单击"较亮"和"较暗"缩略图，可以使图像变亮或变暗，"当前挑选"缩略图显示为当前调整后的状态。
- 阴影、中间调、高光：用于选择要调整像素的亮度范围。
- 饱和度：单击该按钮，可调整图像的饱和度。

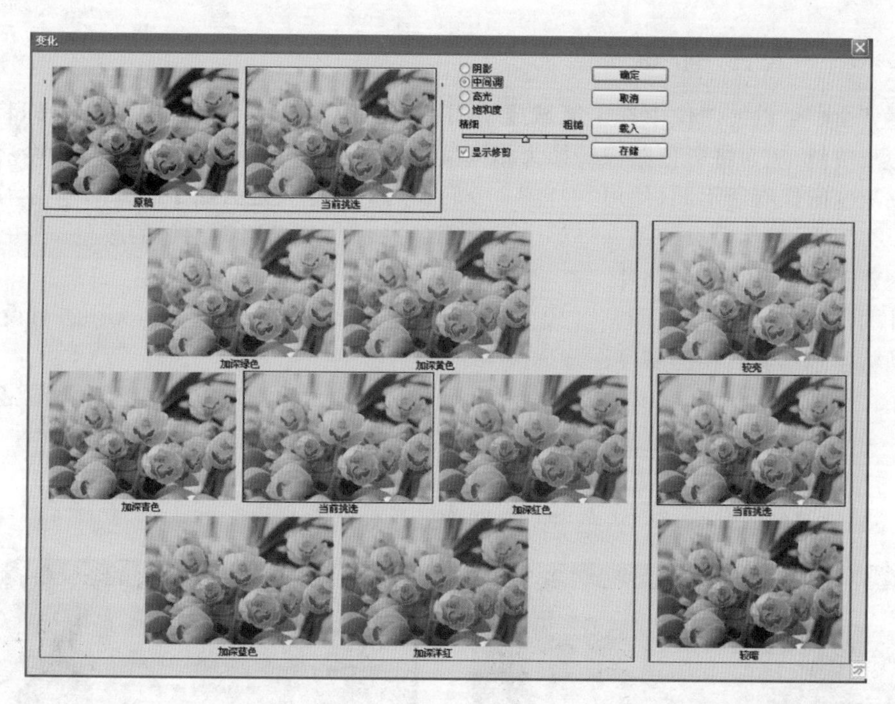

图 5-107　“变化”对话框

- 精细/粗糙调整杆：用于确定每次调整的数量。滑块越靠近左端，则每次单击色彩缩略图时色彩变化越细微；滑块越靠近右端，则每次单击色彩缩略图时色彩变化越明显。
- 显示修剪：选中该复选框，图像窗口中可以显示溢色区域，防止调整后出现溢色现象。如果某些区域以反色显示，则表示这些区域已超出了最大颜色饱和度，需要单击“低饱和度”缩览图来降低饱和度。不选该项，则对溢色不做处理。
- 颜色缩览图：“当前挑选”缩略图与左上方“当前挑选”缩略图的作用相同，其余 6 幅缩略图分别可以用于改变图像的 6 种颜色，单击任意一颜色缩览图可将相应的颜色添加到图像，单击任意一种颜色的相对颜色可减去该颜色。

(1) 打开“第 5 章\素材\花 3.jpg”文件，如图 5-108 所示。

(2) 选择“图像”|“调整”|“变化”命令，按图 5-107 中的参数进行设置，图像效果如图 5-109 所示。

图 5-108　素材图像文件

图 5-109　调整“变化”后图像文件

5.5.9 “去色”命令

“去色”命令可以使图像中选定区域或整幅图像的所有颜色的饱和度变为0，即将所有颜色转化为灰阶值，从而将彩色图像转换为相同颜色模式的灰色图像。与“灰度”命令将彩色图像转换成灰度图像有所不同，使用“去色”命令转换后的图像只是去除了图像的颜色，而图像颜色模式保持不变，仍然可以使用画笔等工具对图像进行着色或调整图像的颜色。“去色”命令常用于创建灰度图像或黑白照片。

打开图像，选择“图像”|“调整”|“去色”命令，或按Ctrl＋Shift＋U键，无须进行设置，系统即可自动将彩色图像转换为灰度图像。

如果在当前图层建立一个选区，“去色”命令将只对图像的选区范围进行转化，就会得到图像局部去色效果。如果将选区羽化，就会产生柔化的去色效果。

(1) 打开“第5章\素材\花开4.jpg”文件，如图5-110所示。

(2) 选择“图像”|“调整”|“去色”命令，图像效果如图5-111所示。

图5-110　素材图像文件

图5-111　调整“去色”后图像文件

5.5.10 “匹配颜色”命令

Photoshop的“匹配颜色”命令可实现不同图像间、相同图像的不同图层或多个颜色选区间的颜色的匹配。使用该命令，能够通过改变亮度和色彩范围以及中和色痕来调整图像中的颜色。在使用该命令前，应该准备用于匹配的源图像，或创建源图像选区，或在图层中建立要匹配的选区。

打开图像，选择“图像”|“调整”|“匹配颜色”命令，打开“匹配颜色”对话框，如图5-112所示。在对话框中设置各选项参数，单击“确定”按钮，即可完成匹配颜色调整。

“匹配颜色”对话框中主要选项的含义如下。

- 目标图像：显示被修改的图像文件名及颜色模式等信息。
- 图像选项组：用于调整颜色匹配的效果。
- 亮度：用于提高或降低目标图像的亮度。
- 颜色强度：用于调整目标图像的饱和度。
- 渐隐：用于控制应用于图像的调整量。向右拖曳滑块可增大调整量，该数值越大，则匹配得到的图像越接近于颜色调整前的效果；反之，匹配的效果越明显。
- 中和：选择该复选框，可以使源文件和将要进行匹配的目标文件的颜色进行自动混合，以消除目标图像中色彩的偏差，使目标图像与源图像的颜色更完美地融合在一起。

- 使用源选区计算颜色：选中该复选框，在匹配颜色时仅计算源文件选区中的图像；否则，忽略源文件中的选区。
- 使用目标选区计算调整：选中该复选框，在匹配颜色时仅计算目标文件选区中的图像。
- 源：用于选择要将其颜色匹配到目标图像中的源文件。
- 图层：用于选择源文件中需要匹配的颜色的图层。当源文件包含多个图层时，可以在下拉列表中选择某个图层；若要匹配源图像中所有图层的颜色，可在列表框中选择“合并的”选项。
- 载入统计数据：用于载入已存储的设置文件。
- 存储统计数据：单击该按钮，保存所做的设置。

(1) 打开“第 5 章\素材\文件夹”中的“花开 3.jpg”和“花开 4.jpg”文件。

(2) 选择“图像”|“调整”|“匹配颜色”命令，按图 5-112 进行设置，以“花开 3.jpg”为目标对象，“花开 4.jpg”为源对象，图像效果如图 5-113 所示。

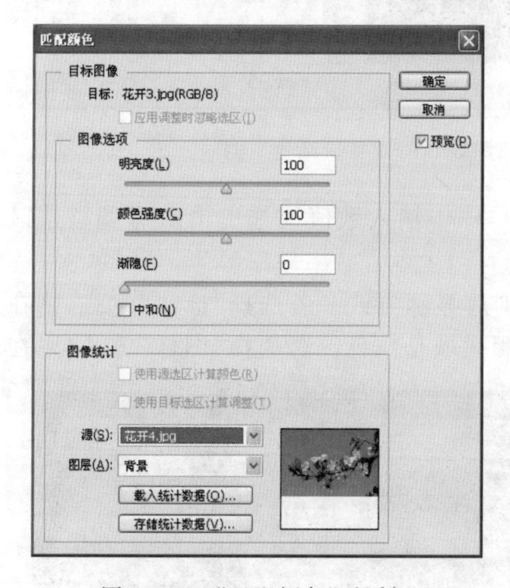

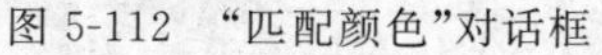

图 5-112 “匹配颜色”对话框

图 5-113 调整“匹配颜色”后图像文件

5.5.11 “替换颜色”命令

“替换颜色”命令可以在图像中选择颜色，对选择颜色的色相、饱和度和明度进行调整。

使用“替换颜色”命令能够将图像全部或选定部分的颜色用指定的颜色进行替换。“替换颜色”命令与“色相/饱和度”命令中的某些功能相似，它可以先选定图像中的特定颜色，然后改变选定区域的色相、饱和度和亮度值。

打开图像，选择“图像”|“调整”|“替换颜色”命令，打开“替换颜色”对话框，如图 5-114 所示。在对话框中设置各选项参数，选择替换颜色，如图 5-115 所示。单击“确定”按钮，即可完成颜色调整。

“替换颜色”对话框中主要选项的含义如下。

- 颜色：用于选择想要更改的颜色。可以单击色块，打开“选择目标颜色”对话框选择要更改的颜色。
- 吸管工具：用于选取要替换颜色的范围。使用吸管工具在图像中单击可以确定要替换的颜色范围，和工具分别用于增加和减少选择的颜色范围。

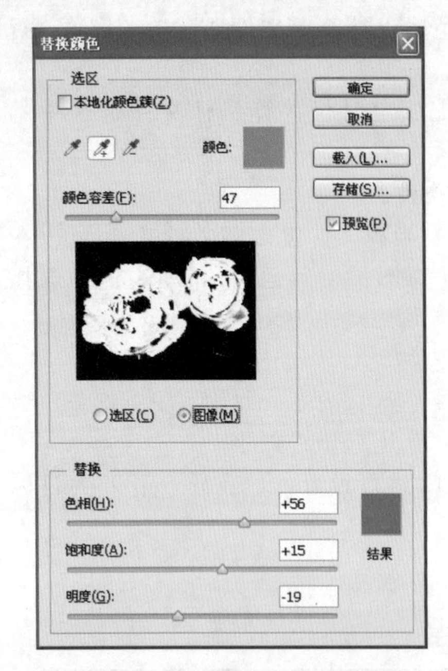

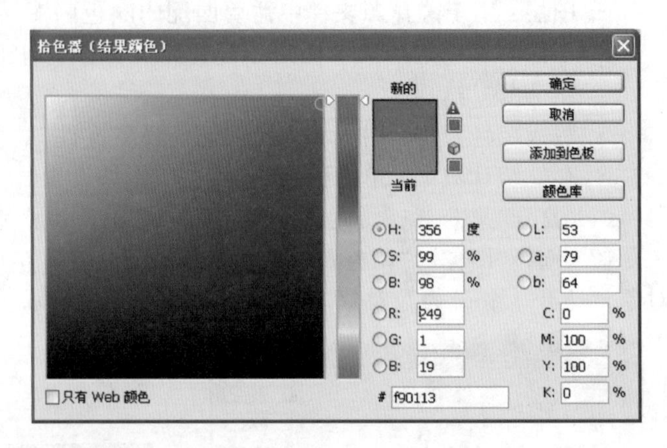

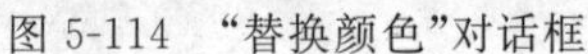
图 5-114 “替换颜色”对话框

图 5-115 “替换颜色”选择

- 颜色容差：用于扩大或缩小颜色范围。在文本框中输入数值或拖曳滑块可调整选区的大小。容差值越大，选取颜色的范围越大。
- 选取颜色范围预览框：用于选择选取颜色范围的显示方式。若选择“选区”方式，则在预览框中显示蒙版，被蒙版区域是黑色，未蒙版区域是白色。若选择“图像”方式，则在预览框中显示图像。
- 替换：该选项组用于结果颜色的设置以及对结果颜色的色相、饱和度和明度的调整。通过对色相、饱和度和明度的调整来进行图像颜色的替换。
- 结果：用于设置当前的替换颜色。单击色块，可以选择一种颜色作为替换色，从而精确控制颜色的变化。

(1) 打开“第 5 章\素材\花 1.jpg”文件，见图 5-2。

(2) 选择“图像”|“调整”|“替换颜色”命令，按图 5-114 中的参数进行设置，图像效果如图 5-116 所示。

图 5-116 调整“替换颜色”后图像文件

5.5.12 “色调均化”命令

“色调均化”命令可以自动查找图像中最亮和最暗的像素，将图像中最亮的像素变成白色，最暗的像素变成黑色，然后将图像像素的亮度值重新均匀分配，即在整个灰度中均匀分布中间像素，从而使它们更均匀地呈现所有范围的亮度级别。当扫描的图像显得比原稿暗，需要平衡这些值以产生较亮的图像时，可以使用此命令。“色调均化”命令可以处理整个图像，也可以处理图像的一部分。

打开图像，选择"图像"|"调整"|"色调均化"命令，系统即可自动对图像进行亮度值的调整。

(1) 打开"第5章\素材\风景1.jpg"文件，见图5-34。

(2) 选择"图像"|"调整"|"色调均化"命令，图像效果如图5-117所示。

图5-117　调整"色调均化"后图像文件

如果在图像中建立了选区范围，选择"图像"|"调整"|"色调均化"命令，打开"色调均化"对话框，如图5-118所示。在对话框中根据需要设置选项，单击"确定"按钮即可对图像进行相应的调整。图为在图像中先建立了选区范围，再使用"色调均化"命令调整后的图像效果如图5-119所示。

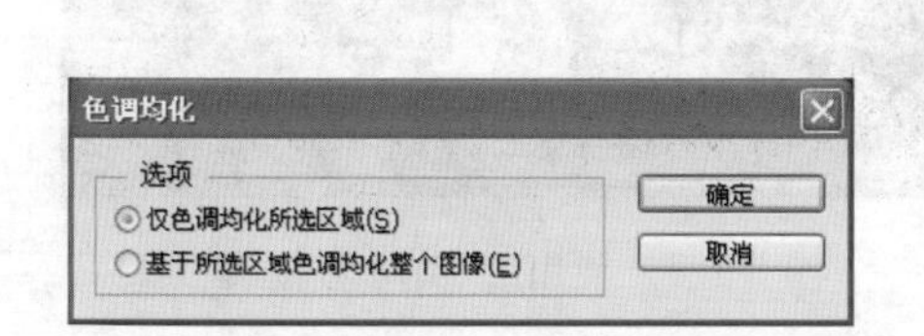

图5-118　"色调均化"对话框

图5-119　使用"色调均化"命令调整选区图像效果

"色调均化"对话框中各选项的含义如下。

- 仅色调均化所选区域：选择该选项时，只对选取范围内的图像进行色调均化。
- 基于所选区域色调均化整个图像：选择该选项时，以选取范围内的图像的最亮和最暗的像素为基准使整幅图像的色调平均化。

5.5.13　颜色调整应用实例——杂志封面

1. 实例简介

本实例主要使用了"匹配颜色"、"色调均化"、"去色"、"变化"、"渐变映射"和"反相"等命令。通过该实例设计制作，可以使用户熟练掌握特殊色彩及色调调整命令的特点及使用方法，掌握利用这些命令进行图像调整的技巧，掌握封面设计制作的方法。

2. 实例制作步骤

(1) 按 Ctrl+N 键，打开“新建”对话框。在对话框中设置“宽度”和“高度”分别为 600px 和 900px，背景为白色，新建一个 RGB 模式的空白文档。

(2) 打开“第 5 章\素材\”文件夹中的“风景.jpg”和“花开 1.jpg”文件，使用“图像”|“调整”|“匹配颜色”，选择目标为“风景.jpg”文件，源为“花开 1.jpg”文件，图像效果如图 5-120 所示。

(3) 然后将素材图片拖动到新建的文档中，得到图层 1。按 Ctrl+T 组合键，适当调整其大小，选择图层 1，选择“图像”|“调整”|“色调均化”命令，将图像提亮一些，效果如图 5-121 所示。

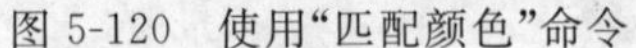

图 5-120 使用“匹配颜色”命令

图 5-121 使用“色调均化”命令

(4) 在“图层”面板中设置图层 1 的“不透明度”为 40%，如图 5-122 所示。

(5) 接下来输入杂志封面文字。选择“横排文字工具”，设置字体大小为 100，文本颜色为深蓝色，输入文字 Photoshop，设置图层样式为“外发光”，不透明度为 50%。

(6) 打开素材图像文件“花开 1.jpg”文件，选择“快速选择工具”将一朵花选中，然后将花拖曳到新文档中 1，得到图层 2。复制 5 次，调整大小及位置，效果如图 5-123 所示。

(7) 选择图层 2，选择“图像”|“调整”|“反相”命令，图像效果如图 5-124 所示。

(8) 选择图层 2 副本 2，选择“图像”|“调整”|“阈值”命令，调整图层的不透明度为 60%，图像效果如图 5-125 所示。

(9) 选择图层 2 副本，选择“图像”|“调整”|“去色”命令，如图 5-126 所示。

(10) 选择图层 2 副本 4、5，合并后，得到图层 2 副本 4。选择“图像”|“调整”|“替换颜色”命令，选择替换为“黄色”，图层不透明度为 60%，图像效果如图 5-127 所示。

图 5-122　调整图层“不透明度”

图 5-123　输入文字及花调整

图 5-124　调整图像“反相”

图 5-125　调整“阈值”

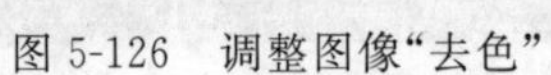
图 5-126　调整图像“去色”

图 5-127　调整“替换颜色”

(11) 调整图层 2、图层 2 副本 3 图层的不透明度为 60%,如图 5-128 所示。

(12) 选择“图像”|“调整”|“渐变映射”命令,选择映射如图 5-129 所示。

图 5-128　调整不透明度

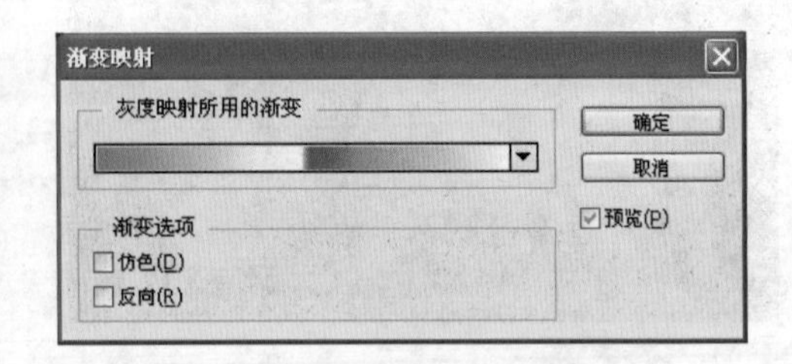

图 5-129　调整“渐变映射”

(13) 此时,图层面板如图 5-130 所示。

(14) 保存图像到“效果图”文件夹,文件名为“杂志封面”,图像最终效果,如图 5-131 所示。

图 5-130　“图层”面板

图 5-131　图像最终效果

5.6　本章小结

图像的色彩和色调调整,是使用 Photoshop 进行平面设计的一项重要工作。本章从图像的色彩模式、图像的色彩调整和图像的色调调整几个方面介绍了 Photoshop CS6 中调整图像颜色的方法。通过本章的学习,用户了解了“图像”|“调整”菜单中常用的图像色彩和色调调整命令,通过实例的制作获得了相关的实践经验。

5.7　本章习题

1. 填空题

(1) 在 Photoshop 中,可以实现灰度模式、位图模式、双色调模式、索引颜色模式、________颜色模式、________颜色模式、Lab 颜色模式及多通道模式等多种颜色模式的转换。

(2) 位图模式是使用________、________两种颜色来表示图像中的像素。

(3) 索引颜色模式的图像是单通道图像,使用________色。

(4) 色彩调整主要是对图像的________、________及________进行调整。

(5) 色调的调整是对图像________进行调整。

2. 单项选择题

(1) 重新分布图像中像素的亮度值,以便能够更加均匀地呈现亮度级范围的命令是(　　)。

A. “自动色阶”命令　　B. “阈值”命令
C. “色调均化”命令　　D. “色调分离”命令

(2) 使用(　　)命令可以将彩色图像转换为灰色图像。
A. “去色”　　B. “色阶”　　C. “曲线”　　D. “色调均化”

(3) 在“色阶”对话框中,欲增加图像的亮度,不能使用(　　)操作。
A. 将白色滑块向左拖曳　　B. 将灰色滑块向左拖曳
C. 将黑色滑块向右拖曳　　D. 将灰色滑块向右拖曳

(4) 在使用“曲线”命令调整图像的色调时,向上调整曲线,图像会(　　)。
A. 变红　　B. 变亮　　C. 变暗　　D. 变蓝

(5) 打开“色阶”对话框的组合键是(　　)
A. Ctrl+U　　B. Ctrl+L　　C. Shift+U　　D. Shift+L

5.8 上机练习

练习1　季节变换

使用“图像”|“调整”菜单来调整图像色调。需要修改的图像如图5-132所示,图像色彩调整后的效果,如图5-133所示。

图5-132　需处理的图像

图5-133　图像处理后的效果

主要制作步骤提示如下。

(1) 打开“第5章\练习素材\雪1.jpg”。

(2) 使用“图像”|“调整”|“色彩平衡”命令,调整“阴影”、“中间调”和“高光”的色彩。

(3) 添加图层1,以绿色填充。

(4) 使用“图像”|“调整”|“色阶”命令调整图像色调。

(5) 存储文件到“效果图”文件夹,名称为“雪11.jpg”。

练习2　腊梅花开

新建文件,制作如图5-134所示的图像文件,最终图层面板如图5-135所示。

主要制作步骤提示如下。

(1) 新建文件,参考大小为“800像素*600像素”,填充渐变颜色。

(2) 打开“第5章\练习素材\花1.jpg”文件,使用“矩形选框”工具,选择合适大小的图像区域,拖放到新建的文件中。

图 5-134　处理后图像效果

图 5-135　图层面板

(3) 复制图层 4 次。

(4) 将中部的图层改名为“中”,修改形状为“圆形”,以示区别。

(5) 使用“图像”|“调整”|“色相/饱和度”、“色阶”及“曲线”等命令调整各自图层的颜色。

(6) 给各个图层添加一定的图层样式。

(7) 将图片层链接后,调整不透明度为 80%。

(8) 输入文字“腊梅花开”。

(9) 存储文件到“效果图”文件夹,名称为“腊梅. psd”。

练习 3　绿色桂林

使用颜色调整的方法,将原始素材图片进行调整,如图 5-136 所示,最终图片效果如图 5-137 所示。

图 5-136　原始图片

图 5-137　最终效果图片

主要制作步骤提示如下。

(1) 打开“第 5 章\练习素材\桂林. jpg”文件。

(2) 使用“图像”|“调整”|“色彩平衡”命令进行调整。

(3) 使用“图像”|“调整”|“亮度/对比度”命令进行调整。

(4) 存储文件到“效果图”文件夹,名称为“桂林. jpg”。

练习 4　水果上色

打开黑白效果的水果图片,如图 5-138 所示,制作出色彩明艳的新鲜水果效果,如图 5-139 所示。

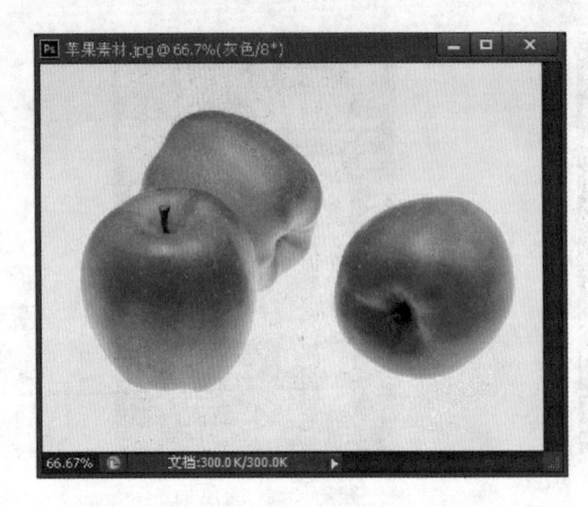

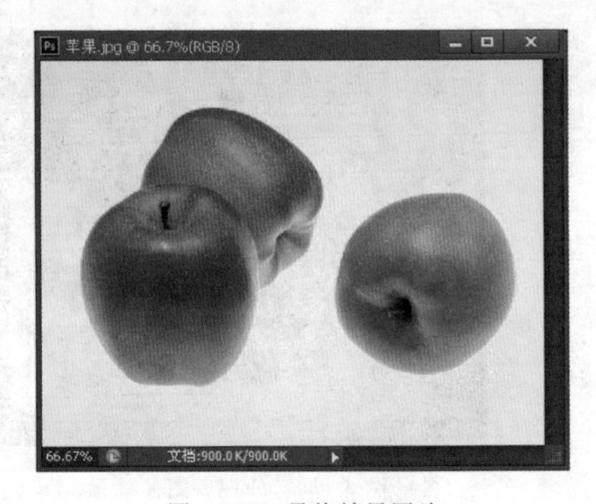

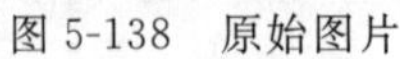

图 5-138　原始图片

图 5-139　最终效果图片

主要制作步骤提示如下。

(1) 打开“第 5 章\练习素材\苹果素材.jpg”文件。

(2) 使用“图像”|“调整”|“色彩模式”命令将图像转换为 RGB 颜色。

(3) 使用“图像”|“调整”|“色相/饱和度”命令进行调整。

(4) 使用“图像”|“调整”|“可选颜色”命令进行调整。

(5) 存储文件到“效果图”文件夹,名称为“苹果.jpg”。

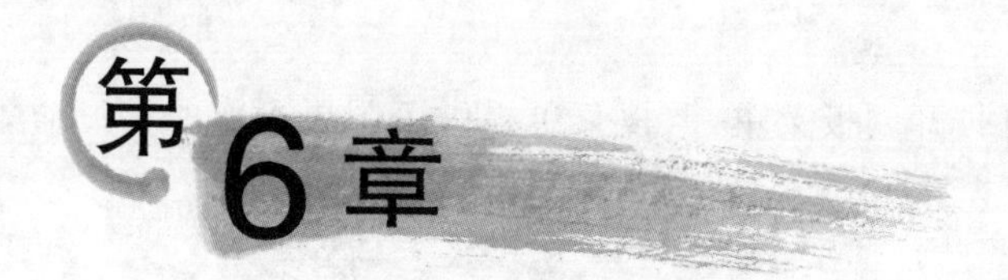

第6章 图层的应用

在 Photoshop 中,图层是进行图像创作和处理的基础,有效地使用图层不仅能够创作丰富多彩的图像,而且能够有效地提高工作效率,使创作变得方便而快捷。图层被喻为 Photoshop 的灵魂,几乎所有的命令都可以应用于独立的图层,对图像的编辑处理基本上都是对图层中对象的处理。只有熟练掌握图层的操作,才能更加深入领悟 Photoshop,创作出更具特色的平面作品。

本章主要内容:

- 图层的基本知识;
- 图层的基本操作;
- 图层样式;
- 填充图层和调整图层;
- 图层的混合模式和不透明度;
- 图层蒙版。

6.1 图层的基本知识

图层是 Photoshop 的一大特色,图像的每一部分被分置在不同的图层中,不同图层中的图像叠加形成完整的图像,对某个图层的操作不会影响到其他图层。

6.1.1 基本图层概念

在 Photoshop 中,"图层"如同透明的纸,在透明的纸上画出图像,并将它们叠加,就可浏览到图像的组合效果。使用"图层"可以把一幅复杂的图像分解为相对简单的多层结构,并对图像进行分级处理,从而减少图像处理工作量并降低难度。通过调整各个"图层"之间的关系,能够实现更加丰富和复杂的视觉效果。

图层保存着图像的信息,通过对图层的编辑、不透明度的修改和混合模式的设定等操作,能够获得丰富多彩的图像效果。在 Photoshop 中,图像中图层的层次关系的体现,对图层的操作,可以通过 Photoshop 的"图层"菜单和"图层"调板来实现。

6.1.2 图层调板

选择"窗口"|"图层"命令,可以打开"图层"调板。当没有任何图像文件被打开时,"图层"调板显示为一个空的调板。当有文件被打开时,"图层"调板中将显示与文件图层有关的信息,

如图 6-1 所示。

单击“图层”调板右上角的▾☰可打开调板菜单，调板菜单提供了图层操作的常见命令，如图 6-2 所示。

图 6-1　图层调板

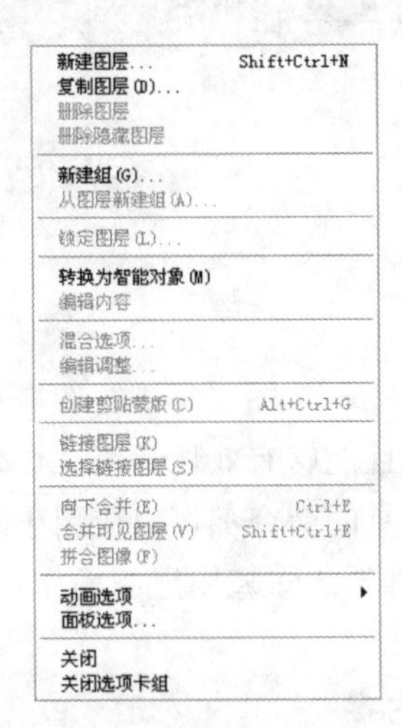

图 6-2　调板菜单

6.2　图层的基本操作

图像的处理，离不开图层，图层的应用，离不开对图层的操作。这里，将介绍图层操作的有关知识。

6.2.1　图层的创建与删除

图层的创建可以选择“图层”菜单中的“新建”|“图层”命令，如图 6-3 所示；或单击“图层”面板的新建图层按钮▣。

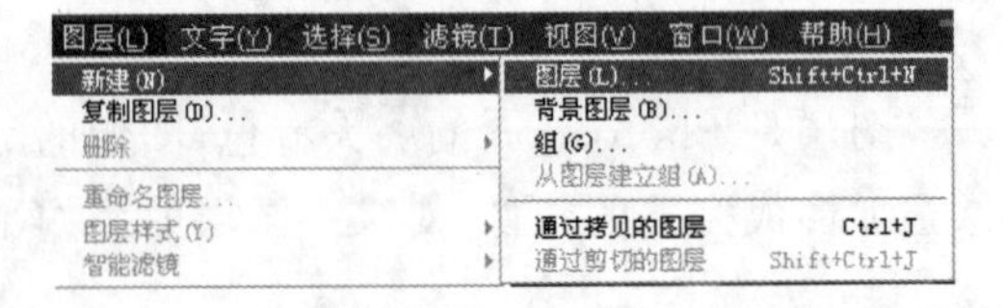

图 6-3　新建图层

6.2.2　图层编辑

1. 改变图层的可见性

在“图层”调板中，单击缩览图前的眼睛标志，可取消此标志的显示，当前图层的内容将被隐藏，如图 6-4 所示。

2. 调整图层叠放顺序

对于包含多个图层的图像来说，上面图层中的图像将覆盖下面图层的图像，图层的叠放顺序决定了不同图层中图像间的遮盖关系，这直接影响到图像最后的显示效果。

在“图层”调板中选择需要调整叠放顺序的图层，将其向上或向下拖曳，放置于列表中需要的位置，即可改变图层的排列顺序，如图 6-5 所示。注意，图像中的背景层是不能更改叠放顺序的，因为背景层已经锁定，可以在图层面板上看到加锁的标志。

3. 图层的链接

Photoshop 允许将两个以上的图层链接，这样可以同时对多个图层进行移动、旋转和自由变换等操作。在“图层”调板中同时选择多个图层时，如果在“图层”调板中选择一个图层后，按

住 Shift 键在另一个图层上单击，可以选择这两个图层间的所有图层。如果在“图层”调板中按 Ctrl 键分别单击多个图层，可同时选择多个图层。选择“图层”|“链接图层”命令或直接单击“图层”调板中的“链接图层”按钮 ，当前选择的图层会链接，在图层上出现链接标志，如图 6-6 所示。要想取消图层的链接，在选择链接图层后，只需选择“图层”|“取消图层链接”命令或再次单击“图层”调板中的“链接图层”按钮即可。

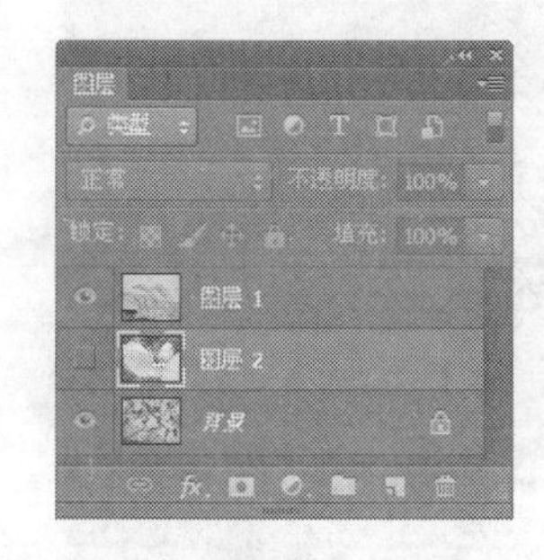

图 6-4　图层的可见性图

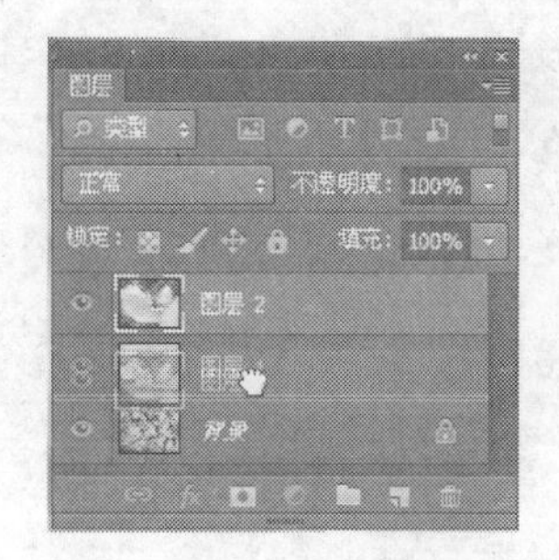

图 6-5　调整图层的叠放顺序

4. 图层的编组

当图像中拥有大量图层时，为了方便图层管理，可将图层进行分组。在“图层”调板中选择需要分组的图层，选择“图层”|“图层编组”命令，可将所有被选择的图层分为一个图层组，如图 6-7 所示。选择一个图层组，选择“图层”|“取消图层编组”命令可取消图层的分组。

图 6-6　链接图层

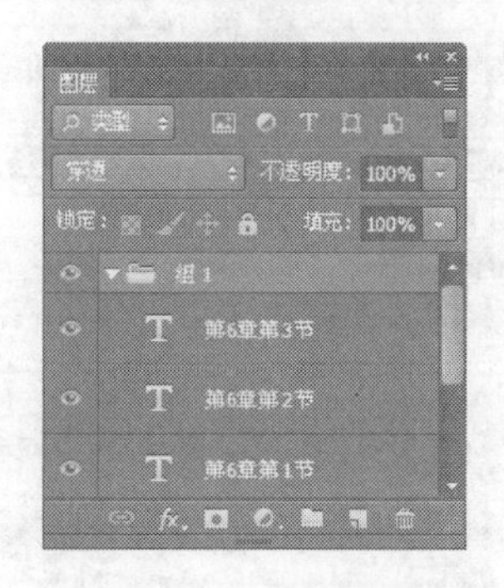

图 6-7　图层的分组

如果需要对图层组进行改名和组图标的设置，可以在“图层”调板的组名称上双击，直接在文本框中输入组的名称。在组图标上双击打开“组”属性对话框，可以设置组图标的颜色和名称。

5. 多个图层的对齐与分布

Photoshop 提供了使图层重新分布和排列的功能，同时还具有使图层中链接的图像按照某种标准对齐的方法。图层的排列有使图层与选区边框对齐和多个图层的对齐这两种方式。

(1) 图层与选区边框对齐。在图像中创建选区，在“图层”调板中选择需要对齐选区的图层，在“图层”|“将图层与选区对齐”的下级菜单中选择对齐的方式，即可实现图层与选区边框的对齐，如图 6-8 所示。

(2) 多个图层的对齐。要实现多个图层的对齐，首先将需要对齐的图层链接起来，然后使用“图层”菜单中的“对齐”和“分布”下级菜单中的命令，即可实现对图层进行对齐和重新分布的操作，如图 6-9 所示。

图 6-8　图层与选区边框左对齐

图 6-9　图像对齐操作

6.2.3　图层的合并

图像中的图层越多，保存于硬盘上的文件就会越大，为了节约硬盘空间，同时也为了方便图像的编辑处理，可以将多个图层合并为一个图层。图层的合并主要有下面几种方式。

1. 将图层与下面的图层合并

合并前确保想合并的图层可见，选择“图层”调板中的图层，选择“图层”|“向下合并”命令或者按 Ctrl＋E 键，即可将该图层与下面的一个图层合并，如图 6-10 所示。

2. 合并图层中所有可见图层

选择“图层”|“合并可见图层”命令或按 Ctrl＋Shift＋E 键，此时图像中的所有处于可见状

图 6-10　向下合并图层

态的图层将被合并为一个图层，如图 6-11 所示。注意，该命令只能合并图像中的可见图层，图像中的隐藏图层将不会被合并。

图 6-11　合并所有可见图层

3. 合并所有图层

选择“图层”|“拼合图层”命令，可将图像中的所有图层都合并为一个图层。当图像中含有隐藏图层时，Photoshop 会给出提示，如图 6-12 所示。如果单击“确定”按钮，图像中所有可见图层将被合并，而隐藏图层将被丢弃，如图 6-13 所示。

图 6-12　Photoshop 提示

图 6-13　拼合后图层效果

6.2.4　实例制作——水果图片

图层的使用是 Photoshop 的一项非常重要的功能，本实例应用的工具主要有"矩形选框工具"、"移动工具"、"图层面板"等，通过本实例的学习，可以掌握图层操作的相关知识。

具体步骤如下。

1. 新建图层

打开"第 6 章\素材\水果.jpg"文件，单击"图层"面板底部的"创建新图层"按钮 ，可以快速创建具有默认名称的新图层，图层依次为图层 1、图层 2、图层 3……由于新建的图层没有像素，所以成透明显示，如图 6-14 和图 6-15 所示。

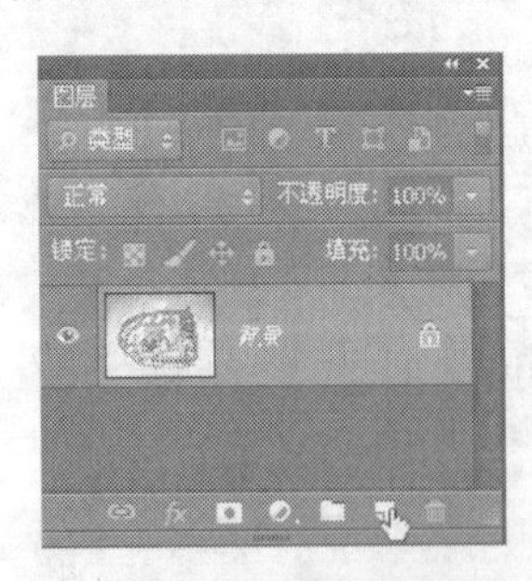

图 6-14　创建图层前

图 6-15　新建图层 1

2. 复制图层

选择"图层 1"，选择"图层"|"复制图层"命令，打开"复制图层"对话框，如图 6-16 所示。单击"确定"按钮即可得到复制到复制的"图层 1 副本"，如图 6-17 所示。

3. 删除图层

对于不需要的图层，用户可以使用菜单删除或通过"图层"面板删除，删除图层后该图层中的图像也将被删除，如图 6-18 和图 6-19 所示。

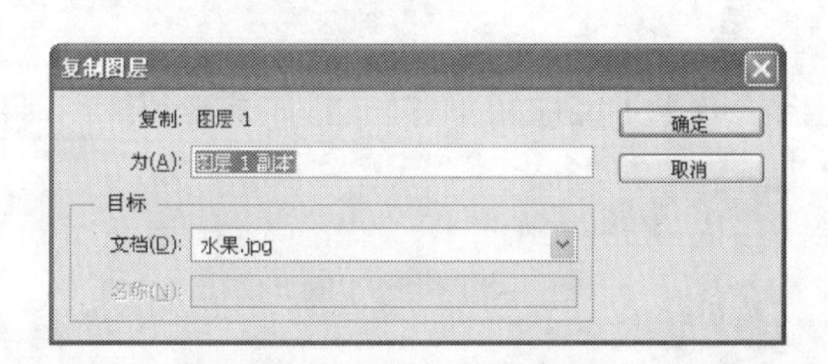

图 6-16　“复制图层”对话框

图 6-17　得到复制的图层

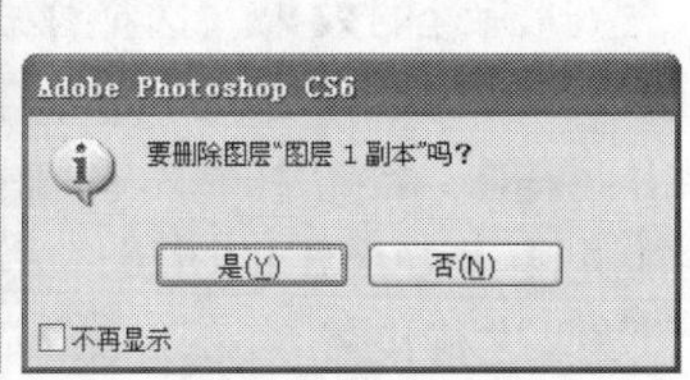

图 6-18　图层删除按钮及图层删除确认对话框

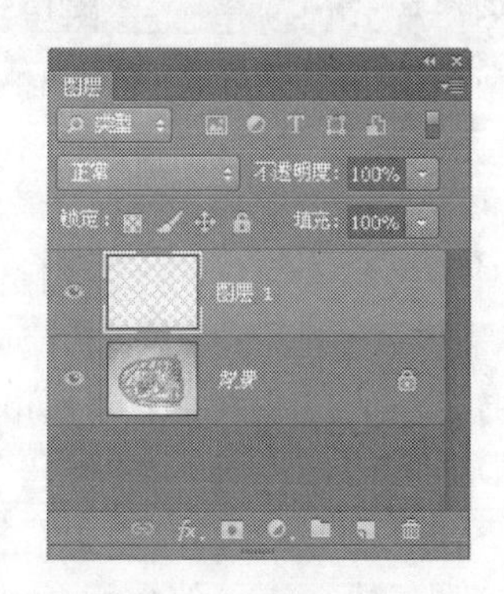

图 6-19　图层删除后

4. 合并图层

打开“第 6 章\素材\水果.jpg”文件，单击“矩形选框”工具，在“水果”图像上划一个矩形区域，如图 6-20 所示。单击“背景”图层，按 Ctrl+C 键复制区域，单击“图层 1”按 Ctrl+V 键粘贴区域到图层 1 中，如图 6-21 所示。然后移动图像，效果如图 6-22 所示。最后单击“图层”|“合并可见图层”，存储“水果”图像。

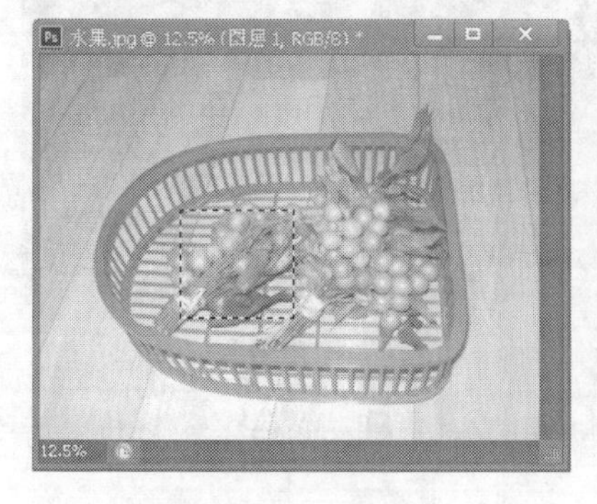

图 6-20　选定区域

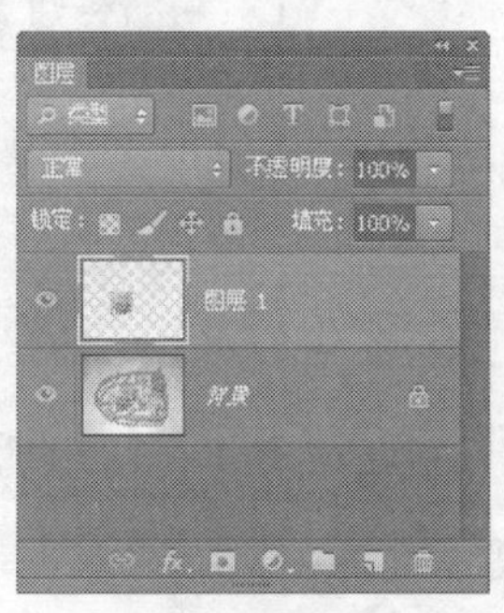

图 6-21　复制到图层 1

图 6-22　移动图像

6.3　图层样式

图层样式是指应用于图层的某种效果，可以在不改变图层内容的前提下对它进行艺术处理，图层样式是 Photoshop 的一个特色，使用该功能可以创建多种样式的图层特效，如投影、内发光以及斜面和浮雕等效果。Photoshop 提供了丰富的图层样式,可以快捷地实现某种艺术效果。

6.3.1 图层样式简介

一个图层可以应用多种图层样式,但图层效果不能应用于背景层,如果必须使用时需要将背景层转换为普通图层。

应用图层样式后,图层效果被链接到图层内容上,在编辑图层内容时,图层显示效果会随之调整。

6.3.2 图层样式的创建

图层样式的创建通过"图层样式"对话框来实现。在"图层样式"对话框中,可以自由选择需要使用的图层样式效果,同时对选择的样式效果进行设置。

"图层样式"对话框可以分成"样式"选项栏和"参数设置区"两部分,设置时首先在左侧的"样式"选项栏中单击样式名称,右侧参数区就出现了该样式的参数,然后进行详细设置即可。设置时可以参考预览区进行调整,以达到满意的效果。选择样式时如果仅选择样式名前的复选框,右侧参数区不会出现相应的参数,只有双击样式名称,才会进入到该样式的参数区中。

打开"第 6 章\素材\桂林.jpg"文件,输入文字"桂林",在"图层"调板中双击此文字图层打开"图层样式"对话框。在"样式"栏中选中需要应用的图层样式,同时在该样式选项处于选择状态下,在右侧的"投影"栏中对样式效果进行设置,如图 6-23 所示。创建图层样式效果后,在"图层"调板中该图层的右侧会出现字母 fx 标志,"投影"样式的使用效果,如图 6-24 所示。

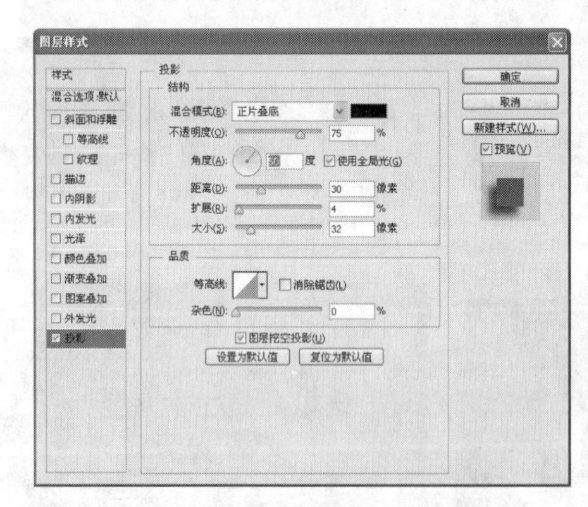

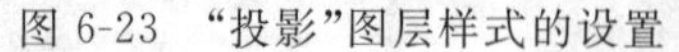
图 6-23 "投影"图层样式的设置

图 6-24 "投影"样式效果

图层样式像图层一样,可以对其进行各种操作。双击调板中的某个样式选项,可打开"图层样式"对话框修改其参数。图层样式在"图层"调板中也能像图层那样进行复制、删除、编辑、隐藏等操作。

6.3.3 使用预设图层样式

Photoshop 提供了一个"样式"调板,使用该调板能够保存创建的图层样式效果,并能快速将预设的图层样式效果应用于图层中。

选择"窗口"|"样式"命令能够打开"样式"调板。在"图层"调板中选择图层,在"样式"调板

中直接单击需要应用样式的缩览图，样式即会应用到选择的图层中，如图 6-25 所示。

图 6-25　应用样式

使用“样式”调板下的功能按钮能够实现样式的新建、删除和已应用样式的清除。如果需要添加更多的样式，可使用调板菜单命令来实现。

6.3.4　图层样式应用实例——立体文字

1. 实例简介

本实例介绍使用图层样式效果来创建文字特效的方法。本实例在制作过程中，为了体现荷叶的清新，为文字创建了立体效果。在创建文字特效时，使用了投影、内阴影、外发光、斜面和浮雕效果，这些特效的累加获得了立体文字的效果。

通过本实例的制作，读者将掌握使用图层样式来创建投影、内阴影、外发光和浮雕等效果的方法以及参数的设置技巧，掌握立体文字效果的制作方法。读者完成本实例的制作后，将体会到图层样式在创建各种特效方面的作用，通过图层样式的设置不仅可以创建各种立体效果，还可以获得各种质感效果，制作出具有不同质感的立体图像效果。

2. 实例操作步骤

(1) 打开“第 6 章\素材\荷花.jpg”文件。

(2) 在“工具箱”中选择“横排文字工具”，输入文字 lotus，在图像中创建文字层，文字工具的选项栏设置，如图 6-26 所示。

图 6-26　文字工具的选项栏设置

(3) 选择“图层”|“栅格化”命令，将文字图层转换为普通图层。在“图层”调板中，双击包含有文字的图层打开“图层样式”对话框。在“样式”栏中选中“投影”复选框，并使该选项处于选择状态。在对话框的右侧对投影效果进行设置，如图 6-27 所示。

(4) 在“样式”栏中，选中“内阴影”复选框，并使该选项处于选择状态，在右侧选项区中设置内阴影效果的参数。这里，单击“混合模式”下拉列表右侧的“设置效果颜色”按钮，打开“选择阴影颜色”对话框。将鼠标光标移到图像中的荷花叶子处，此时光标变为吸管形。在图像中单击拾取荷叶的颜色将其设置为阴影的颜色，如图 6-28 所示。单击“确定”按钮关闭“选择阴影颜色”对话框，对内阴影效果的其他选项进行设置，如图 6-29 所示。

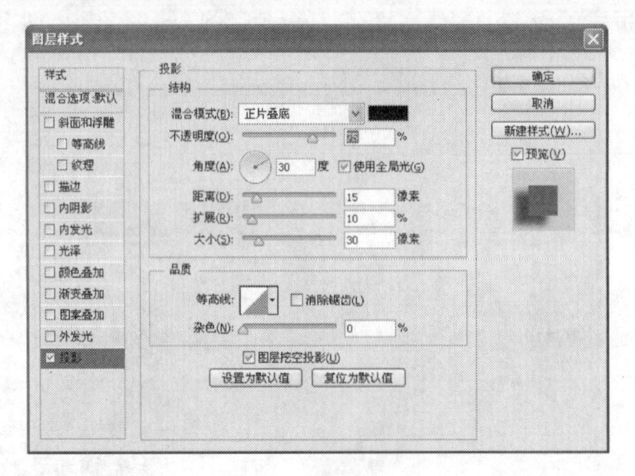

图 6-27　设置投影效果

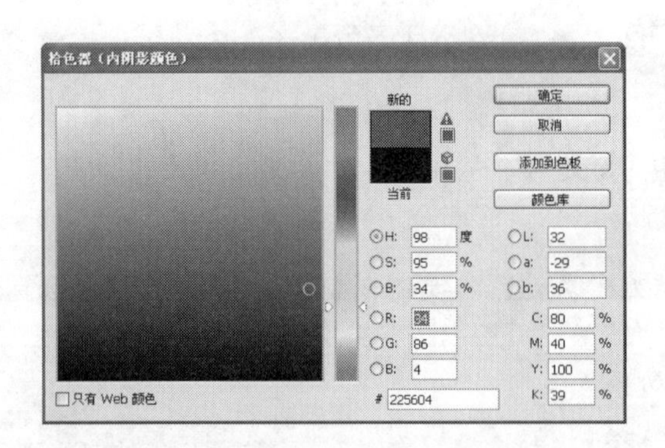

图 6-28　设置阴影颜色

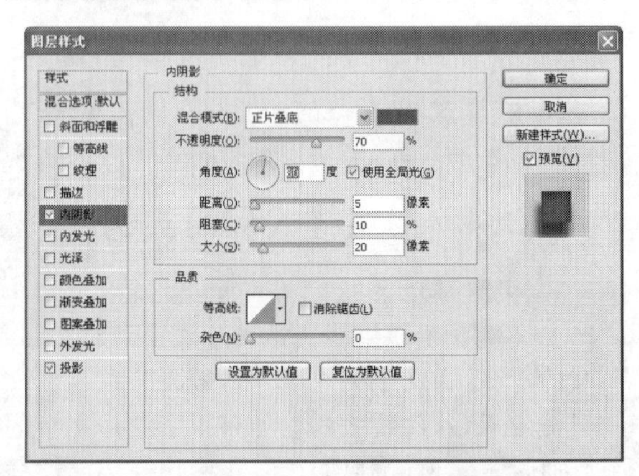

图 6-29　设置内阴影效果

（5）在“样式”栏中，选中“外发光”复选框，同时使该选项处于选择状态，在右侧的选项区中设置有关参数。在选项区中单击“杂色”下的“设置发光颜色”按钮，打开“拾色器”对话框，设置发光颜色，如图 6-30 所示。单击“确定”按钮关闭“拾色器”对话框，设置外发光效果的其他参数，如图 6-31 所示。

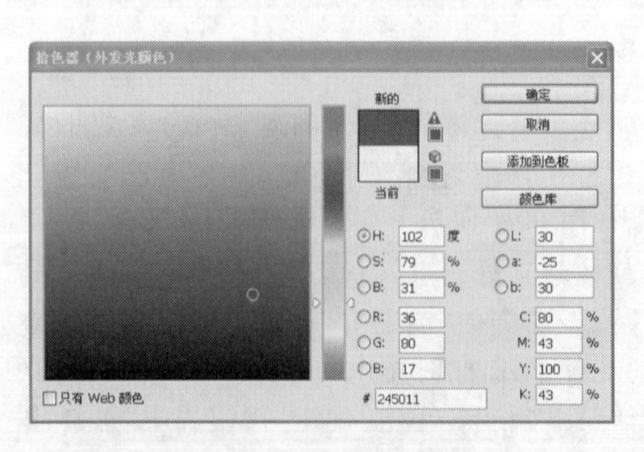

图 6-30　设置外发光颜色

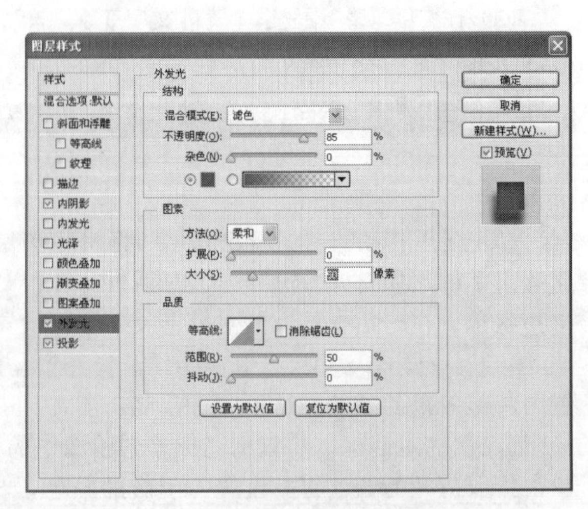

图 6-31　设置外发光效果

(6) 在"样式"栏中选中"斜面和浮雕"复选框,使该选项处于选择状态,在右侧的选项区中设置斜面和浮雕效果,如图 6-32 所示。此时图像中的文字效果,如图 6-33 所示。

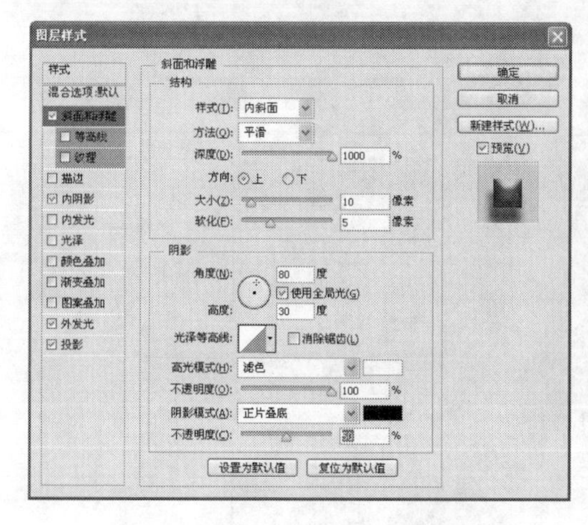

图 6-32 设置斜面和浮雕效果

图 6-33 图像中的文字效果

6.4 填充图层和调整图层

使用填充图层和调整图层是调整图像色彩和色调的高级方法。填充图层和调整图层能方便地实现各种填充操作和对图像的颜色及色调的调整,且不会造成对原始图像的修改。

6.4.1 填充图层和调整图层简介

使用填充图层,能够实现使用纯色、渐变色或图案来填充图层。调整图层可将色彩和色调应用于图像。

使用调整图层和填充图层获得的图像效果与直接使用色彩调整命令或直接对图像进行填充所获得的效果是一样的,在效果的设置和调整上使用的方法也是相同的。但使用调整图层和填充图层却有直接调整图像色调和进行填充所没有的优势,那就是所有的操作都是在图层上单独进行,在图层合并前不会对图像造成破坏。如果需要对效果进行调整,则只需对调整图层或填充图层进行调整即可,这使图像的编辑更具有可选择性。同时通过层的复制,可以方便地实现效果的粘贴,将相同设置效果应用到其他的图层或图像中。

下面介绍填充层和调整层的有关知识。

6.4.2 填充图层

填充图层分为 3 种,分别是纯色填充图层、渐变填充图层和图案填充图层。在"图层"调板中单击"创建新的填充或调整图层"按钮 ,在菜单中单击相应的命令创建填充图层,如图 6-34 所示。

其中,"纯色"命令创建一个纯色填充图层。菜单中的"渐变"和"图案"命令,可创建渐变填充图层和图案填充图层。

6.4.3 调整图层

调整图层的创建与填充图层的创建一样,单击"图层"调板下的"创建新的填充或调整图

图 6-34　选择需要创建的填充图层

层"按钮，(或选择"窗口"|"调整"面板，如图 6-35 所示)。在菜单中或面板中选择相应命令，可创建需要的调整图层。图 6-36 所示为在图像中创建的"色阶"调整图层，通过"调整"面板，可调整其下所有图层的色调，并且可以选择添加其他调整效果。

图 6-35　调整面板

图 6-36　创建色阶调整层

6.4.4　填充图层和调整图层应用实例——图像的颜色变化效果

1. 实例简介

本实例是一个图像颜色效果变化的制作。在本实例的制作中，通过更改图层混合模式和使用各种调整图层来改变图像的色调，获得需要的图像效果。本实例在制作过程中使用了"色阶"调整图层、"色彩平衡"调整图层和"色相/饱和度"调整图层，同时使用不同的图层混合模式来进行图层的混合。

通过本实例的制作，读者将了解调整图层和填充图层的使用方法和技巧，领会调整图层在调整图像色彩和色调时的优势。

2. 实例制作步骤

(1) 打开"第 6 章\素材\桂林.jpg"文件，如图 6-37 所示。

(2) 单击"图层"调板下的"创建新的填充或调整图层"按钮，在菜单中选择"色阶"命令创建一个"色阶"调整图层。在"调整"面板中，将中间灰色滑块向右拖曳，适当压暗图像，如图 6-38 所示。

图 6-37　素材图片

图 6-38　调整中间灰色滑块的位置

(3) 单击“图层”调板下的“创建新的填充或调整图层”按钮，选择“色彩平衡”命令创建一个色彩平衡调整图层。调整“中间调”的色彩，如图 6-39 所示。

图 6-39　调整“中间调”的色彩

(4) 在“色彩平衡”栏中单击“阴影”单选按钮，调整图像暗调区域的色彩，如图 6-40 所示。

图 6-40　调整“阴影”的色彩

（5）在“色调平衡”栏中选择“高光”选项，调整图像高光区域色彩，如图 6-41 所示。

图 6-41　调整高光区域的色彩

（6）此时，图像中添加一个“色彩平衡”调整图层。图像的效果如图 6-42 所示。

图 6-42　添加“色彩平衡”调整层后的图像效果

（7）单击“图层”调板下的“创建新的填充或调整图层”按钮，选择“色相/饱和度”命令创建一个“色相/饱和度”调整图层，调整“色相”、“饱和度”和“明度”值，如图 6-43 所示。

图 6-43　添加“色相/饱和度”后图像效果

（8）在“图层”调板中选择“背景”图层。单击调板下的“创建新的填充或调整图层”按钮，选择“纯色”命令创建一个“纯色”填充图层。在打开的“拾色器”对话框中拾取填充颜色，如图 6-44 所示。

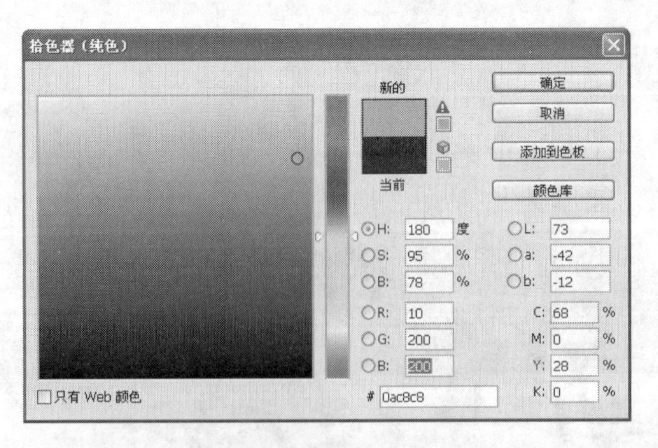

图 6-44　“拾色器”对话框

（9）单击“确定”按钮关闭“拾色器”对话框，图像中创建一个“颜色填充”图层。在“图层”调板中将图层混合模式设置为“叠加”，将“不透明度”调整为 30%。此时，图像的效果如图 6-45 所示。

（10）合并图层，本实例的最终效果，如图 6-46 所示。

图 6-45　创建“颜色填充”图层后的图像效果

图 6-46　图像最终效果

6.5　图层的混合模式和不透明度

位于不同层的图像相互间存在着遮盖关系，而不透明度决定了遮盖的通透能力。选择不同的图层混合模式能够设置图层中像素颜色的混合关系，这种混合关系能够获得不同的颜色效果，灵活使用能够获得与众不同的图像效果。本节将对图层混合模式和图层不透明度进行介绍。

6.5.1 图层的混合模式

在多图层的情况下，图层的混合模式决定了上面图层的像素和下面图层像素融合的方式。默认情况下，图层的混合模式为“正常”，表示除非上方图层有半透明部分，否则对下方的图层会形成遮挡。要实现与下方图层的融合，可以选择的模式有溶解、变暗、正片叠底、线性减淡、颜色变暗、变亮、颜色变亮、差值、色相、饱和度、颜色和明度等。它们均以独特的计算方式实现与下方图层的交融。

打开“第6章\素材\花1.jpg”和“第6章\素材\雪景1.jpg”文件，如图6-47和图6-48所示。

图6-47　图片1

图6-48　图片2

将“雪景1”文件拖曳到“花1”文件中，在“雪景1”文件所在的图层上双击，能够打开“图层样式”对话框。也可以在“图层”调板中的“雪景1”图层上右击，在快捷菜单中选择“混合选项”命令，也可打开“图层样式”对话框进行混合选项的设置。另外，也可单击“图层”调板右上角的按钮，打开调板菜单，在菜单中选择“混合选项”命令，打开“图层样式”对话框进行混合选项的设置。在对话框左侧的“样式”面板中选择“混合选项：自定”，可对图层的混合选项进行设置，如图6-49所示。

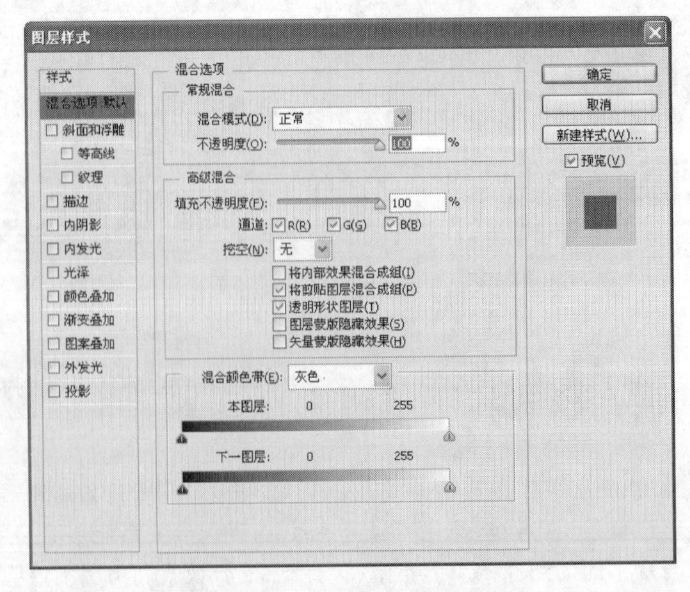

图6-49　“混合选项”的设置

图层的混合模式用于指定图层中的像素与其下层图层中的像素进行混合的方式。在"图层样式"对话框中,单击"混合模式"下拉列表框,在打开的下拉列表中可选择需要使用的图层混合模式,如图 6-50 所示。

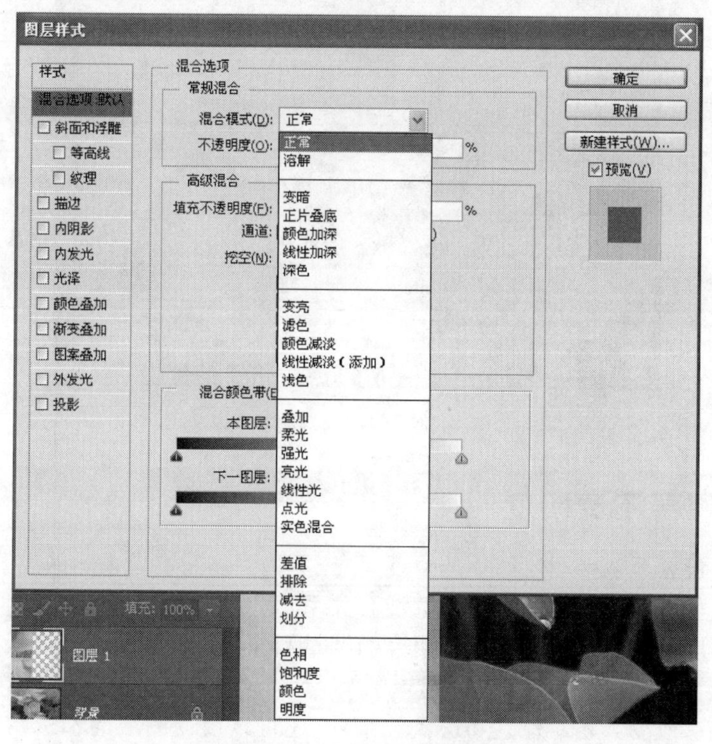

图 6-50 选择图层的混合模式

对混合模式进行设置,如选择"变亮",参数设置如图 6-51 所示,两个图层图像的混合效果如图 6-52 所示。

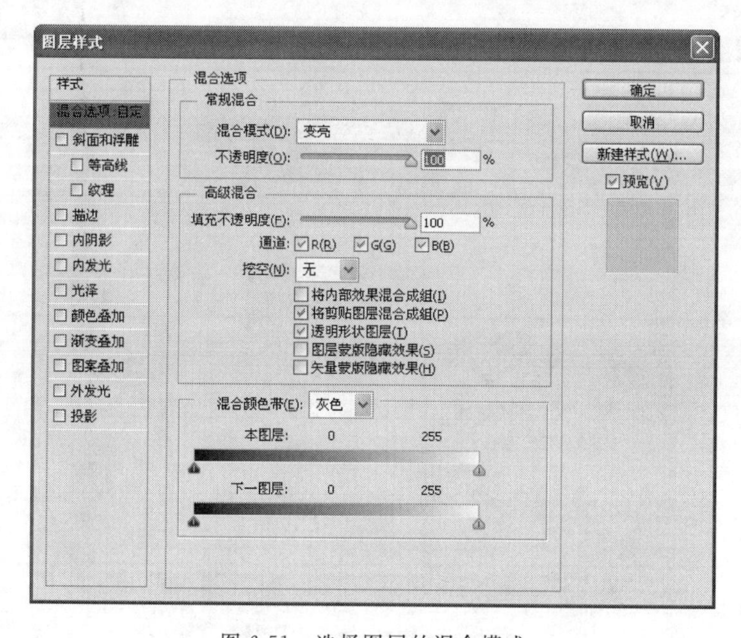

图 6-51 选择图层的混合模式

图 6-52　图层的混合效果

6.5.2　图层不透明度

混合选项的设置还包括图层的不透明度、填充不透明度和混合模式的设置，通过设置能够改变当前图层中像素与下层图层中像素的混合关系。

图层不透明度的调整包括图层不透明度的调整和像素填充不透明度的调整。下面对它们分别进行介绍。

图层除了能够改变其相对位置和层次关系外，还可以改变图层的不透明度。不透明度的值决定了当前图层能够允许下层图层透出的程度，降低图层的不透明度可以使图层获得一种半透明的效果，允许图层中的图像区域透出其下层图层中的内容。这里，1%的不透明度将使图层几乎完全透明，而 100%的不透明度将使图层完全不透明，不同的不透明度的值将会获得不同的透明效果。

图层不透明度的调整和像素填充不透明度的调整可以在“图层”面板直接完成，如图 6-53 所

图 6-53　用“图层面板”调整

示。同样，用“图层样式”对话框中的“混合选项”栏的“不透明度”和“填充不透明度”也可以调整，方法是在对话框的相应文本框中直接输入数值或直接拖曳文本框左侧的滑块，如图 6-54 所示。

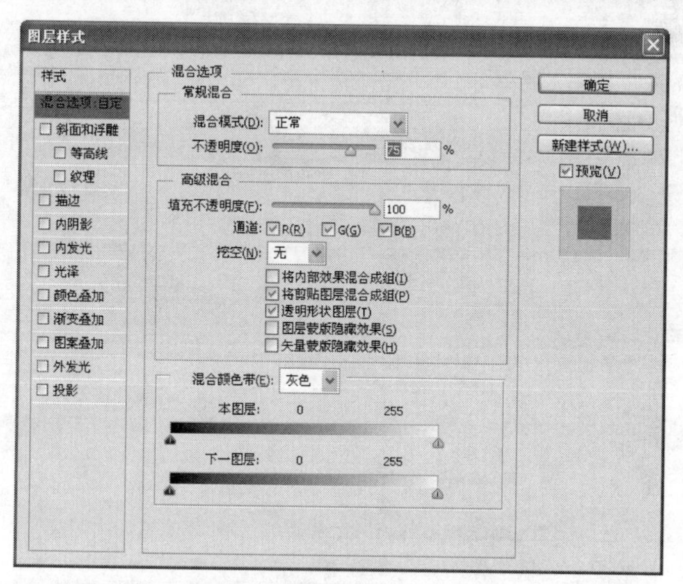

图 6-54　用“图层样式”对话框调整

6.5.3　图层的混合应用实例——风景图片

1. 实例简介

本实例通过一个风景图片的制作介绍图层混合模式的用法。通过本实例的制作，读者将进一步熟悉图层操作及“油漆桶工具”的使用，加深理解图层混合模式在创建图像效果时所起的作用。

2. 实例制作步骤

(1) 打开“第 6 章\素材\雪景 1.jpg”文件，见图 6-48。

(2) 在“图层”面板新建一层，选择“油漆桶工具”，使用图案填充，如图 6-55 所示。

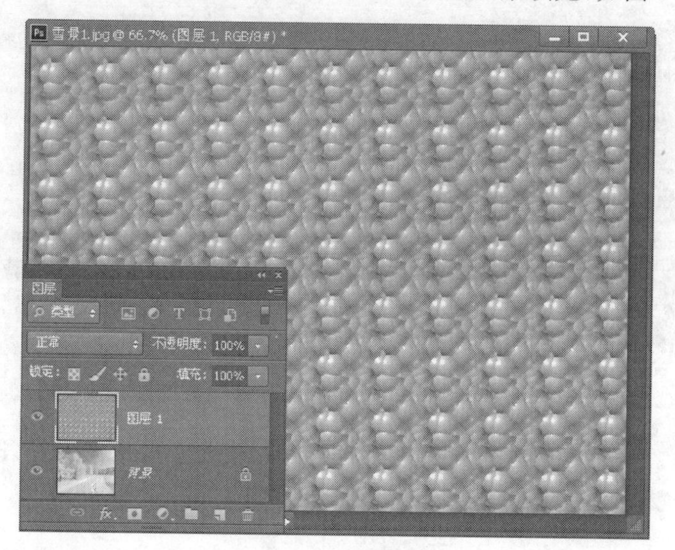

图 6-55　填充图层

(3) 在"图层"调板的图层上双击，打开"图层样式"对话框，在"混合模式"下拉列表中选择"颜色加深"，如图 6-56 所示。

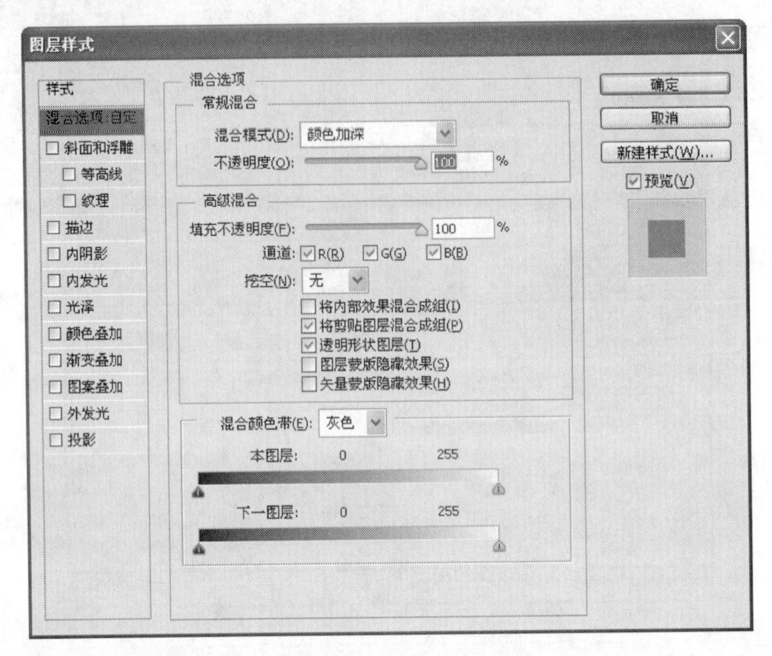

图 6-56 混合模式图

(4) 单击"确定"按钮后，实例最终效果，如图 6-57 所示。

图 6-57 "颜色加深"实例效果

(5) 另外，可以直接选择"图层"调板中的混合模式下拉菜单进行选择，设置其他类型的混合方式，如图 6-58 为"减去"效果，图 6-59 为"点光"效果。

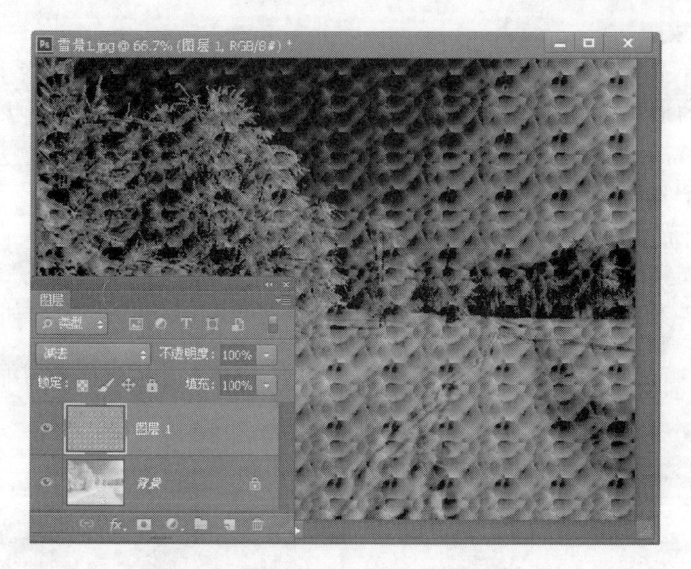

图 6-58 “减去”实例效果

图 6-59 “点光”实例效果

6.6 图层蒙版

蒙版是一种作用于图层上的复合技术，以独特的透明方式将多张图片组合成单个图像，也能用于局部的颜色和色调校正。其实，图层蒙版就是不在图层上直接操作，相当于在图层上盖了一层透明薄膜，在薄膜上操作，通过蒙版可以看到下面各个图层的内容。

6.6.1 图层蒙版的创建

图层蒙版可以分为剪贴蒙版、图层蒙版、矢量蒙版。在对图层蒙版进行编辑和修改后，图层蒙版的边缘常常会变得模糊，影响合成效果。而矢量蒙版具有矢量无级变形而不影响像素效果的优点，所以它常常用来布局对象。

1. 创建剪贴蒙版

剪贴蒙版实际上是两个或多个有特殊关系的图层的总称，它必须有上下两个图层，并利用下方图层中图像的形状对上层图像进行剪切，最终以下方图层中图像的形状规定上方图层中图像的范围，从而得到丰富的效果。

下面通过一个实例来说明剪贴蒙版的使用。

(1) 新建一个背景色为透明的文档，如图 6-60 所示。

(2) 选择“自定形状工具”，用“填充像素”模式绘制一个花的形状，打开“第 6 章\素材\花.jpg”文件，使用“移动工具”将它拖曳到刚才创建的新文档中，此时图层效果如图 6-61 所示。

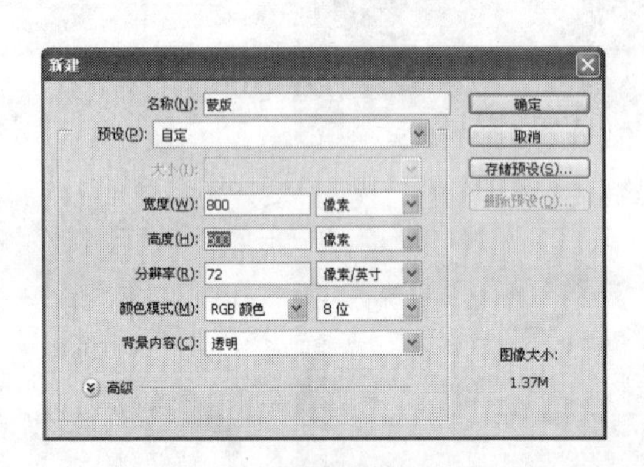

图 6-60 “新建”对话框

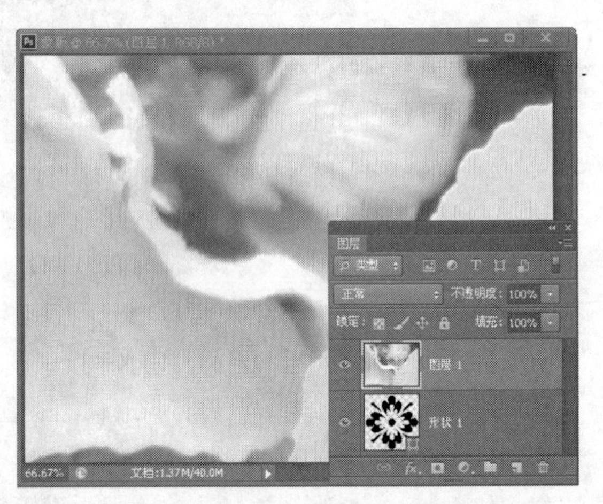

图 6-61 图层效果

(3) 选中位于上层的“花”所在的图层，选择“图层”|“创建剪贴蒙版”命令，图像效果发生了变化，如图 6-62 所示。

(4) 此时，位于上层的图层缩进显示，并出现了表示上层被下层所剪切的箭头，如图 6-63 所示。

图 6-62 图像效果

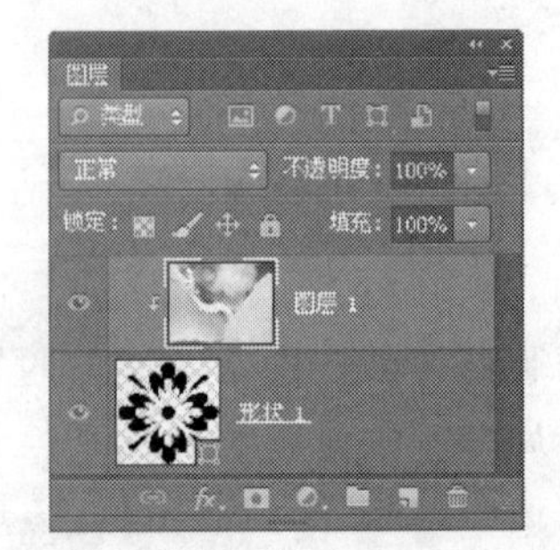

图 6-63 剪切蒙版

2. 创建图层蒙版

图层蒙版是为图层添加的遮罩，起到隐藏或显示本层图像的作用，它只能用介于黑白两色间的 256 级灰度色绘图，用黑色绘图可以隐藏图像，用白色绘图可以显示图像，灰度色绘图能够使本层图像呈现若隐若现的朦胧效果，下面通过一个实例的操作来进行讲解。

（1）打开“第 6 章\素材\花 1.jpg”和“第 6 章\素材\雪景 1.jpg”文件，将“雪景 1”文件拖曳到“花 1”文件中，如图 6-64 所示。

（2）单击“图层”面板下方的“添加图层蒙版”按钮，在“图层 1”后面出现图层蒙版，单击选择图层蒙版，使用“渐变工具”，设置从白到黑的线性渐变色，在图像中央向右下方拖出一条线段，填充图层蒙版，此时图像和图层都发生了变化，效果如图 6-65 所示。

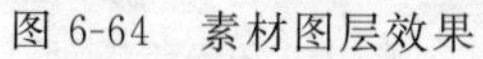

图 6-64　素材图层效果

图 6-65　添加了图层蒙版后的效果

3. 创建矢量蒙版

矢量蒙版可以控制或隐藏图层区域，创建具有锐利边缘的蒙版，是由铅笔或形状工具使用路径方式创建的，而路径可以使用多种工具进行编辑，所以矢量蒙版常常用来布局对象。

（1）打开“第 6 章\素材\花 1.jpg”文件，见图 6-47。

（2）双击图层面板，将背景层转换为普通图层“图层 0”，选择“图层”|“矢量蒙版”|“显示全部”命令，为“图层 0”添加一个矢量蒙版。它的外观与图层蒙版完全相同，如图 6-66 所示。

（3）选择蒙版，使用“钢笔工具”，在画布中创建一个心形路径，绘制完成后图像和图层都发生了变化，效果如图 6-67 所示。

图 6-66　添加了空矢量蒙版后的效果

图 6-67　添加了图形后矢量蒙版的效果图

6.6.2 图层蒙版的编辑

建立的图层蒙版可以进行修改、使用、停用和删除，下面通过上述实例的效果图文件进行说明。

1. 图层蒙版的修改

(1) 打开"第 6 章\效果图\花蒙版. psd"文件，如图 6-68 所示。

(2) 单击图层蒙版的缩览图，可以在属性面板对蒙版的参数进行修改，如图 6-69 所示。

图 6-68　打开素材图片

图 6-69　蒙版属性面板

2. 图层蒙版的使用

(1) 打开"第 6 章\效果图\花蒙版. psd"文件，右击图层蒙版的缩览图，在打开的快捷菜单中选择"应用图层蒙版"命令应用图层蒙版，如图 6-70 所示。

(2) 执行"应用图层蒙版"命令后，效果如图 6-71 所示。

图 6-70　快捷菜单中应用图层蒙版

图 6-71　应用图层蒙版后效果图

3. 图层蒙版的停用

(1) 打开"第 6 章\效果图\花蒙版. psd"文件，右击图层蒙版的缩览图，在打开的快捷菜单中选择"停用图层蒙版"命令停用图层蒙版。如图 6-72 所示。

(2) 执行"停用图层蒙版"命令后,在蒙版处会出现红色的"叉号",停用蒙版后会显示出下层的图像,效果如图 6-73 所示。

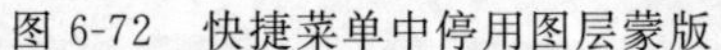

图 6-72　快捷菜单中停用图层蒙版

图 6-73　停用图层蒙版后效果图

4. 图层蒙版的删除

(1) 打开"第 6 章\效果图\花蒙版.psd"文件,右击图层蒙版的缩览图,在打开的快捷菜单中选择"删除图层蒙版"命令删除图层蒙版。效果如图 6-74 所示。

(2) 执行"删除图层蒙版"命令后,会显示下层的图像,效果如图 6-75 所示。

图 6-74　快捷菜单中删除图层蒙版

图 6-75　删除图层蒙版后效果图

6.6.3　实例制作——特效图片

(1) 打开"第 6 章\素材\花朵.jpg"和"第 6 章\素材\小狗.jpg"文件,将"小狗"图片拖曳到"花朵"图片中,如图 6-76 所示。

(2) 选择"小狗"所在的图层,将图层的不透明度调整到 70%,如图 6-77 所示。

(3) 移动"小狗"所在的图层,将图层移动到"花朵"图层中间合适的位置,按 Ctrl+T 键,对"小狗"图层进行大小的调整,如图 6-78 所示。

(4) 选择"小狗"所在的图层,对图层添加图层蒙版,如图 6-79 所示。

图 6-76　打开素材图片

图 6-77　删除图层蒙版后效果图

图 6-78　调整图片位置

图 6-79　添加图层蒙版

(5) 将图层的不透明度设置为100%显示，选择图层蒙版，设置前景色为“黑色”，使用画笔工具在图层蒙版中涂抹，使得小狗的图片可以合适地显示，如图 6-80 所示。

图 6-80　绘制蒙版

(6) 双击“小狗”所在的图层，选择“图层样式”中的“斜面和浮雕”，使用默认的参数值。最终效果如图 6-81 所示。

图 6-81　最终效果

6.7　本章小结

图层是 Photoshop 的一个重要概念，灵活应用图层能够创作出多种多样的图像效果。本章讲解了图层的基础知识，包括常见的图层类型、图层的移动、编组和图层对象的分布等操作。同时，讲解了图层样式的创建和使用方法，使用调整图层和填充图层来调整图像色彩和色调的方法，另外还讲解了常用的图层混合模式和不透明度的知识，最后讲解了图层蒙版的创建与使用。

6.8　本章习题

1. 填空题

(1) Photoshop 常见的图层类型有________、________、文字图层、填充层、效果层和形状层。

(2) 在移动图层时，可采用下面两种方法：在“图层”调板中选择该图层，选择“工具箱”中的________，在图像中拖曳鼠标，即可实现对当前选择图层的移动。第二种方法是选择________，在图像中________击，从弹出的菜单中选择需要移动的图层，使用“移动工具”移动选择的图层。

(3) 使用“图层”|“排列”下的菜单命令，能够改变图层的叠放顺序，其中“置于顶层”命令能够将当前选择图层置为________；“前移一层”命令能够将当前选择的图层________；“后移一层”命令能够将当前选择的图层________；“置于底层”命令能够将当前选择图层置于________。

(4) 选择“图层”|“向下合并”命令，可将当前选择图层与下面的图层________为一个图层。选择“图层”|“合并可见图层”命令，可将图像中的所有处于可见状态的图层将被________为一个图层。选择“图层”|“拼合图层”命令，可将图像中的________图层都________为一个图层。

(5) 不透明度的值决定了当前图层能够允许下层图层________的程度，1%的不透明度将使图层几乎完全________，100%的不透明度将使图层完全________，不同的不透明度的值将会获得不同的透明效果。

(6) Photoshop 提供的图层样式包括________、________外发光、内发光、________、光泽、颜色叠加、渐变叠加、图案叠加和描边。

(7) Photoshop 的填充层分为 3 种,分别是纯色填充图层、________和________。

2. 单项选择题

(1) 合并不相邻的图层可以使用(　　)。

A. 拼合图层　　B. 合并图层　　C. 合并编组图层　　D. 合并链接图层

(2) 下列哪个不属于在图层面板中可以调节的参数(　　)。

A. 透明度　　B. 编辑锁定

C. 显示隐藏当前图层　　D. 图层的大小

(3) 如何复制一个图层(　　)。

A. 选择"编辑">"复制"

B. 选择"图像">"复制"

C. 选择"文件">"复制图层"

D. 将图层拖曳到图层面板下方创建新图层的图标上

(4) 要使某图层与其下面的图层合并可按(　　)键。

A. Ctrl+E　　B. Ctrl+L　　C. Ctrl+D　　D. Ctrl+K

(5) 下面(　　)图层混合模式不能产生变暗的效果。

A. 正片叠底　　B. 颜色加深　　C. 线性加深　　D. 滤色

(6) 下面对图层上的蒙版的描述中不正确的是(　　)。

A. 当按住 Alt 键的同时单击图层调板中的蒙版,图像就会显示蒙版

B. 在图层调板的某个图层中设定了蒙版后,会发现在通道调板中有一个临时的 Alpha 通道

C. 在图层上建立蒙版只能是白色的

D. 图层上的蒙版相当于一个 8 位灰阶的 Alpha 通道

6.9 上机练习

练习 1　季节变换

使用调整图层调整图像色调。需要修改的图像如图 6-82 所示,图像色彩调整后的效果,如图 6-83 所示。

主要制作步骤提示如下。

(1) 打开"第 6 章\练习素材\雪 1.jpg"。

(2) 添加"色彩平衡"调整层,调整"阴影"、"中间调"和"高光"的色彩。

(3) 添加"颜色填充"图层,以绿色填充。

(4) 添加"色阶"图层调整图像色调。

练习 2　特效文字效果

新建文字图层,使用如图 6-84 所示的图层样式对文字层进行修饰,最终文字效果如图 6-85 所示。

主要制作步骤提示如下。

(1) 使用"横排文字工具"创建文字,双击打开文字所在图层的"图层样式"对话框。

图 6-82　需处理的图像

图 6-83　图像处理后的效果

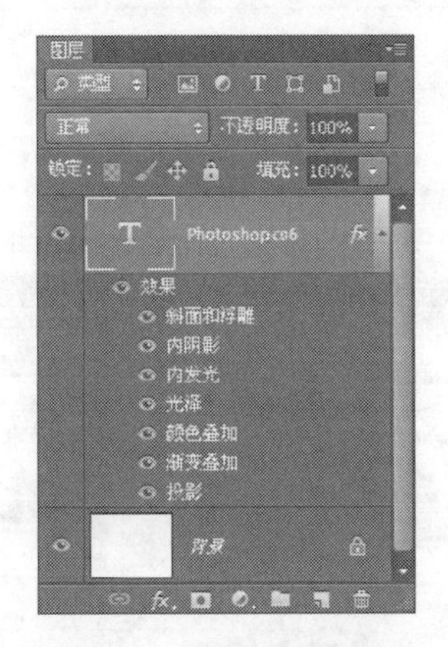

图 6-84　需处理的图像

图 6-85　图像处理后的效果

(2) 为图层添加“投影”效果,参数设置参考图 6-86。

(3) 为图层添加“内阴影”效果,参数设置可参考图 6-87。

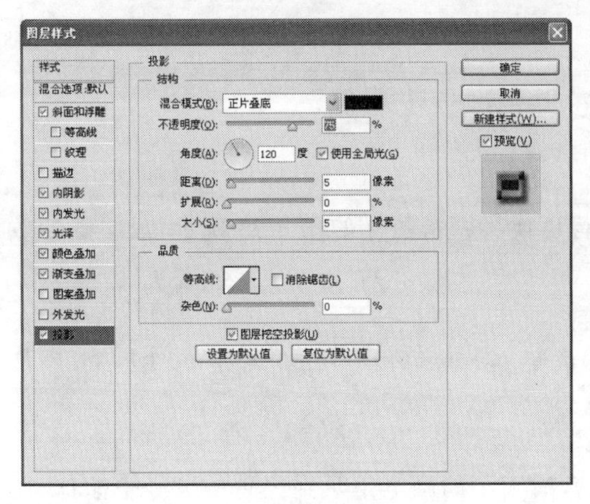

图 6-86　“投影”效果的参数设置

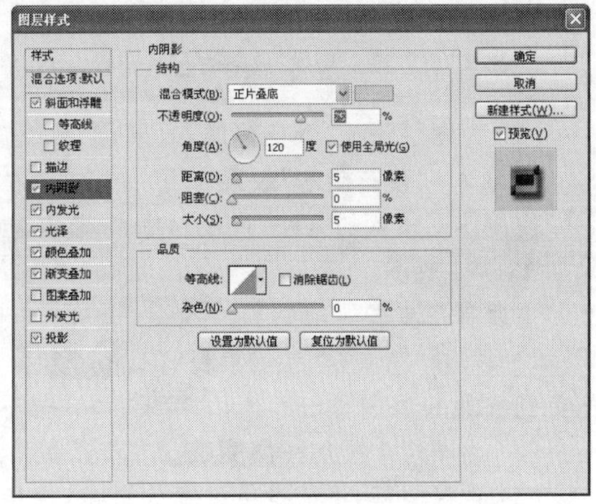

图 6-87　“内阴影”效果的参数设置

(4) 为图层添加“斜面和浮雕”效果，参数设置可参考图 6-88。

(5) 为图层添加“光泽”效果，参数设置可参考图 6-89。

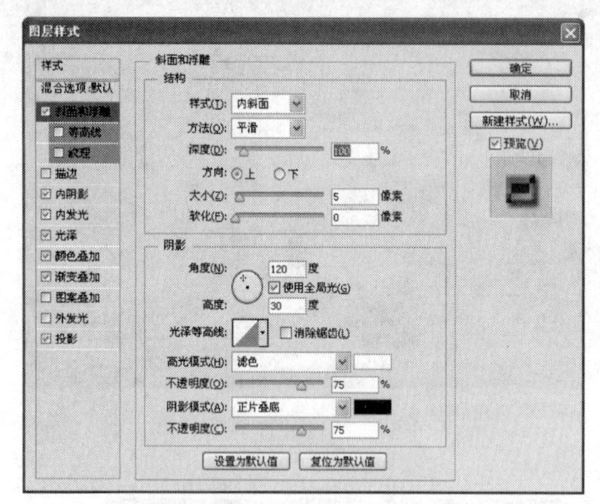

图 6-88 “斜面和浮雕”效果的参数设置

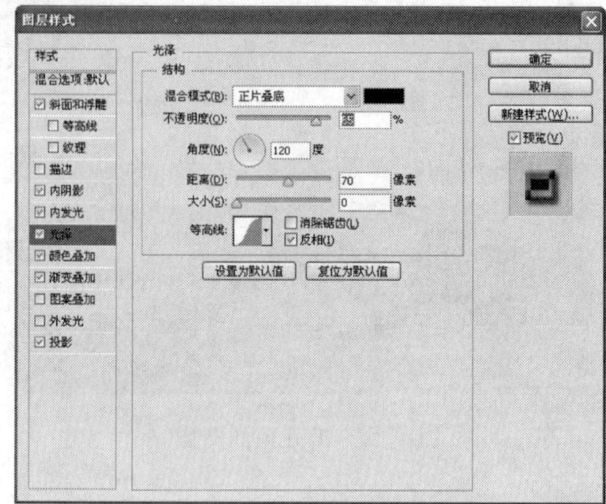

图 6-89 “光泽”效果的参数设置

(6) 为图层添加“渐变叠加”效果，参数设置参考图 6-90。

(7) 为图层添加“内发光”效果，参数设置参考图 6-91。

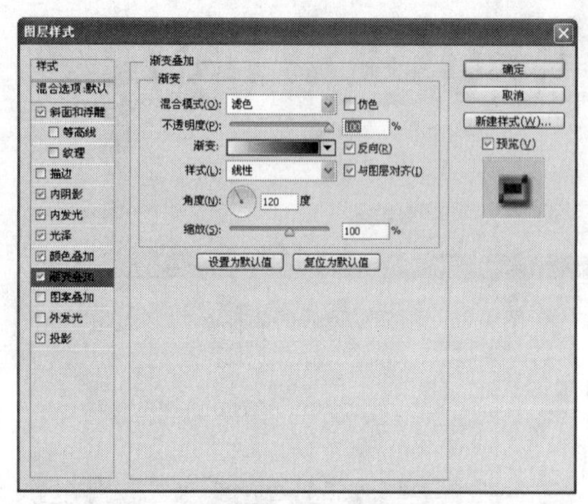

图 6-90 “渐变叠加”效果的参数设置

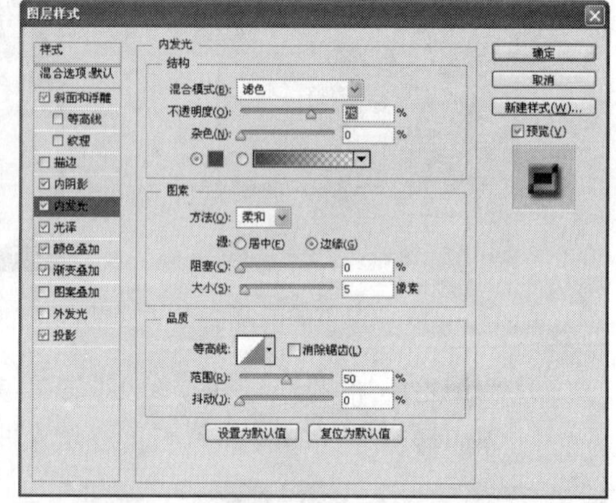

图 6-91 “内发光”效果的参数设置

(8) 为图层添加“颜色叠加”效果，参数设置参考图 6-92。

练习 3 “移花接木”效果

使用图层蒙版的方法，将素材中的花朵进行更换。原始图片如图 6-93 所示，最终图片效果如图 6-94 所示。

主要制作步骤提示如下。

(1) 打开“第 6 章\练习素材\h1.jpg”和“第 6 章\练习素材\h2.jpg”文件，将 h1.jpg 图片拖曳到 h2.jpg 图片中。

(2) 为图层 1 添加图层蒙版。

(3) 选择蒙版，将前景色设置为黑色，使用合适大小的画笔工具在白色的蒙版中涂抹，使得下层的白色花朵完全显示。

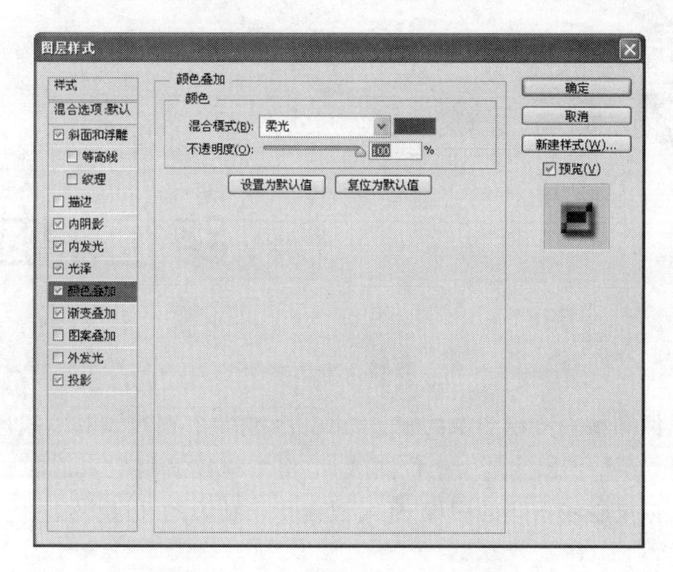

图 6-92　“颜色叠加”效果的参数设置

图 6-93　原始图片

图 6-94　最终效果图片

第7章 路径的应用

路径是选择图像和精确绘制图像的工具，由一个或多个直线段和曲线段组成。路径的端点由锚点标记。Photoshop 虽然是一个位图软件，但依靠路径使它具有较强的矢量线条描绘功能。利用路径可以绘制线条化的图像，还可以制作出精确的选区。

本章主要内容：

- 路径的基本概念；
- 路径工具的使用；
- 路径的编辑；
- 形状工具。

7.1 路径的基本概念

路径是 Photoshop 中引进的矢量图绘画工具，是由“形状工具”和“钢笔工具”绘制的，主要用于绘制图像的选择区域进行抠图、绘制光滑的线条、定义画笔及制作路径文字等，尤其在辅助抠图中，路径突出显示了其强大的可编辑性，如图 7-1 所示。

图 7-1 利用路径选择图像

绘制的路径是用贝塞尔曲线所构成的一段闭合或开放的直线或曲线段，主要由锚点和曲线段构成。锚点定义了路径中每条曲线段的开始和结束的点，通过它们来固定路径，通过移动锚点修改路径线段的长度及改变路径的形状，如图 7-2 所示。

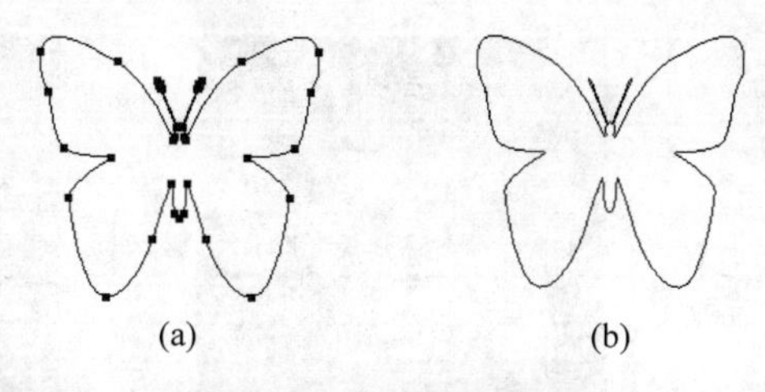

图 7-2　绘制路径

7.2　路径工具的使用

路径工具包括路径的创建、编辑和修改工具，主要包括“钢笔工具”、“自由钢笔工具”、“添加锚点工具”、“删除锚点工具”、“转换点工具”、“路径选择工具”、“直接选择工具”等。在这些工具中可以根据需要选择不同的工具来对路径进行操作。

7.2.1　钢笔工具

1. “钢笔工具”使用时的绘画属性设置

绘制路径前，首先设置“钢笔工具”的绘画属性，默认情况下属性栏如图 7-3 所示。

路径　建立：选区...　蒙版　形状　自动添加/删除　对齐边缘

图 7-3　钢笔工具属性栏

钢笔工具有两种创建模式，分别是绘制形状图层（如图 7-4(a)所示）和创建新路径（如图 7-4(b)所示）。在“钢笔工具”下，像素是不可用的。因为钢笔工具只创建矢量图形，而像素是创建像素图形，如果用填充像素绘画，可以选中工具组中的“形状工具”。在不同的模式下其属性栏的设置参数也有所不同。

(1) 创建形状图层。

当选择“形状”时，属性栏的参数如图 7-4(c)所示。

(a) 形状图层　(b) 创建新路径

形状　填充：　描边：　3 点　W: 207 像素　H: 191 像素　自动添加/删除　对齐边缘

(c) 形状图层属性

图 7-4　图层

- 填充：绘制的形状图层的颜色。
- 描边：3 点：描边的颜色、粗细大小及线型设置。
- W: H:：绘制的形状的宽度和高度。
- ：新绘制的形状与已有形状的算法。
- ：所选择的形状图层的对齐方式。

形状图层是由两部分组成的。当选择形状选项进行绘制时，在图层面板中创建了一个形状图层，如图 7-5 所示；图层面板，如图 7-6 所示；同时在路径面板中会新建一个路径，如图 7-7 所示。

图 7-5　绘制心形形状图层

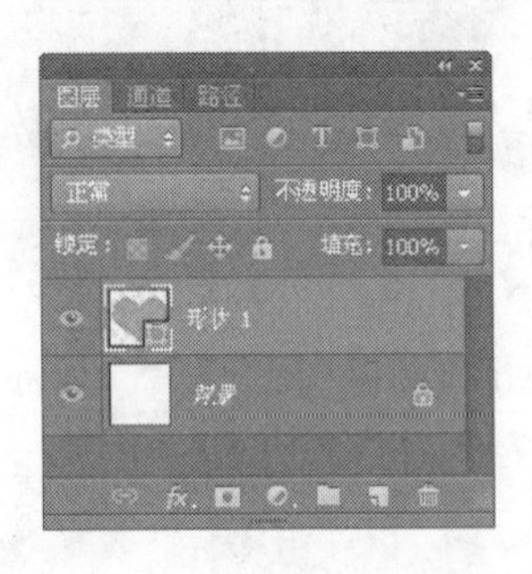

图 7-6　心形路径图层面板

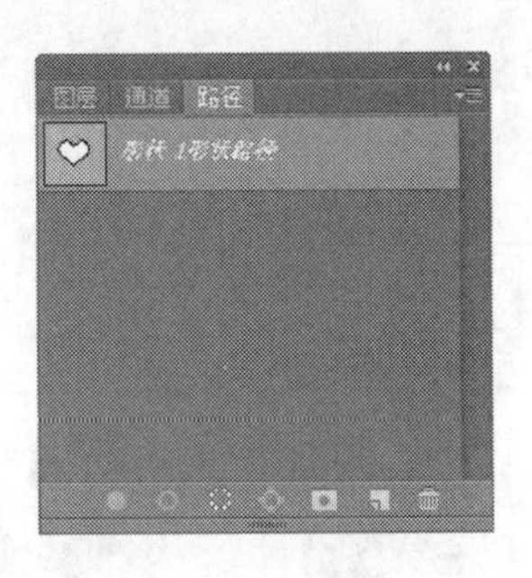

图 7-7　心形路径面板

对形状图层的修改包括形状和颜色两部分。修改形状图层的颜色有两种，一是可以通过用鼠标双击形状图层的缩略图，打开拾色器进行颜色的设置；二是可以通过在属性栏里单击 填充: ，打开拾色器进行设置。如果要编辑形状，可以通过钢笔工具的“添加锚点”、“删除锚点”及“路径选择工具”进行修改。

(2) 创建新的路径。

当选择路径选项后，属性栏参数如图 7-8 所示。在未新建锚点时，其选区、蒙版、形状的选项为灰色。当在文件中用“钢笔工具”新建锚点绘制路径时，选区、蒙版及形状选项见图 7-8。

图 7-8　创建路径属性栏参数设置

- 选区...：把绘制的路径转化为选区。
- 蒙版：绘制的路径作为图层的蒙版使用(不能直接作为锁定背景层的蒙版)。
- 形状：利用绘制的路径创建一个新的形状图层。

在画布上连续单击可以绘制出直线段或曲线段，通过单击工具栏中的“钢笔工具”按钮结束绘制，也可以按住 Ctrl 键的同时在画布的任意位置单击，如果要绘制闭合的路径，将鼠标光标靠近路径起点，单击，可以将路径闭合，如图 7-9 所示。绘制路径不会产生新的图层，在路径面板上会产生一个路径，如图 7-10 所示。

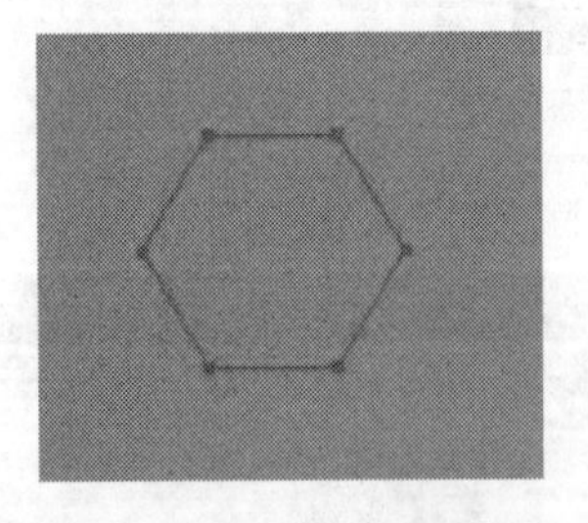

图 7-9　绘制六边形路径

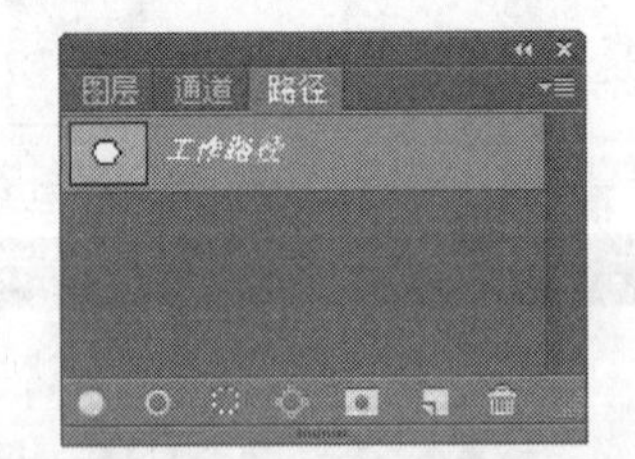

图 7-10　绘制六边形路径面板

2. 使用“钢笔工具”创建路径的具体操作过程

(1) 在工具栏中选择“钢笔工具”组，右击打开工具组，选择“钢笔工具”，如图 7-11 所示。然后在图像编辑窗口的合适位置单击，确定路径的起始点。

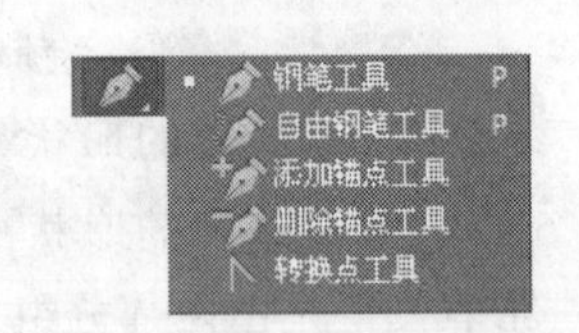

图 7-11　钢笔工具组工具

(2) 移动鼠标指针至另一个位置处，拖曳鼠标建立第二个节点，此时将创建一条曲线路径，如图 7-12 所示。

(3) 按以上步骤创建其他路径节点，将终点和起点重合，单击即可闭合路径。S型路径和椭圆路径如图 7-13 和图 7-14 所示。

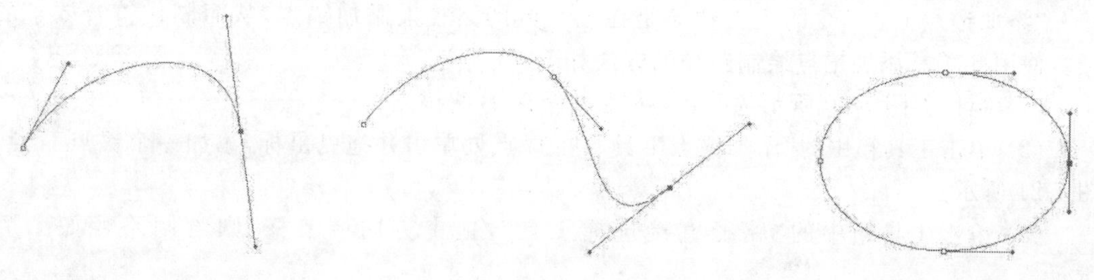

图 7-12 两个锚点的曲线路径　　图 7-13 S型路径　　图 7-14 椭圆路径

7.2.2 自由钢笔工具

使用“自由钢笔工具”，可以像用画笔在画布上画图一样自由绘制路径曲线。在工具箱中选中“自由钢笔工具”，属性栏如图 7-15 所示。在属性栏中单击，其属性参数设置项如图 7-16 所示。

图 7-15 自由钢笔工具属性栏参数

- 曲线拟合：确定了自动添加锚点的数目，参数值越小自动添加锚点的数目越大，反之则越小，其参数的范围是 0.5～10 像素。
- 磁性选项：勾选此选项，“自由钢笔工具”将转换为“磁性钢笔工具”，用来控制“磁性钢笔工具”对图像边缘捕捉的敏感度。
- 宽度：磁性钢笔工具所能捕捉的距离，范围是 1～40 像素。
- 对比：是图像边缘的对比度，范围是 0～100%。
- 频率：其值决定添加锚点的密度，范围是 0～100%。

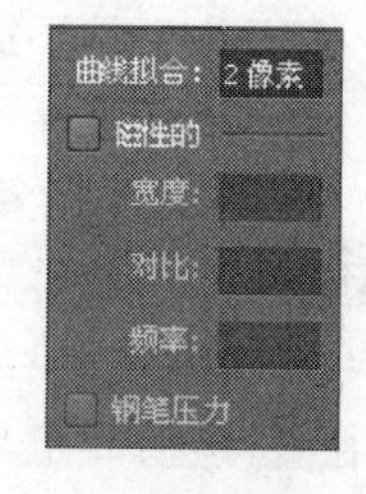

图 7-16 “自由钢笔工具”属性设置

使用“自由钢笔工具”绘制路径步骤如下。

(1) 打开素材文件“第 7 章\素材\牡丹.jpg”，如图 7-17 所示。

(2) 设置“钢笔工具”的参数，选中“磁性的”复选框，设置参数如图 7-18 所示。在图像窗口单击即可确定路径的起点，按住鼠标左键并拖曳即可绘制曲线，松开鼠标即结束绘制，完成对牡丹花路径的选择。其中，锚点是自动添加的，绘制后再做进一步的调节，如图 7-19 所示。

图 7-17 牡丹图片

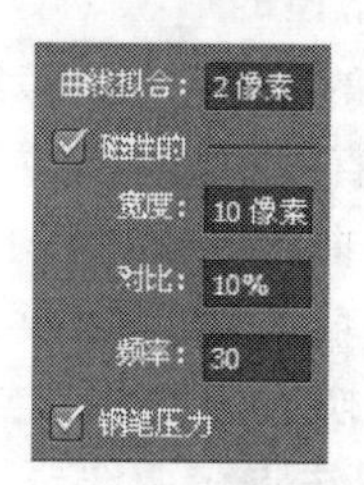

图 7-18 参数设置

图 7-19 路径效果

7.2.3 添加锚点工具

“添加锚点工具”的主要功能是在已绘制的路径上添加锚点，从而制作符合要求的路径。使用此工具添加锚点绘制路径的方法如下。

(1) 制作如图 7-20 所示的路径，路径中有 A、B 两锚点。

(2) 单击工具箱中的“添加锚点工具”，在 C 点处单击并拖曳鼠标，添加一个锚点 C 点，如图 7-21 所示。

(3) 单击工具箱中的“路径直接选择工具”，拖曳方向调节杆，则绘制路径如图 7-22 所示。

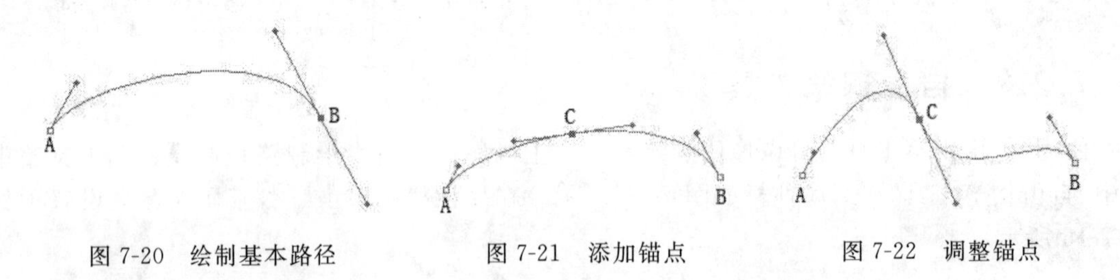

图 7-20　绘制基本路径　　图 7-21　添加锚点　　图 7-22　调整锚点

7.2.4 删除锚点工具

利用“删除锚点工具”单击路径线段上已经存在的锚点，可以将其删除。

使用此工具添加锚点绘制路径的方法如下。

(1) 制作如图 7-23 所示的路径，路径包括 A、B、C 三个锚点。

(2) 单击工具箱中的“删除锚点工具”，将鼠标指针移至路径中要删除的锚点 B 上，当鼠标指针呈提示形状时，单击即可将该锚点删除。

(3) 删除 B 处锚点后路径如图 7-24 所示，此时路径的形状自动调整以保持连贯。可以用“路径直接选择”工具进行调节成所需要的路径形状。

图 7-23　绘制 S 型路径　　图 7-24　删除 B 处锚点

7.2.5 转换点工具

在 Photoshop 中，路径中的锚点有三种，分为直线锚点、曲线锚点和拐角锚点，“转换点工具”可以使锚点相互转换，从而改变路径的形状。

(1) 绘制直线锚点：单击工具箱中的“钢笔工具”，设置参数栏为路径，绘制如图 7-25 所示的直线锚点，直线锚点没有方向调节杆。

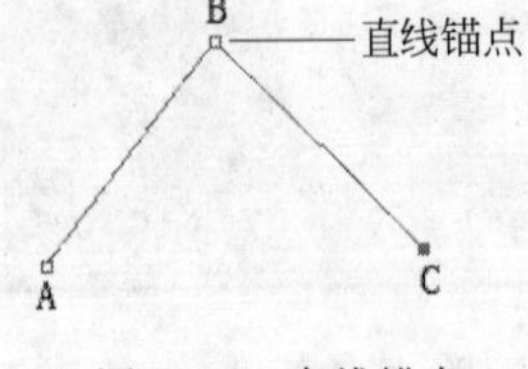

图 7-25　直线锚点

(2) 绘制曲线锚点：单击工具箱中“转换点工具”，单击 B 点并拖曳鼠标，则直线锚点转换为曲线锚点，效果如图 7-26 所示；反之，如果在转换后的曲线锚点 B 上单击“转换点工具”，则曲线锚点又会变为直线锚点。曲线锚点有两个方向调节杆，调节杆在一条直线上。

(3) 绘制拐角锚点：单击工具箱“转换点工具”，用鼠标将曲线锚点调节杆 E 顺时针拖曳到如图 7-27 所示的位置，然后用鼠标将曲线锚点调节杆 F 逆时针拖曳，则 B 点处的锚点转换为拐角锚点。拐角锚点有两个控制柄，控制柄不在一条直线上，两条控制线呈现一个夹角。单击拐角锚点，则变成直线锚点；单击拐角锚点并拖曳，可以改变为曲线锚点。

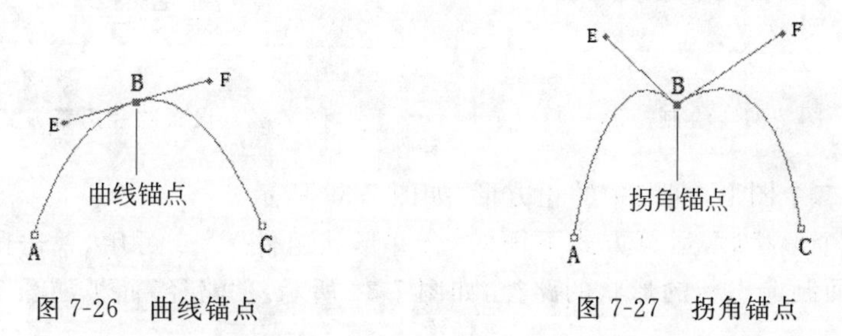

图 7-26　曲线锚点　　　　图 7-27　拐角锚点

另外，如果在“钢笔工具”被选中的状态下，按住 Alt 键，当单击方向线或锚点时，则工具形状变为转换点工具，也可以进行以上操作。

7.2.6 路径选择工具

当选择了“路径选择工具” 路径选择工具 A ，相应的工具绘画属性栏如图 7-28 所示。

图 7-28　路径选择工具属性栏

“路径选择工具”的主要功能是对一个或多个路径进行选择、移动、复制、变形、组合及对齐和分布等。

1. 选择路径

在已经绘制的路径上单击此工具，整个路径被选中，同时显示路径上的所有锚点，如图 7-29 所示。

2. 移动路径

单击“路径选择工具”，将光标移至路径区单击并拖曳，则整条路径会移动一个位置，拖曳时会显示左右及上下移动的距离，如图 7-30 所示。

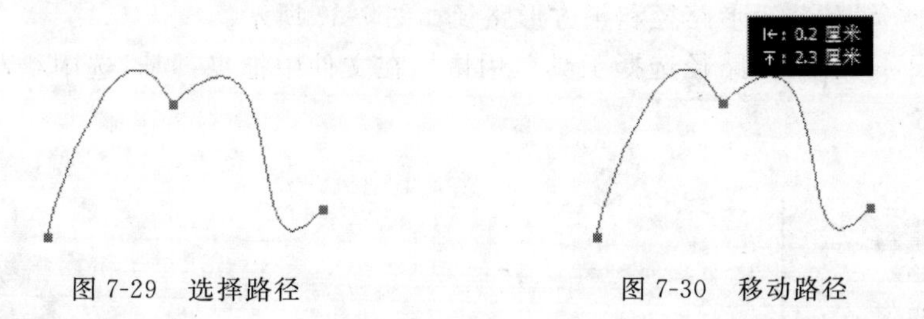

图 7-29　选择路径　　　　图 7-30　移动路径

3. 复制路径

若要在本文件中复制路径，可以按下 Alt 键并拖曳路径，便可复制路径；也可在路径面板上拖曳路径到“新建路径”按钮上，建立路径的副本。若要将路径复制到其他图像，可单击“路径选择工具”，选择整个路径，选择“编辑”|“拷贝”命令，先把路径“拷贝”到剪贴板上，然后切换到另一个图像，选择“编辑”|“粘贴”命令即可。

4. 组合路径

(1) 首先，绘制矩形路径如图 7-31 所示。

(2) 设置第一个图形和第二个图形的运算方法，如图 7-32 所示。

图 7-31 绘制矩形　　图 7-32 设置路径运算方式

(3) 绘制第二个图形，即图中的正方形，如图 7-33 所示。

(4) 绘制两个形状后，运算方式下面的“合并形状组件”命令可用，单击此命令，则显示运算后的路径，从而制造出新的形状的路径，如图 7-34 所示。“路径”面板如图 7-35 所示。

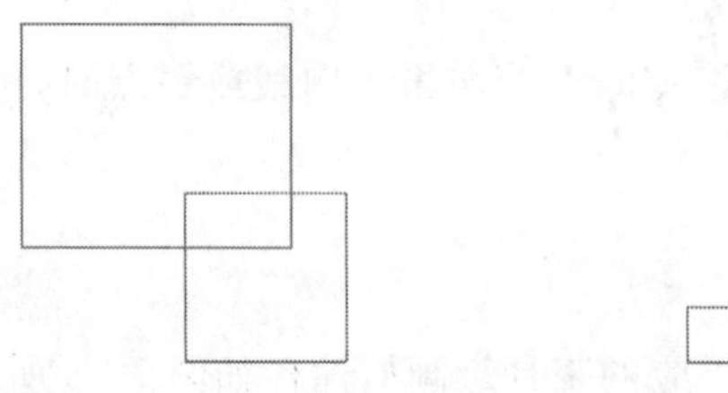

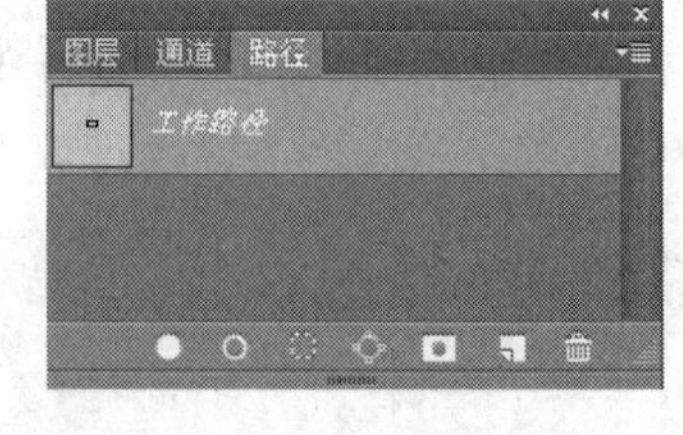

图 7-33 绘制正方形　　图 7-34 运算后的新路径　　图 7-35 组合路径面板

路径的运算方法有以下几种，也可以通过上面的方法得到不同的路径。

- “新建路径”：创建一个新路径。
- “合并形状”：把一个或多个绘制的路径相加，合并成一个新的路径。
- “减去顶层形状”：作为减数，从屏幕上已存在的路径中减去新创建的路径。
- “与形状区域相交”：选择绘制的路径的重合区域新建一个路径。
- “排除重叠形状”：两个路径交叉，减去重合部分的路径，建立一个新路径。

5. 对齐或分布路径

路径对齐和分布方式如图 7-36 所示。当两条路径进行运算(加运算、减运算、交集及反交集运算)时，通过对齐和分布两条路径，最终得到运算后不同形状的路径。

“对齐或分布路径”的使用方法如下。

(1) 绘制两条路径，矩形路径和正方形路径如图 7-37 所示。

(2) 单击工具箱中的“路径选择工具”，用鼠标在文件中拖曳，同时选中绘制的两条路径，如图 7-38 所示。

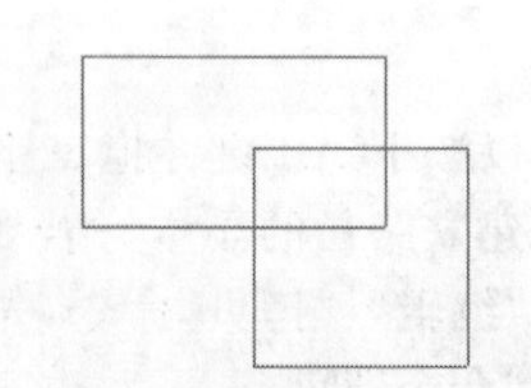

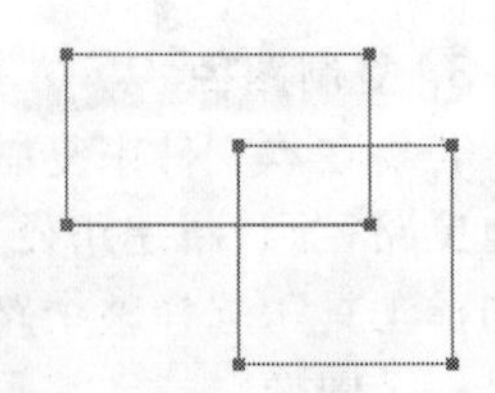

图 7-36 对齐与分布方式　　图 7-37 矩形路径与正方形路径　　图 7-38 选中两个路径

(3) 在属性栏单击“对齐与分布路径”按钮，打开如图 7-36 所示的对齐与分布方式选项，选择对齐方式。

(4) 下面所示的图分别是“左对齐”、“水平居中对齐”、“右对齐”、“顶边对齐”、“垂直居中对齐”、“底边对齐”，如图 7-39～图 7-44 所示。

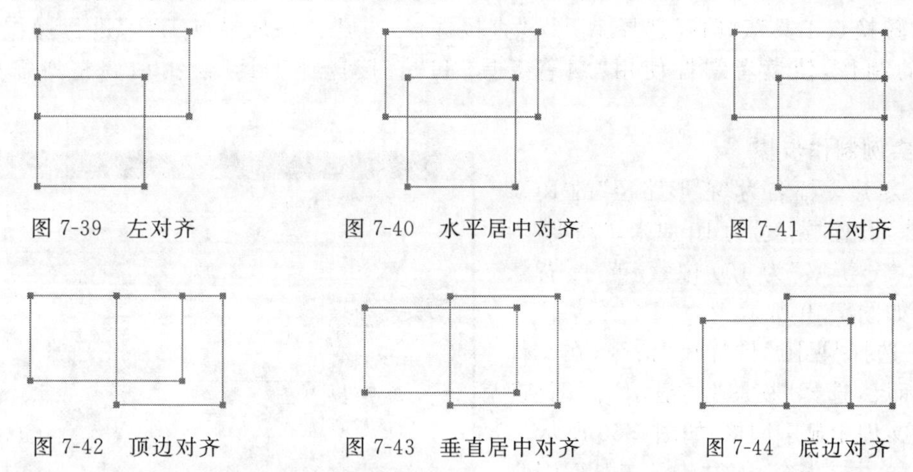

图 7-39　左对齐　　图 7-40　水平居中对齐　　图 7-41　右对齐

图 7-42　顶边对齐　　图 7-43　垂直居中对齐　　图 7-44　底边对齐

按高度均匀分布和按宽度均匀分布则是对三个及三个以上路径进行运算时调整的命令。

7.2.7　直接选择工具

“直接选择工具”的主要功能是用来选择或移动路径中的锚点，或调整锚点两侧的控制点，以改变路径的形状。相对于“路径选择工具”只能移动整个闭合路径来说，“直接选择工具”可以选择移动某个锚点或几个锚点，还可以调整方向控制杆，改变路径形状。如果所有锚点都选择之后，功能则和路径选择工具一样。

“直接选择工具”的使用方法如下。

(1) 单击工具箱中的“钢笔工具”，属性栏选择“形状”，绘制如图 7-45 所示的矩形图层。

(2) 单击工具箱中的“直接选择工具”选中矩形路径，如图 7-46 所示。

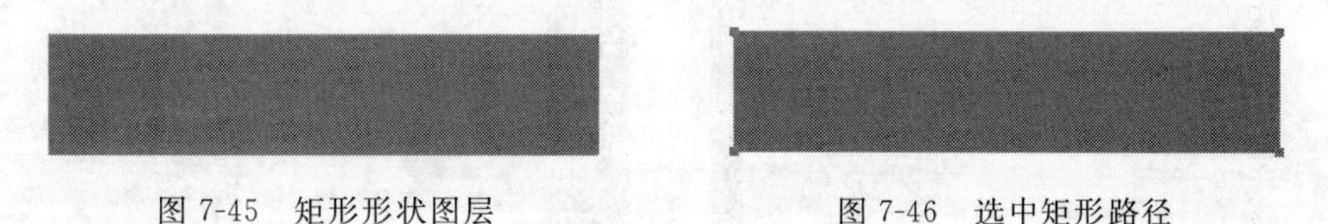

图 7-45　矩形形状图层　　图 7-46　选中矩形路径

(3) 单击工具箱中的“添加锚点工具”，添加 A、B 两个锚点，如图 7-47 所示。

(4) 单击工具箱中的“直接选择工具”，调整 A、B 两个锚点如图 7-48 所示，则图形的形状发生了改变。

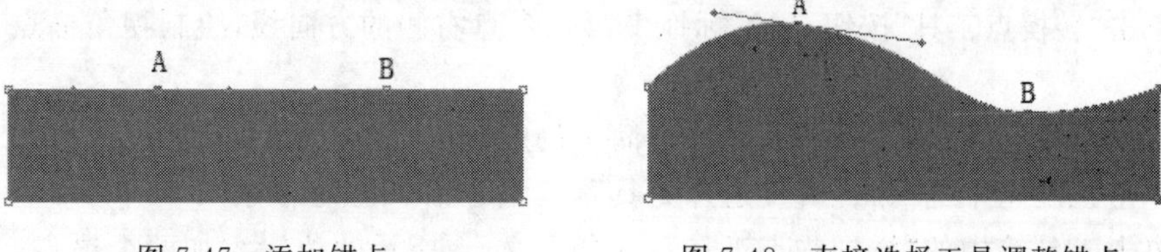

图 7-47　添加锚点　　图 7-48　直接选择工具调整锚点

7.2.8 实例制作——心形路径绘制

1. 实例简介

本实例介绍利用路径工具制作路径的基本方法。在本实例制作的过程中，使用“钢笔工具”、“转换点工具”、“路径选择工具”、“直接选择工具”、“添加锚点工具”进行操作。通过本实例的制作，使读者掌握使用“钢笔工具”和“直接选择工具”绘制和调整所需路径的方法。

2. 实例制作步骤

(1) 新建一幅名为“心形路径”的 RGB 模式图像，设置“宽度”为 10 厘米，“高度”为 10 厘米，“分辨率”为 100 像素/英寸，背景为白色，如图 7-49 所示。

(2) 选择“视图”|“标尺”命令，在文件中显示标尺，选择“视图”|“显示”|“网格”命令，在文件中显示网格，如图 7-50 所示。

(3) 单击工具箱中的“钢笔工具”按钮，设置属性栏里的路径选项，在文件中拖曳绘制第一个点，方向线为从右下到左上，如图 7-51 所示。

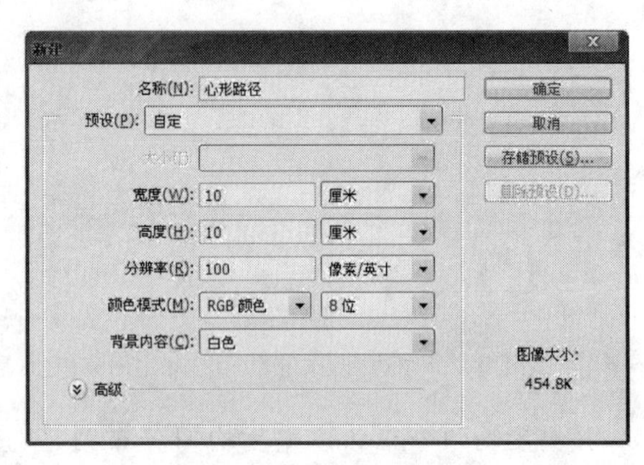

图 7-49 新建文件

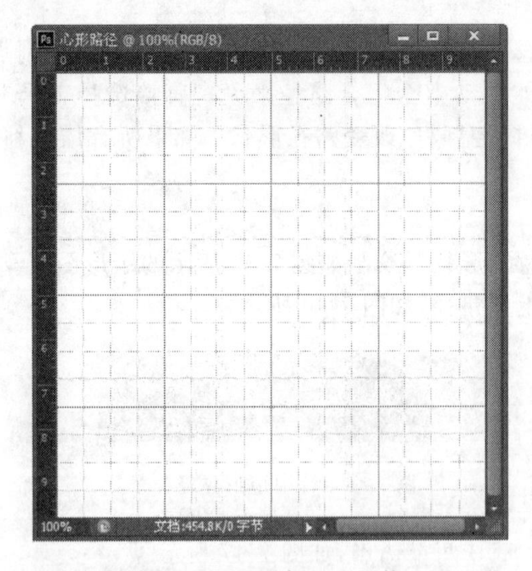

图 7-50 显示标尺和网格

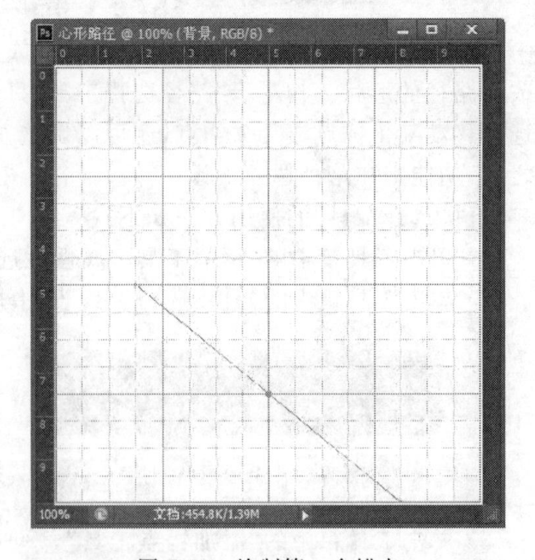

图 7-51 绘制第一个锚点

(4) 在文件中绘制第二个点，同时拖曳方向线如图 7-52 所示，方向线为从左上到右下。

(5) 单击“转换点工具”按钮，用鼠标拖曳第二个点右侧的方向线，绘制拐角锚点，如图 7-53 所示。

(6) 单击路径起点闭合路径，完成一个简单的闭合曲线，如图 7-54 所示。

(7) 单击工具箱中的“路径直接选择工具”，调整各锚点位置，如图 7-55 所示。

(8) 单击工具箱中的“添加锚点工具”，在如图 7-56 所示的位置添加两个锚点。单击工具箱中的“直接选择工具”，调整各锚点的位置，制作如图 7-57 所示的心形。

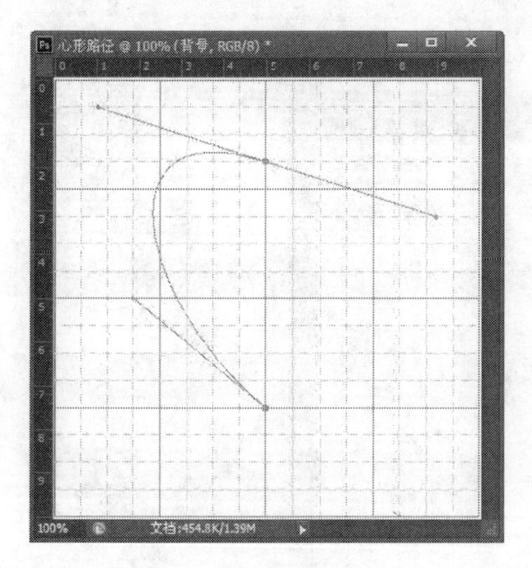

图 7-52 绘制第二个锚点

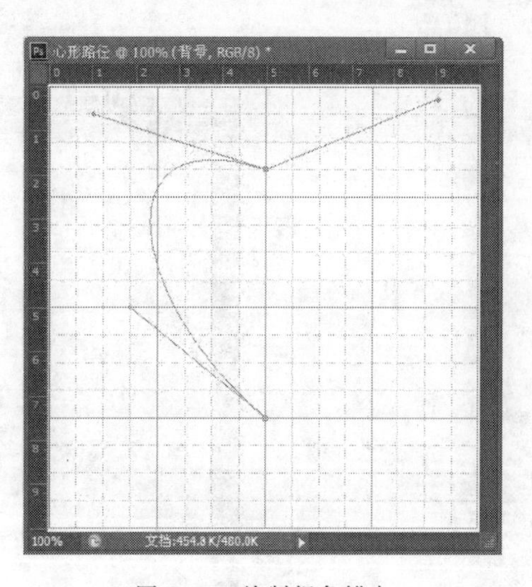

图 7-53 绘制拐角锚点

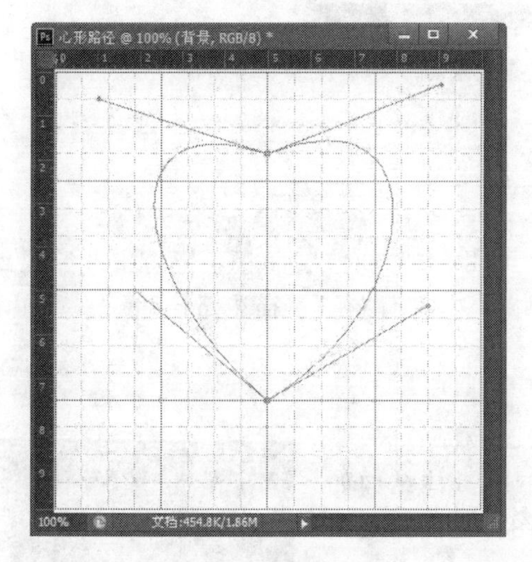

图 7-54 闭合心形路径

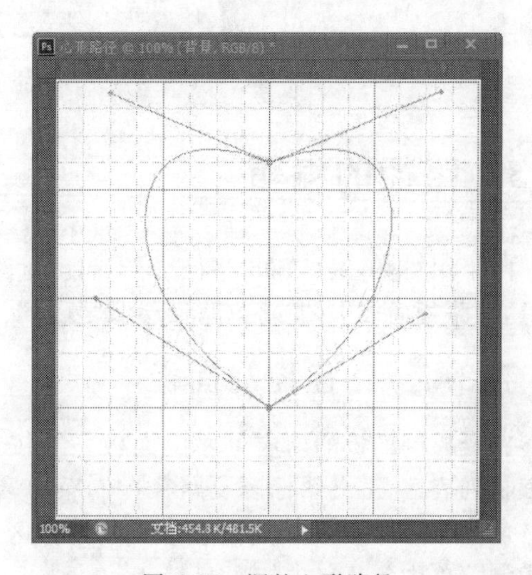

图 7-55 调整心形路径

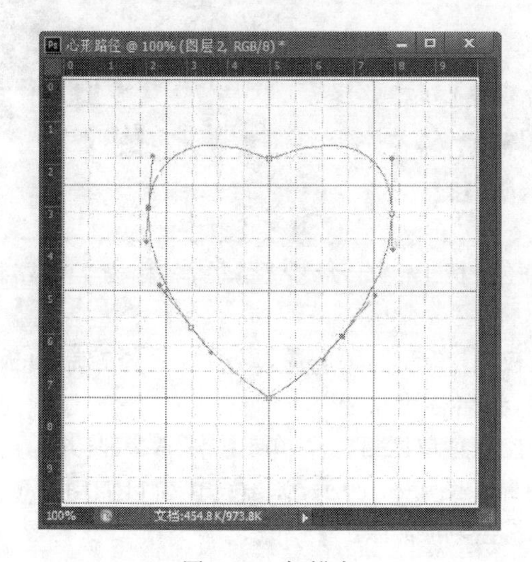

图 7-56 加锚点

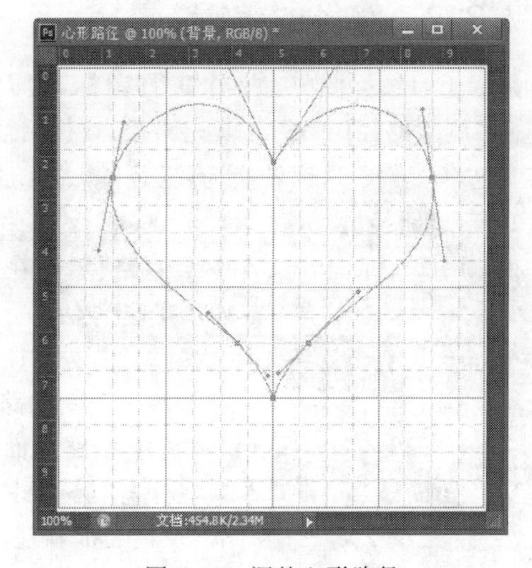

图 7-57 调整心形路径

(9) 最后得到的路径如图 7-58 所示。

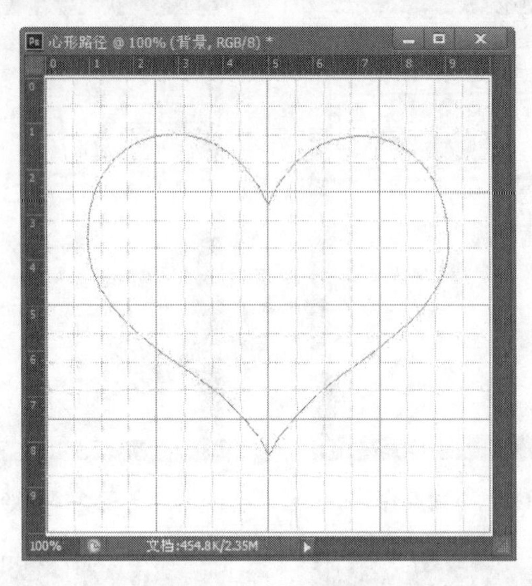

图 7-58　最终效果

7.3　路径的编辑

除了用“钢笔工具”和“路径选择工具”对路径编辑，在路径控制面板中还有一些路径编辑工具，如路径面板中的“新建路径层”、“复制”、“删除”、“填充路径”、“描边路径”等。

7.3.1　路径控制面板

路径控制面板的构成主要由面板系统按钮、面板标签区、路径面板列表区、工具图标区及路径控制菜单区构成，具体结构如图 7-59 所示。本书重点讲解路径工具图标区的图标功能以及路径控制菜单中各菜单项的功能。

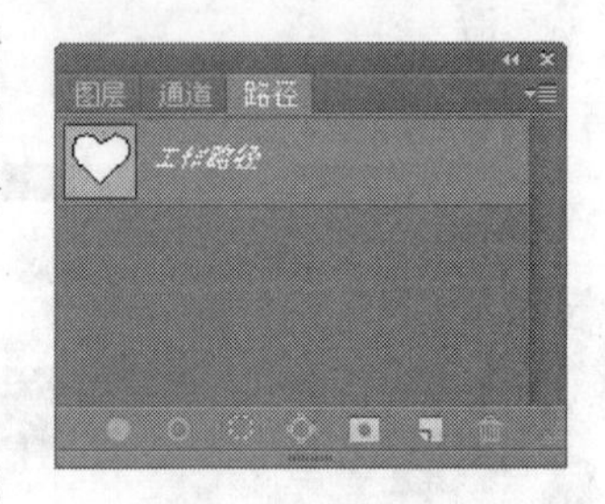

图 7-59　路径面板

7.3.2　路径的编辑

路径工具图标区中有 7 个工具图标，它们分别是“新建路径层”、“删除路径层”、“填充路径”、“描边路径”、“路径转换为选区”、“选区转换为路”径、“添加蒙版”。

1. 新建路径层

(1) 用路径工具在文件中绘制路径，则在路径面板上会自动建立路径，名称为工作路径，如图 7-60 所示。

图 7-60　新建路径

(2) 单击路径面板下“新建”按钮，即可在路径控制面板中新增加一个新的路径层，名称为路径 1。

(3) 在路径面板控制菜单区打开菜单或按住 Alt 键，并单击此“新建路径层”工具图标如图 7-61 所示，弹出设置窗口如图 7-62 所示，设置当前新建的路径层的名称。

对一个已经存在的路径层，如果需要改变其名称，则可以在路径控制面板中此路径层列表条中双击，即可弹出新建路径设置窗口，以进行重命名工作，如图 7-63 所示。

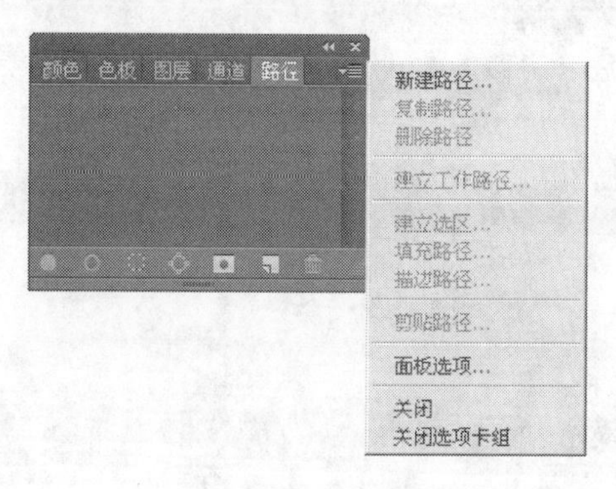

图 7-61　新建路经面板菜单

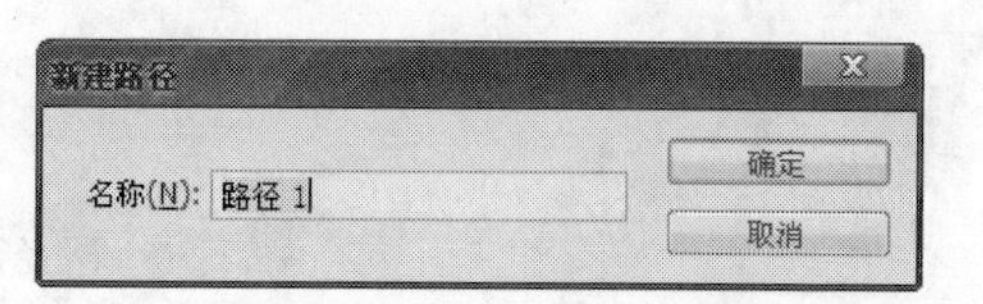

图 7-62　新建路径设置框

2. 复制路径层

复制路径层可以快速完成已有路径的复制。

(1) 利用新建按钮。如果需要得到一个已经存在如图 7-64 所示的路径层的副本，则可以直接将此路径层列表条拖曳至“新建路径层”按钮图标处，如图 7-65 所示。释放鼠标左键后即可完成复制路径层的工作，即得到一名为路径 1 副本，其内容与路径 1 完全相同，如图 7-66 所示。

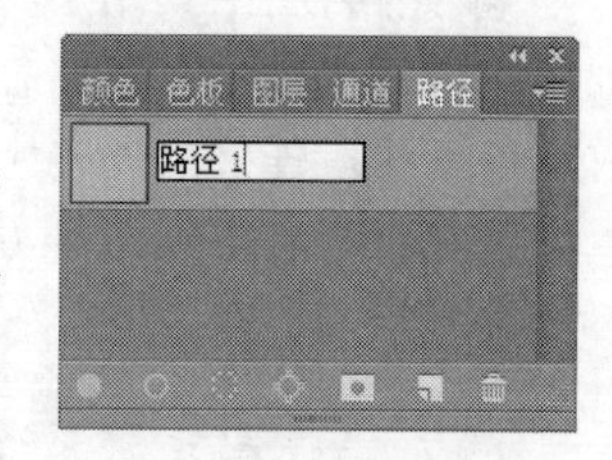

图 7-63　修改路径名字

图 7-64　已有路径

图 7-65　拖动路径至新建按钮

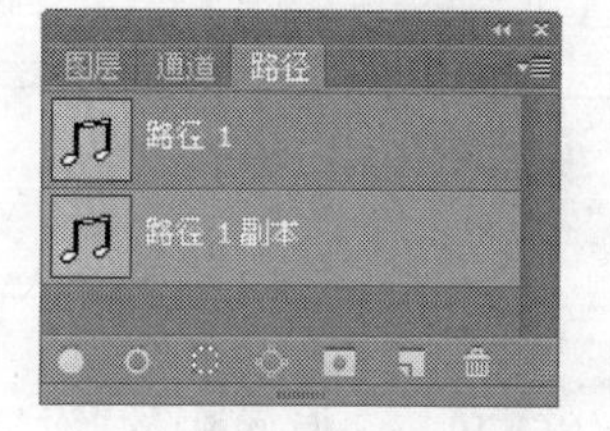

图 7-66　复制出路径副本

(2) 利用路径菜单命令复制路径。在路径面板打开如图 7-67 所示的路径菜单，可以复制已有路径的副本。

3. 删除路径层

“删除路径层”有三种方式。

(1) 把要删除的路径层用鼠标拖曳到删除按钮上，如图 7-68 所示。

(2) 右击路径层，打开如图 7-69 所示的菜单，选择“删除路径”命令。

图 7-67　菜单命令复制路径

图 7-68　删除路径按钮

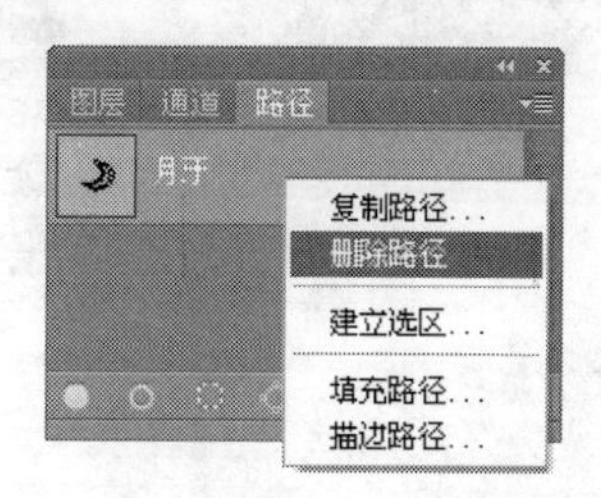

图 7-69　路径层右键菜单删除

(3) 选择要删除的路径层，在路径面板的菜单中选择“删除路径”命令，如图 7-70 所示。

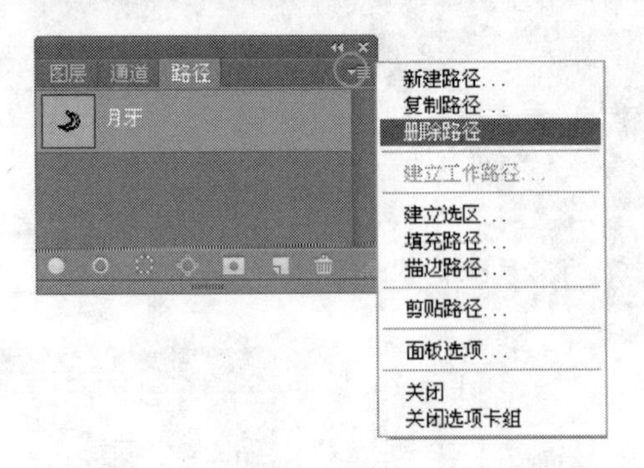

图 7-70　路径面板菜单删除命令

4. 填充路径

“填充路径”工具用于将当前的路径内部完全填充为所设置的颜色，默认情况下为前景色。如果用户只选中了一条路径的局部或选中了一条未闭合的路径，则 Photoshop 将填充路径的首尾以直线段连接后所确定的闭合区域。

填充路径有下列两种方法。

首先绘制路径，如图 7-71 所示，路径面板如图 7-72 所示。

图 7-71　绘制路径

图 7-72　路径面板

(1) 单击工具箱中的“设置前景色”按钮，选择需要填充的颜色，本例填充红色(R:255 G:0 B:0)，然后选择要填充的路径层，在路径层上右击，打开填充路径的对话框，如图 7-73 所示。设置填充路径的参数，如图 7-74 所示。单击“确定”按钮即可填充路径。

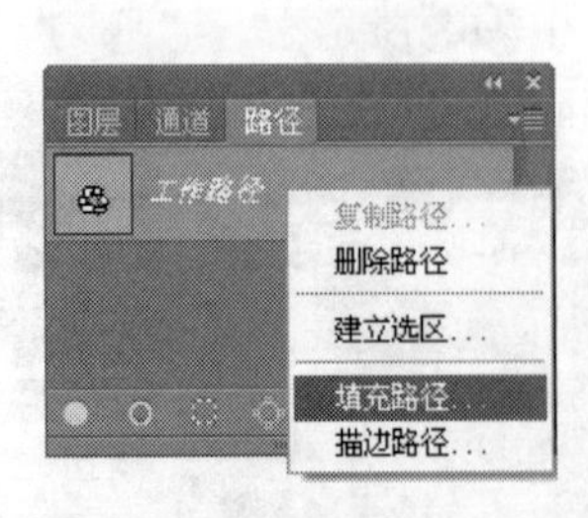

图 7-73　填充路径命令

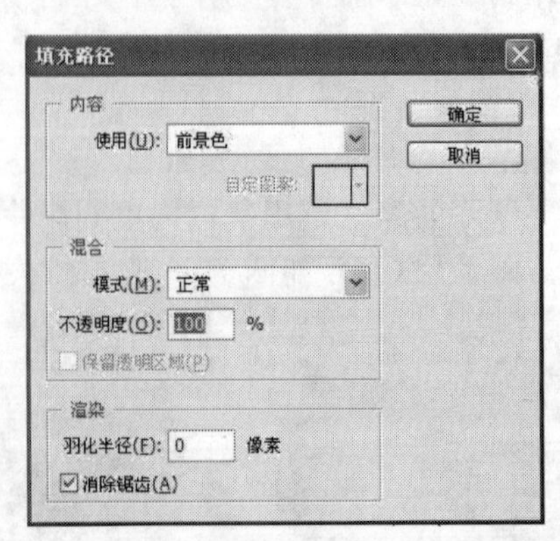

图 7-74　“填充路径”对话框

(2) 选择要填充的路径，单击路径面板底部的“填充路径”按钮或按住 Alt 键的同时，单击路径面板上“填充路径”工具按钮，前者会直接给路径填充已设置好的颜色，后者则会弹出如

图 7-74 所示"填充路径"对话框,进行路径填充,如图 7-75～图 7-77 所示。

图 7-75　路径填充最终效果

图 7-76　路径面板填充按钮

5. 描边路径

使用前景色沿路径的外轮廓进行边界勾勒,主要就是为了在图像中留下路径的外观。如果按住 Alt 键的同时,单击此描边路径图标,则会弹出一个"描边路径"对话窗口,如图 7-78 所示。

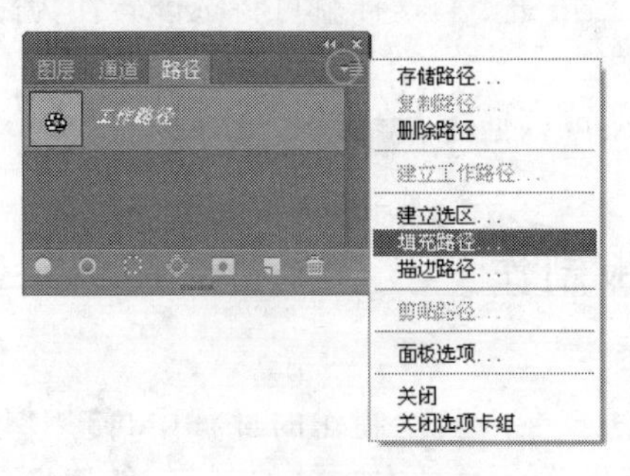

图 7-77　路径菜单填充命令

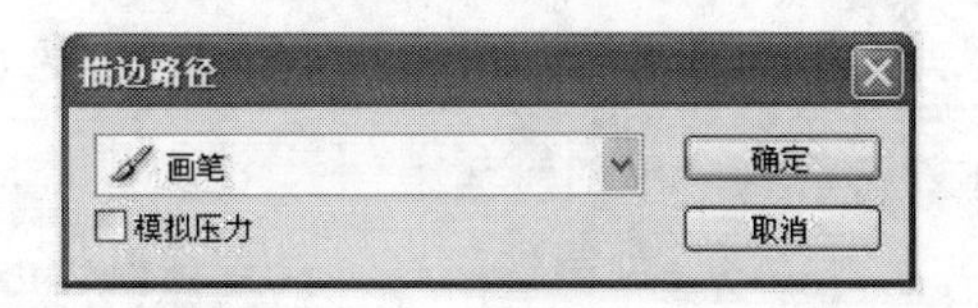

图 7-78　"描边路径"对话框

在此对话窗口中,可以选择描边路径时所使用的工具。选用不同的绘图工具,将导致不同的描边效果。例如,使用"铅笔工具"与使用"画笔工具"所勾勒出的轮廓将完全不同。如此,即使是使用同一个工具,但是笔头设置不同,也将导致不同的勾勒效果。

6. 路径转化为选区

在 Photoshop 中,"路径转化为选区"命令在工作中的使用频率很高,因为在图像文件中任何局部的操作都必须在选区范围内完成,所以一旦获得了准确的路径形状,一般情况下都要将路径转换为选区后再做处理。把路径转化为选区可以通过下面的几种操作方法完成。

(1) 按下 Alt 键,单击路径面板上"将路径作为选区载入"按钮 或单击路径功能面板右上角的横向黑三角,在弹出的下拉菜单中选择"建立选区"命令,打开"建立选区"对话框,如图 7-79 所示。

其中,操作项的设置意义如下。

- "新建选区":根据当前路径,建立一个新的选区。
- "添加到选区":把路径作为选区并和屏幕上已存在的选区相加。
- "从选区中减去":把选区转化为路径,作为减数,从屏幕上已存在的选区中减去新创建的选区。
- "与选区交叉":从路径与选择域重合的区域创建一个选区。

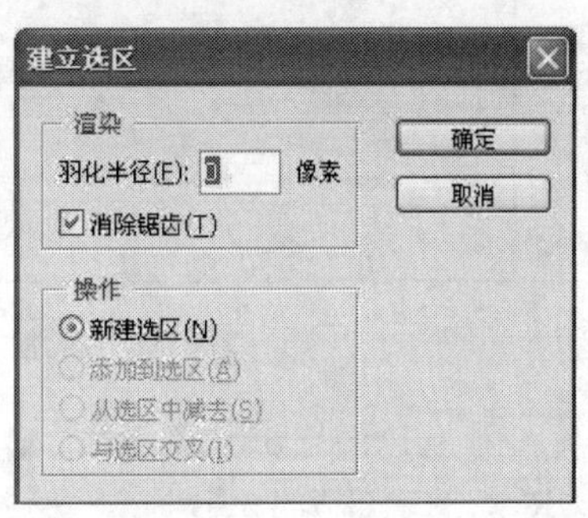

图 7-79　"建立选区"对话框

(2) 路径面板上的“将路径作为选区载入”按钮。

(3) 按下 Ctrl+Enter 键。

如果所选路径是开放路径,那么转换成的选区将是路径的起点和终点连接起来而形成的闭合区域。

7. 选区转换为路径

把选区转化为路径可以通过下面的操作方法完成。

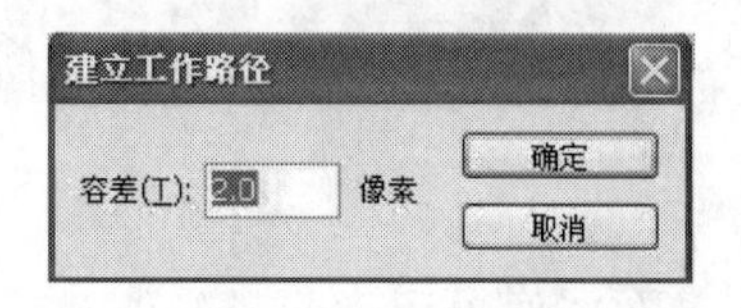

图 7-80　选区转化为路径参数设置

(1) 按下 Alt 键,单击路径面板上“从选区生成工作路径”按钮或单击路径功能面板右上角的横向黑三角,在弹出的下拉菜单中选择“建立工作路径”命令打开对话框,如图 7-80 所示,“容差”用于确定定位点的数量,其值越小,则产生的定位点越多,路径就越不平滑,单击“确定”按钮完成创建。

(2) 直接单击路径面板上“从选区生成工作路径”按钮,这样就可将选区转换为路径。

8. 变换路径

路径除了用工具修改锚点和调整方向线以外,还可以通过“编辑”|“变换路径”命令或“自由变化路径”命令来修改。

7.3.3　实例制作——个人写真模板制作

1. 实例简介

本实例介绍一种制作简单个人写真模板的方法。在本实例制作的过程中,使用“填充路径”、“描边路径”、“定义画笔预设”、“画笔工具”进行操作。通过本实例的制作,使读者掌握使用“填充路径”和“描边路径”绘制图形的基本方法。

2. 实例制作步骤

(1) 新建一幅名为“个人写真模板之浪漫情怀”的 RGB 模式图像,设置“宽度”为 10 厘米,“高度”为 10 厘米,“分辨率”为 100 像素/英寸,背景为白色,如图 7-81 所示。

(2) 单击工具箱下方的“设置前景色”按钮,打开“拾色器”对话框,设置颜色为粉红(R 为 246、G 为 230、B 为 243),按 Alt+Del 键,将背景图层填充前景色,效果如图 7-82 所示。

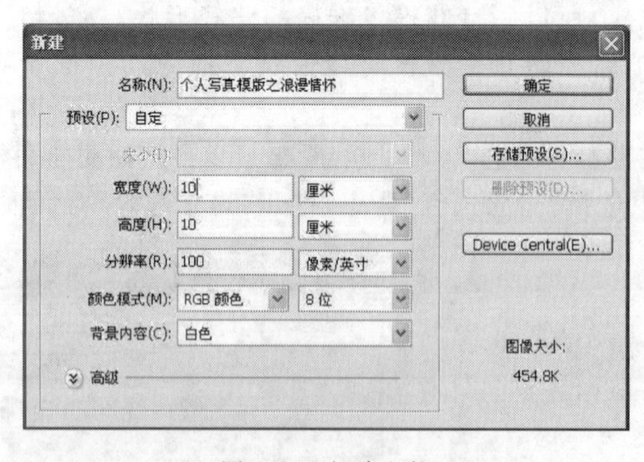

图 7-81　新建文件

图 7-82　填充前景色

(3) 新建图层 1,命名为“心形路径填充层”,单击工具箱中的“设置前景色”,设置颜色为红色(R 为 221、G 为 75、B 为 92)。打开 7.2.9 节绘制的心形路径,复制到本文件中,如图 7-83 所示,用红色填充路径,效果如图 7-84 所示。

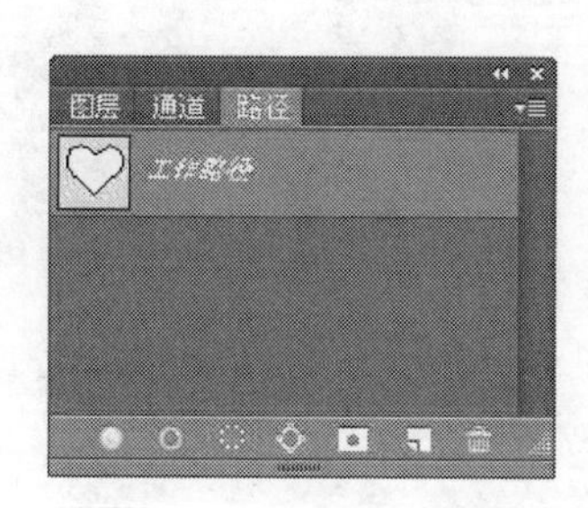

图 7-83　复制心形路径

图 7-84　用红色填充路径

(4) 按住 Ctrl 键并单击“心形路径填充层”的缩略图，载入心形的选区，如图 7-85 所示。选择“选择”|“修改”|“羽化”命令，设置羽化值为 40，如图 7-86 所示。按下 Del 键删除选择区域中的图形，按 Ctrl＋D 键取消选区，效果如图 7-87 所示，图层面板如图 7-88 所示。

图 7-85　载入心形选区

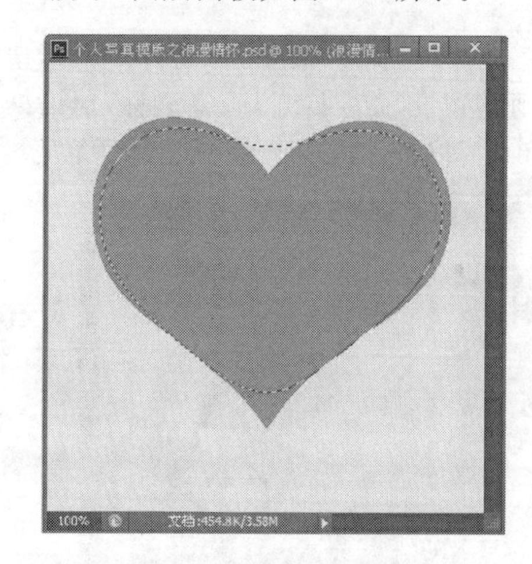

图 7-86　羽化心形选区

图 7-87　删除选区中内容

图 7-88　心形路径图层

(5) 复制“心形路径填充层”,得到心形路径填充层副本,合并两个图层,效果如图 7-89 所示。

(6) 按 Ctrl+T 键,对图层进行变形,并调整心形的位置,效果如图 7-90 所示。

图 7-89 复制心形副本并合并图层

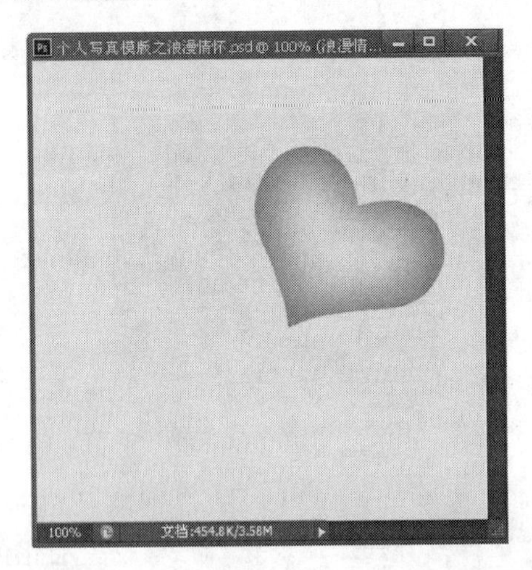

图 7-90 调整心形大小及位置

(7) 隐藏背景层,单击工具箱中的矩形选框工具,选中心形如图 7-91 所示。选择“编辑”|“定义画笔预设”命令打开“画笔名称”对话框,输入画笔名字为“心形画笔”,如图 7-92 所示。单击“确定”按钮,把心形图案制作成画笔笔刷。

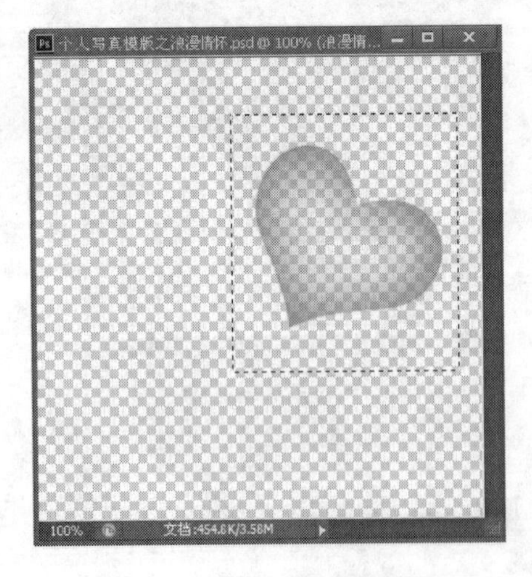

图 7-91 定义心形画笔预设

图 7-92 定义画笔预设设置框

(8) 显示背景图层并新建“图层 2”,命名为“底图图案层”,选择工具箱中的“画笔工具”,打开画笔设置面板,设置画笔绘画参数,设置笔尖形状,如图 7-93 所示;设置画笔形状动态,如图 7-94 所示;设置画笔散布,如图 7-95 所示。绘制底图图案,并设置本层的不透明度为 39%。在底图上用画笔绘画,效果如图 7-96 所示。

(9) 在图层面板上调整“底图图案层”和“心形路径层”的位置,如图 7-97 所示,新建“图层 3”,命名为“描边路径层”。单击工具箱中的“画笔工具”,设置画笔的参数,画笔形状为 13 像素,前景色为红色(R:255,G:75,B:92)。打开路径面板,选择心形路径,如图 7-98 所示,用画笔描边路径,效果如图 7-99 所示,描边心形路径面板,如图 7-100 所示。

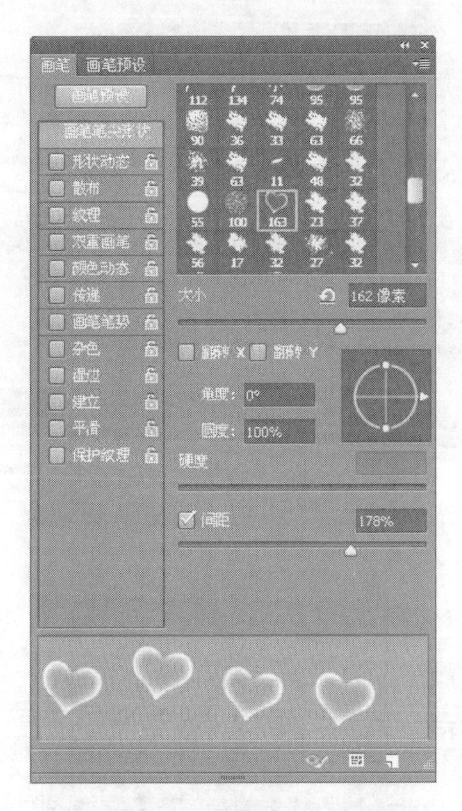

图 7-93 画笔笔尖形状

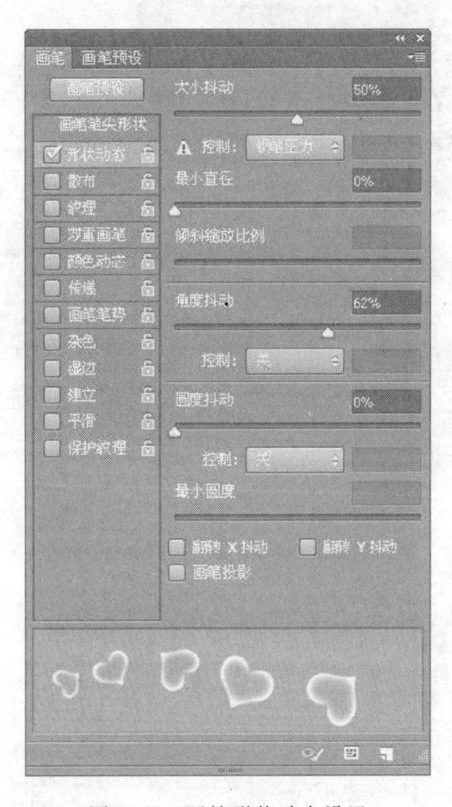

图 7-94 画笔形状动态设置

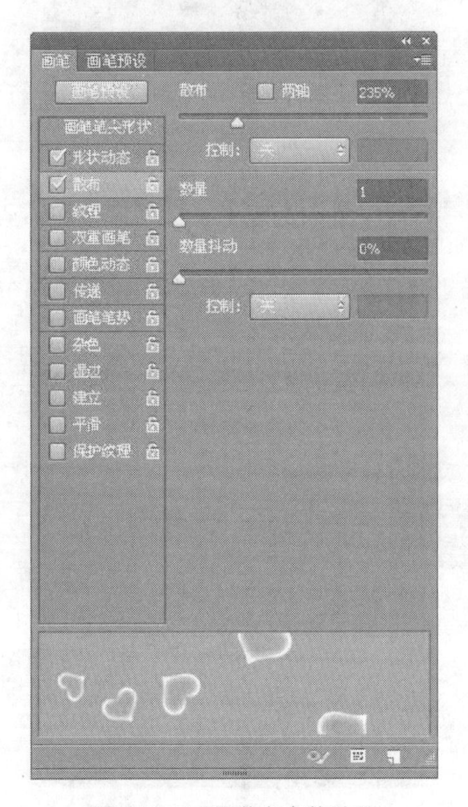

图 7-95 画笔散布参数设置

图 7-96 底图图案层

图 7-97 图层面板

图 7-98 选择心形路径

图 7-99 描边心形路径

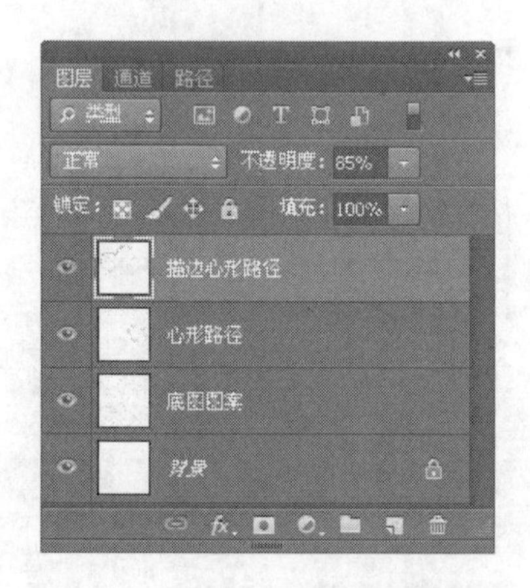

图 7-100 描边心形路径面板

(10) 单击“移动工具”，调整描边的心形图形的位置，按下 Ctrl＋T 键调整图形大小并在图层面板上设置图层的不透明度为 85％。效果如图 7-101 所示。

(11) 单击工具箱中的“橡皮擦工具”，选择描边路径层，擦除本层中心形图形交叉的部分，如图 7-102 所示。

图 7-101 调整图形的位置及大小

图 7-102 擦除交叉部分图形

(12) 打开素材“浪漫情怀. TIF”，拖曳文字到浪漫情怀文件中，并调整文字位置，图层面板如图 7-103 所示。

(13) 打开素材文件“第 7 章\素材\玫瑰花. jpg”，调整位置及大小如图，并设置其不透明度为 68%，最后效果如图 7-104 所示。

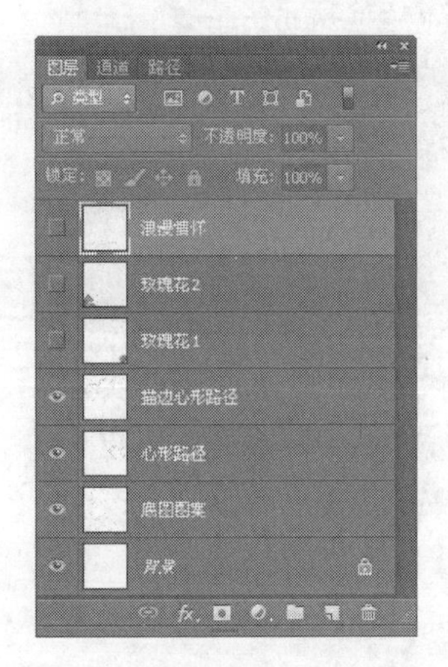

图 7-103　导入文字及玫瑰花图层

图 7-104　最终效果

7.4　形状工具

钢笔工具和路径编辑工具可以绘制任意形状的路径，但是在 Photoshop 中提供了一组形状工具，包括如矩形、圆角矩形、椭圆、多边形、星形、心形和小草等常用形状，同时，还可以利用形状工具下的填充像素，直接绘制不同形状的像素图形。

7.4.1　形状工具的使用

在 Photoshop 中，“形状工具”和“钢笔工具”的绘画属性栏是一样的。不同的是，“填充像素”按钮在形状工具下是可用的。在形状工具中，系统提供了矩形、圆角矩形、椭圆、多边形及直线等形状工具，还有一些自定义的形状工具，本书只介绍基本的形状工具。

1. 矩形工具

“矩形工具”选中时，属性栏绘画属性的设置如图 7-105 所示。

图 7-105　矩形工具属性栏

- 不受约束：在文件中拖曳鼠标，可以画出任意矩形。
- 方形：绘制正方形。
- 固定大小：根据此处绘制正方形设置的宽度和高度绘制矩形，绘制时只需在要绘制的地方点击鼠标,不需拖曳即可绘制出图形。

- 比例：根据宽度和高度的比例绘制图形。
- 从中心：绘制时,鼠标起点即图形的中心。

2. 圆角矩形工具

圆角矩形工具选中时,属性栏绘画属性的设置如图 7-106 所示。

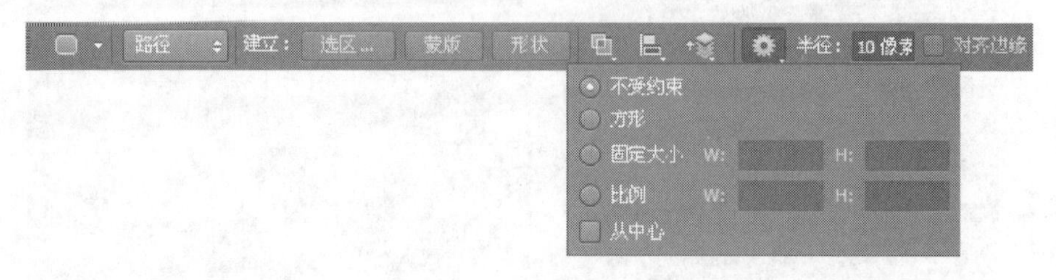

图 7-106　圆角矩形工具属性栏

- 半径：设置半径值可以控制圆角的弧度。
- 不受约束：在文件中拖曳鼠标,可以画出任意长宽比的圆角矩形。
- 方形：绘制长宽比为 1∶1 的圆角矩形。
- 固定大小：根据此处设置的宽度和高度绘制,绘制时只需在要绘制的地方点击鼠标,不需拖曳即可绘制图形。
- 比例：根据宽度和高度的比例绘制图形。
- 从中心：绘制时,鼠标起点即图形的中心。

3. 绘制椭圆

椭圆工具选中时,属性栏绘画属性的设置如图 7-107 所示。

图 7-107　椭圆工具属性栏

- 不受约束：在文件中拖曳鼠标,可以画出任意长宽比的椭圆。
- 圆(绘制直径或半径)：拖曳鼠标可绘制任意大小的正圆。
- 固定大小：根据此处设置的宽度和高度绘制,绘制时只需在要绘制的地方点击鼠标,不需拖曳即可绘制出图形。
- 比例：根据宽度和高度的比例绘制图形。
- 从中心：绘制时,鼠标起点即图形的中心。

4. 绘制多边形

多边形工具选中时,属性栏绘画属性的设置如图 7-108 所示。

- 边：绘制的多边形边数设置,单击鼠标拖曳可绘制任意大小的多边形。
- 半径：设置中心到外部点间的距离。
- 平滑拐角：用圆角代替尖角。
- 星形：缩进边以成星形。

图 7-108　多边形工具属性栏

- 缩进边依据：设置缩进边所用的百分比。
- 平滑缩进：用圆缩进代替直缩进。

5. 绘制直线

直线工具选中时，属性栏绘画属性的设置如图 7-109 所示。

图 7-109　直线工具属性栏

- 粗细：直线的粗细。

如果绘制带有箭头的直线，则设置如下。

- 起点：选中此复选框，绘制直线时会在起点绘制箭头。
- 终点：绘制直线时会在终点绘制箭头。
- 宽度：将箭头宽度设置为线条粗细的百分比。
- 长度：将箭头长度设置为线条的百分比。
- 凹度：将箭头凹度设为长度的百分比。

6. 绘制自定义形状

自定义形状工具选中时，属性栏绘画属性的设置如图 7-110 所示。此时，在如图 7-111 中所示的形状中选取一形状，进行路径和图形的绘制。

图 7-110　自定义形状工具属性栏

7.4.2　实例制作——春天的故事

1. 实例简介

本实例介绍一种以春天的故事为主题的个人写真模板。在本实例制作的过程中，使用“自定义形状工具”、“图层样式”、“减淡工具”、“加深工具”进行操作。通过本实例的制作，使读者掌握使用“自定义形状工具”，学习给自定义图形制作图层样式的基本方法。

2. 实例制作步骤

(1) 执行“文件”|“新建”命令，打开“新建”对话框，设置名称为“春天的故事”，“宽度”为10cm，“高度”为10cm，“分辨率”为100像素/英寸，“颜色模式”为RGB，“背景内容”为白色，如图7-112所示。

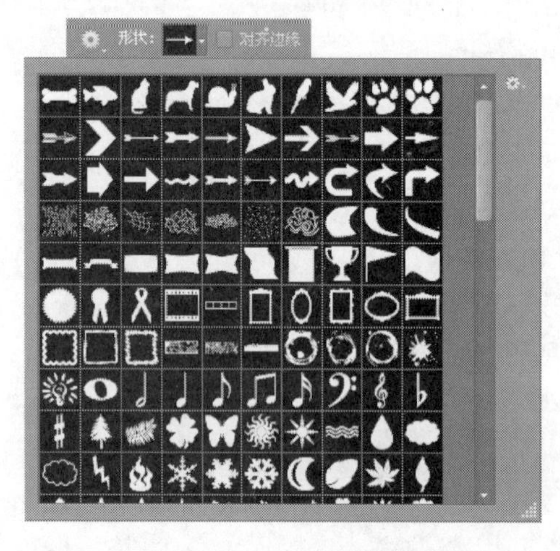

图7-111 自定义形状

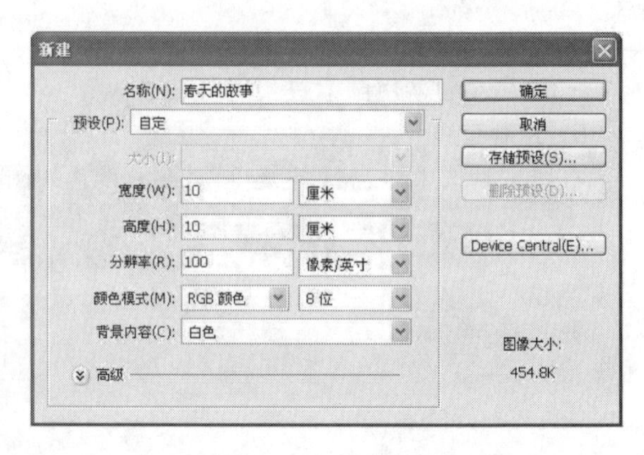

图7-112 新建文件

(2) 单击工具箱下方的“设置前景色”按钮，打开“拾色器”对话框，设置颜色(R为246，G为230，B为243)，单击“确定”按钮后，按Alt+Del键，将背景图层填充前景色，如图7-113所示。

(3) 单击工具箱中的“减淡工具”按钮，选择属性栏的画笔样式为“柔角143像素”，设置曝光度为20%，然后在图像上涂抹，制作高光的效果。再单击工具箱中的“加深工具”按钮，选择属性栏中的画笔样式为143柔角像素，设置曝光度为20%，然后在图像中涂抹，制作阴影，效果如图7-114所示。

图7-113 填充前景色

图7-114 制作高光阴影效果

(4) 选择“图像”|“调整”|“色彩平衡”命令，打开“色彩平衡”对话框，选中色彩平衡选项组中的“中间调”单选按钮，设置参数如图7-115所示。

(5) 选择“文件”|“打开”命令，打开“第7章\练习素材\7.4实例制作\装饰线1.tif、装饰线2.tif”，打开文件后看到的是两张线条素材图片。

(6) 单击工具箱中的“移动工具”按钮，拖曳“装饰线1”，“装饰线2”中的图形到“春天的故事.psd”文件中，图层自动生成“图层3”，按Ctrl+T键，打开自由变换调节框，调整图形的大小和位置，如图7-116所示。

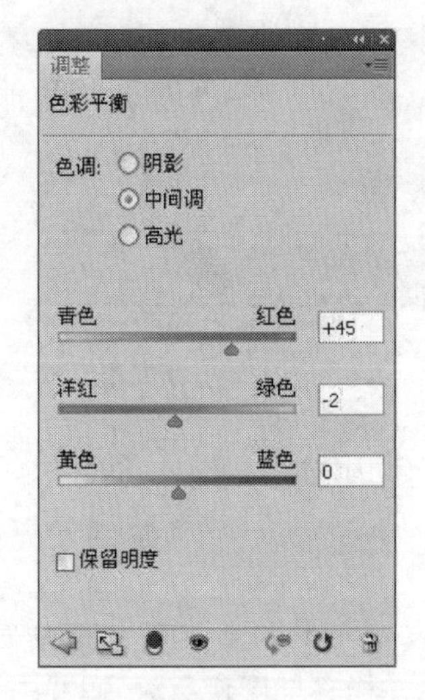

图7-115　调整色彩平衡

图7-116　导入装饰线图片

(7) 新建图层，命名为“照片框1”。选择工具箱中的“自定义形状工具”，在工具属性栏上单击“填充像素”按钮，在“形状”下选择“边框7”，把鼠标光标移至图像编辑窗口中的合适位置，拖曳至合适位置后释放鼠标左键，即可绘制一个相框形状。如图7-117所示。

(8) 双击“照片框1”图层，弹出“图层样式”对话框，选中“投影”复选框，设置颜色为“黑色”，距离为5，大小为5，单击“确定”按钮，如图7-118所示。

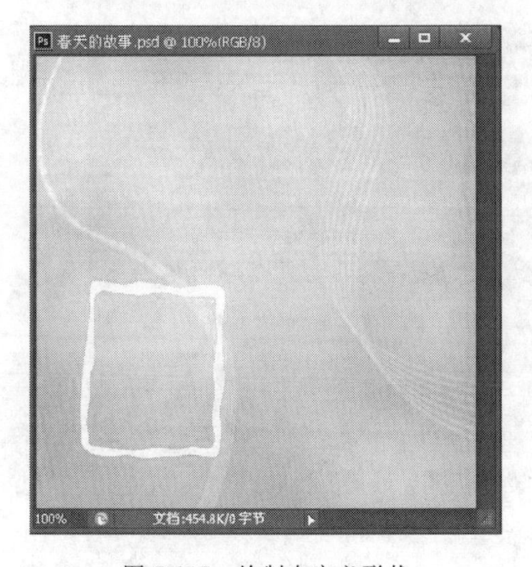

图7-117　绘制自定义形状

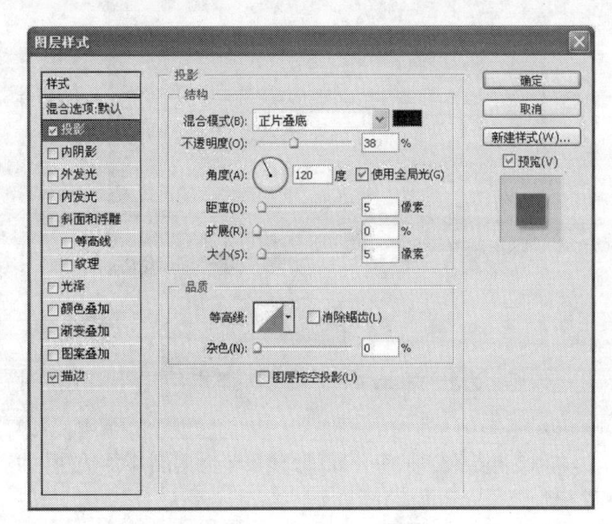

图7-118　投影样式设置

(9) 选中“描边”复选框，设置大小为1，颜色为浅绿色(R、G、B的参数值分别为153、220、35)，如图7-119所示，效果如图7-120所示。

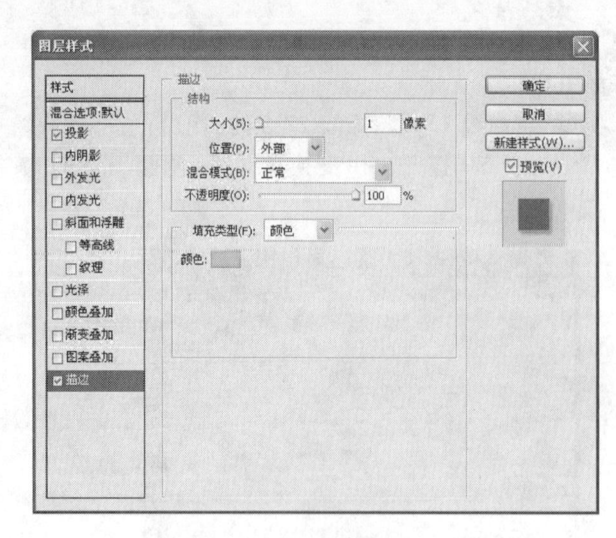

图 7-119 描边设置

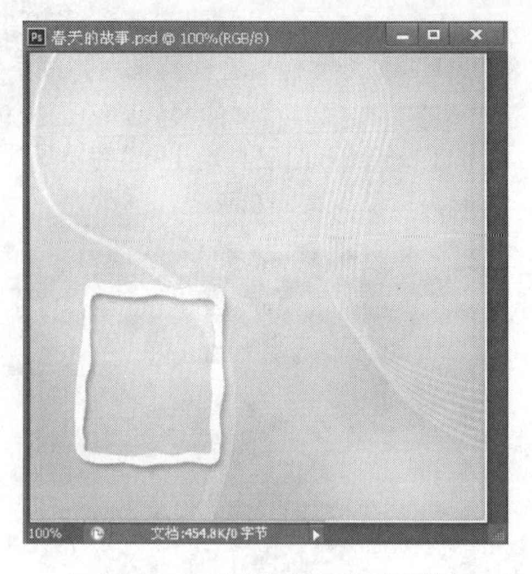

图 7-120 设置照片框 1 的图层样式

(10) 复制“照片框 1”,得到“照片框 1 副本”,命名为“照片框 2”,并调整到合适的位置。如图 7-121 所示。

(11) 新建图层,命名为“装饰花 1”,选择工具箱中的“自定义形状工具”,在工具属性栏上单击“填充像素”按钮,在“形状”下选择“花型装饰 3”,把鼠标光标移至图像编辑窗口中的合适位置,按住鼠标左键并拖曳,至合适位置后释放鼠标左键,制作一个花型装饰,如图 7-122 所示。

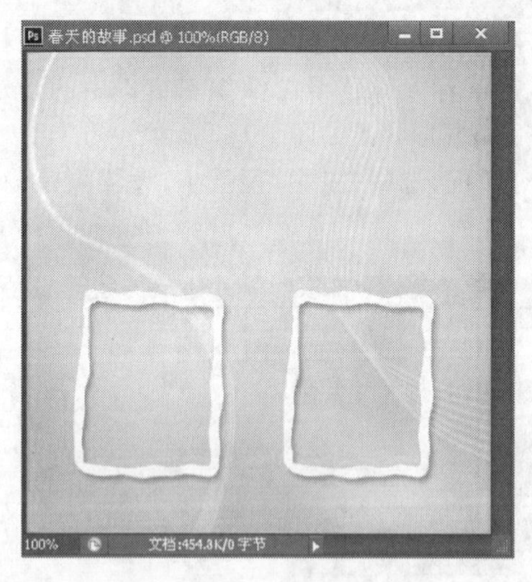

图 7-121 复制照片框 1

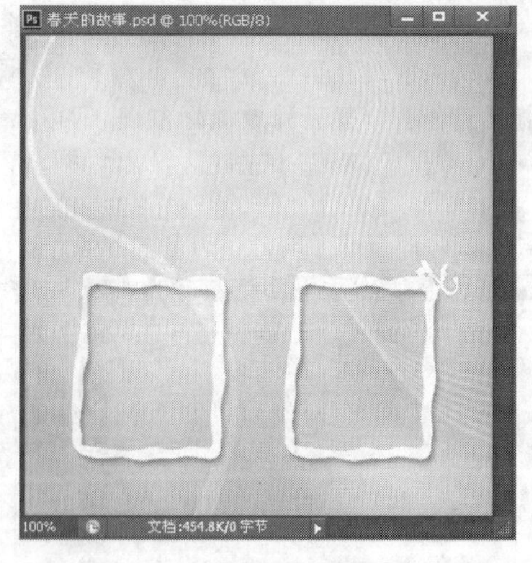

图 7-122 添加装饰花

(12) 双击“装饰花 1”图层,弹出“图层样式”对话框,其投影及描边设置与照片框设置一样,效果如图 7-123 所示。

(13) 复制“装饰花 1”为“装饰花 1 副本”,命名为“装饰花 2”,对其位置、方向调整,如图 7-124 所示。

(14) 选择“文件”|“打开”命令,打开“第 7 章\练习素材\7. 4 实例制作\桃花. psd”,将该桃花图片拖曳到文件“春天的故事. psd”合适的位置。效果如图 7-125 和图 7-126 所示。

(15) 选择“文件”|“打开”命令,打开“第七章\练习素材\7. 4 实例制作\文字. tif”,将该文字拖曳到文件“春天的故事. psd”合适的位置。本实例最终效果如图 7-127 所示。

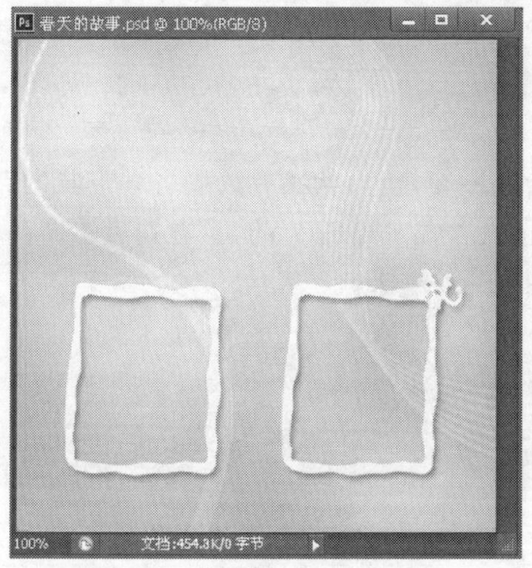

图 7-123　给装饰花设置图层样式

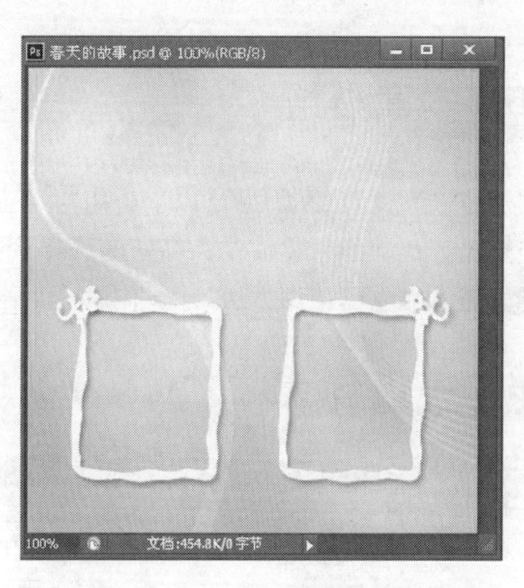

图 7-124　复制并调整装饰花

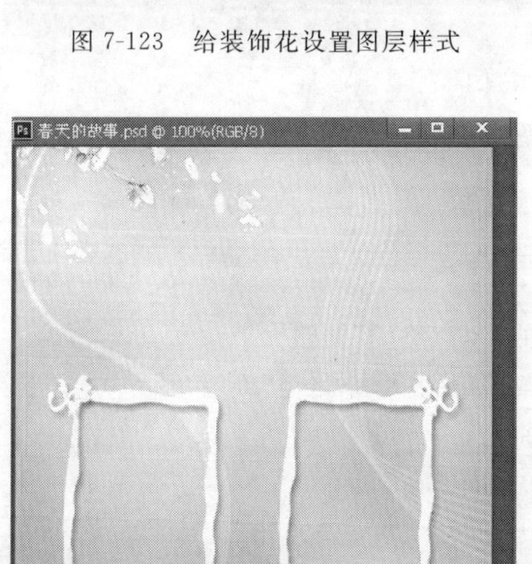

图 7-125　添加桃花图像

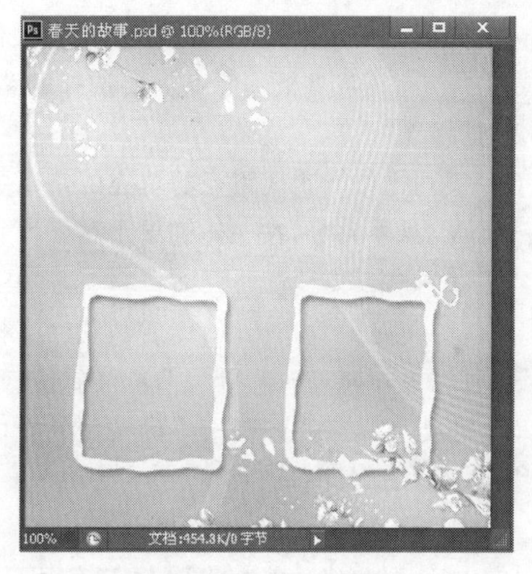

图 7-126　添加桃花图像 2

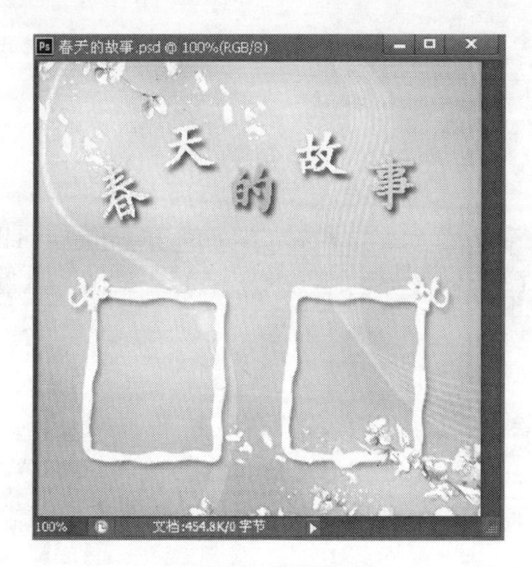

图 7-127　最终效果

7.5 本章小结

通过本章内容的学习,可以学会用路径工具绘制图形,用形状工具绘制各种形状的路径,或使用路径的功能来完成较为精密的选择。路径的功能是非常强大的,只有通过不断的练习才能真正掌握它的使用方法,才能使它成为制作图像的好帮手。

7.6 本章习题

1. 填空题

(1) 路径是由________和________组成的。

(2) 路径工具包括________和路径选择工具。

(3) 进行曲线锚点和直线锚点转换所使用的工具是________。

(4) 同时选择文件中多个路径时,可按住键盘上的________,然后依次单击要选择的路径,或用________工具框选所有需要选择的路径。

2. 选择题

(1) 下列操作能实现路径的填充的是(　　)。

A. 选中路径,按 Alt 键单击路径面板上的"填充路径"按钮

B. 选中路径,选路径面板右上方的下拉菜单中的"填充路径"项

C. 将路径载入选区,然后利用油漆桶填充

D. 选中路径,按 Alt+Del 将前景色填充

(2) 以下不属于路径面板中的按钮的有(　　)。

A. 用前景色填充路径　　B. 用画笔描边路径

C. 从选区生成工作路径　　D. 复制当前路径

(3) 要选取和移动整个路径,可以使用(　　)。

A. 移动工具　　B. 路径选择工具

C. 转换点工具　　D. 直接选择工具

7.7 上机实训

根据提供的素材图(第 7 章\练习素材\学校风采.jpg),如图 7-128 所示,综合运用 Photoshop CS6 中的路径工具,制作如图 7-129 所示的效果图。可以参照以下步骤进行操作练习。

主要制作步骤如下。

(1) 利用"路径工具"绘制路径,并描边路径(选中"模拟压力"选项)。

(2) 利用"自定义形状工具",绘制圆形图形,删除圆形中间部分,绘制图形。

(3) 根据提供的素材,把相应的素材放到制作的圆形图形中。

图 7-128　素材图片

图 7-129　最终效果

第8章 通道与蒙版的应用

在 Photoshop 中，通道和蒙版是非常重要的概念。通道主要包括保存颜色信息的颜色通道、保存选区的 Alpha 通道及用于印刷的专色通道。蒙版则可以控制图像的显示区域，包括图层蒙版、剪贴蒙版及矢量蒙版等。在图像处理中，图层蒙版的作用是根据蒙版中的灰度信息来控制图像的显示区域；剪贴蒙版是通过一个对象的形状来控制其他图层的显示区域；矢量蒙版则是通过路径和矢量图形来控制图像的显示区域。

本章主要内容：

- 通道简介；
- 通道的基本编辑；
- 蒙版简介。

8.1 通道简介

在 Photoshop 中，通道的操作可以通过通道面板及操作通道的命令和工具来完成。

8.1.1 通道的概念

通道的概念是由遮板演变而来的，也可以说通道就是选区。在通道中，以白色表示要处理的部分（选择区域）；以黑色表示不需处理的部分（非选择区域）。因此，通道也与遮板一样，没有其独立的意义，而只有依附于其他图像才能体现其功用。

8.1.2 通道的类型

通道主要包括颜色通道、Alpha 通道和专色通道，如图 8-1～图 8-3 所示。

图 8-1　颜色通道

图 8-2　Alpha 通道

图 8-3　专色通道

1. 颜色通道

颜色通道的类型主要是RGB通道、CMYK通道和Lab通道。根据图像的颜色模式不同，颜色通道的信息也不同。

RGB模式的图像文件由R、G、B三个单色通道和一个复合通道RGB组成，如图8-4所示。查看一个RGB通道时，其中暗调表示没有这种颜色，而亮调表示具有该颜色，也就是说，当一个红色通道非常浅时即亮色比较多时，表明图像中有大量的红色；反之，一个非常深的红色通道表明图像中的红色较少，整个图像的颜色将会呈现红色的反向颜色——青色。

CMYK模式的图像由青色C、洋红色M、黄色Y和黑色K等4个通道组成，如图8-5所示。由于有4个通道，所以图像的大小比采用RGB或LAB模式的图像文件大。CMYK模式的图像主要用于印刷。在一个CMYK通道中，暗调表示有这种颜色，而亮色调表示没有该颜色，这与RGB通道相反。

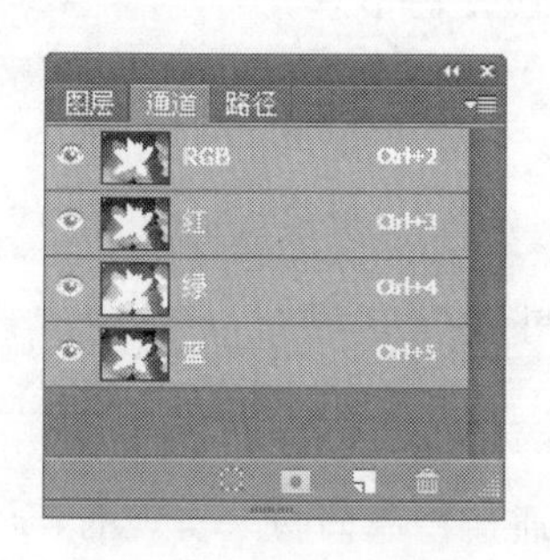

图8-4　RGB通道

图8-5　CMYK通道

Lab模式的颜色通道与前面两种完全不同。Lab不是采用为每个单独的颜色建立一个通道，而是采用两个颜色极性的a、b通道和一个明度通道，如图8-6所示。其中，a通道为从绿色(低亮度值)到灰色(中亮度值)再到红色(高亮度值)；b通道为从蓝色(低亮度值)到灰色(中亮度值)再到黄色(高亮度值)；L通道为整个画面的明暗强度。

2. Alpha通道

在进行图像编辑时，所有单独创建的通道都称为Alpha通道。和颜色通道不一样，Alpha通道不是用来保存颜色信息，而是用于编辑和存储选区的。如图8-7所示，“选区1”是Alpha通道用来保存“雪花状”选区的。

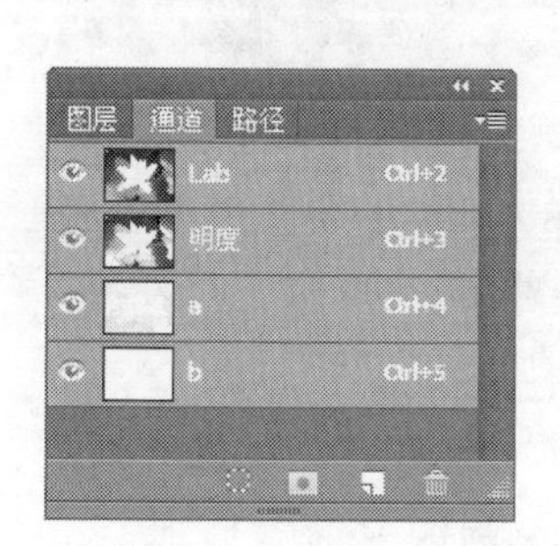

图8-6　Lab通道

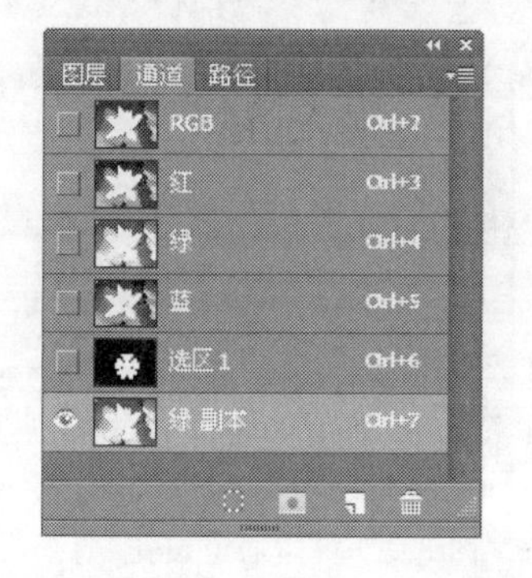

图8-7　选区存储的通道及复制出的绿副本通道

Alpha通道实际上是一幅256色灰度图像，其中的黑色部分是透明区，为非选择区域；白色部分是不透明区，为被选择区域；灰色部分是半透明区，为部分被选择的区域。如图8-7所示,"绿副本"是一个256色的灰度图像,利用这个通道可制作一些特殊效果,如作为蒙版遮盖图像中不需要显示的区域。

图 8-8 专色通道

Alpha 通道是为保存选择区域而专门设计的通道,当图像文件打开时并不是必须产生 Alpha 通道。通常,它由人们因图像处理的需要而生成,从生成的通道中可以读取选择区域信息。

3. 专色通道

专色通道可以使用一种特殊的混合油墨替代或附加到图像颜色(如在 CMYK)油墨中。在印刷时,每个专色通道都有一个属于自己的印版,如图 8-8 所示。也就是说,当打印一个包含专色通道的图像时,该通道将被单独打印输出。同时,专色通道具有 Alpha 通道的一切特点:保存选区信息、透明度信息。每个专色通道只是一个以灰度图形式存储相应专色信息。

8.2 通道的基本编辑

通道的操作主要包括通道的选择、创建、复制、删除、分离、合并以及运算等。

8.2.1 通道控制面板

在 Photoshop 中,通道的管理是通过系统提供的通道控制面板来实现的,要想掌握通道的使用和编辑,必须先熟悉通道控制面板。利用通道面板,可以完成创建、删除、合并以及拆分通道等所有的通道操作。

8.2.2 创建新通道

通过通道控制面板,用户可以快速地创建 Alpha 通道和专色通道。

1. 创建 Alpha 通道

Alpha 通道是为存储选择区域而专门设计的通道。修改 Alpha 通道以符合选择的要求,从而得到需要的选区来控制图像的显示。创建通道主要有以下三种方法。

(1) 单击通道控制面板底部的"新建通道"按钮,如图 8-9 所示,即可新建一个 Alpha 通道。新建的 Alpha 通道在图像窗口中显示为黑色,如图 8-10 所示。

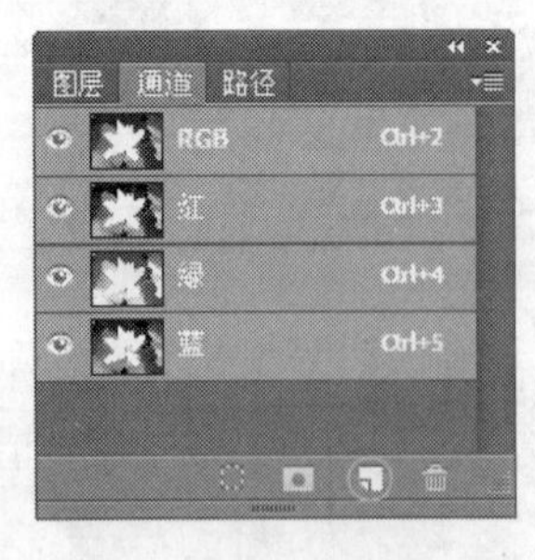

图 8-9 新建通道按钮

图 8-10 新建 Alpha 通道

(2) 单击通道快捷菜单按钮,在弹出的快捷菜单中选择"新建通道"命令,如图 8-11 所示。打开"新建通道"对话框中设置新通道的名称、色彩的指示方式和颜色后,如图 8-12 所示,单击"确定"按钮,则新建一个 Alpha 通道。

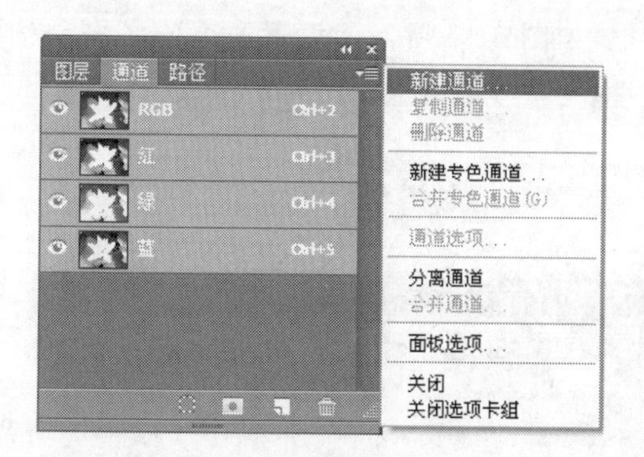

图 8-11　快捷菜单新通道命令

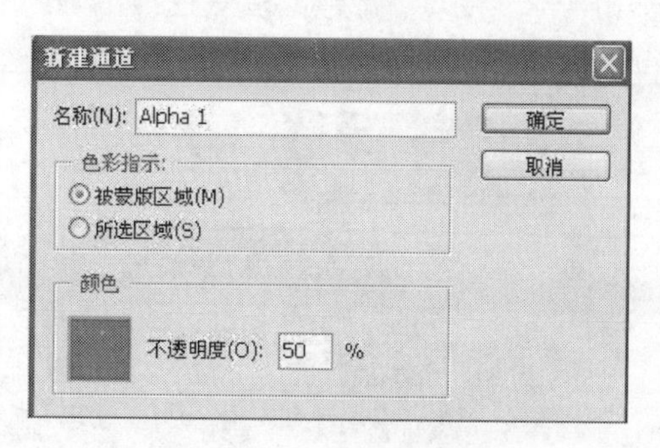

图 8-12　新建通道设置

(3) 如果在图像中存在一个选区,如图 8-13 所示。可以通过"选择"|"存储选区"命令"存储选区"对话框打开,如图 8-14 所示。单击"确定"按钮后得到一个包含有椭圆选区信息的 Alpha 通道,如图 8-15 所示。

图 8-13　图像中的选区

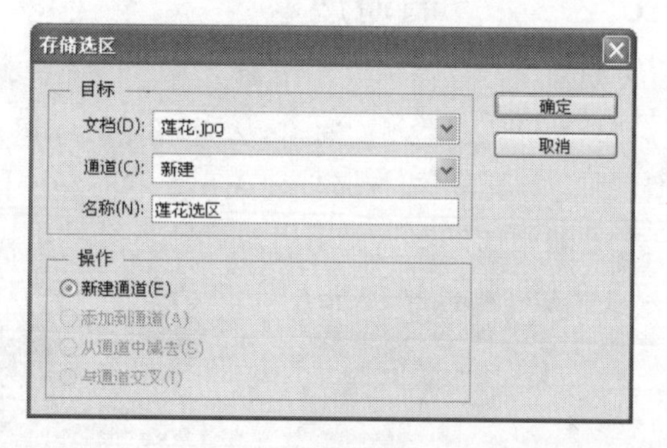

图 8-14　存储选区设置

在图 8-14 中,参数设置如下。

① 文档:默认情况下所存储的选区会存储到所操作的文件中。在 Photoshop 中,若其他打开的文件与所操作的文件图像大小、分辨率一样,则也可存储到其他的文件中。

② 通道:默认情况下会根据文件中的选区新建一个通道,若文件中已经存在一个 Alpha 通道,则可把新建的选区存储到已存在的通道中。

③ 名称:存储选区的通道名称。

④ 操作:若通道中已经存在一个选区,如果想在已有的 Alpha 通道中存储选区,则会有以下选项。

图 8-15　通道面板的选区

- "替换通道":根据当前存储的选区,建立一个新的 Alpha 通道。
- "添加到通道":把当前要存储的选区与已有 Alpha 通道通道内存储的选区相加。
- "从通道中减去":把当前存储的选区与已有通道内的选区相减,得到新的选区存储到 Alpha 通道。
- "与通道交叉":从当前存储的选区与已有通道中的选区重合的区域创建一个新的 Alpha 通道。

2. 创建专色通道

要创建专色通道,单击通道"快捷菜单"按钮,在弹出的快捷菜单中选择"新专色通道"命令，如图 8-16 所示。打开“新建专色通道”对话框，如图 8-17 所示。设置通道的名称、显示颜色和颜色密度，单击“确定”按钮，则得到一个新通道，如图 8-18 所示。

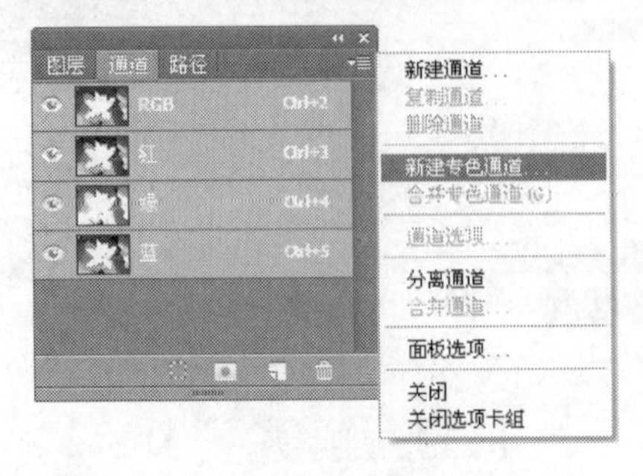

图 8-16　快捷菜单新建专色通道命令

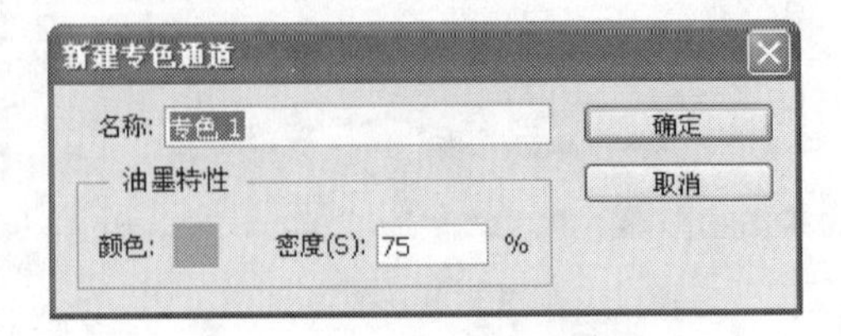

图 8-17　新建专色通道设置

其中，专色通道的颜色、密度决定了在印刷过程中所使用的油墨的特性。

8.2.3　复制通道

复制通道的操作方法有三种。

(1) 选中需要复制的通道，然后按住鼠标左键将其拖曳到下方的“新建通道”按钮 上，如图 8-19 所示。当鼠标光标变成小手状时释放鼠标即可。拖曳“蓝通道”到“新建”按钮，则复制一个蓝通道的副本。复制出的蓝副本如图 8-20 所示。

图 8-18　专色通道

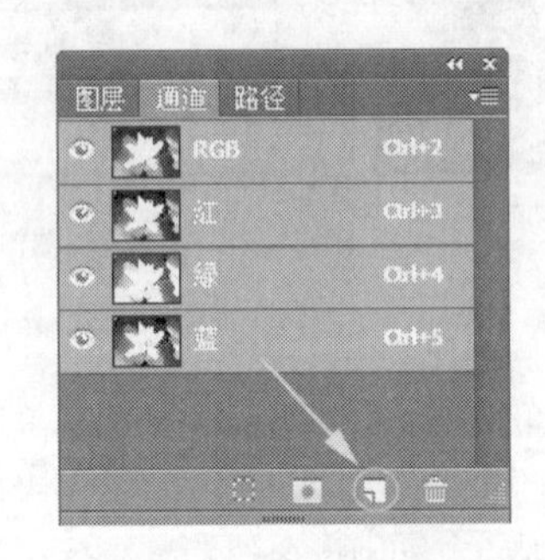

图 8-19　复制蓝通道

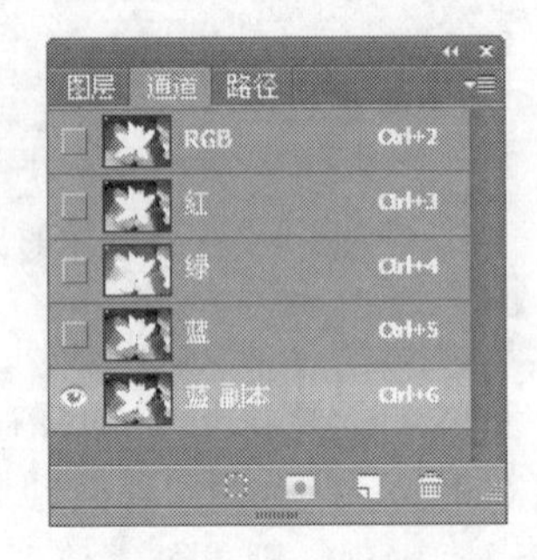

图 8-20　蓝副本通道

(2) 在通道控制面板的通道名称上右击，在如图 8-21 弹出的快捷菜单中选择“复制通道”命令，并打开如图 8-22 所示的对话框，设置通道的名称，单击“确定”按钮，则建立红通道的副本即红副本，如图 8-23 所示。设置对话框时，对话框中文档选项中，若其他打开的文件与所操作的文件图像大小、分辨率一样，则也可把通道复制到到其他文件通道中。

图 8-21　通道右键菜单复制命令

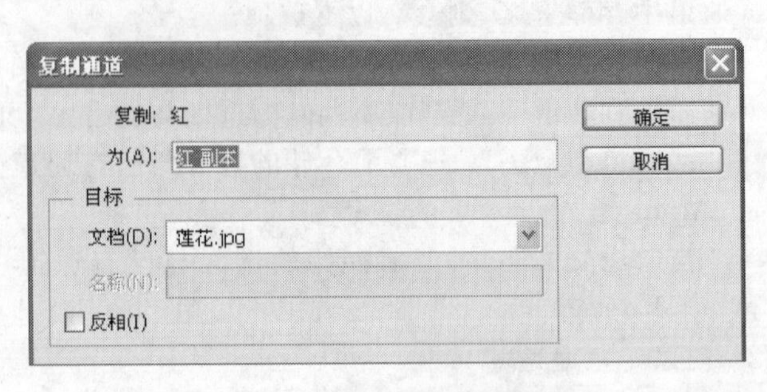

图 8-22　复制通道对话框设置

(3) 选中要复制的通道后，单击通道右上方的“快捷菜单”按钮，如图 8-24 所示，选择“复制通道”命令，则打开如图 8-25 所示的“复制通道”对话框，设置通道名称，单击“确定”按钮则建立如图 8-26 所示的绿副本。

图 8-23　复制的红副本通道

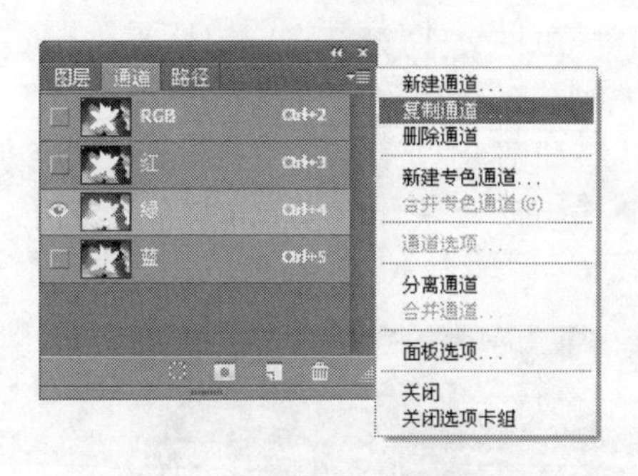

图 8-24　右键菜单复制通道命令

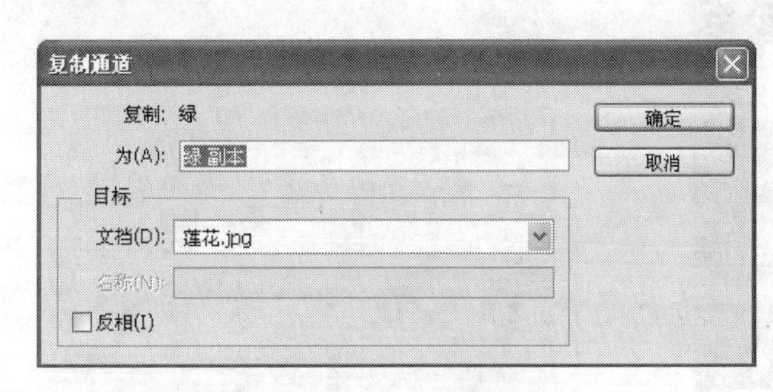

图 8-25　右键菜单复制通道对话框设置

图 8-26　复制的绿副本通道

8.2.4　删除通道

删除通道可以用以下几种方法。

(1) 直接将要删除的通道拖曳到通道控制面板的通道“删除”按钮上即可，如图 8-27 所示。

(2) 在通道控制面板的通道名称上右击，在弹出的快捷菜单中选择“删除通道”命令，如图 8-28 所示。

(3) 选中要删除的通道后，点击通道右上方的快捷菜单按钮，选择“删除通道”命令，如图 8-29 所示。

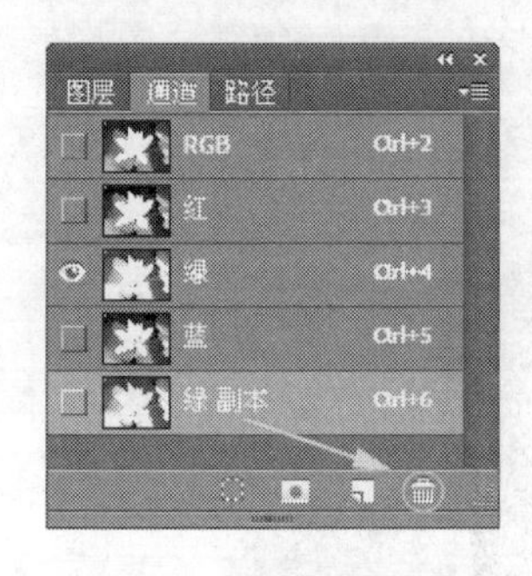

图 8-27　删除通道按钮

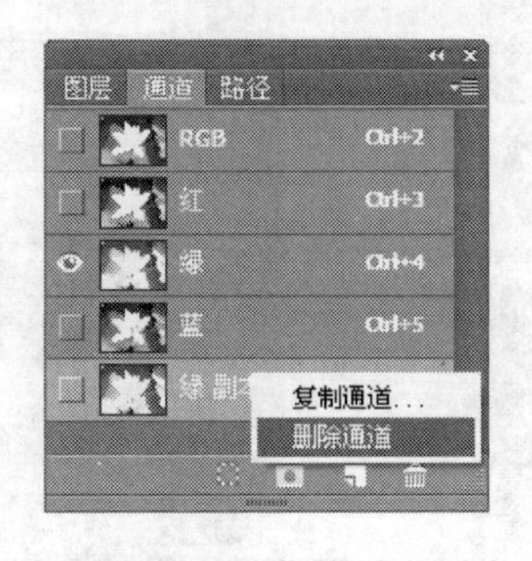

图 8-28　右键菜单删除通道

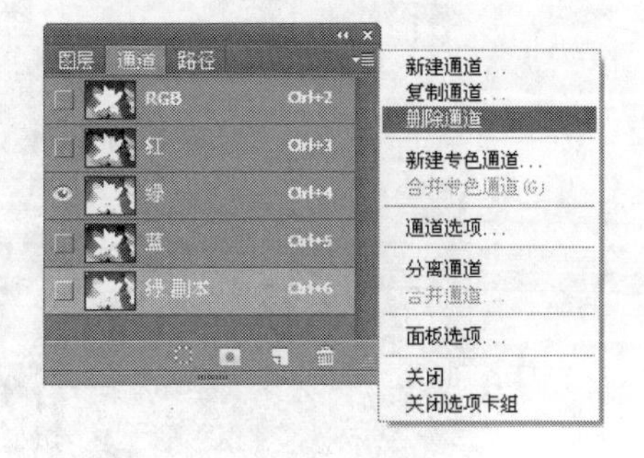

图 8-29　快捷菜单删除通道命令

8.2.5　分离与合并通道

有时，为了便于编辑图像，需要将一个图像文件的各个通道分开，使它们各自成为一个拥有独立图像窗口和通道控制面板的独立文件，各个通道文件可以独立编辑。当编辑完成后，再将各个独立的通道文件合成到一个图像文件中，这就是通道的分离与合并。

具体操作如下。

(1) 打开素材文件“第 8 章\素材\收获.jpg”，如图 8-30 所示，在通道面板的快捷菜单中可以进行分离通道的操作。

(2) 执行如图 8-31 所示的“分离通道”命令后，原来的 RGB 彩色图像就会分离为 R、G、B 三个灰色图像，即“收获.jpg_红.psd”、“收获.jpg_绿.psd”、“收获.jpg_蓝.psd”独立的图像文件，如图 8-32～图 8-34 所示。

图 8-30 素材图片

图 8-31 右键菜单分离通道命令

图 8-32 R 通道形成的灰度文件

图 8-33 G 通道形成的灰度文件

(3) 选择上面任意一个分离出来的通道文件，打开通道面板的菜单，则“分离通道”的命令被“合并通道”代替，如图 8-35 所示。执行“合并通道”的命令，则打开如图 8-36 所示的“合并通道”对话框，合并通道需要按照一定的规则进行，即图像的模式。

图 8-34　B 通道形成的灰度文件

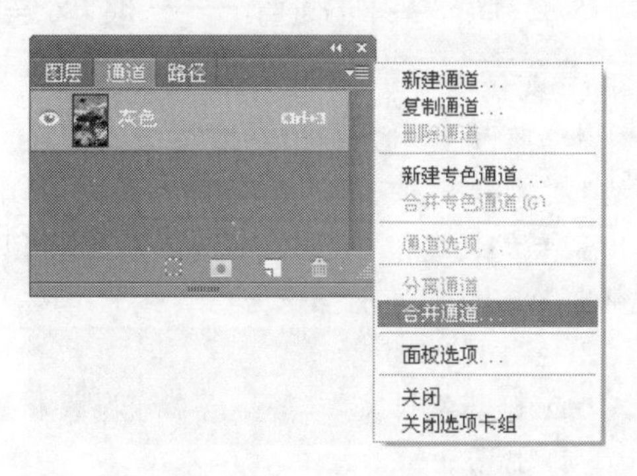

图 8-35　合并通道命令

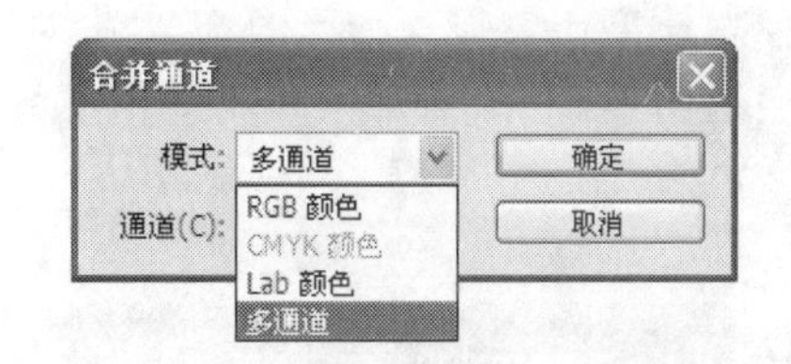

图 8-36　选择通道模式

(4) 选择 RGB 模式，则打开如图 8-37 所示的“合并 RGB 通道”对话框。默认情况下，将步骤(2)分离出的灰度图像“收获.jpg_红”指定为合并通道的红通道，灰度图像“收获.jpg_绿”指定为合并通道的绿通道，灰度图像“收获.jpg_蓝”指定为合并通道的蓝通道，则合并后会还原图像。

(5) 若在设置中改变了对应的通道，则合并后的图像会发生变化。图 8-38 所示为将灰度图像“收获.jpg_绿”指定为合并通道的红通道，灰度图像“收获.jpg_蓝”指定为合并通道的绿通道，灰度图像“收获.jpg_红”指定为合并通道的蓝通道后合并的图像。

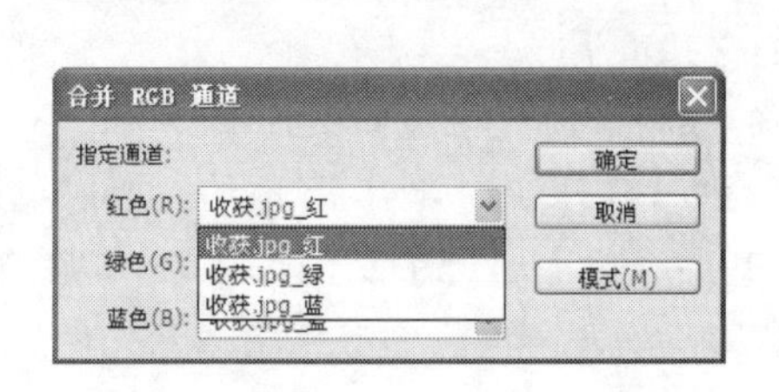

图 8-37　合并通道对话框

图 8-38　改变对应通道后组成的图像

8.2.6 实例制作——抠取莲花图像

1. 实例简介

本实例介绍利用通道抠取图像的方法。在本实例制作的过程中，使用“复制通道”、“调整曲线”、“画笔工具”等对复制的通道进行调整，制作出需要的图像。通过本实例的制作，可以使读者掌握 Alpha 通道的操作方法。

2. 实例制作步骤

(1) 打开素材文件“第 8 章\练习素材\荷花.jpg”，如图 8-39 所示。

(2) 打开通道面板，观察 RGB 三个通道，其图像如图 8-41～图 8-43 所示，由图可以看出，红通道的图像对比度比较强。选择图 8-41 中对比度最强的红通道图像。

图 8-39 荷花图片

图 8-40 通道面板

图 8-41 R 通道

图 8-42 G 通道

图 8-43 B 通道

(3) 复制红通道，得到图 8-44 所示红副本通道，红副本通道图像如图 8-45 所示。

(4) 选择红副本，选择“图像”|“调整”|“曲线”命令，打开如图 8-46 所示的“曲线”对话框。在“曲线对话框”中选择黑色吸管如图 8-47 所示，单击红副本通道中灰黑的区域，把除了莲花以外的区域变成黑色，如图 8-48 所示；选择如图 8-49 所示白吸管，单击红副本灰白的区域，把莲花变成纯白色，如图 8-50 所示。

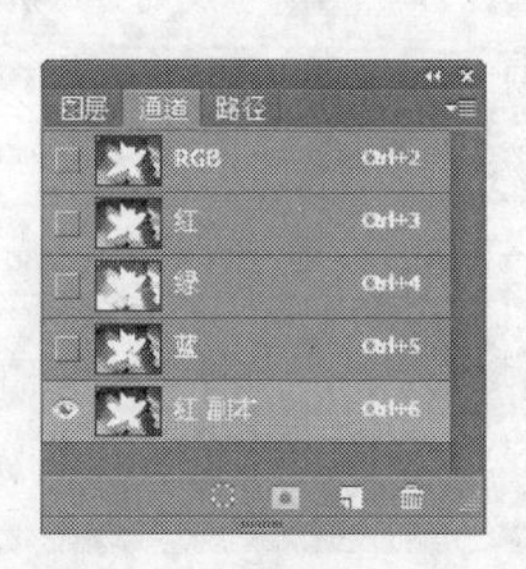

图 8-44　红副本通道

图 8-45　红副本通道图像

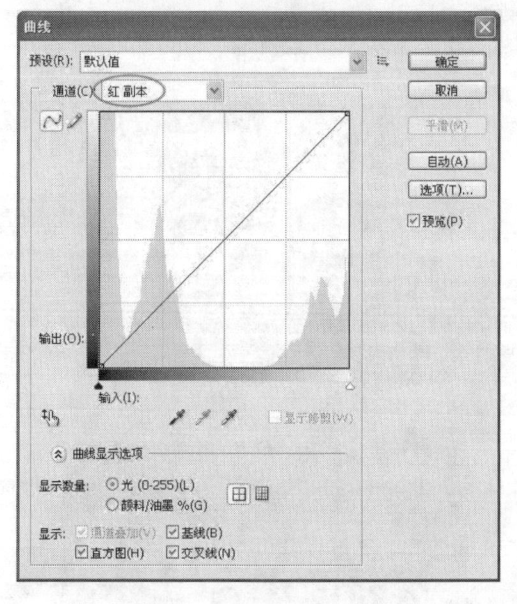

图 8-46　调整曲线对话框

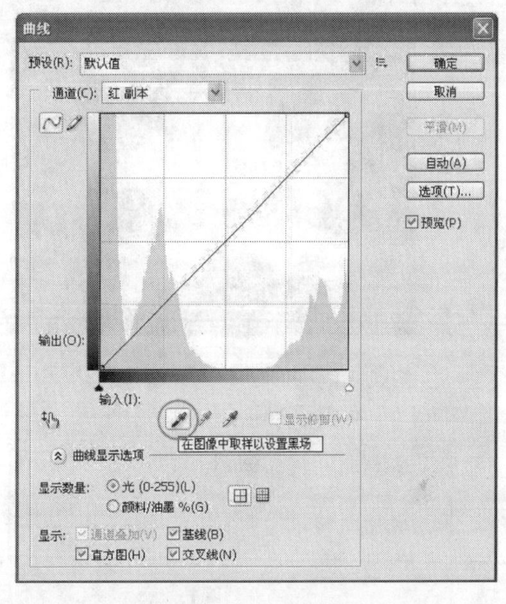

图 8-47　图像中取样设置黑场

图 8-48　背景变为黑色

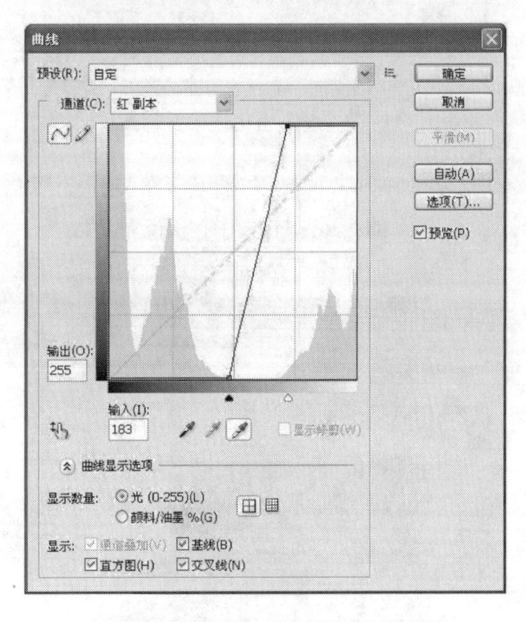

图 8-49　图像中取样设置白场

（5）修改红副本。选择“画笔工具”，画笔设置为尖角 36 像素，前景色设置为黑色，在黑色背景中涂抹没有变黑的杂色；再把前景色设置为白色，在莲花的内部涂抹剩余的杂色，使得到的莲花选区全为白色。选区修改完毕，如图 8-51 所示。通道面板如图 8-52 所示。

图 8-50　莲花变为白色

（6）打开图层面板，选择莲花图层，选择“选择”|“载入选区”命令，打开“载入选区”对话框，选择红副本，单击“确定”按钮，如图 8-53 所示。显示选中的莲花的选区如图 8-54 所示。

图 8-51　修改后的莲花

图 8-52　通道面板

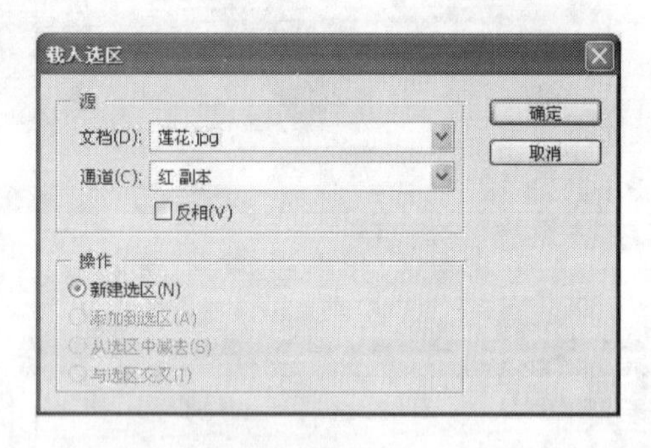

图 8-53　载入莲花选区对话框

图 8-54　莲花选区

（7）选择“拷贝”|“粘贴”命令，在新建的图层 1 上复制莲花图像，如图 8-55 所示。隐藏背景图层，复制出的莲花图像如图 8-56 所示。

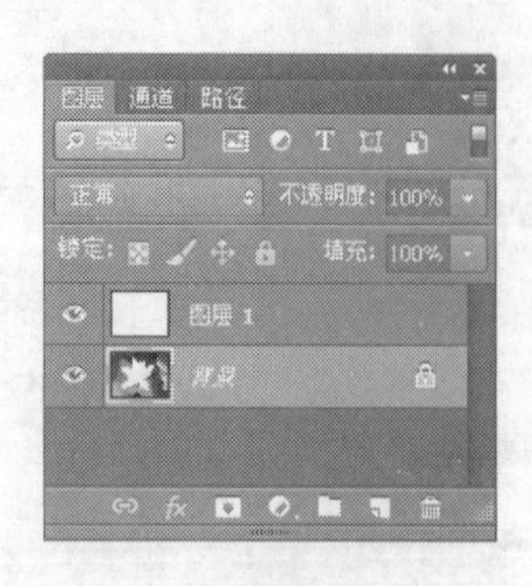

图 8-55　复制出图层 1

图 8-56　莲花显示效果

(8) 新建图层 2,设置前景色为黑色,按 Alt+Del 键填充黑色,并拖曳到莲花图层的下面,图层面板如图 8-57 所示。得到如图 8-58 所示的效果,至此把莲花抠图完成。

图 8-57　添加黑色背景

图 8-58　抠取莲花的最终效果

8.3　蒙版

蒙版是 Photoshop 中最准确的选择工具和遮盖工具,能控制图层中图像的显示、隐藏、分离和保护图像的局部区域。与其他图像处理的工具不同,对蒙版的编辑可以使用绘图工具、选区修改及渐变工具、滤镜等,从而获得不同的图像合成效果,同时这些操作都不会影响源图像。

8.3.1　蒙版简介

在 Photoshop 中,蒙版主要分为两大类:一类的作用主要是为图层创建透明区域,而又不改变图层本身的图像内容,包括矢量蒙版、图层蒙版和剪贴蒙版;另一类的作用类似于选择工具,用于创建复杂的选区,包括快速蒙版、横排文字蒙版和直排文字蒙版。

8.3.2　图层蒙版

图层蒙版存在于图层之上,图层是它的载体,使用图层蒙版可以控制图层中不同区域的隐藏和显示,并可通过编辑图层蒙版将各种特殊效果应用于图像上,且不会影响该图层的像素。图层蒙版是 256 阶的灰度图像,因此用纯黑色绘制的内容将会完全隐藏,用纯白色绘制的内容将会完全显示,而中间灰色调绘制的内容则以不同的灰度显示。

为图层添加蒙版的方法有如下几种。

1. 利用命令“图层”|“图层蒙版”|“显示全部或隐藏全部”绘制纯白或纯黑的蒙版

(1) 新建文件,模式为 RGB,设置“宽度”为 8.9 厘米,“高度”为 12.7 厘米,“分辨率”为 100 像素/英寸,背景为白色。

(2) 单击工具箱下方的“设置前景色”按钮,打开“拾色器”对话框,设置颜色为粉红(R 为 250,G 为 110,B 为 202),按 Alt+Del 键,将背景图层填充前景色,如图 8-59 所示。

(3) 打开素材文件“第 8 章\素材\喷泉.jpg”,并导入到新建文件中,如图 8-60 所示。

(4) 选择“图层”|“图层蒙版”|“显示全部”命令,则添加图层蒙版后,为喷泉图层添加一个纯白的蒙版,图像的最终效果不会改变,如图 8-61 所示。

图 8-59　新建粉色背景文件

(5) 在"图层 1"的纯白蒙版上右击,在弹出的快捷菜单中选择"删除图层蒙版"命令,如图 8-62 所示。

图 8-60 导入喷泉图片效果

图 8-61 为图层添加蒙版

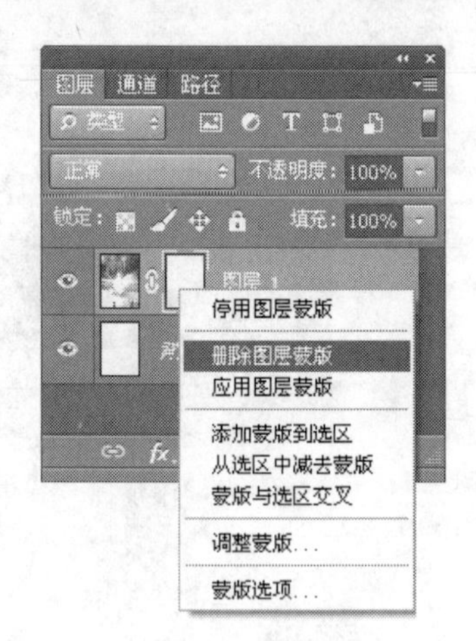

图 8-62 删除纯白蒙版

(6) 选择"图层"|"图层蒙版"|"隐藏全部"命令,为喷泉图层添加一个纯黑的蒙版,如图 8-63 所示。图像的最终效果是隐藏"图层 1"后的全部图像,只显示粉色的背景图层。

2. 利用选区创建蒙版

若图像中存在选区,则可以利用选区为图层创建蒙版。

(1) 打开素材文件"第 8 章\素材\喷泉.jpg",如图 8-64 所示,背景层为粉色,图层 1 为喷泉风景图片,如图 8-65 所示。

图 8-63 添加纯黑蒙版

图 8-64 导入喷泉图片

图 8-65 图层面板显示

(2) 制作一个蝴蝶选区(蝴蝶选区的制作,可以利用自定义图形工具绘制蝴蝶路径,并转化为选区),如图 8-66 所示。单击如图 8-67 所示面板下面的"添加蒙版"按钮,制作一个图层蒙版,效果如图 8-68 所示。

3. 使用图层面板按钮 创建蒙版。

单击"创建图层蒙版"按钮,可为图层创建纯白色内容的蒙版,要想创建纯黑色内容的蒙版可以利用画笔工具填充为黑色。此外可以用画笔在纯白和纯黑色的蒙版上进行绘制,以制作局部蒙版的效果。

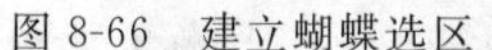
图 8-66　建立蝴蝶选区

图 8-67　单击“添加蒙版”按钮

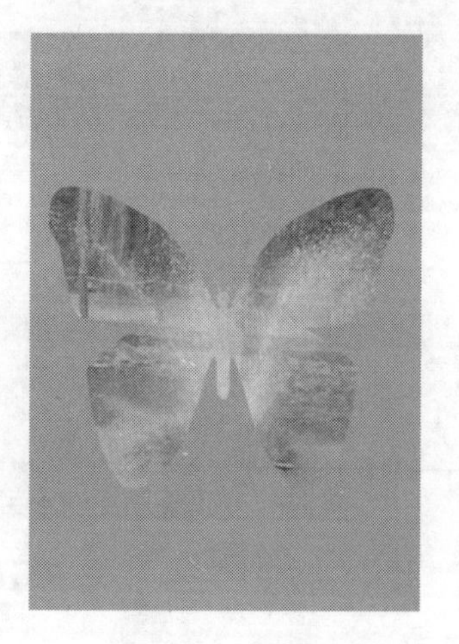
图 8-68　最终效果

(1) 新建图像文件，并在文件中打开素材文件“第 8 章\素材\莲花 2.jpg”，如图 8-69 所示。设置背景层为黑色，“图层 1”为莲花图片。

(2) 点击图层面板下的“添加蒙版”按钮，为莲花图层添加蒙版，默认为白色，如图 8-70 所示。因为蒙版为白色，所以莲花为全部显示。若选择已经添加的白色蒙版，选择“图像”|“调整”|“反相”命令，则白色的蒙版会变为黑色，则莲花被全部隐藏，则显示背景的黑色图层。

图 8-69　导入素材图片

图 8-70　添加纯白蒙版

(3) 选择工具箱中的“画笔工具”，笔刷大小为 160 像素，单击工具箱的设置前景色，选择黑色，在莲花图层上单击白色的蒙版，并用黑色的画笔在其上面涂抹，则相应的被涂抹的位置的莲花图片的部分像素会隐藏，从而显示出需要显示的部分。效果如图 8-71 所示，图层面板如图 8-72 所示。

8.3.3　剪切蒙版

剪切蒙版是由基层与内容层组成的一个特殊的相邻的图层组合，通过使用基层的形状来限制内容层的显示，位于下方的图层起到蒙版的作用，位于上方的图层以下方的图层为蒙版，剪切蒙版中基层只能有一个，而内容层则可以有无数个。

(1) 新建文件，模式为 RGB，设置“宽度”为 8.9 厘米，“高度”为 12.7 厘米，“分辨率”为 100 像素/英寸，背景为白色。

图 8-71　黑色画笔在蒙版背景涂抹

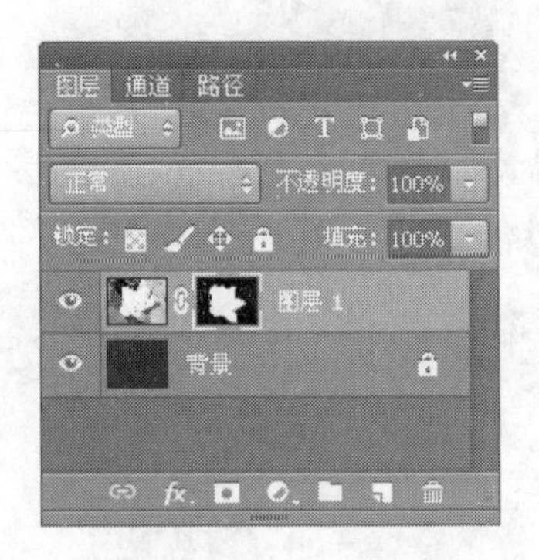

图 8-72　通道蒙版显示

(2) 单击工具箱下方的“设置前景色”按钮，打开“拾色器”对话框，设置颜色为粉红(R 为 227,G 为 207,B 为 151)，按 Alt+Del 组合键，将背景图层填充前景色。

(3) 新建图层，命名为“图层 1”，单击“自定义形状工具”，绘制“树叶”形状图形。

(4) 打开素材文件“第 8 章\素材\花. jpg”，如图 8-73 所示，导入到新建文件中，如图 8-74 所示。

图 8-73　导入素材图片

图 8-74　建立图层 1 树叶形状图层

(5) 用以下方法为图层添加剪切蒙版，效果如图 8-75 所示。

- 按住 Alt 键，在基层与内容层中间出现图标后点左键。
- 选中内容图层，选择“图层”|“创建剪切图层”命令，要释放图层，则选择“图层”|“释放剪切图层”命令。
- 选中内容图层，单击图层面板上的快捷菜单，选择“创建剪贴图层”的命令。
- 按 Ctrl+Alt+G 键，即创建剪贴蒙版。

通过上面的方法进行操作，最终效果如图 8-75 所示。图层面板如图 8-76 所示。

8.3.4　矢量蒙版

矢量蒙版用于创建基于矢量形状的边缘清晰的设计元素。矢量蒙版以钢笔勾勒的路径或形状工具所绘制的路径为基础制作蒙版，对图层的显示进行控制和调整。矢量蒙版的缩览图

图 8-75　最终效果

图 8-76　把图层 2 设置为图层 1 的剪切图层

不同于图层蒙版，图层蒙版缩览图代表添加图层蒙版时创建的灰度通道，有 256 阶灰度，而矢量蒙版的缩览图只呈现灰色、白色两种颜色和里面的路径，代表从图层内容中剪下来的路径。

在矢量蒙版中，形状的制作很关键，主要使用工具箱中不同的形状工具，即矩形形状工具、圆角矩形形状工具、椭圆形状工具、多边形形状工具、直线工具和自定义形状工具、填充路径创建的形状、钢笔工具直接绘制的形状、用文字工具制作的形状文字转化为矢量图形。

(1) 新建文件，模式为 RGB，设置“宽度”为 8.9 厘米，“高度”为 12.7 厘米，“分辨率”为 100 像素/英寸，背景为白色。

(2) 单击工具箱下方的“设置前景色”按钮，打开“拾色器”对话框，设置颜色为紫色(R 为 157，G 为 92，B 为 194)，按 Alt+Del 键，将背景图层填充前景色。

(3) 打开素材文件“第 8 章\素材\河流.jpg”并复制到新建的文件中，如图 8-77 所示。图层面板如图 8-78 所示。

图 8-77　打开素材图片

图 8-78　图层面板

(4) 选择“图层 1”，单击“自定义形状工具”，绘制如图 8-79 所示的图形。路径面板如图 8-80 所示。

(5) 执行“图层”|“矢量蒙版”|“当前路径”，则矢量路径以外的图像被遮住，如图 8-81 和图 8-82 所示。最终效果如图 8-83 所示。

图 8-79　制作树形路径

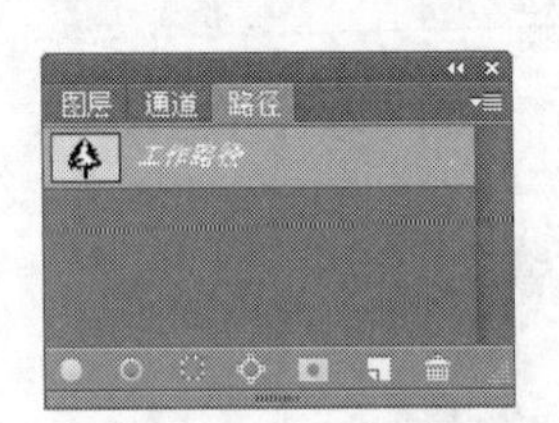

图 8-80　路径面板显示

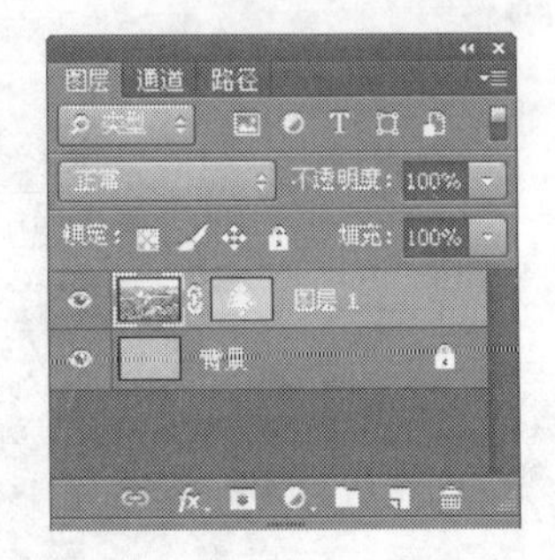

图 8-81　把路径设置为蒙版

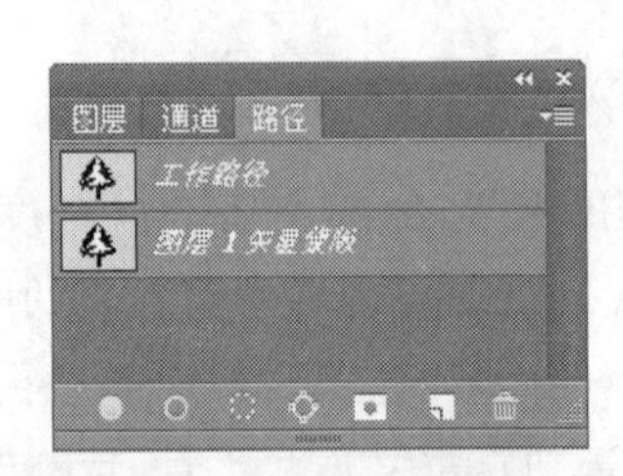

图 8-82　路径面板显示

图 8-83　最终效果

8.3.5　创建文字蒙版

通过工具箱中的横排文字蒙版工具和直排文字蒙版工具，可以创建文字蒙版，即文字选区。利用这些文字选区可以给图层添加图层蒙版，制作彩色文字。

(1) 新建文件，模式为 RGB，设置“宽度”为 3 厘米，“高度”为 7 厘米，“分辨率”为 100 像素/英寸，背景为白色。

(2) 单击工具箱下方的“设置前景色”按钮，打开“拾色器”对话框，设置颜色为粉红(R 为 250，G 为 110，B 为 202)，按 Alt＋Del 键，将背景图层填充前景色。

(3) 打开素材文件“第 8 章\素材\荷花 3.jpg”，并导入到新建文件中，如图 8-84 和图 8-85 所示。

图 8-84　打开素材图片

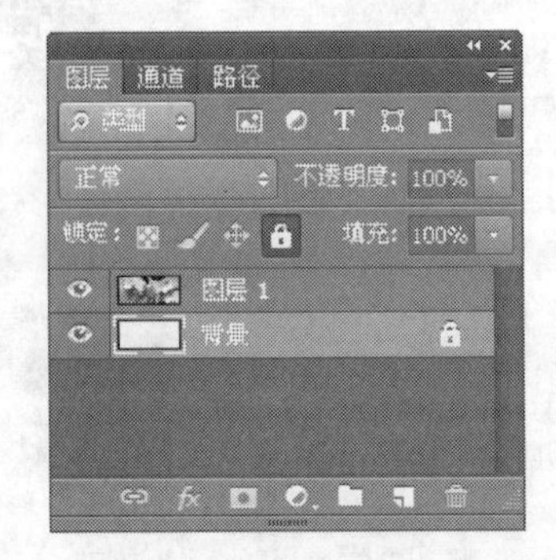

图 8-85　图层面板显示

(4) 单击工具箱“文字工具”，选择“横排文字蒙版”工具，如图 8-86 所示。在文件上书写“彩色文字”，不同于横排文字工具，用文字蒙版工具不会建立文字图层，只会在文件中建立如

图 8-87 所示的选区。

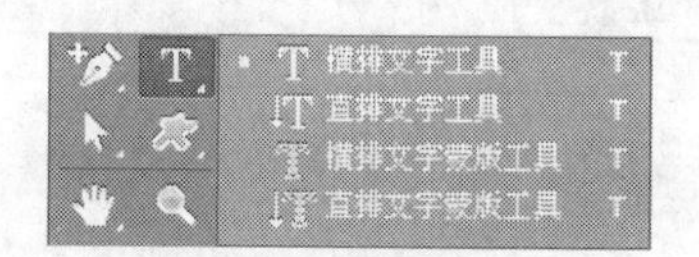

图 8-86　选择横排文字工具

图 8-87　书写选区文字

(5) 执行“图层”|“图层蒙版”|“显示选区”命令，如图 8-88 所示，则会给图片添加上文字蒙版，效果如图 8-89 所示。文字蒙版如图 8-90 所示。

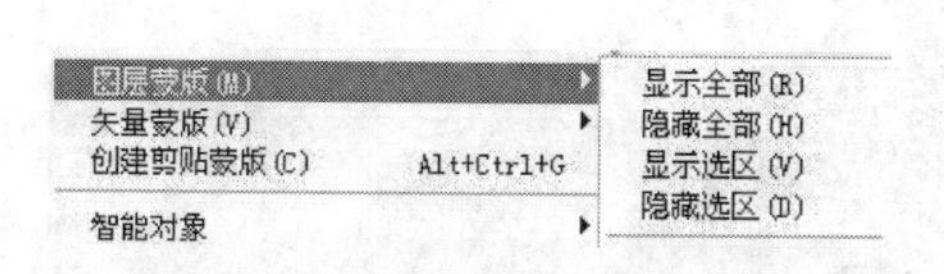

图 8-88　执行显示选区命令

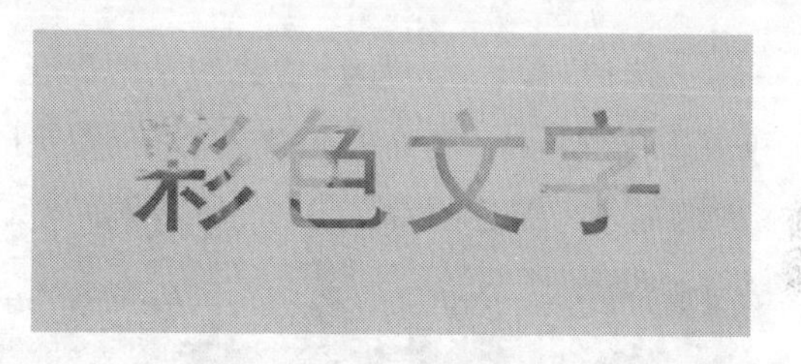

图 8-89　最终效果

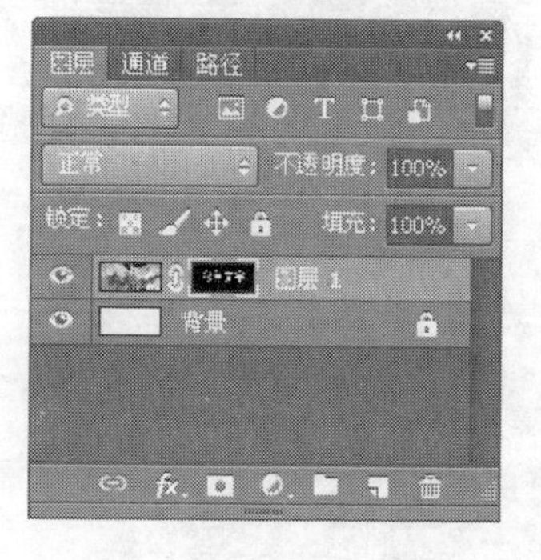

图 8-90　图层上的文字蒙版

8.3.6　蒙版的编辑

在蒙版中，矢量蒙版和剪切蒙版都是为了制作特殊形状的内容效果，一般不需要编辑蒙版层，这里主要介绍利用各种方法对图层蒙版的编辑。

1. 利用绘图工具编辑图层蒙版

使用绘图工具编辑蒙版是最常用的一种蒙版编辑方法。绘图工具操作相对灵活，通过选用不同的画笔在蒙版上绘制，蒙版效果也会不同。

图层蒙版是灰度图像，采用黑色在蒙版图层上进行涂抹，涂抹的区域所对应图像将被隐藏，显示下面图层的内容。相反采用白色在蒙版图层上涂抹，则涂抹的区域所对应图像将被显示。

(1) 打开素材文件“第 8 章\素材\桥. jpg”，如图 8-91 所示。

(2) 打开素材文件“第 8 章|素材|莲花. jpg”，如图 8-92 所示。按 Ctrl＋A 键选择图片，并按 Ctrl＋C 键把图片复制到剪切板上，选择打开的“桥. jpg”文件，按 Ctrl＋V 键，把莲花图片粘贴到文件中，自动建立图层 1，如图 8-93 所示。

(3) 单击移动工具，调整莲花图片的位置。图层面板，如图 8-94 所示。

(4) 选择“图层 1”，单击图层面板上“添加蒙版”按钮，给图层添加蒙版，默认蒙版为全部显示，如图 8-95 所示。

图 8-91　素材图像 1

图 8-92　素材图像 2

图 8-93　复制素材 2 到素材 1 文件中

(5) 选择“画笔工具”，设置前景色为黑色，在蒙版上涂抹，如图 8-96 所示，则莲花图层的一部分图像被遮住，效果如图 8-97 所示，两张图片实现无缝合成。

图 8-94　图层面板

图 8-95　添加蒙版

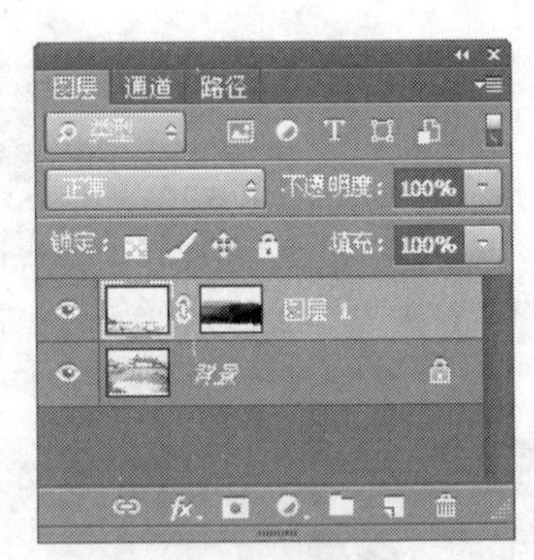

图 8-96　修改蒙版

图 8-97　最后效果

2. 利用“渐变工具”编辑图层蒙版

为图层添加图层蒙版以后，可以用工具箱中的“渐变工具”对蒙版进行编辑。使用渐变工具可以制作淡入淡出的效果，使两张或多张要混合的图像之间过渡自然，在合成图像中常被应用。

(1) 打开素材文件“第 8 章\素材\小羊.jpg”，如图 8-98 所示。

(2) 打开素材文件“第 8 章\素材\风景.jpg”如图 8-99 所示。并复制到“小羊.jpg”文件中，自动建立“图层 1”，如图 8-100 所示。

图 8-98　素材图像 3

图 8-99　素材图像 4

(3) 单击图层面板上“添加蒙版”按钮，给图层 1 添加“全部显示”蒙版，如图 8-101 所示。

图 8-100　复制图像

图 8-101　添加蒙版

(4) 单击“渐变工具”，设置渐变色 0 位置为黑色，100 位置为白色，渐变填充方式为“径向渐变”，从中心到边缘拖曳鼠标，则背景层的小羊显示出来，效果如图 8-102 所示。图层面板，如图 8-103 所示。

图 8-102　最终效果

图 8-103　最终效果图层面板

3. 利用“选区工具”与“油漆桶工具”编辑图层蒙版

图层蒙版创建完成以后，单击蒙版缩略图，可以通过选区工具对蒙版图像创建选区，选择

“油漆桶工具”，在选区中填充黑色，对应选区内的图像被隐藏，填充选区白色则显示被隐藏的图像内容，填充选区灰色就会使选区内的图像渐隐。

(1) 打开素材文件“第 8 章\素材\桃花.jpg”，效果如图 8-104 所示。

(2) 打开素材文件“第 8 章\素材\山.jpg”，效果如图 8-105 所示。

图 8-104　素材图像 5

图 8-105　素材图像 6

(3) 把“山.jpg”复制到“桃花.jpg”文件中，如图 8-106 所示。

(4) 单击图层面板下面的“添加蒙版”按钮，给复制完成的图层 1 添加蒙版，如图 8-107 所示。

图 8-106　复制图像

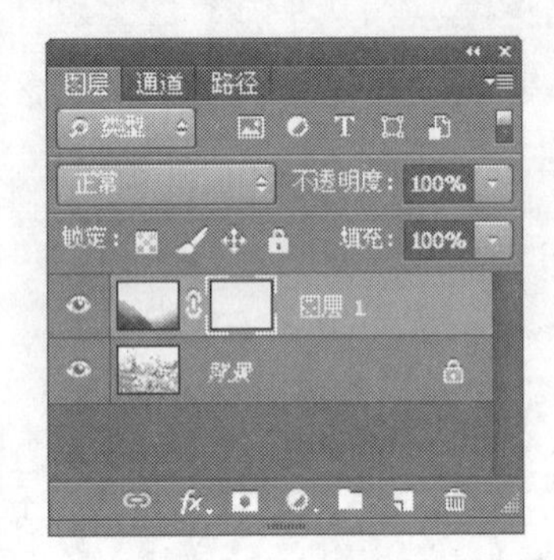

图 8-107　添加蒙版

(5) 单击“自定义形状”工具，绘制如图 8-108 所示的鸽子路径。路径面板如图 8-109 所示。将路径转化为选区，如图 8-110 所示。

图 8-108　自定义形状路径

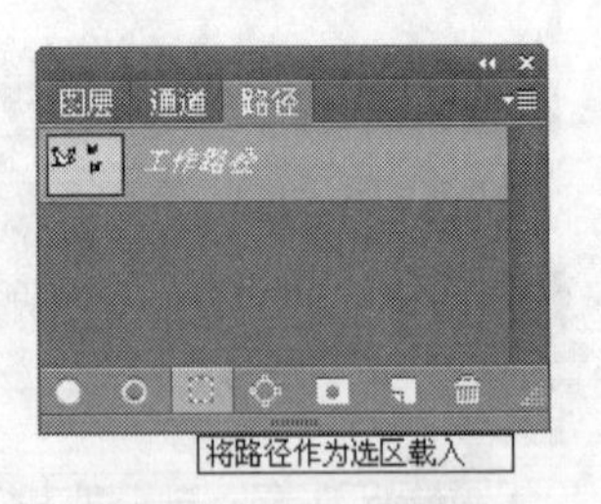

图 8-109　路径面板

(6) 设置前景色为黑色，单击“油漆桶工具”，在蒙版上有选区的位置填充黑色，图层面板如图 8-111 所示。为“图层 1”建立选区蒙版，效果如图 8-112 所示。

图 8-110　路径转化为选区

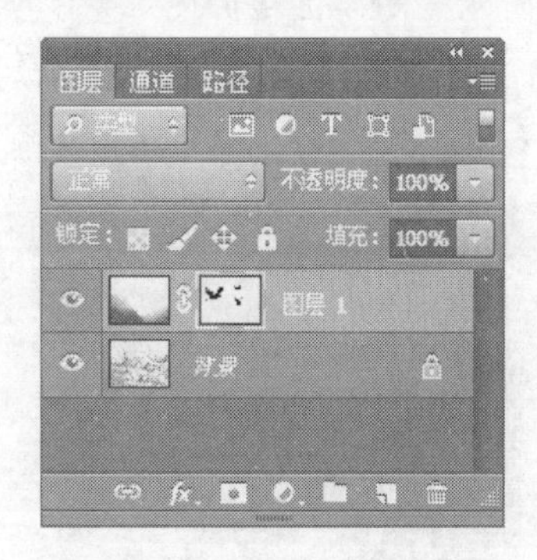

图 8-111　填充蒙版选区

(7) 按 Ctrl+D 键，取消选区，最终效果如图 8-113 所示。

图 8-112　建立选区蒙版

图 8-113　最终效果

4. 利用滤镜编辑图层蒙版

滤镜是 Photoshop 中十分强大的功能，使用滤镜可以为图像添加各种特殊效果。滤镜在蒙版编辑中不常用，但是却起着蒙版编辑中画龙点睛的作用。

(1) 新建一幅 RGB 模式图像，设置“宽度”为 6 厘米，“高度”为 5 厘米，“分辨率”为 72 像素/英寸，背景为白色。

(2) 打开素材文件“第 8 章\素材\红叶.jpg”，效果如图 8-114 所示

(3) 复制图片“红叶.jpg”到新建的文件中，图层面板如图 8-115 所示。

图 8-114　素材图像 7

图 8-115　图层面板

(4) 给图层1添加蒙版,如图8-116所示。

(5) 单击图层面板的蒙版,执行“滤镜”|“渲染”|“分层云彩”命令修改图层蒙版。效果如图8-117所示。图层面板如图8-118所示。

图8-116 添加蒙版

图8-117 执行“分层云彩”滤镜效果

(6) 执行“滤镜”|“扭曲”|“旋转扭曲”命令,如图8-119所示。设置扭曲角度为433°,单击“确定”按钮。图层面板如图8-120所示,最终效果如图8-121所示。

图8-118 图层面板

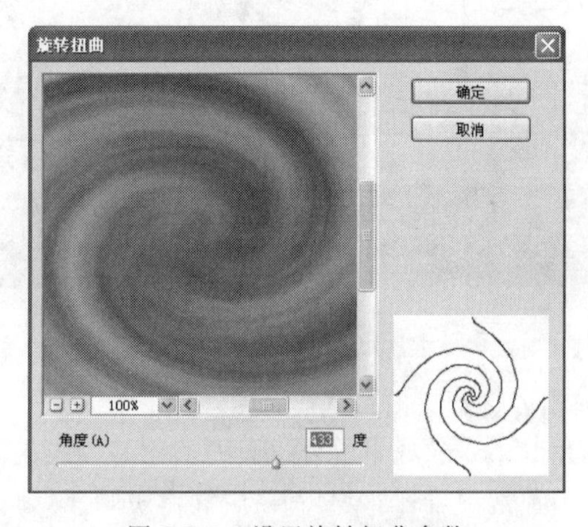

图8-119 设置旋转扭曲参数

图8-120 修改图层蒙版

图8-121 效果显示

8.3.7　实例制作——亲亲宝贝

1. 实例简介

本实例制作一幅以亲亲宝贝为主题的个人写真照。在本实例制作的过程中，使用“添加图层蒙版”、“路径转化为选区”、“图层样式”等工具制作模板。通过本实例的制作，可以使读者掌握给图层添加蒙版的操作方法。

2. 实例制作步骤

(1) 执行“文件”|“新建”命令，打开新建对话框，设置名称为“亲亲宝贝”，“宽度”为 14cm，“高度”为 10cm，“分辨率”为 100 像素/英寸，“颜色模式”为 RGB，“背景内容”为白色，如图 8-122 所示。

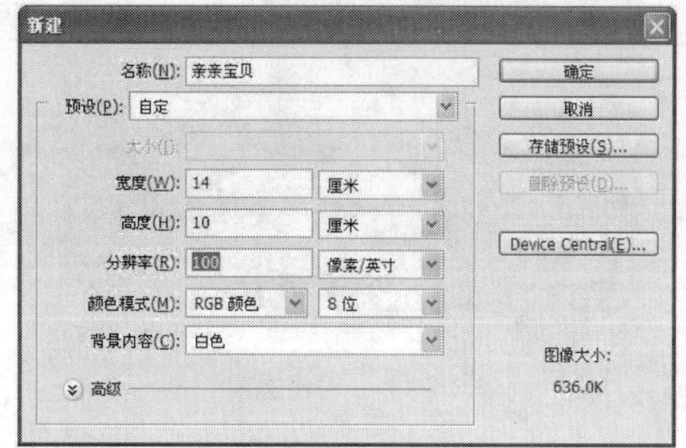

图 8-122　新建文件

(2) 单击工具箱下方的“设置前景色”按钮，打开“拾色器”对话框，设置颜色(R 为 198，G 为 119，B 为 60)，单击“确定”按钮后，按 Alt＋Del 键，用背景图层填充前景色，如图 8-123 所示。

(3) 单击工具箱中的“减淡工具”按钮，选择属性栏的画笔样式为“柔角 200 像素”，设置曝光度为 14%，然后在图像上涂抹，制作高光的效果。再单击工具箱中的“加深工具”按钮，选择属性栏中的画笔样式为“143 柔角像素”，设置曝光度为 20%，在图像中相应区域涂抹，制作阴影的效果，效果如图 8-124 所示。

图 8-123　填充前景色

图 8-124　制作阴影和高光

(4) 选取工具箱中的“椭圆工具”，将鼠标指针移至图像编辑窗口中的合适位置，按住 Alt＋Shift 键，拖曳鼠标绘制一个正圆形选区。执行“选择”|“修改”|“羽化”命令，在弹出的羽化选区对话框中设置羽化半径为 80，单击“确定”按钮，羽化选区，效果如图 8-125 所示。

(5) 按 D 键，恢复系统默认的前景色和背景色，按 X 键，切换前景色和背景色。选取工具箱中的渐变工具，单击工具属性栏上的“可编辑渐变”按钮，在“渐变编辑器”对话框中单击“预设”选项区中的“从前景色到透明渐变”色块，渐变条上即可显示相应的渐变色，参数设置如图 8-126 所示。

(6) 新建“图层 1”，将鼠标指针移至圆形选区的中心，由中心至外拖曳径向渐变，拖曳至合适位置后释放鼠标左键，即可填充相应的径向渐变色，按 Ctrl＋D 键取消选区，效果如图 8-127 所示。

(7) 复制图层 1，得到图层 1 副本，并调整图层 1 副本的位置，如图 8-128 所示。

图 8-125　羽化选区

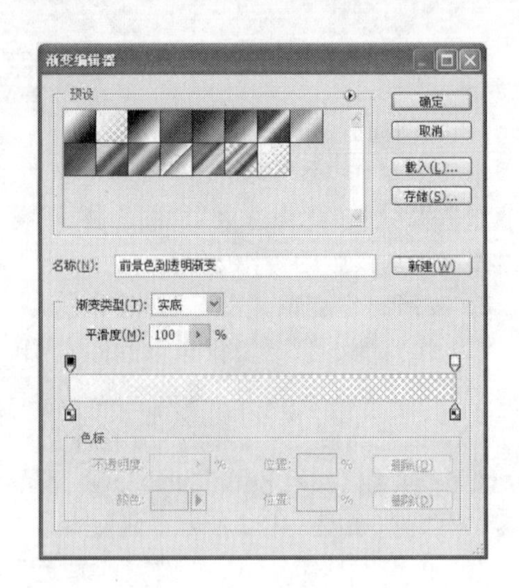

图 8-126　渐变色设置

图 8-127　填充渐变色

图 8-128　复制渐变色图层

(8) 单击工具箱中的“矩形选框工具”按钮，在窗口中绘制选区，如图 8-129 所示。

(9) 新建“图层 2”，设置前景色(R 为 167，G 为 98，B 为 47)，并按 Alt+Del 键填充选区颜色，按 Ctrl+D 键取消选区，如图 8-130 所示。

图 8-129　制作矩形选框

图 8-130　填充矩形框颜色

(10) 单击工具箱中的“矩形工具”按钮，单击属性栏的路径按钮，在窗口中绘制矩形路径，如图 8-131 所示。

(11) 按 Ctrl＋Alt＋T 键,打开自由变换调节框,并向下垂直移动路径,按 Enter 键确定。

(12) 按 Ctrl＋Alt＋Shift＋T 键,重复上一次的移动复制操作,如图 8-132 所示。

图 8-131　绘制矩形路径

图 8-132　复制路径

(13) 按 Ctrl ＋Enter 键,将路径转换为选区,如图 8-133 所示。按 Delete 键,删除选区内容,按 Ctrl＋D 键取消选区,如图 8-134 所示。

图 8-133　路径转化为选区

图 8-134　删除选区内容

(14) 双击"图层 2",打开"图层样式"对话框,在对话框中选中"外发光复选框",设置颜色(R 为 166,G 为 54,B 为 14),并设置其他参数如图 8-135 和图 8-136 所示。

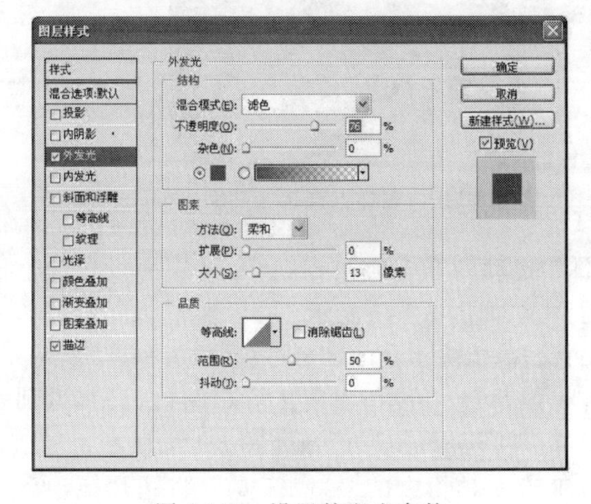

图 8-135　设置外发光参数

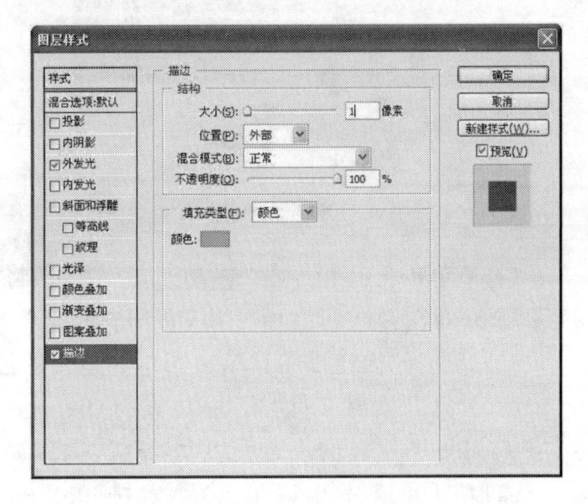

图 8-136　设置描边参数

(15) 打开"描边"对话框，设置大小为"2 像素"，设置颜色(R 为 227，G 为 158，B 为 158)。模板效果如图 8-137 所示。图层面板如图 8-138 所示。

图 8-137　模板效果显示

图 8-138　模板图层面板

(16) 执行"文件"|"打开"命令，打开素材文件"第 8 章\素材\01.jpg"，如图 8-139 所示。

(17) 选取"椭圆工具"，将鼠标指针移至图像编辑窗口中的合适位置，拖曳鼠标绘制一个椭圆选区。执行"选择"|"修改"|"羽化"命令，在弹出的羽化选区对话框中设置羽化半径为 35，单击"确定"按钮，羽化选区，效果如图 8-140 所示。

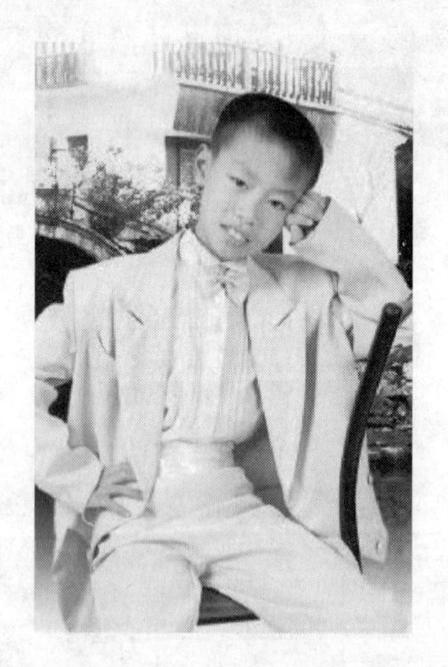

图 8-139　素材图片

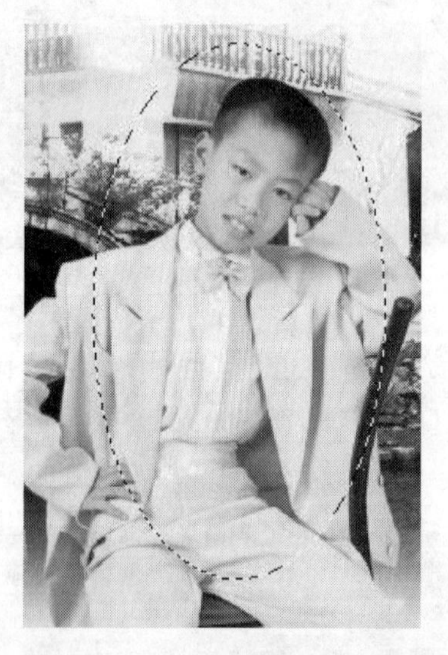

图 8-140　制作椭圆选区并羽化

(18) 单击工具箱中的"移动工具"按钮，将图片拖动到亲亲宝贝窗口中，图层面板自动生成图层 3，对图片进行自由变换，并调整到适当的位置，如图 8-141 所示。

(19) 选择"橡皮擦工具"，在图层 3 适当的位置涂抹，擦除多余的部分，效果如图 8-142 所示。

(20) 打开素材文件"第 8 章\素材\02.jpg"，如图 8-143 所示，重复步骤(16)～(19)，得到图层 4，设置图层 4 的不透明度为 77%，效果如图 8-144 所示，图层面板如图 8-145 所示。

(21) 打开素材文件"第 8 章\素材\03.jpg"，单击工具箱中的"移动工具"，将图片拖动到"亲亲宝贝.psd"窗口中，图层面板自动生成图层 5。对图层 5 进行"自由变换"并拖曳"图层 5"

到“图层 2”下，效果如图 8-146 所示。

图 8-141　拖曳图片到文件中

图 8-142　橡皮擦修改图片

图 8-143　打开素材图片

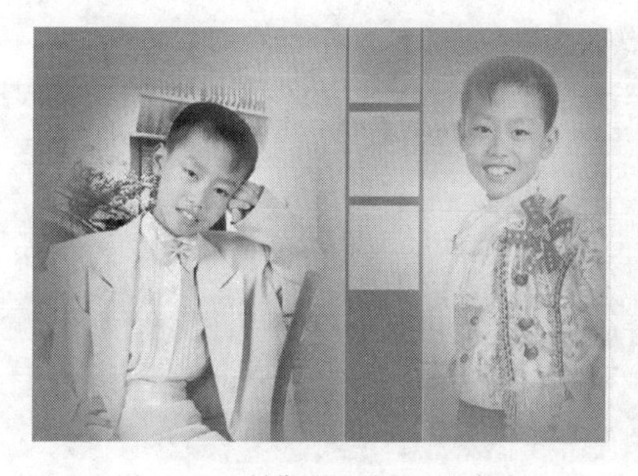

图 8-144　制作选区并导入文件中

图 8-145　图层面板显示

图 8-146　导入图片到文件中

(22) 选择“图层 2”，并单击工具箱中的“魔棒工具”按钮，在窗口中选择区域，如图 8-147 所示。

(23) 选择图层 5,单击图层面板下方的“添加图层蒙版”按钮,如图 8-148 所示。取消蒙版的链接如图 8-149 所示。

图 8-147　制作选区

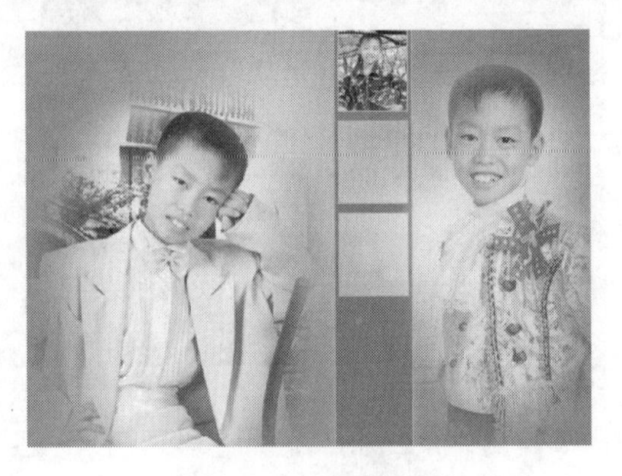

图 8-148　用选区制作蒙版

(24) 选择“图层 5”缩览图,调整图像的大小和位置,单击“确定”按钮,如图 8-150 所示。

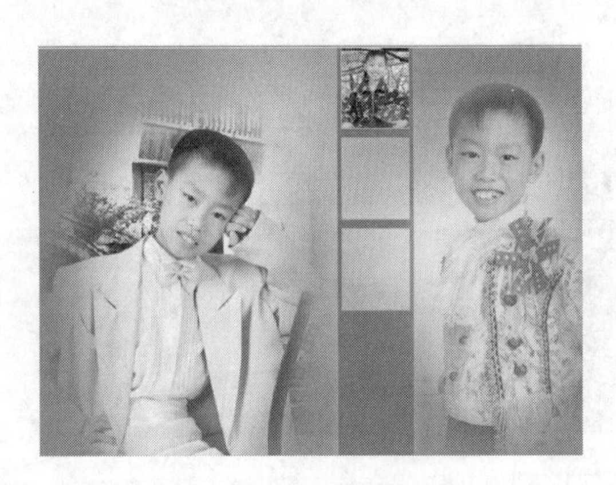

图 8-149　蒙版与图片的链接

图 8-150　链接调整位置及大小效果

(25) 打开素材文件“第 8 章\素材\04.jpg 和 05.jpg”,重复步骤(21)～(24),得到图像如图 8-151 所示。图层面板如图 8-152 所示。

图 8-151　导入其他两个图片

图 8-152　图层面板效果

(26) 为图层 5、6、7 分别添加色彩平衡调整图层，调整三个图层的颜色与整体颜色一致，如图 8-153～图 8-155 所示。图层面板，如图 8-156 所示。效果如图 8-157 所示。

图 8-153　调整图层 5 色彩平衡

图 8-154　调整图层 6 色彩平衡

图 8-155　调整图层 7 色彩平衡

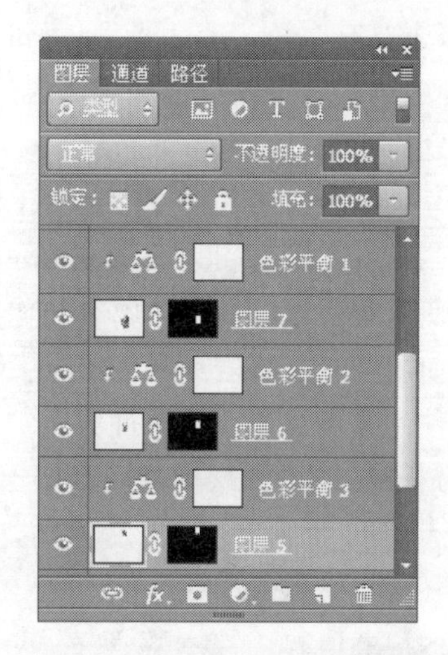

图 8-156　色彩平衡调节面板显示

(27) 执行“文件”|“打开”命令，打开文字图片“亲亲宝贝. tif”，拖曳到“亲亲宝贝. psd”文件中，调整到适当位置，最终效果如图 8-158 所示。

图 8-157　调整色彩平衡后效果

图 8-158　添加文字后最终效果

8.4 本章小结

本章主要讲解了 Photoshop 的通道和蒙版的基本概念、分类和使用。通道和蒙版是 Photoshop 中的两个不可缺少的重要工具，图像处理中很多修改需要利用通道和蒙版来完成。

8.5 本章习题

1. 填空题

(1) Alpha 通道的主要的作用是________。

(2) 要将 Alpha 通道作为选区载入，需按住________键，并单击 Alpha 通道或使用菜单________。

(3) 蒙版主要有________、________和________。

(4) 在通道调板上可以加选和减选通道的功能键是________。

2. 选择题

(1) Photoshop 中下面对于图层蒙版叙述正确的是(　　)。

A. 使用图层蒙版可以隐藏或显示部分图像。

B. 使用蒙版可以在保持原有图像的方式下很好的混合两幅图像

C. 使用蒙版能够避免颜色损失

D. 使用蒙版可以改变文件大小

(2) 若为“图层 2”的图层增加一个图层蒙版，那么在通道调板中增加的临时蒙版通道名称是(　　)。

A. 图层 2 蒙版　　B. 通道蒙版

C. 图层蒙版　　D. Alpha 通道

(3) 如果在图层上增加一个蒙版，当要单独移动蒙版时下面(　　)是正确的。

A. 选择图层上的蒙版并选择移动工具移动

B. 选择图层上的蒙版并执行“选择”|“全选”命令，用选择工具拖动

C. 解锁掉图层与蒙版之间的锁并选择移动工具移动

D. 首先要解掉图层与蒙版之间的锁，再选择蒙版，然后选择移动工具就可移动了

(4) 在 RGB 模式的图像中加入一个新通道时，该通道是(　　)。

A. 红色通道　　B. 绿色通道

C. Alpha 通道　　D. 蓝色通道

8.6 上机实训

练习合成图片

根据提供的素材图“第 8 章\练习素材”如图 8-159～图 8-161 所示。综合运用 Photoshop CS6 中的工具，制作如图 8-162 所示的效果图。可以参照以下步骤进行操作练习。

图 8-159　素材图片 1

图 8-160　素材图片 2

图 8-161　素材图片 3

图 8-162　合成后图像

主要制作步骤如下。

(1) 打开素材文件“山峰.jpg”通道面板，复制蓝通道，得到蓝副本通道。

(2) 执行“图像”|“调整”|“亮度和对比度”命令，调整蓝副本对比度。

(3) 利用工具箱中“魔术棒工具”选择蓝副本中的天空部分，并存储选区。

(4) 打开素材文件“白云.jpg”并“复制”|“粘贴”到“山峰.psd”文件中。

(5) 选中白云图层，执行“选择”|“载入选区”，载入存入的天空选区，为白云图层添加蒙版。

(6) 打开素材文件“飞机.tif”，“复制”到“山峰.psd”文件中，调整飞机的大小和位置。

(7) 执行“图像”|“调整”|“亮度和对比度”命令，调整图像整体的亮度及对比度。

第9章 文字的应用

文字能够准确、直观地传递信息，是完整作品中必不可少的内容。在Photoshop中通过文字工具可以直接在图像中的相应位置输入文字，并可以对输入的文字进行字体、字号等基本设置以及变形、沿路径排列、文字样式等高级设置，从而使文字发挥出它的特殊作用。

本章主要内容：

- 文字的创建；
- 文字的编辑；
- 文字的艺术化处理；
- 文字样式。

9.1 文字的创建

T 横排文字工具 T
↓T 直排文字工具 T
横排文字蒙版工具 T
直排文字蒙版工具 T

图9-1 文字工具

单击工具箱中的“文字工具”，打开Photoshop的文字工具。Photoshop CS6有4种文字工具，分别是“横排文字工具”、“直排文字工具”、“横排文字蒙版工具”、“直排文字蒙版工具”，如图9-1所示。

“横排\直排文字工具”用于在图像中直接创建文字，“横排\直排文字蒙版工具”用于创建文字选区，然后对选区进行颜色或图案的填充，使文字内容更加丰富。

9.1.1 横排/直排文字工具

1. 横排文字工具

利用横排文字工具，可以在图像中输入横向排列的文字，操作如下。

（1）打开素材文件“第9章\素材\蓝天白云.jpg”，效果如图9-2所示。

图9-2 打开素材图像

（2）打开工具箱，选择文字工具中的“横排文字工具”T。

（3）在图像上单击，当鼠标变为闪烁的光标时，输入文字“蓝天白云”，横排文字创建完成。效果如图9-3所示。

2. “直排文字工具”

利用“直排文字工具”，可以在图像中输入纵向排列的文字，操作如下。

(1) 打开素材文件“第 9 章\素材\蓝天白云.jpg”。

(2) 打开工具箱,选择文字工具中的“直排文字工具”![IT]。

(3) 在图像上单击,当鼠标变为闪烁的光标时,输入文字“蓝天白云”,直排文字创建完成,效果如图 9-4 所示。

图 9-3　横排文字创建完成

图 9-4　直排文字创建完成

9.1.2　横排/直排文字蒙版工具

利用“横排/直排文字蒙版工具”,可以在图像中创建横排或直排文字的选区,即可进入半透明的蒙版中,在蒙版中输入文字,退出后即可得到文字选区。操作如下。

(1) 打开素材文件“第 9 章\素材\蓝天白云.jpg”。

(2) 打开工具箱,选择文字工具中的“横排文字蒙版工具”。

(3) 在图像上单击,图像变为半透明的红色,鼠标变为闪烁的光标,输入文字“蓝天白云”,退出文字工具后文字成为选区,效果如图 9-5 所示。

(4) 当文字成为选区后,即可利用选区的相关功能对文字进行处理。在此例中,先复制选区内的图像得到“图层 1”图层,再在图层面板中将图层混合模式设置为“叠加”。图层面板如图 9-6 所示。

图 9-5　文字选区

图 9-6　设置图层混合模式

(5) 双击“图层 1”图层,打开“图层样式”对话框,为文字添加“投影”和“外发光”效果,最终效果如图 9-7 所示。

9.1.3 横排/直排文字的转换

利用“横排文字工具”在图像中创建横排文字后，直接单击属性选项栏中的“切换文本取向”按钮，或选择菜单“文字”|“取向”|“垂直”命令，即可将横排文字转换为直排文字；反之，也可将直排文字转换为横排文字。操作如下。

(1) 打开素材文件“第9章\素材\山.jpg”，效果如图9-8所示。

图9-7 横排文字蒙版效果

图9-8 打开素材图像

(2) 利用“横排文字工具”，在图像中输入文字，效果如图9-9所示。

(3) 单击文字工具属性选项栏中的“切换文本取向”按钮，文本即可自动转换为直排效果，效果如图9-10所示。

图9-9 横排文字效果

图9-10 转换为直排文字效果

9.2 文字的编辑

Photoshop中的文字主要有两类，一类是点文字；另一类是段落文字。点文字也就是字符文字，是利用“横排/直排文字工具”在图像中直接单击输入的文字；段落文字是选择文字工具后，单击并按住鼠标不放，拖曳鼠标在图像中创建一个段落界定框，在框内进行文字输入。

9.2.1 字符文字的编辑

“字符”控制面板用来对字符文字进行编辑。选择“窗口”|“字符”命令，弹出“字符”面板，

如图 9-11 所示。

"字符"面板中，第 1 行 宋体 为字体样式，用来设置字符的字体和样式。

第 2 行 18点 (自动) 用于设置字符的大小、行距。

第 3 行 0 0 用于设置字符间的字距调整。

第 4 行 0% 用于设置字符的比例间距。

第 5 行 100% 100% 用于设置字符的垂直缩放和水平缩放。

第 6 行 0点 颜色: 用于设置字符的基线偏移和文本的颜色。

第 7 行 用于设置文字的形式，如斜体、上标、下标、下划线等。

最后一行 美国英语 锐利 用于语言设置和消除锯齿的方法设置。

各效果详细操作如下(本部分所用素材图像均为"第 9 章\材\凉一夏.jpg")：

单击字体选项 宋体 右侧的按钮，在其下拉列表中选择不同的字体，效果如图 9-12 所示。

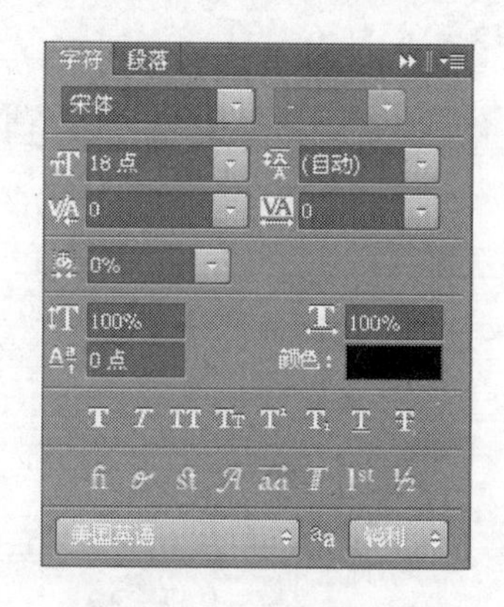

图 9-11　"字符"面板

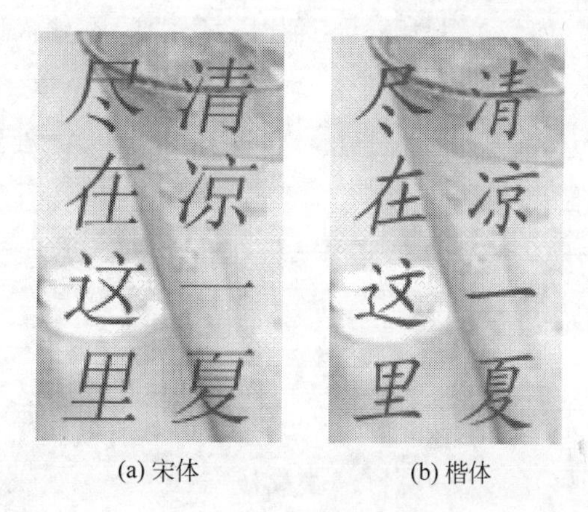

(a) 宋体　(b) 楷体

图 9-12　不同字体设置

单击字号选项 右侧的按钮，在其下拉列表中选择不同的字号，也可在选项框内输入不同的字号点数，如 16点，效果如图 9-13 所示。

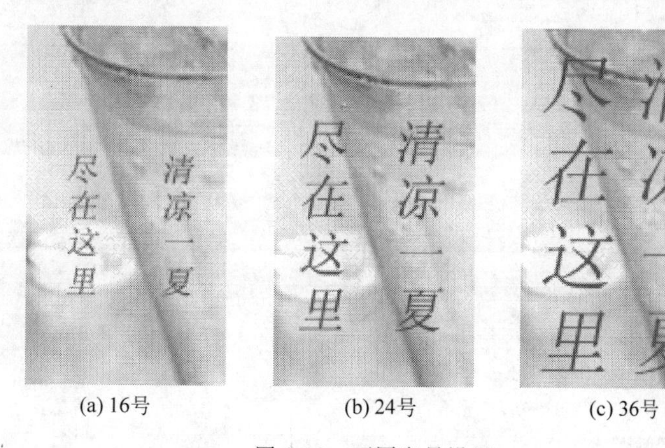

(a) 16号　(b) 24号　(c) 36号

图 9-13　不同字号设置

单击行间距 右侧的按钮，在其下拉列表中选择不同的数值，也可在选项框内输入不同的数值，如 40点，效果如图 9-14 所示。

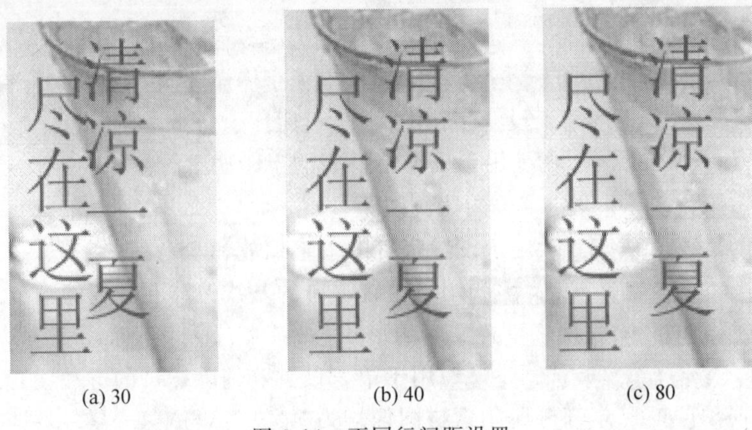

(a) 30　　(b) 40　　(c) 80

图 9-14　不同行间距设置

单击字符间距右侧的按钮，在其下拉列表中选择不同的数值，也可在选项框内输入不同的数值，如，输入正值时，字距加大；输入负值时，字距缩小，效果如图 9-15 所示。

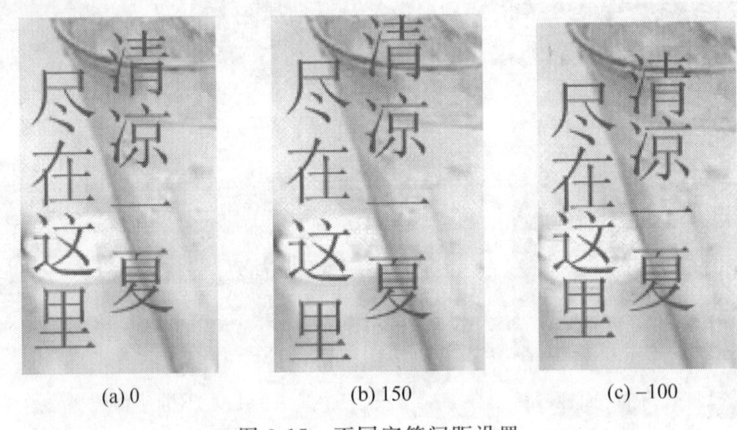

(a) 0　　(b) 150　　(c) –100

图 9-15　不同字符间距设置

单击字符比例间距右侧的按钮，在其下拉列表中选择不同的百分比，也可在选项框内输入 0～100 间不同的数值，如，效果如图 9-16 所示。

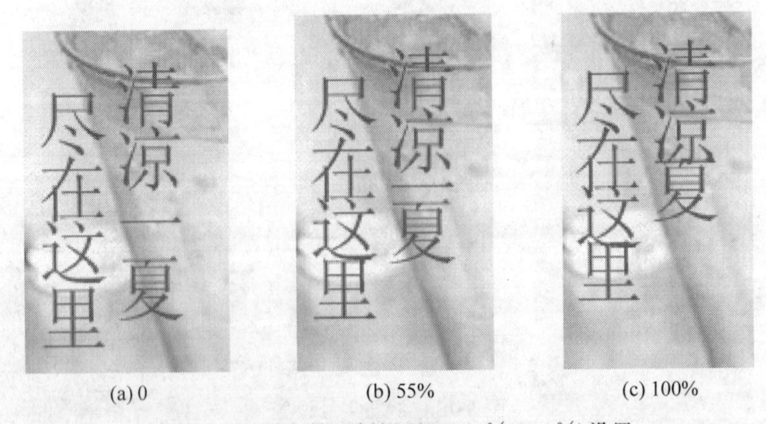

(a) 0　　(b) 55%　　(c) 100%

图 9-16　不同字符比例间距(0、55%、100%)设置

单击垂直缩放和水平缩放右侧的按钮，在其下拉列表中选择不同的数值，也可在选项框内输入不同的数值，如，效果如图 9-17 所示。

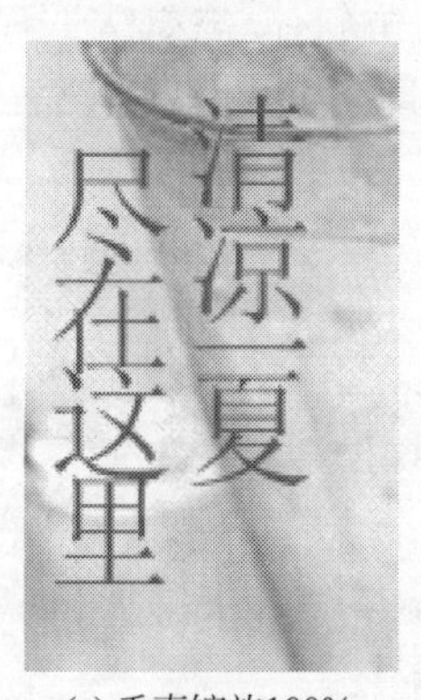

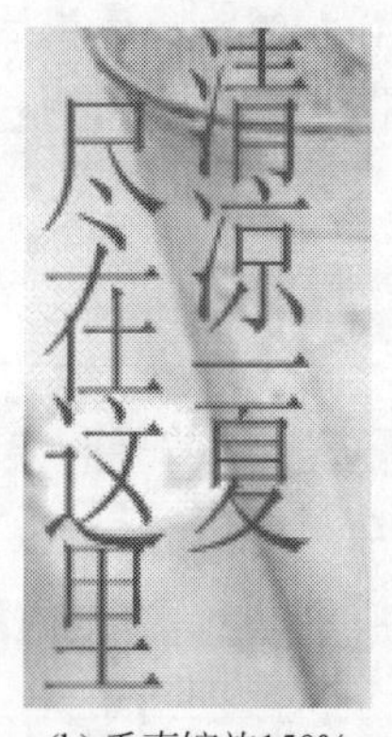

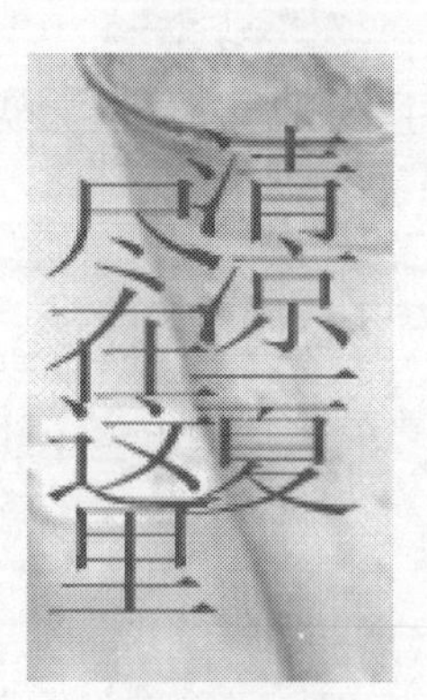

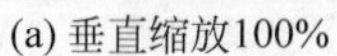

(a) 垂直缩放100%　(b) 垂直缩放150%　(c) 水平缩放150%

图 9-17　缩放设置

选中需要设置的字符，在设置基线偏移 A⁼ 0点 的数值框中直接输入数值，可以调整字符上下移动。输入正值时，横排文字上移，直排文字右移；输入负值时，横排文字下移，直排文字左移，效果如图 9-18 所示。

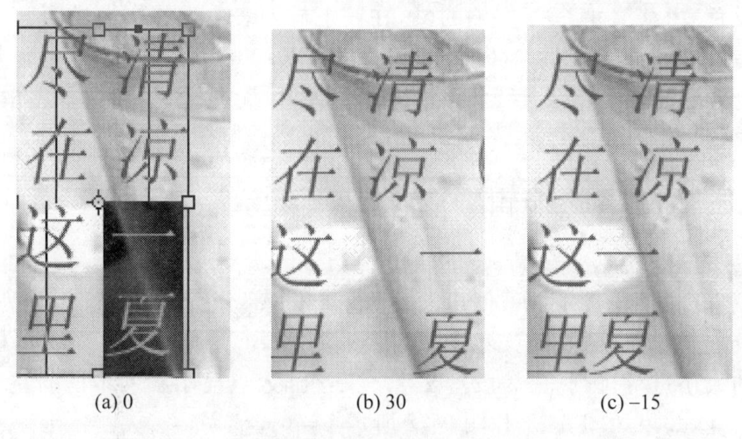

(a) 0　(b) 30　(c) –15

图 9-18　基线偏移设置

选中需要设置的字符，单击颜色 颜色： ，打开拾色器，即可在调色板中为字符设置不同的颜色，效果如图 9-19 所示。

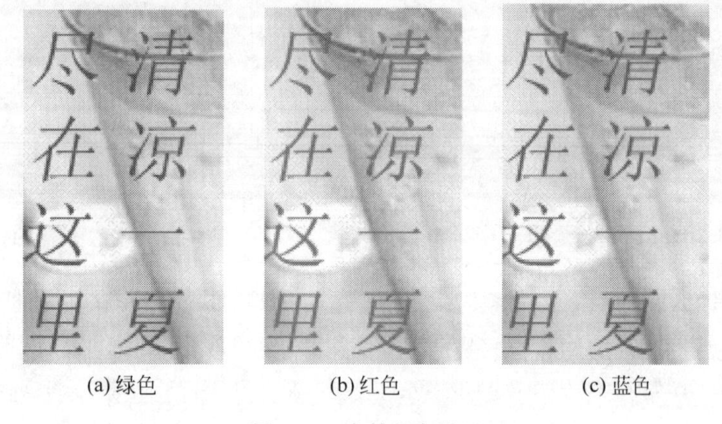

(a) 绿色　(b) 红色　(c) 蓝色

图 9-19　字符颜色设置

字符形式 ，从左到右依次为仿粗体、仿斜体、全部大写字母、小型大写字母、上标、下标、下划线、删除线。单击所需的字符形式即可进行相应设置，效果如图 9-20 所示。

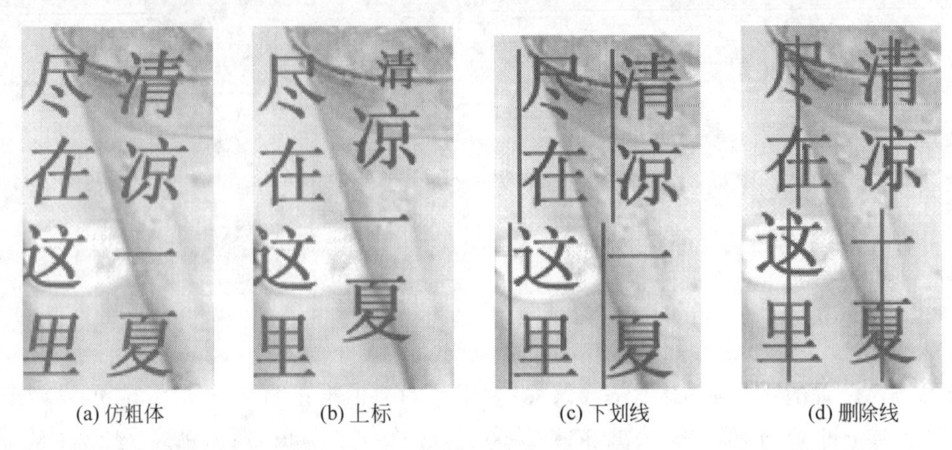

(a) 仿粗体　(b) 上标　(c) 下划线　(d) 删除线

图 9-20　字符形式仿粗体、设置

单击语言设置 美国英语 右侧的 ，在其下拉列表中选择需要的语言，它的主要功能是用来进行拼写检查。

消除锯齿的方法 锐利 有锐利、平滑、犀利、浑厚、无 5 种，一般选择平滑消除由于各种原因导致的文字锯齿。

9.2.2 段落文字的编辑

1. 段落文字的输入

利用“横排\直排文字工具”均可创建出段落文字（本部分所用素材图像均为“第 9 章\素材\日记本.jpg”）。选择“横排\直排文字工具”在图像中单击并拖曳出一个文本框，输入的文字即以该文本框的大小进行排列，成为段落文字。文字插入点显示在文本框的左上角，文本框具有自动换行的功能，效果如图 9-21 和图 9-22 所示。

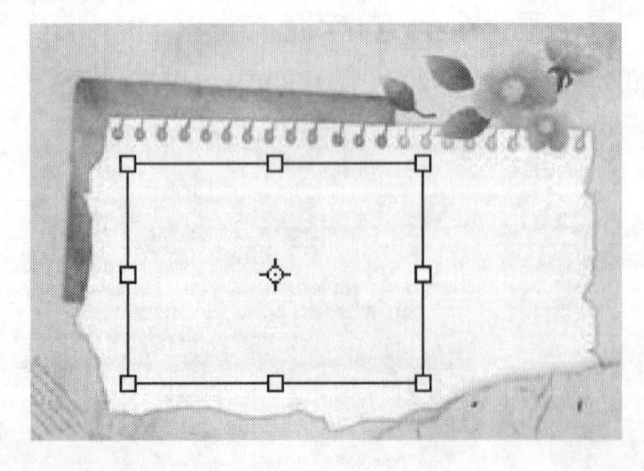

图 9-21　段落文本框

图 9-22　段落文字的输入

在段落文字输入完成后，还可对段落文本框进行编辑，将鼠标放在文本框的控制点上，即可对文本框进行放大或缩小的设置，效果如图 9-23 所示。如果按住 Shift 键的同时拖曳文本框，就可以成比例缩放，效果如图 9-24 所示。

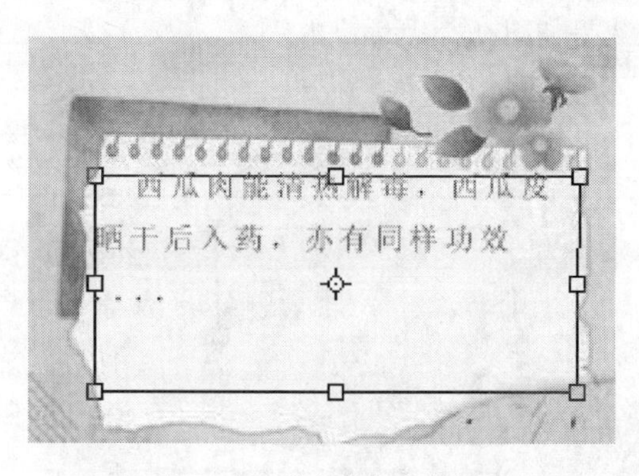

图 9-23 横向放大文本框

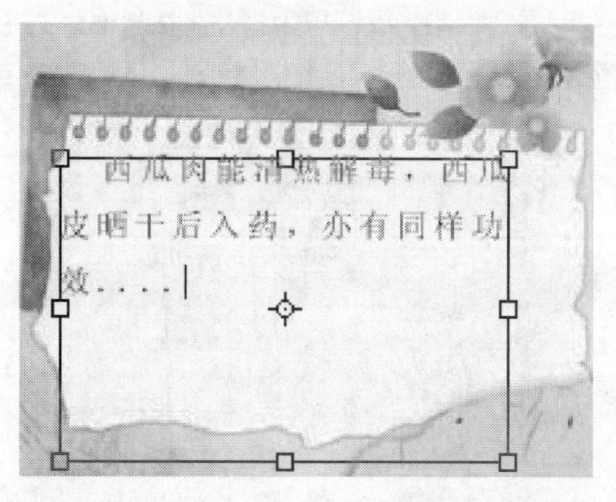

图 9-24 等比例放大文本框

另外，还可以对段落文本框进行旋转和倾斜度的设置。将鼠标放在文本框的外侧，拖曳控制点可以旋转文本框，效果如图 9-25 所示。按住 Ctrl 键的同时，将鼠标放在文本框的外侧，拖曳鼠标可以改变文本框的倾斜度，效果如图 9-26 所示。

图 9-25 旋转文本框

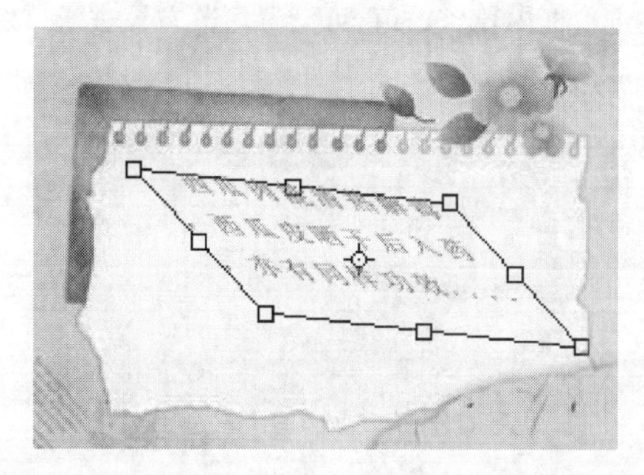

图 9-26 改变文本框倾斜度

2. 段落文字的编辑

"段落"控制面板用来对段落文字进行编辑。选择"窗口"|"段落"命令，弹出"段落"控制面板，如图 9-27 所示。

"段落"控制面板中，第 1 行用于设置段落文本的对齐方式和段落中最后一行的对齐方式。

第 2 行 0点 0点 用于设置段落左端和右端的缩进量。

第 3 行 0点 用于设置段落文本的首行缩进。

第 4 行 0点 0点 用于设置段前和段后的空格距离。

第 5 和第 6 行 避头尾法则设置：无 和 避头尾法则设置：无 用于设置段落的样式。

第 7 行 连字 用于确定文字是否与连字符链接。

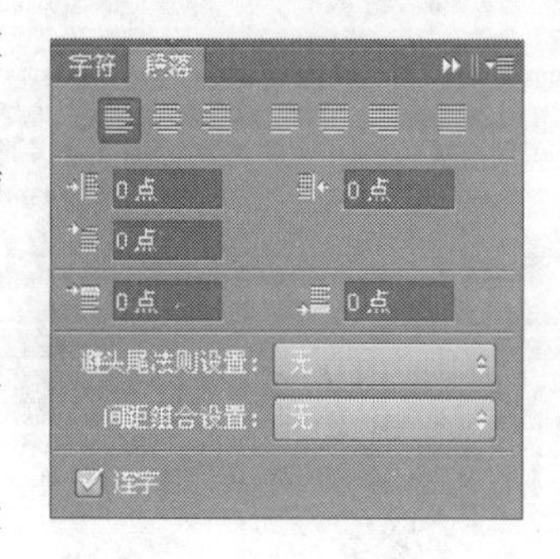

图 9-27 "段落"面板

各效果详细操作如下：

选中段落文本框，单击，设置段落对齐方式，从左至右依次为段落中每行左对齐、段落中每行居中对齐、段落中每行右对齐、段落最后一行左对齐、段落最后一行居中对齐、段落最后一行右对齐、整个段落两端对齐，效果如图 9-28 所示。

(a) 段落中每行左对齐

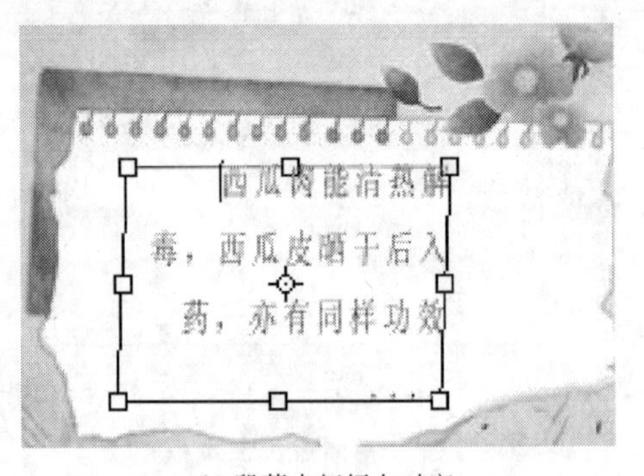

(b) 段落中每行右对齐

图 9-28　对齐方式设置

选中段落文本框，单击 0点，在选项框内输入数值，可设置段落左缩进量；单击 0点，在选项框内输入数值，可设置段落右缩进量，效果如图 9-29 所示。

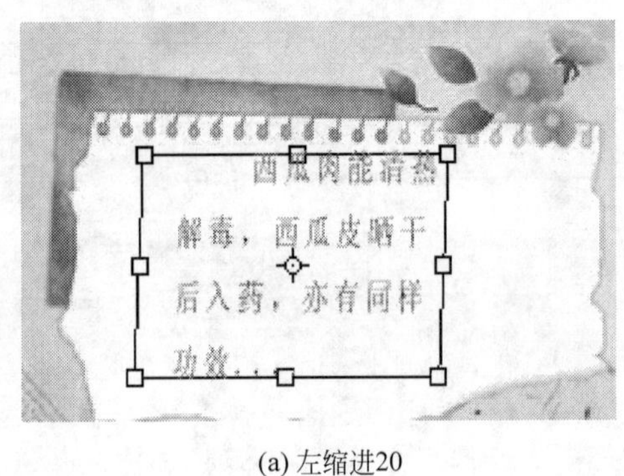

(a) 左缩进20

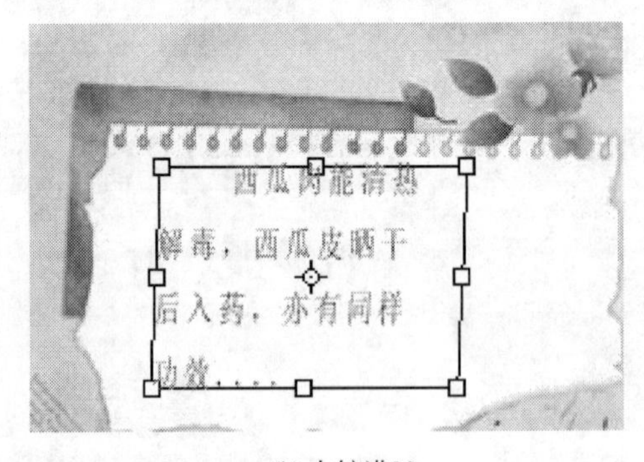

(b) 右缩进20

图 9-29　缩进设置

选中文本框，单击首行缩进 0点，在选项框中输入数值即可设置段落第一行的左端缩进量，效果如图 9-30 所示。

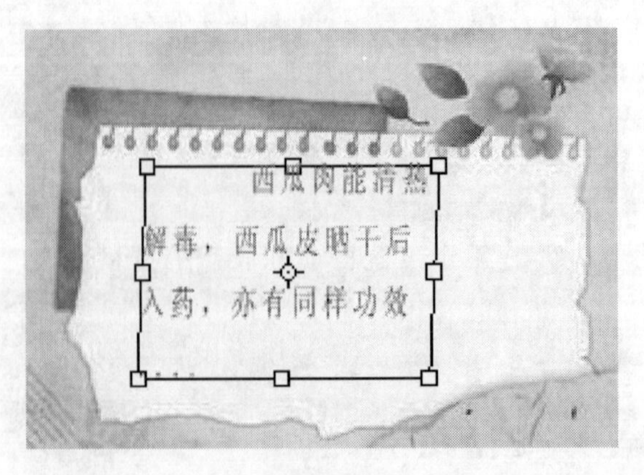

图 9-30　首行缩进 20 设置

选中文本框，段前段后添加空格 0点　0点 ，在选项框中输入数值，即可设置当前段落与前一段的距离和当前段落与后一段的距离，效果如图 9-31 所示。

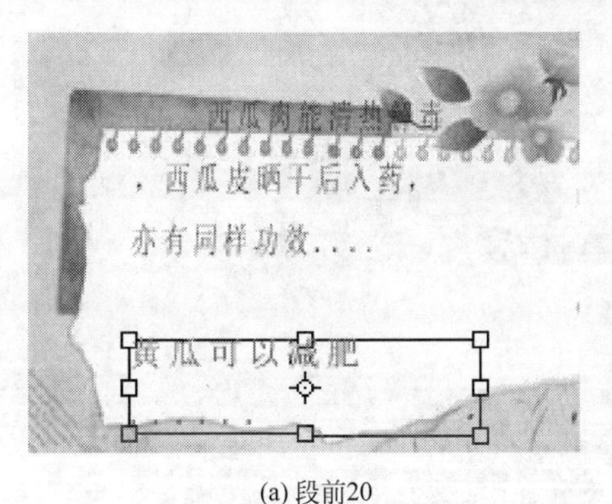

(a) 段前20

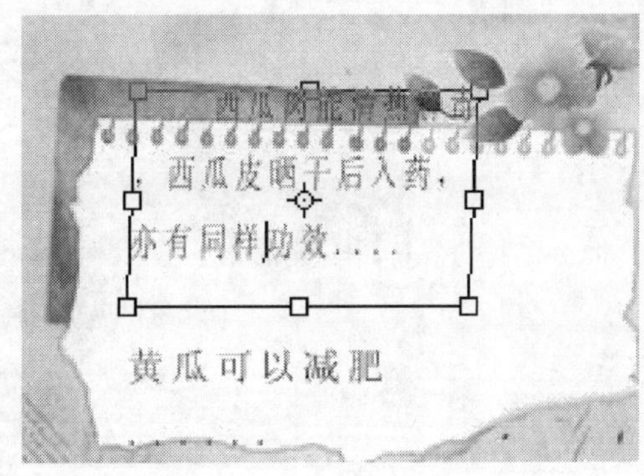

(b) 段后20

图 9-31　空格设置

9.2.3　点文本与段落文本的转换

在图像中创建点文本，如图 9-32 所示，选择菜单“文字”|“转换为段落文本”，即可将点文本转换为段落文本，效果如图 9-33 所示；反之，也可将段落文本转换为点文本。

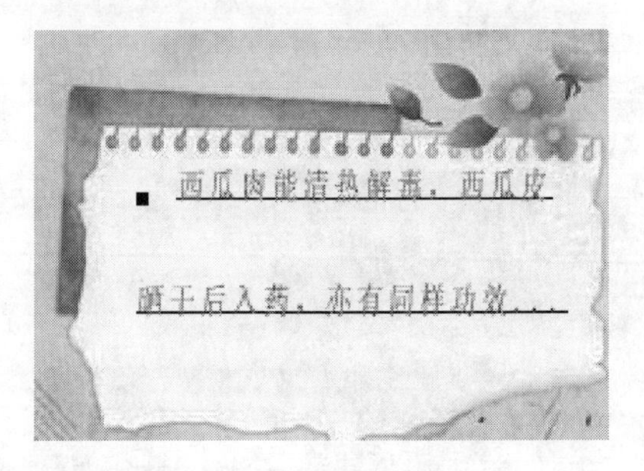

图 9-32　创建点文本

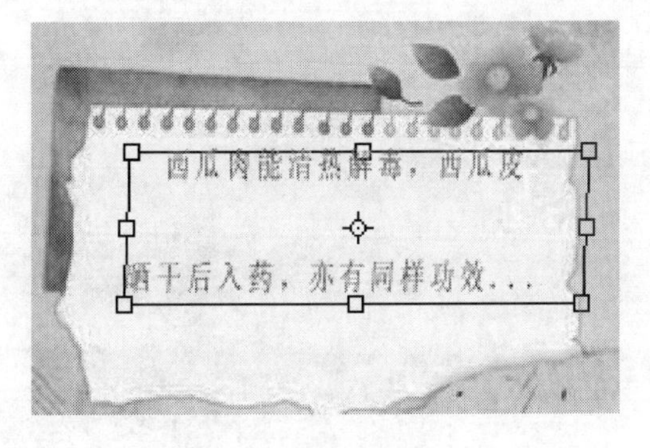

图 9-33　转换为段落文本

9.2.4　文字编辑应用实例——制作旅游景点宣传单

1. 实例简介

本部分通过使用 Photoshop CS6 中的文字工具，来制作旅游景点宣传单。使用的工具主要有“横排文字工具”、“图像”|“调整”、“图层样式”等。通过本实例的制作，使读者掌握使用“横排文字工具”进行点文字和段落文字的创建及基本编辑。

该实例最终效果如图 9-34 所示。

2. 实例制作步骤

(1) 运行 Photoshop CS6，执行“文件”|“打开”命令，或按 Ctrl＋O 组合键，或在页面空白区域双击，打开素材图像“第 9 章\素材\天河山. jpg”，效果如图 9-35 所示。

(2) 选择“图像”|“调整”|“亮度/对比度”命令，打开“亮度/对比度”对话框，设置如图 9-36 所示。

图 9-34　旅游景点宣传单效果图

图 9-35　素材图像

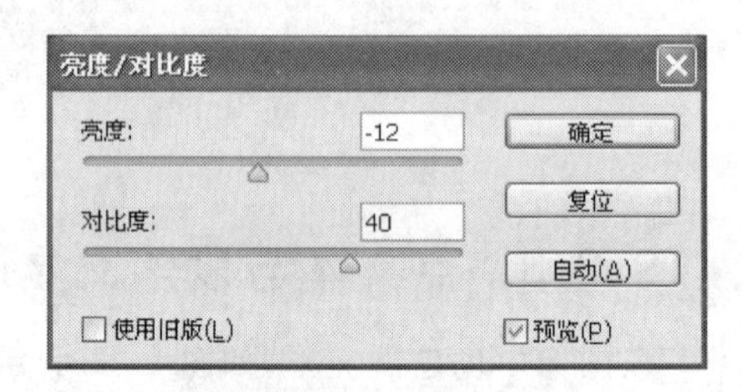

图 9-36　“亮度/对比度”对话框

(3)“亮度/对比度”设置完成后,图像效果如图 9-37 所示。

图 9-37　应用“亮度/对比度”后的图像效果

(4) 点文字的输入。单击工具箱中的文字工具,选择“横排文字工具” T ,在图像上方单击,输入点文字“天河山,中国爱情山”,设置为宋体、18 点、红色,并将生成的文字图层命名为“文字 1”,点文字输入效果如图 9-38 所示。

图 9-38　点文字的输入

(5) 对点文字进行特殊效果设置。选中"爱情"两个字，打开"窗口"|"字符"控制面板，设置字体和字号，面板设置如图 9-39 所示，设置完成后，图像效果如图 9-40 所示。

图 9-39　"字符"面板设置

图 9-40　点文字的编辑效果

(6) 双击图层"文字 1"，打开"图层样式"，选择"描边"命令，为文字添加描边效果，"图层样式"对话框以及设置完成后的效果分别如图 9-41 和图 9-42 所示。

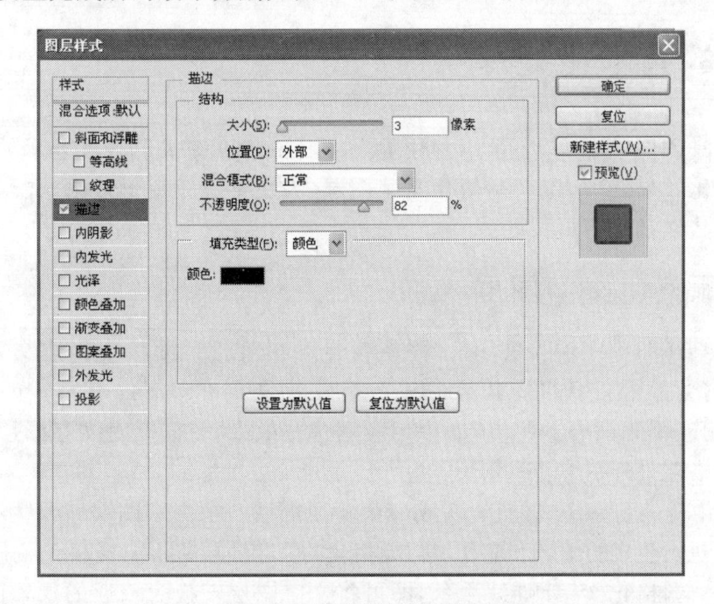

图 9-41　"图层样式"对话框

图 9-42　点文字"描边"后效果

(7) 段落文字的输入。单击工具箱中的文字工具,选择“横排文字工具”T,在图像中拖曳出一文本框,在文本框内输入相应文字,调整文字大小、间距、颜色,并将生成的文字图层命名为“文字 2”,段落文字输入效果如图 9-43 所示。

图 9-43 段落文字的输入

(8) 添加其他文字信息,如景区地址等。

(9) 将制作完成的文件,保存到文件夹“效果图”中,并命名为“旅游景点宣传单.psd”。

9.3 文字的艺术化处理

利用文字工具创建文字后,还可以利用 Photoshop CS6 提供的各种艺术处理功能,为文字进行特殊的艺术化效果处理,包括栅格化文字图层、为文字设置变形效果、在路径上添加文字、将文字转化为形状以及文字样式等。

9.3.1 栅格化文字图层

利用文字工具在图像中输入文字后,系统会自动在“图层”面板中创建文字图层。文字图层是特殊图层,它会保留文字的基本属性信息,但文字图层在编辑时有一定的限制,如不能填充渐变颜色、不能应用滤镜等。此时,如果想应用这些效果,就需要对文字图层进行处理,即对文字图层进行栅格化处理。

所谓的栅格化就是删除格式,使其变成一个普通图层。把文字图层转化为普通的像素图层后,就可以对文字进行更多的编辑和应用。但栅格化的文字图层将不能再对文字进行基本编辑了。

选择“文字”|“栅格化文字图层”命令,即可将文字图层转换为普通的像素图层。例如,“图层”控制面板中文字图层如图 9-44 所示,对文字图层进行栅格化后效果如图 9-45 所示。另外,除了利用菜单,还可以直接用鼠标右键单击文字图层,在弹出的菜单中选择“栅格化文字”对文字图层进行栅格化处理。

图 9-44 文字图层

图 9-45 栅格化后的普通图层

9.3.2　文字变形

利用“横排\直排文字工具”在图像中输入文字后，可通过“文字变形”命令对文字进行多种效果的变形设置。选择“文字”|“文字变形”命令，打开“变形文字”对话框，或单击属性栏中的“创建文字变形”按钮，也可打开“变形文字”对话框，在对话框中可选择“扇形”、“弧形”等15种变形样式，如图9-46所示。

在图像(第9章\素材\草原.jpg)中输入文字，如图9-47所示，单击属性栏中的“创建文字变形”按钮，打开“变形文字”对话框，为文字添加丰富的变形效果，各变形效果如图9-48所示。

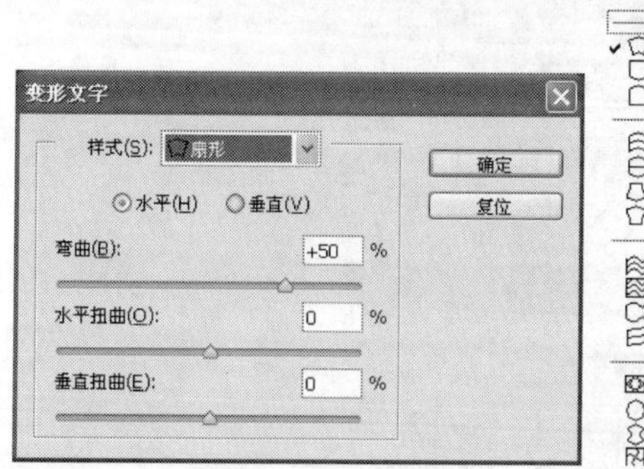

图9-46　“变形文字”对话框及15种变形形式

图9-47　文字的输入

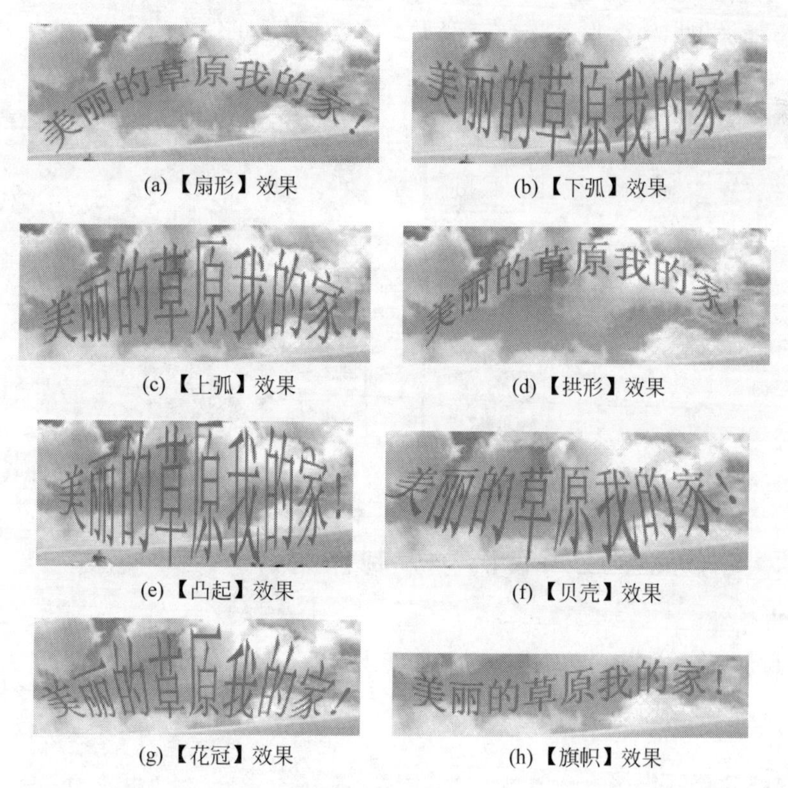

(a)【扇形】效果　(b)【下弧】效果

(c)【上弧】效果　(d)【拱形】效果

(e)【凸起】效果　(f)【贝壳】效果

(g)【花冠】效果　(h)【旗帜】效果

图9-48　15种不同的文字变形效果(属性均为默认设置)

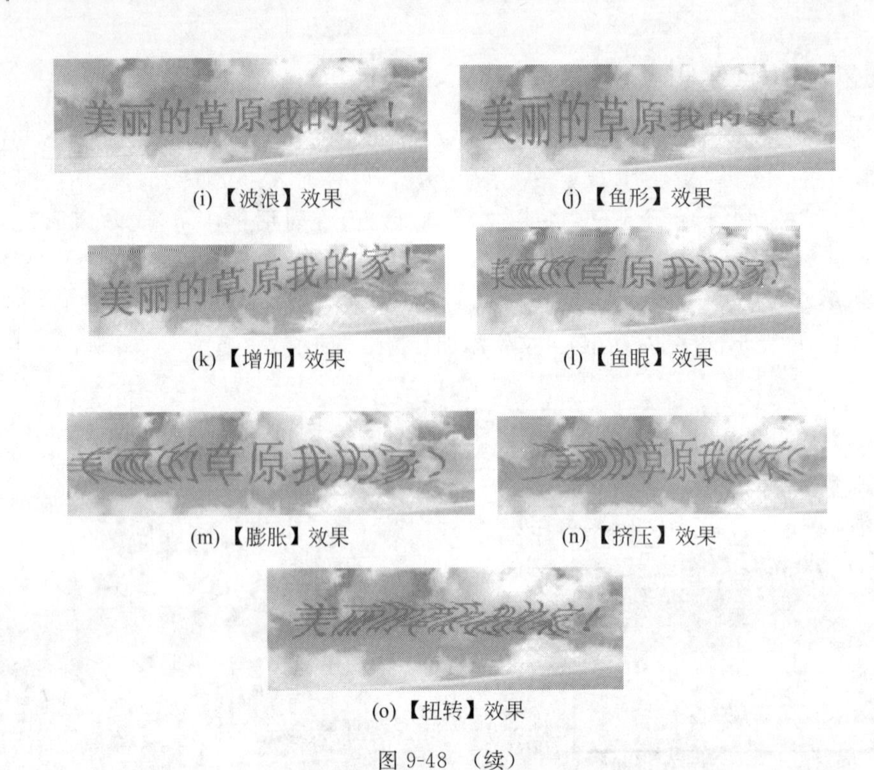

(i)【波浪】效果　(j)【鱼形】效果

(k)【增加】效果　(l)【鱼眼】效果

(m)【膨胀】效果　(n)【挤压】效果

(o)【扭转】效果

图 9-48 （续）

另外，如果想修改文字的变形效果，可以在“变形文字”对话框中对各项数值进行设置，如图 9-49 所示。如果想取消变形效果，在“变形文字”对话框的“样式”下拉列表中选择“无”即可，如图 9-50 所示。

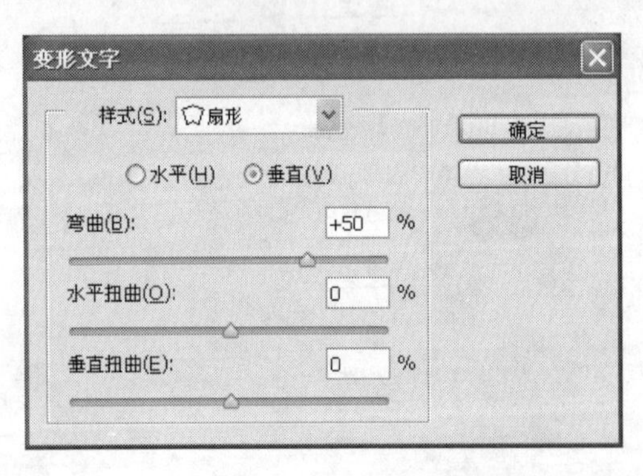

图 9-49 修改文字的变形效果

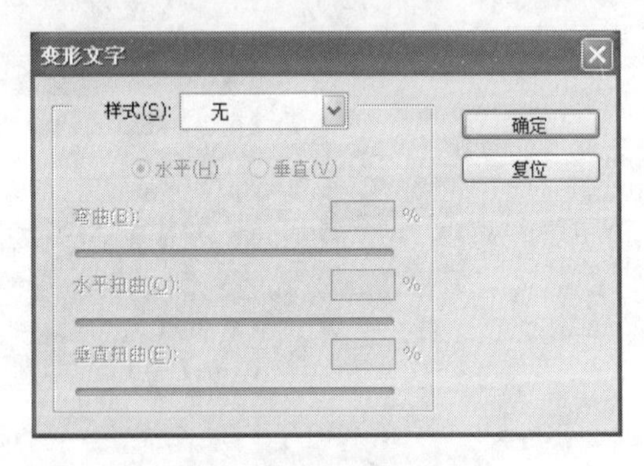

图 9-50 取消文字的变形效果

9.3.3 变形文字应用实例——制作果汁广告

1. 实例简介

本部分通过制作一则果汁广告，学习制作变形文字。本实例使用到的工具主要有“横排文字工具”、“文字变形”、“图层样式”等。通过本实例的制作，使读者掌握变形文字的制作方法和处理技巧。

该实例最终效果制作如图 9-51 所示。

2. 实例制作步骤

(1) 打开素材图像。运行 Photoshop CS6，执行“文件”|“打开”命令；或按 Ctrl＋O 键；或

在页面空白区域双击，打开素材图像“第 9 章\素材\水果.jpg”，效果如图 9-52 所示。

图 9-51　果汁广告效果图

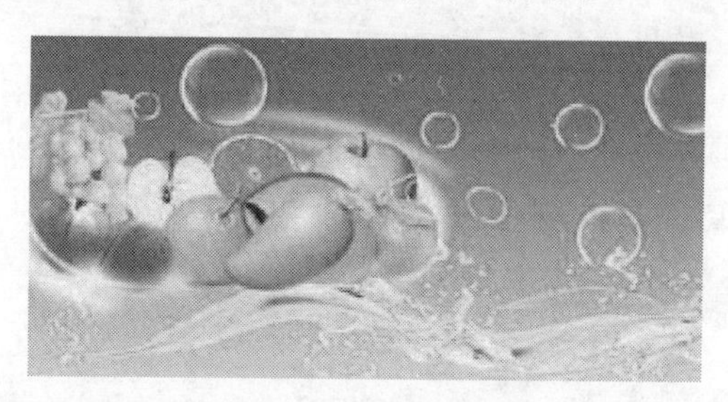

图 9-52　打开素材图像

（2）在图像中输入并设置文字。单击工具箱中的文字工具，选择“横排文字工具”T，在图像上输入文字并在“字符”面板中进行相应的设置，设置完成后效果如图 9-53 所示。

（3）设置变形文字。执行“文字”|“文字变形”命令，打开“变形文字”对话框，在“样式”下拉列表框中选择“扇形”，并进行相应设置，数值设置如图 9-54 所示。

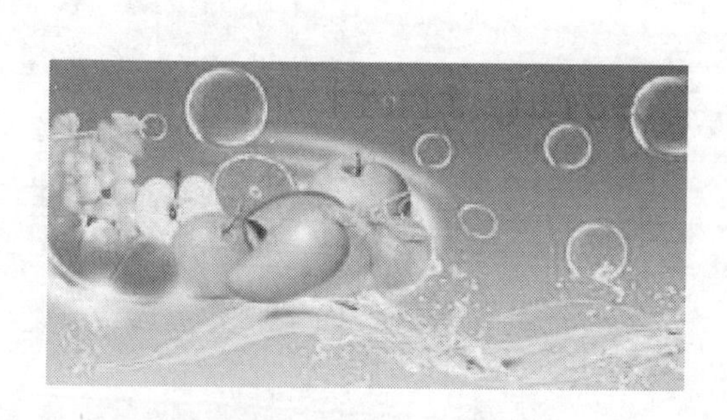

图 9-53　文字的输入

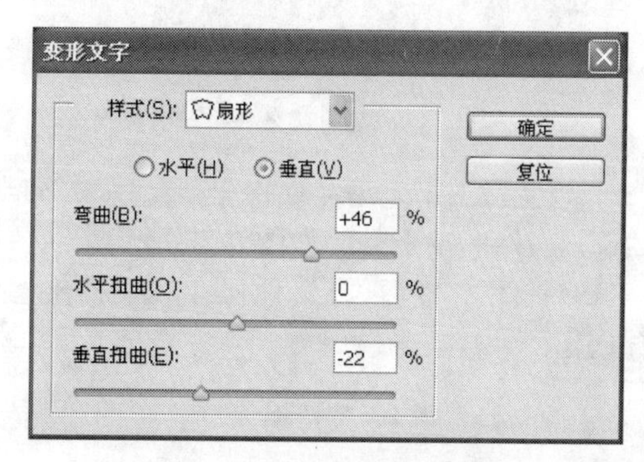

图 9-54　变形文字对话框设置

（4）变形文字效果。设置好变形文字对话框内的数值后，单击“确定”按钮，变形效果如图 9-55 所示。

（5）设置文字“外发光”效果。双击文字图层，打开“图层样式”对话框，选择“外发光”，并对属性进行相应设置，设置数值如图 9-56 所示。

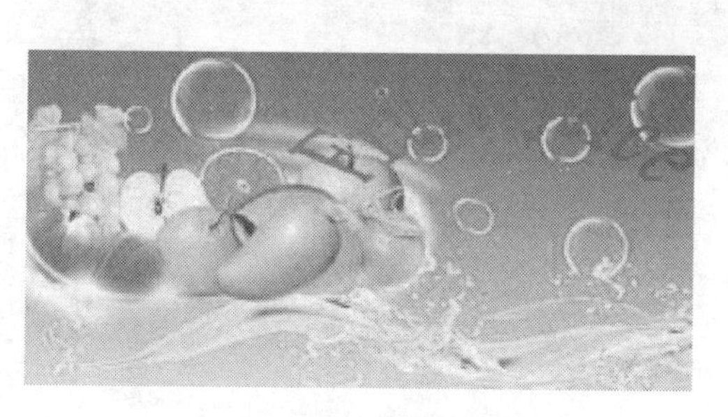

图 9-55　文字的变形效果

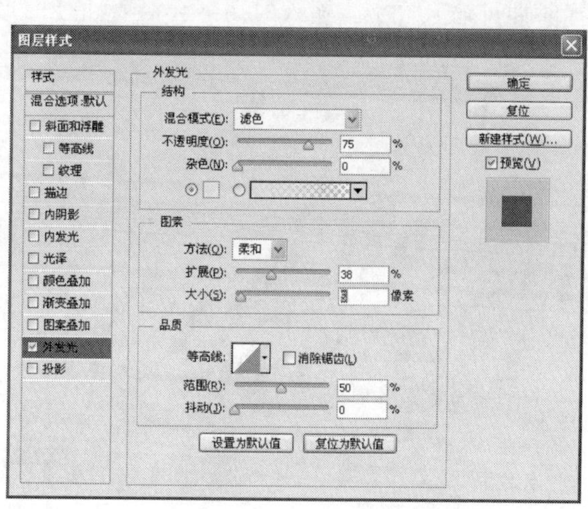

图 9-56　“外发光”设置

(6) 文字“外发光”效果。设置完“外发光”属性数值后，单击“确定”按钮，即可得到相应效果，效果如图 9-57 所示。

(7) 输入文字并进行变形设置。单击工具箱中的文字工具，选择“横排文字工具”T，在图像上输入文字并在“字符”面板中进行相应的设置。执行“文字”|“文字变形”命令，打开“变形文字”对话框，在下拉菜单中选择“波浪”样式，并进行相应设置，对话框设置如图 9-58 所示。

图 9-57　文字“外发光”效果

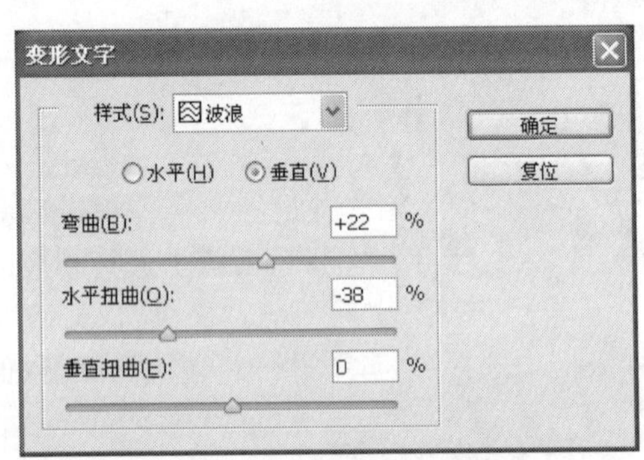

图 9-58　“变形文字”对话框设置

(8) 变形文字效果。设置变形文字对话框数值后，单击“确定”按钮，变形效果如图 9-59 所示。

(9) 制作完成后，将文件保存到文件夹“效果图”中，并命名为“果汁广告.psd”。

图 9-59　“变形文字”效果

9.3.4　路径文字

路径文字是利用图形绘制工具在图像中创建路径后，即可利用文字工具在已创建好的路径上或路径中输入文字，使文字沿路径排列或在路径内排列。

1. 创建路径文字

选择“钢笔工具”，在图像“第 9 章\素材\音符.jpg”中绘制一条曲线路径，如图 9-60 所示。选择“横排文字工具”T，将光标放在路径上，当光标变为时，单击路径，出现闪烁的光标时即可输入文字。输入的文字会沿着路径的形状进行排列，效果如图 9-61 所示。

图 9-60　绘制路径

图 9-61　输入路径文字

在创建了路径文字后，如果想只保留文字，不显示路径，可将菜单“视图”|“显示额外内容”的选择状态取消即可，取消显示后的效果如图 9-62 所示。

另外，在创建了文字路径后，在“路径”面板中也会自动生成文字路径图层，如图 9-63 所示。

图 9-62　取消路径

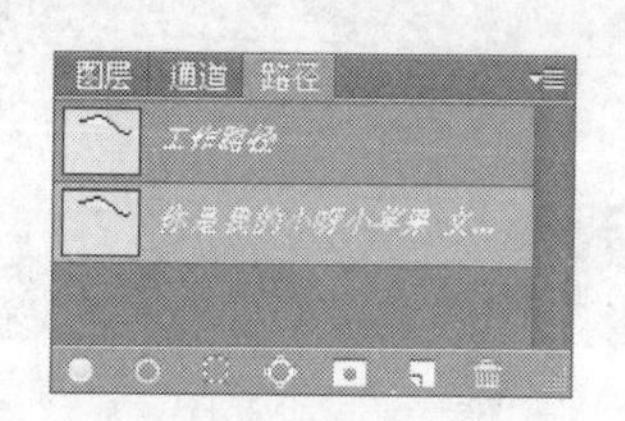

图 9-63　文字路径图层

2. 编辑文字路径

选择“路径选择工具”，单击即可移动路径的位置，文字也会随之移动，效果如图 9-64 所示。另外，路径上创建文字后，当对路径进行形状调整时，路径上的文字也会根据其形状的变化而发生变化。选择“直接选择工具”，在路径上单击，会出现控制手柄，用鼠标左键拖曳控制手柄即可改变路径形状，效果如图 9-65 所示。

图 9-64　移动路径文字

图 9-65　改变路径形状

9.3.5　路径文字应用实例——制作珠宝广告

1. 实例简介

本部分通过制作一则珠宝广告，学习路径文字的制作方法。本实例中应用到的工具主要有“横排文字工具”、“路径”、“画笔工具”、“魔术橡皮擦工具”等。通过本实例的制作，使读者掌握路径文字的制作方法和技巧。

该实例最终制作效果如图 9-66 所示。

2. 实例制作步骤

(1) 打开素材图像。运行 Photoshop CS6，选择“文件”|“打开”命令；或按 Ctrl＋O 键；或在页面空白区域双击，打开素材图像“第 9 章\素材\七夕节.jpg”，效果如图 9-67 所示。

(2) 选择“图像”|“调整”|“亮度/对比度”命令，打开“亮度/对比度”对话框，并进行设置，设置值如图 9-68 所示。

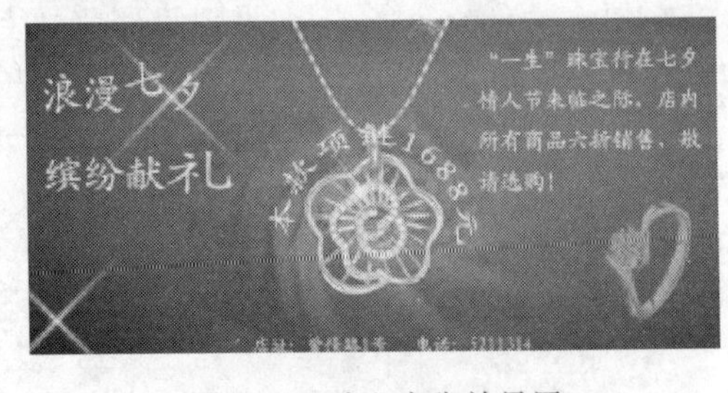

图 9-66　珠宝广告效果图

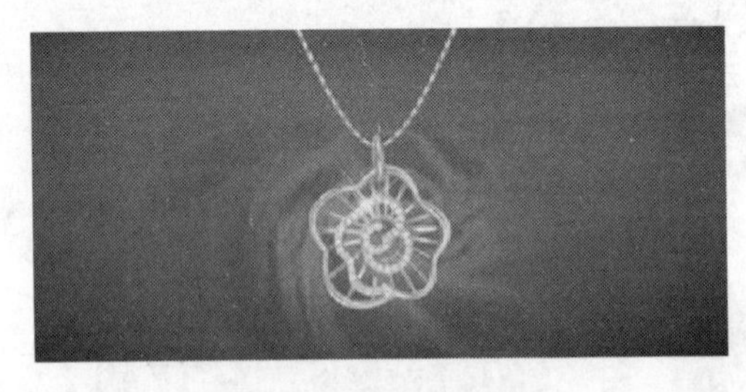

图 9-67　打开素材图像

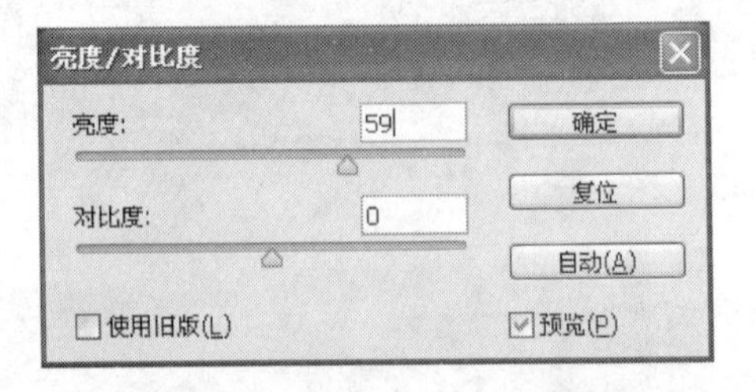

图 9-68　“亮度/对比度”对话框

(3) “亮度/对比度”设置完成后，图像效果如图 9-69 所示。

(4) 文字的输入。单击工具箱中的文字工具，选择“横排文字工具” T，在图像上输入点文字“浪漫七夕 缤纷献礼”，楷体，18 点，白色，并将生成的文字图层命名为“文字 1”，点文字输入效果如图 9-70 所示。

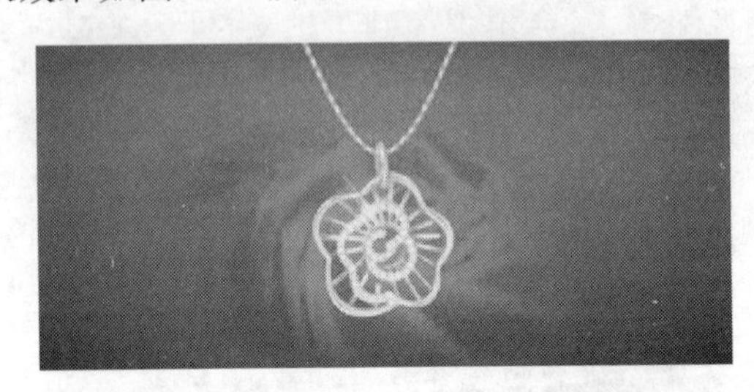

图 9-69　应用“亮度/对比度”后图像效果

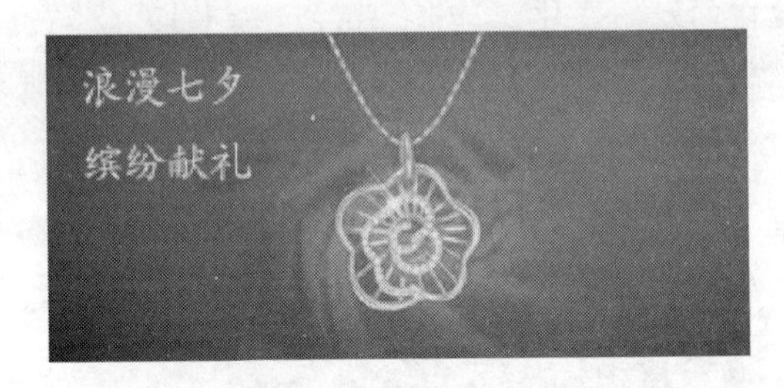

图 9-70　输入文字

(5) 文字的编辑。选中文字“七”，在“字符”面板中进行如图 9-71 所示的设置，选中文字“礼”，在“字符”面板中进行如图 9-72 所示的设置，设置完成后文字效果如图 9-73 所示。

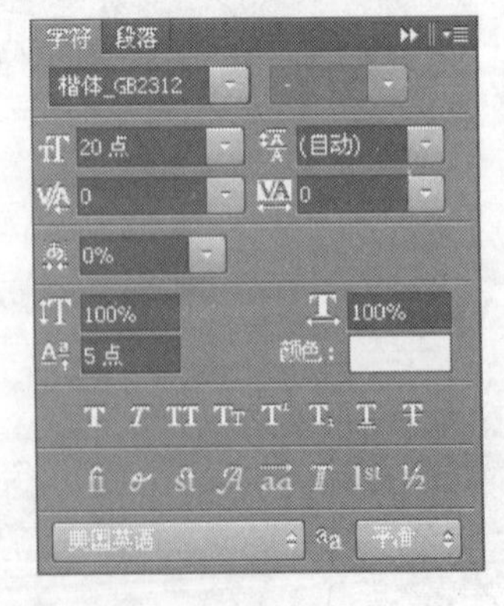

图 9-71　编辑文字“七”

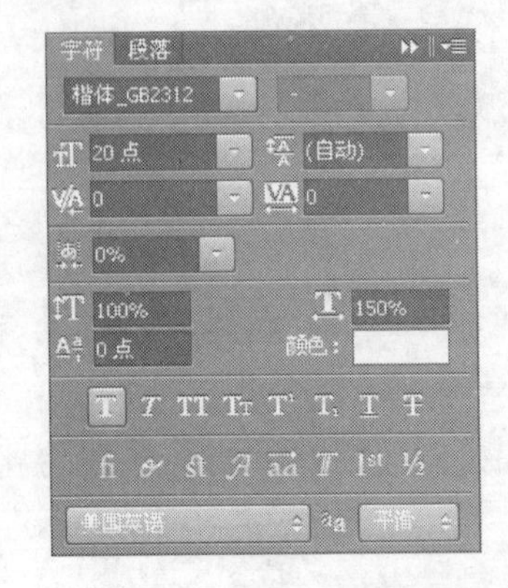

图 9-72　编辑文字“礼”

（6）画笔的使用。新建图层，命名为“画笔”，在工具栏中单击“画笔工具”，再在属性选项中选择画笔笔头为，在图像中单击，为图像增加修饰美化效果，效果如图 9-74 所示。

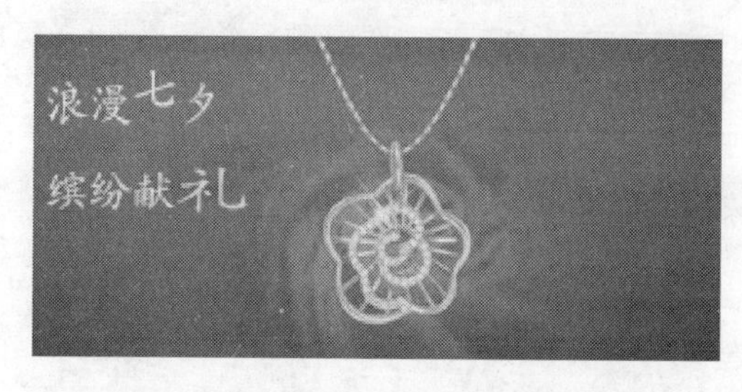

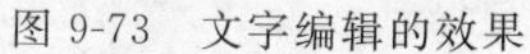

图 9-73　文字编辑的效果

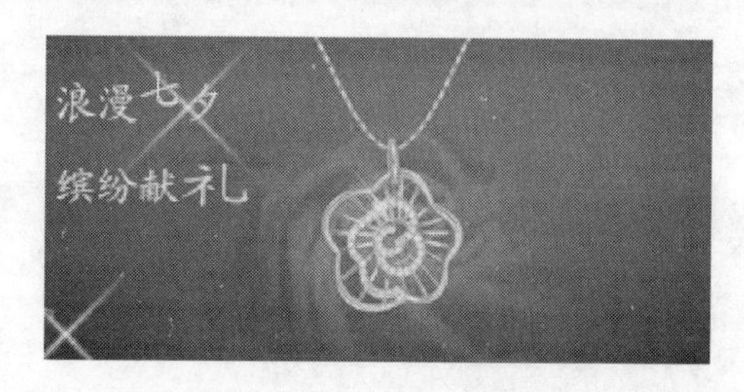

图 9-74　画笔的使用

（7）路径的创建。单击“椭圆工具”，并在工具栏中选择工具模式为，在图像的相应位置创建出椭圆路径，效果如图 9-75 所示。

（8）输入路径文字。单击工具箱中的文字工具，选择“横排文字工具”，当光标变为时，在路径上单击，出现闪烁光标时输入文字，并在“字符”面板中对文字进行设置。取消“视图”|“显示额外内容”选项，路径文字效果如图 9-76 所示。

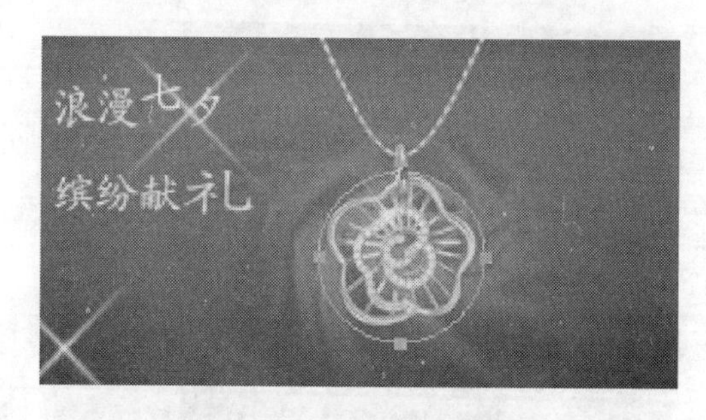

图 9-75　路径的创建

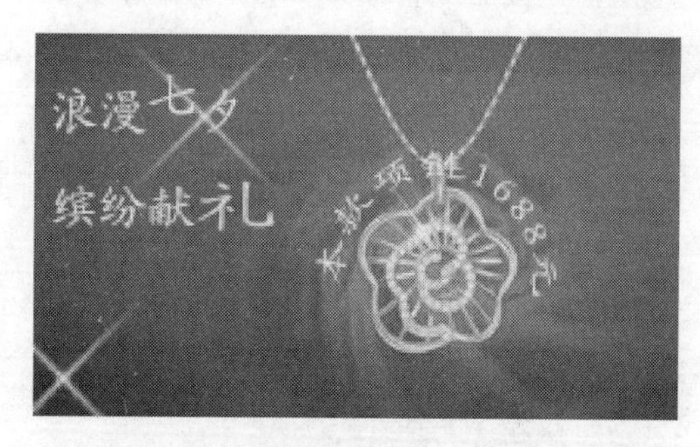

图 9-76　路径文字

专家点拨：如果想在椭圆路径的内部创建文字，需把光标放在路径内部，当光标变为时，在椭圆路径内部单击，出现文本界定框，即可输入路径内部文字。

（9）输入段落文字。单击工具箱中的文字工具，选择“横排文字工具”，在图像中拖曳出文本框，进行段落文字的输入，并为自动生成的文字图层命名为“文字 2”，效果如图 9-77 所示。

（10）输入其他文字。单击工具箱中的文字工具，选择“横排文字工具”，在图像中输入地址、电话等文字，并在“字符”面板中进行相应设置，并将自动生成的文字图层命名为“文字 3”，效果如图 9-78 所示。

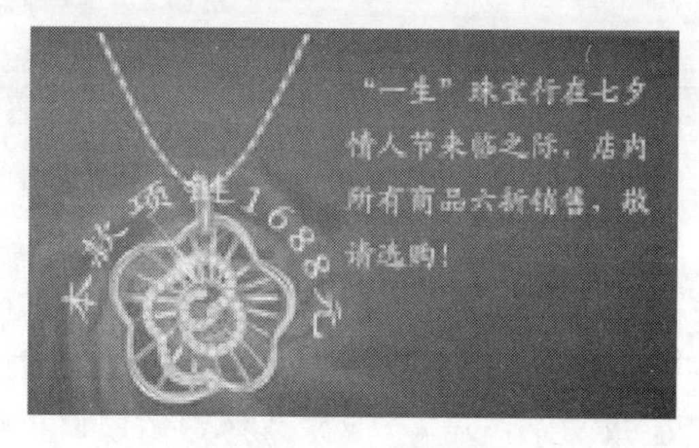

图 9-77　输入段落文字

图 9-78　输入地址、电话

(11) 导入“戒指”图像。打开素材图像“第 9 章\素材\戒指.jpg”，如图 9-79 所示。选择“魔术橡皮擦工具”，在戒指背景中单击，将白色背景擦为透明背景，如图 9-80 所示。

图 9-79　背景为白色的素材图像

图 9-80　背景擦为透明色

(12) 单击“移动工具”，将透明的“戒指”图像复制到新建图层“戒指”中，利用 Ctrl＋T 键对戒指进行大小设置，并在“图层”面板中将不透明度设置为 50%，“图层”面板设置如图 9-81 所示，设置完成后戒指效果如图 9-82 所示。

图 9-81　“图层”面板设置

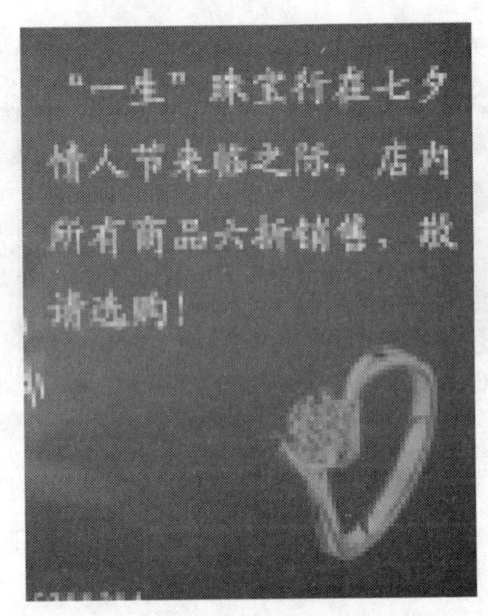

图 9-82　戒指效果

(13) 制作完成，将文件保存到“效果图”文件夹中，并命名为“珠宝广告.psd”，最终效果如图 9-66 所示。

9.3.6　文字转换为形状

利用文字工具创建文字后，可选择“文字”|“转换为形状”命令，将文字转换为形状图层，也就是把文字转换为带有矢量蒙版的路径效果。转换为形状后，可以利用路径编辑工具对文字工具进行编辑变形，调整出任意形状的文字效果。

操作如下。

(1) 打开素材图像(“第 9 章\素材\草原.jpg”)，单击工具箱中的文字工具，选择“横排文字工具”，在图像中输入文字，在图层中自动生成文字图层“一起来草原”，图层面板如图 9-83 所示，文字效果如图 9-84 所示。

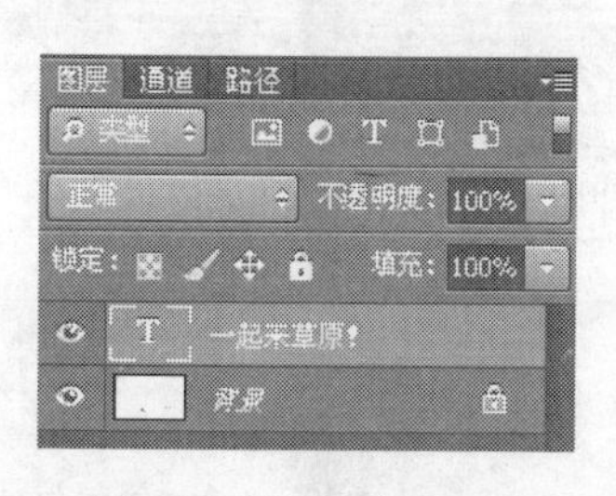

图 9-83　文字图层面板

图 9-84　文字效果

(2) 选择“文字”|“转换为形状”命令，文字图层将自动转换为形状图层，图层面板如图 9-85 所示。此时，文字效果如图 9-86 所示。

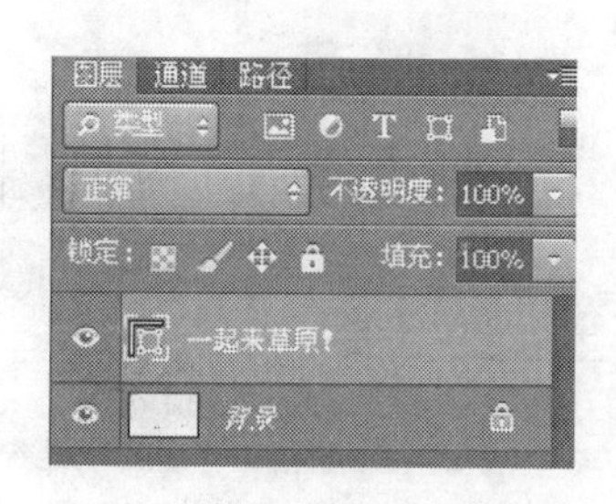

图 9-85　形状图层面板

图 9-86　文字转换为形状

(3) 选择工具箱中的“直接选择工具”，在文字“起”字上的单击，文字周围出现控制手柄，如图 9-87 所示。拖曳控制手柄，即可得到变形文字，变形效果如图 9-88 所示。

图 9-87　文字周围出现控制手柄

图 9-88　变形后的文字

9.3.7　文字转换为形状应用实例——制作照片模板

1. 实例简介

本部分通过制作一则照片模板的案例，来详细说明文字转换为形状的方法及其他的文字编辑技巧。本实例中应用到的主要工具有“横/直排文字工具”、“转换为形状”、“路径”等。通过本实例的制作，使读者掌握改变文字形状的方法及技巧。

该实例最终制作效果如图 9-89 所示。

2. 实例制作步骤

(1) 打开素材图像。运行 Photoshop CS6，执行“文件”|“打开”命令；或按 Ctrl+O 键；或

在页面空白区域双击，打开素材图像“第9章\素材\背景.jpg、儿童照片1.jpg、儿童照片2.jpg、儿童照片3.jpg”，如图9-90所示。

（2）利用“移动工具”，将三幅儿童照片分别移动到照片模板中，系统会自动生成三个图层，分别为图层“儿童照片1”、“儿童照片2”、“儿童照片3”。按Ctrl+T键对移来的照片进行设置，并将照片放在模板中合适的位置，效果如图9-91所示。

（3）双击图层“儿童照片1”，打开“图层样式”对话框，选择“投影”样式，数值属性为默认设置，如图9-92所示。然后单击“确定”按钮。

图9-89　照片模板效果图

(a) 背景

(b) 儿童照片1

(c) 儿童照片2

(d) 儿童照片3

图9-90　打开素材图像

图9-91　将儿童照片1、2、3导入照片模板

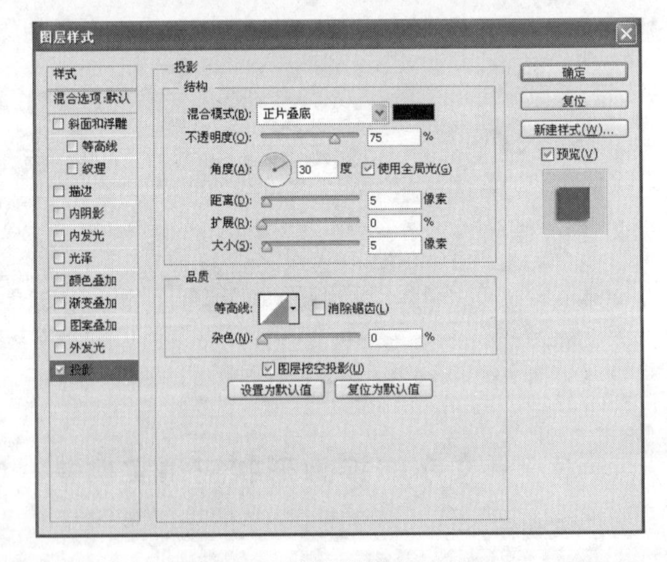

图9-92　“投影”样式对话框

（4）同理为“儿童照片2”、“儿童照片3”两个图层也实行完全一样的“投影”样式设置，设置完成后，图像效果如图9-93所示。

（5）新建图层，命名为“皇冠”，在工具栏中选择“自定形状工具”，并在属性栏中选择工具模式为形状，填充色为黄色，自定形状为，在图像的相应位置画出形状。同理，再选择和工具，画出形状，效果如图 9-94 所示。

图 9-93　图层样式效果

图 9-94　添加形状图像

(6) 单击工具箱中的文字工具，选择“直排文字工具”，在图像中输入文字，并在“字符”面板中进行设置，效果如图 9-95 所示。

(7) 选择“文字”|“转换为形状”命令，文字图层将自动转换为形状图层，选择工具箱中的“直接选择工具”，此时，文字效果如图 9-96 所示。

图 9-95　输入文字

图 9-96　文字转换为形状

(8) 选中文字“最”，利用“直接选择工具”，拖曳周围的控制手柄，使文字变形，同理，分别选择“爱”、“童”、“年”进行同样设置，设置完成后，文字变形效果如图 9-97 所示。

(9) 将文字图层进行栅格化处理，处理后选中文字“爱”，用“橡皮擦工具”，擦去文字的上半部分，效果如图 9-98 所示。

(10) 新建图层，命名为“红心”，在工具栏中选择“自定形状工具”，并在属性栏中选择工具模式为形状，填充色为红色，自定形状为，在文字“爱”的上半部分单击画出所需形状，效果如图 9-99 所示。

(11) 新建图层命名为“路径”，选择“椭圆工具”，并在属性栏中选择工具模式为路径，创建一个椭圆路径，效果如图 9-100 所示。

图 9-97　变形后的文字

图 9-98　橡皮擦擦掉部分文字

图 9-99　红心文字

图 9-100　创建椭圆路径

(12) 单击工具箱中的文字工具，选择“横排文字工具”T，沿椭圆路径输入相应文字，之后选择取消“视图”|“显示额外内容”选项，路径文字效果如图 9-101 所示。

图 9-101　路径文字

(13) 制作完成，将文件保存到“效果图”文件夹中，并命名为“照片模板. psd”。

9.4 文字样式

文字样式分为“字符样式”和“段落样式”两种，这是 Photoshop CS6 新增的功能。创建文字样式可以确保统一的文字格式，只需单击文字样式，就可以为选中的文字添加设置好的统一格式。

9.4.1 字符样式

利用“字符样式”面板中的相应功能，可以将设置好的字符属性存储为一个样式，将样式存储后，可以将其应用于其他字符上，使其他字符拥有相同的字体、字号、大小、颜色等文字效果。

1. 创建字符样式

操作如下。

(1) 在图像中输入文字并设置文字属性后，选择该文字图层，选择“窗口”|“字符样式”命令，即可打开“字符样式”面板，如图 9-102 所示。单击面板右上角的扩展按钮，在打开的菜单中选择“新建字符样式”命令，如图 9-103 所示。

(2) 执行“新建字符样式”命令后，即可创建一个新的字符样式，如图 9-104 所示。

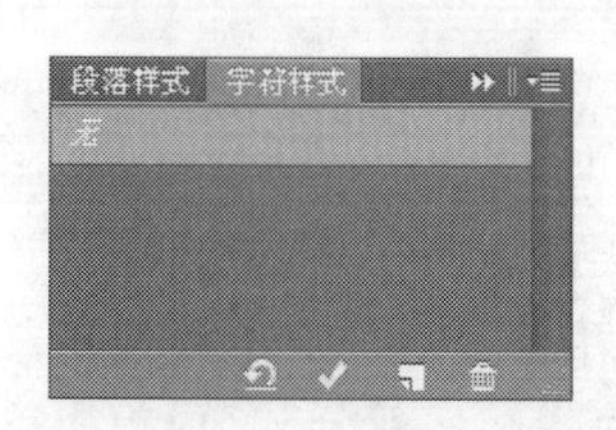

图 9-102　“字符样式”面板

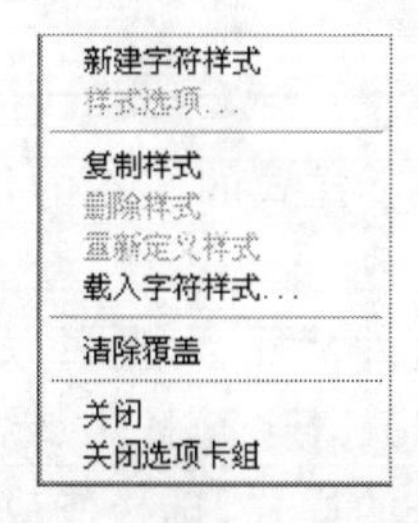

图 9-103　面板扩展按钮菜单

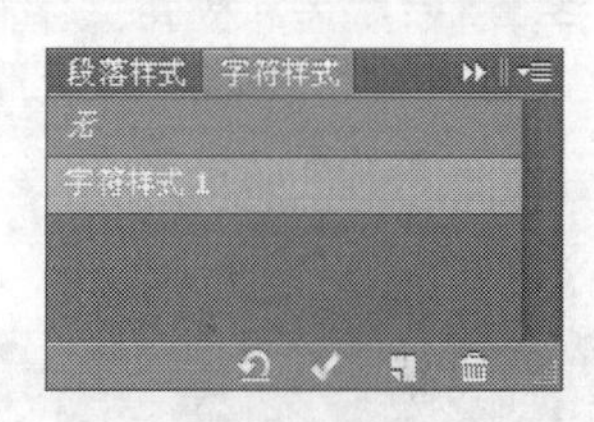

图 9-104　新建字符样式

(3) 双击“字符样式 1”，打开“字符样式选项”对话框，对话框内包含了“基本字符样式”、“高级字符样式”、“OpenType 功能”三类设置，具体涉及样式名称、字体、字号、颜色等多种文字属性信息，如图 9-105 所示。设置完成后单击“确定”按钮，即完成了“字符样式 1”的设置。

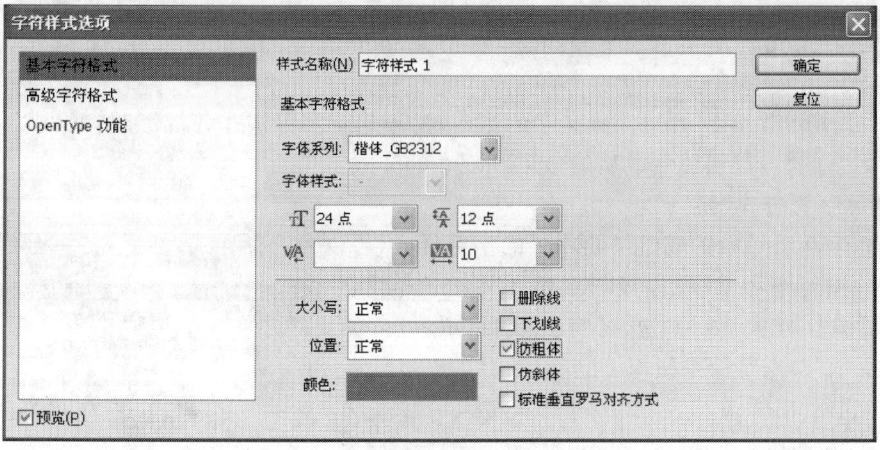

图 9-105　字符样式选项

2. 修改字符样式

字符样式创建后，如果想修改样式，可以在“字符”面板中，双击其名称；或在面板右上角扩展按钮菜单中选择“样式选项”选项，打开“字符样式选项”对其进行修改设置，最后重新命名样式即可，如图 9-106 所示。

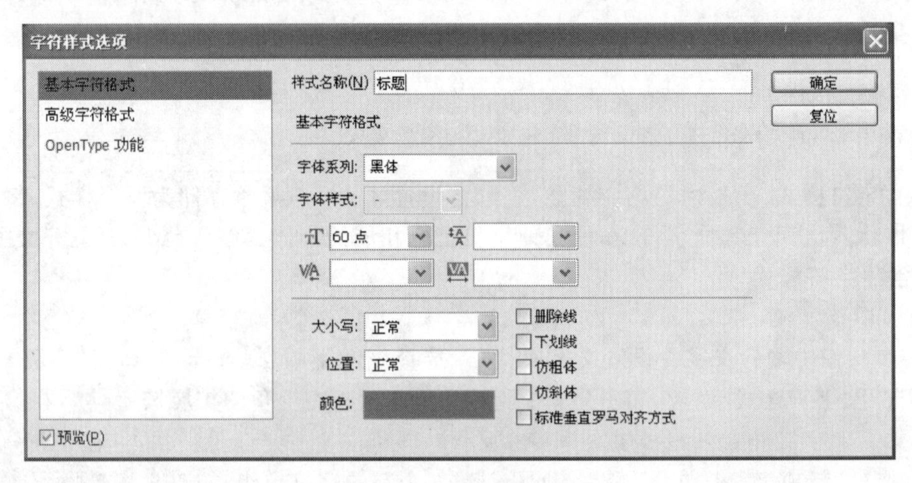

图 9-106　修改字符样式

3. 清除覆盖和重定义字符样式

在设置完字符样式后，对已经使用了样式的文本的任何修改都会在样式面板中出现一个“+”号，如图 9-107 所示。

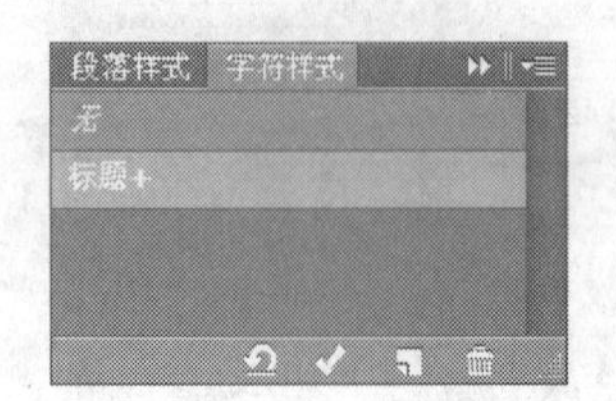

图 9-107　字符样式上的“+”号

这种情况，可通过以下方法来处理。

(1) 清除覆盖。如果不想使用修改后的文本属性还想保持原来的样式，选择修改后的文字，在“字符样式”面板中单击“清除覆盖”按钮；或单击面板右上角的扩展按钮，在弹出的菜单中选择“清除覆盖”选项，即可清除对文字的修改，保留原样式。

(2) 通过合并覆盖重新定义字符样式。如果想使用修改后的字符样式，可以单击“字符样式”面板下方的“通过合并覆盖重新定义字符样式”按钮；或单击面板右上角的扩展按钮，在弹出的菜单中选择“重新定义样式”选项即可完成替换。

(3) 保持覆盖。如果既想保留文字的更改，又不想对字符样式进行修改，就可以忽略“+”号的存在，这样就可以保留修改后的效果和现在的样式。

4. 删除字符样式

如果想删除已经设置或已经使用了的字符样式，可以先选择样式，然后在“字符样式”面板中单击删除按钮；或在面板右上角扩展按钮菜单中选择“删除样式”选项，就可打开删除对话框，如图 9-108 所示，单击“是”按钮即可删除样式。

图 9-108　删除样式

专家点拨：删除样式后，已使用过该样式的文字仍然会保留文字的样式效果，不会因为样式的删除，而删除文字图层中的效果。

9.4.2 段落样式

利用“段落样式”面板中的相应功能，可以将设置的段落属性存储为一个样式，将样式存储后，可以将其应用于其他段落文本上，使其他段落文本拥有相同的字体、字号、大小、颜色以及排版、对齐等段落文本效果。

1. 创建段落样式

具体操作步骤如下。

(1) 在图像中输入段落文本并设置段落属性后，选择该文字图层，执行“窗口”|“段落样式”命令，即可打开“段落样式”面板，如图 9-109 所示。单击面板右上角的扩展按钮，在打开的菜单中选择“新建段落样式”命令，如图 9-110 所示。

(2) 执行“新建段落样式”命令后，即可创建一个新的段落样式，如图 9-111 所示。

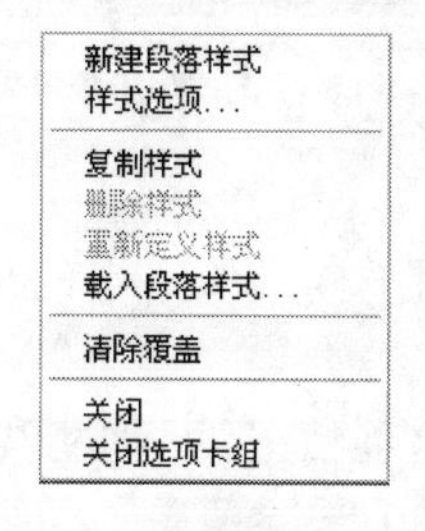

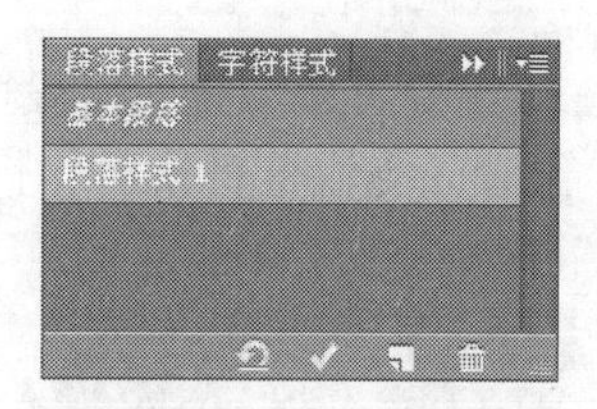

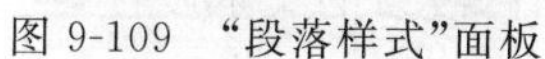
图 9-109　“段落样式”面板　　图 9-110　面板扩展按钮菜单　　图 9-111　新建段落样式

(3) 双击“段落样式 1”，打开“段落样式选项”对话框，该对话框内包含了“基本字符样式”、“高级字符样式”、“OpenType 功能”、“缩进和间距”、“排版”、“对齐”、“连字符连接”这 7 类设置，具体涉及样式名称、字体、字号、颜色、对齐方式等几十种文字属性信息，如图 9-112 所示。设置完成后单击“确定”按钮，即完成了“段落样式 1”的设置。

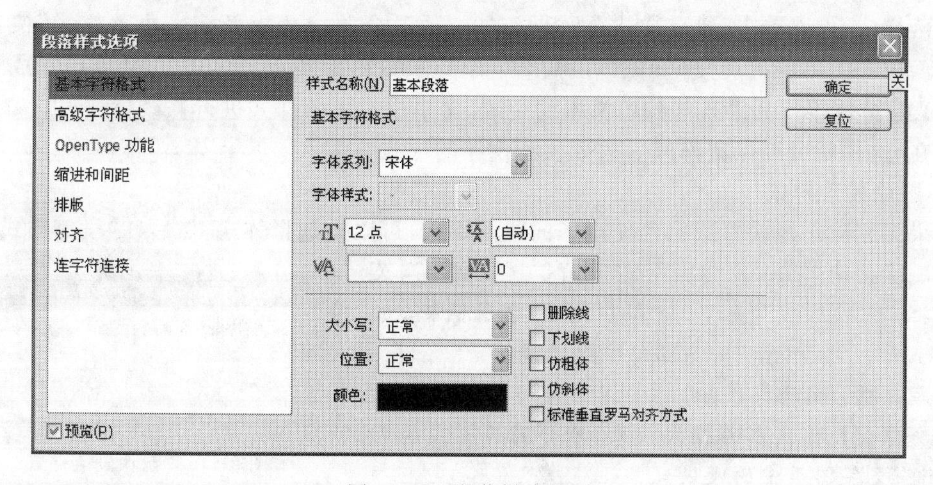

图 9-112　段落样式选项

2. 修改段落样式

段落样式创建后，如果想修改样式，可以在“段落样式”面板中，双击其名称；或在面板右上角扩展按钮菜单中选择“样式选项”选项，打开“段落样式选项”对其进行修改设置，最后重新命名样式即可，如图 9-113 所示。

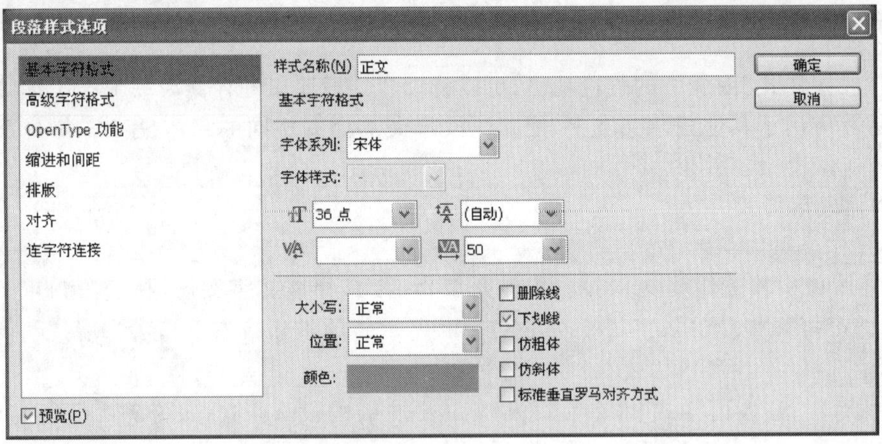

图 9-113　修改段落样式

3. 清除覆盖和重定义段落样式

在设置完段落样式后，对已经使用了样式的文本的任何修改都会在样式面板中出现一个“+”号，如图 9-114 所示。

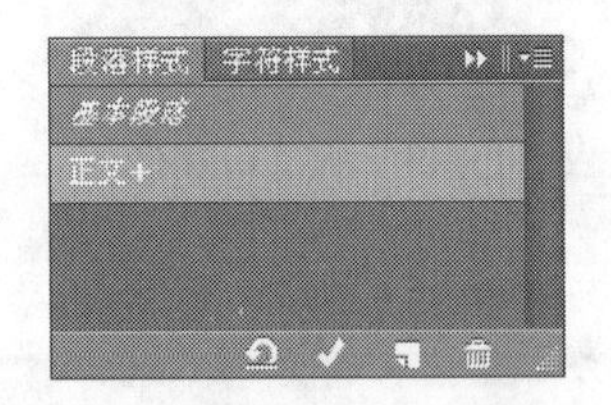

图 9-114　段落样式上的“+”号

这种情况，可通过以下方法来处理。

(1) 清除覆盖。如果不想使用修改后的文本属性，还想保持原来的样式，选择修改后的文本，在“段落样式”面板中单击“清除覆盖”按钮；或单击面板右上角的扩展按钮，在弹出的菜单中选择“清除覆盖”选项，即可清除对文本的修改，保留原样式。

(2) 通过合并覆盖重新定义段落样式。如果想使用修改后的段落样式，可以单击“段落样式”面板下方的“通过合并覆盖重新定义段落样式”按钮；或单击面板右上角的扩展按钮，在弹出的菜单中选择“重新定义样式”选项即可完成替换。

(3) 保持覆盖。如果既想保留文本的更改，又不想对段落样式进行修改，就可以忽略“+”号的存在，这样就可以保留修改后的效果和现在的样式。

4. 删除段落样式

如果想删除已经设置或已经使用了的段落样式，可以先选择样式，然后在“段落样式”面板中单击删除按钮；或在面板右上角扩展按钮菜单中选择“删除样式”选项，就可打开删除对话框，如图 9-115 所示，单击“是”按钮即可删除样式。

图 9-115　删除段落样式

专家点拨：删除样式后，已使用过该样式的段落文本仍然会保留段落文本的样式效果，不会因为样式的删除，而删除文字图层中的效果。

9.5 本章小结

本章就 Photoshop 中文字的创建、文字的编辑、文字的艺术化处理、文字样式进行了系统的介绍。通过本章的学习，用户应该掌握文字工具的使用，如变形文字、路径文字、改变文字的形状等，并能制作丰富多彩的文字效果。

9.6 本章习题

1. 填空题

(1) 在 Photoshop CS6 中,利用文字工具可以输入________和________两种类型的文字。

(2) 当样式面板中出现"+"号时,可通过________、________、________三种方法来解决。

2. 单项选择题

(1) 在 Photoshop CS6 中,如果输入的文字需要分出段落,可以按键盘上的(　　)键进行操作。

A. Tab+Del　　B. Ctrl+Enter　　C. Alt+Enter　　D. Enter

(2) 在 Photoshop CS6 中,使用文字工具,选中这两个文字,打开"字符"控制面板,(　　),可以将如图 9-116 所示左边的文字的间距调整成右边的效果。

A. 将 VA 后的数值调大　　B. 将 VA 后的数值调小

C. 将 ▣ 后的数值调大　　D. 将 ▣ 后的数值调小

图 9-116　文字效果

(3) 在 Photoshop CS6 中,使用(　　)文字变形方式,可以使如图 9-117 所示左边的文字,变形为右边的效果。

A. "旗帜"　　B. "鱼形"　　C. "鱼眼"　　D. "扇形"

图 9-117　文字变形效果

(4) 在 Photoshop CS6 中,使用文字工具,选中文字,打开"段落"面板,(　　),可以将如图 9-118 所示左边的文字调整成右边的效果。

A. 将 ▣ 选项后的数值设置为正值　　B. 将 ▣ 选项后的数值设置为负值

C. 将 ▣ 选项后的数值设置为负值　　D. 将 ▣ 选项后的数值设置为正值

Photoshop CS是一
个功能强大的图
像处理软件。

　Photoshop CS是
一个功能强大的
图像处理软件。

图 9-118　段落效果

(5) 在 Photoshop CS6 中,文本图层执行栅格化图层命令以后,可以继续对其执行下列哪个操作?(　　)

A. 修改文字内容　　　　　　　　　　　　B. 改变文字字体样式
C. 对文字应用滤镜效果　　　　　　　　　D. 转换文字大小写

9.7 上机练习

练习1　制作公益广告

根据图9-119提供的素材图“第9章\练习素材\校园风光.jpg”，综合运用Photoshop CS6中的文字工具，制作如图9-120所示的效果图。

图9-119　素材图

图9-120　公益广告效果图

主要制作步骤提示。

(1) 利用“横排文字工具”输入点文字“文明校园从我做起”，并对点文字进行“文字变形”。

(2) 利用“自定形状工具”画出心形路径，并在路径内输入路径内部文字。

(3) 为心形路径进行画笔描边。

(4) 存储文件到“效果图”文件夹，名称为“公益广告.psd”。

练习2　制作杂志封面

根据图9-121提供的素材图“第9章\练习素材\小猫.jpg”，综合运用Photoshop CS6中的文字工具，制作如图9-122所示的效果图。

图9-121　素材图

图9-122　杂志封面效果图

主要制作步骤提示。

(1) 利用“直排文字工具”输入标题文字“猫世界”,并将文字转换为形状,利用“直接选择工具”对文字进行变形。

(2) 在“猫世界”文字图层下新建图层,用“矩形工具”进行像素填充。

(3) 利用“横排文字工具”输入其他文字,并进行编辑和文字变形设置。

(4) 对“不好当的猫妈妈”文字图层进行“图层样式”设置。

(5) 存储文件到效果图文件夹,名称为“杂志封面.psd”。

练习3　制作台历封面

根据根据图 9-123～图 9-125 提供的素材图“第 9 章\练习素材\台历背景.jpg、羊.jpg、福.jpg”,综合运用 Photoshop CS6 的文字工具,制作如图 9-126 所示的台历封面图。

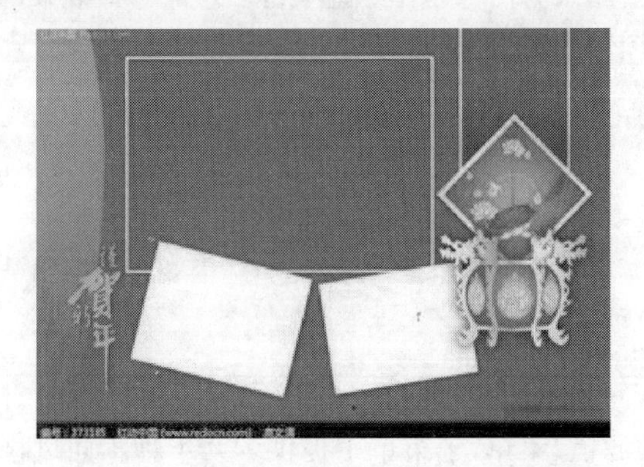

图 9-123　台历背景素材

图 9-124　羊素材

图 9-125　福素材

图 9-126　台历封面效果图

主要制作步骤提示。

(1) 用“仿制图章工具”处理挂历背景素材中的多余信息。

(2) 用“魔棒工具”对“羊素材”和“福素材”进行抠图,并移动到挂历背景素材中。

(3) 对移动过来的“羊”执行“编辑”|“变换”命令。

(4) 输入文字 2015,转化为形状后,改变文字形状。

(5) 输入文字“新年快乐”,执行“文字变形”。

(6) 输入其他文字,并进行相应设置。

(7) 存储文件到“效果图”文件夹,名称为“台历封面.psd”。

第10章 滤镜的应用

滤镜是 Photoshop 常用功能之一，主要用来为图像制作一些丰富多彩的修饰效果，如为图像添加纹理、马赛克、模糊等特殊效果，使图像更加引人注目。

本章主要内容：

- 滤镜简介；
- 独立滤镜的使用；
- 其他滤镜组的使用。

10.1 滤镜简介

在 Photoshop 中要使用滤镜，需选择“滤镜”菜单，子菜单中提供了几十种不同风格、不同效果的滤镜选项，如图 10-1 所示。如果某个菜单后有“ ▶ ”符号，则表示其后有级联菜单，如图 10-2 所示。

10.1.1 上次滤镜操作

图像可以使用一次滤镜，也可以重复多次使用同一个滤镜，还可以多次使用不同的滤镜，使用滤镜后，系统会在滤镜子菜单中自动保存最后一次使用过的滤镜操作。例如，对图像最后一次使用了“风”滤镜，那么子菜单中“上次滤镜操作”选项就会变为“风”选项，如图 10-3 所示。当打开另外一幅图像后，就可以直接通过菜单“滤镜”|“风”命令对该图像使用“风”的滤镜效果。

上次滤镜操作(F) Ctrl+F
转换为智能滤镜
滤镜库(G)...
自适应广角(A)... Shift+Ctrl+A
镜头校正(R)... Shift+Ctrl+R
液化(L)... Shift+Ctrl+X
油画(O)...
消失点(V)... Alt+Ctrl+V
风格化
模糊
扭曲
锐化
视频
像素化
渲染
杂色
其他
Digimarc
浏览联机滤镜...

图 10-1 滤镜菜单

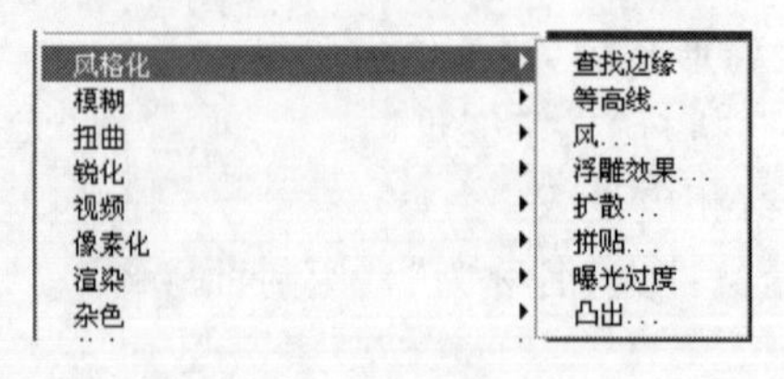

图 10-2 级联菜单

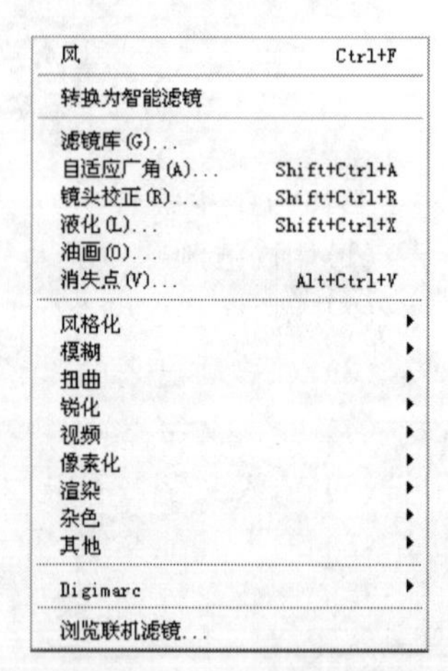

图 10-3 上次滤镜操作

10.1.2　转换为智能滤镜

智能滤镜就是在智能对象图层上应用滤镜。智能滤镜的最大好处就是对图像应用的所有滤镜不会破坏到原图像,并且可以随时恢复到没有应用滤镜之前的原始图像。

下面通过一个简单的案例来介绍智能滤镜的使用。

(1) 打开素材图像(第 10 章\素材\花朵.jpg),如图 10-4 所示。执行"滤镜"|"转换为智能滤镜"命令,出现如图 10-5 所示的对话框,单击"确定"按钮,或在背景图层上右击,在弹出的快捷菜单中选择"转换为智能对象"命令,都可以实现普通图层转换为智能图层,如图 10-6 所示。

图 10-4　素材图像

图 10-5　智能转换对话框

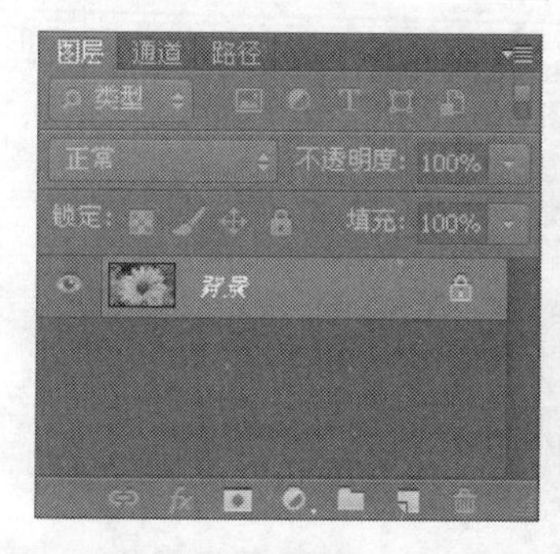

图 10-6　普通背景图层转换为智能图层

(2) 执行"滤镜"|"扭曲"|"水波"命令,设置相应数值,单击"确定"按钮。此时的"图层"面板如图 10-7 所示,图像效果如图 10-8 所示。

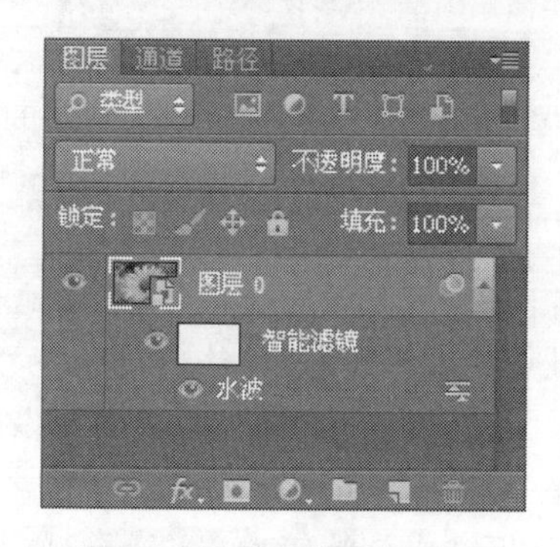

图 10-7　智能滤镜图层面板

图 10-8　水波滤镜效果

通过图层面板可以再次直观地验证智能滤镜的好处,不破坏原图层,并可再编辑。如果不需要使用水波滤镜效果,将其前面的眼睛图标隐藏或删除此滤镜。如果需要再次编辑水波效果，双击图层面板中的“水波”即可再次打开“水波”对话框，重新调整参数设置。

专家点评：

(1) 智能滤镜是非破坏性应用滤镜，可以随时编辑应用于智能对象的滤镜。

(2) 应用于智能对象的任何滤镜都是智能滤镜。智能滤镜将出现在“图层”面板中应用这些智能滤镜的智能对象图层的下方，可以按需调整、删除或隐藏智能滤镜。

(3) 不能在智能对象图层上面使用改变像素数据的命令，如减淡、加深、仿制图章工具等。要使用这些命令，只有将智能对象图层转换为普通图层(方法是对智能对象进行栅格化处理)。

10.1.3 滤镜库

在应用滤镜时，如果图像过大或应用的滤镜种类较多，系统在处理时会花费较长时间，但在“滤镜库”中可方便地查看应用滤镜的预览效果，从而节约更多的时间。

选择“滤镜”|“滤镜库”命令，打开“滤镜库”对话框，Photoshop CS6 的滤镜库提供了“风格化”、“画笔描边”、“扭曲”、“素描”、“纹理”、“艺术效果”这 6 种类型的滤镜，如图 10-9 所示。在对图像使用滤镜时，可在“滤镜库”对话框中直接选择滤镜并应用，并可通过左侧的预览窗口查看应用的滤镜效果。

下面通过一个简单的案例来介绍滤镜库的使用。

(1) 打开素材图像(第 10 章\素材\画.jpg)，如图 10-10 所示。

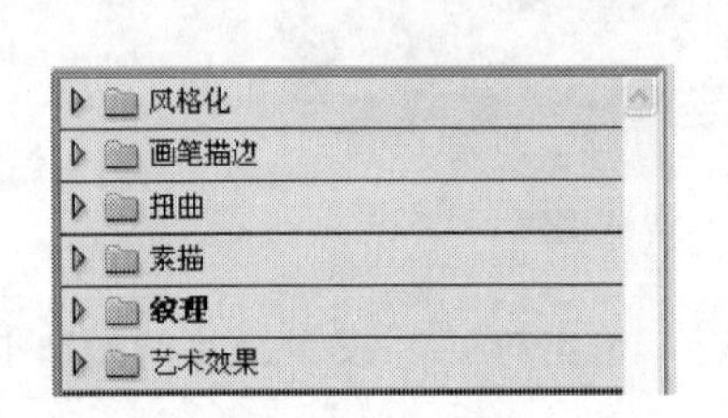

图 10-9 滤镜库

图 10-10 素材图像

(2) 选择滤镜和设置滤镜选项。选择“滤镜”|“滤镜库”命令，打开“滤镜库”对话框，选择“艺术效果”中的“粗糙蜡笔”选项，如图 10-11 所示。对“粗糙蜡笔”选项的属性数值进行设置，如图 10-12 所示。

(3) 查看预览图效果。设置完成滤镜选项后，在单击“确定”按钮之前，即可方便地查看预览效果，效果如图 10-13 所示。如果对效果不满意，还可重新编辑和修改滤镜选项。

(4) 另外，通过“滤镜库”对话框右下角的“新建效果图层”按钮，还可以为图像添加其他的滤镜，从而实现为一幅图像实行多个滤镜的效果，预览效果如图 10-14 所示。

(5) 如果不再需要某个滤镜，可直接在“滤镜库”对话框选中该滤镜 粗糙蜡笔 ，然后单击“删除效果图层”按钮 进行删除即可。

(6) 如果对此时预览效果满意，可单击“确定”按钮完成滤镜的应用，图像应用滤镜后效果如图 10-15 所示。

图 10-11　滤镜库

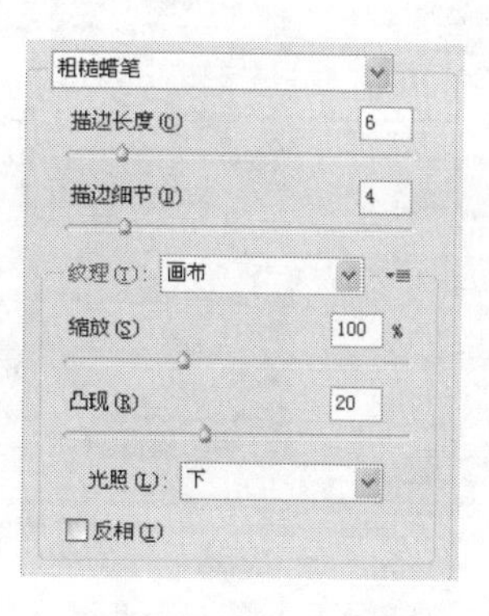

图 10-12　“粗糙蜡笔”属性设置

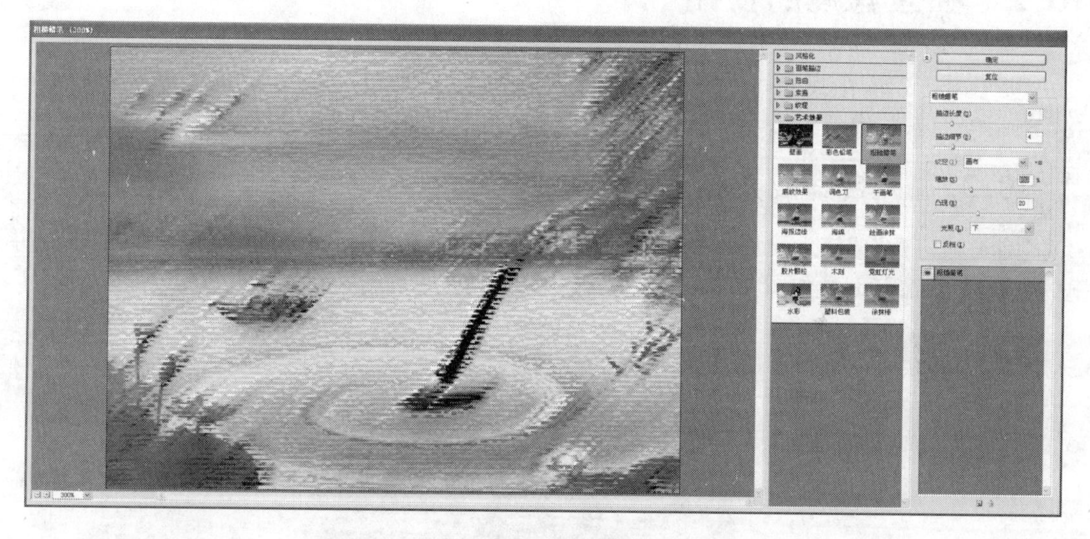

图 10-13　预览效果

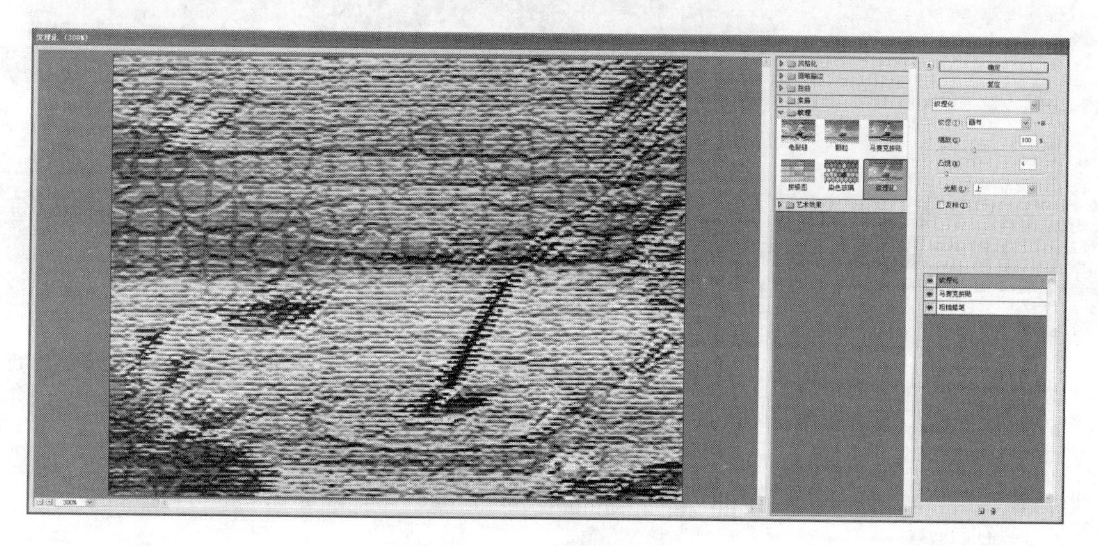

图 10-14　多个滤镜预览效果

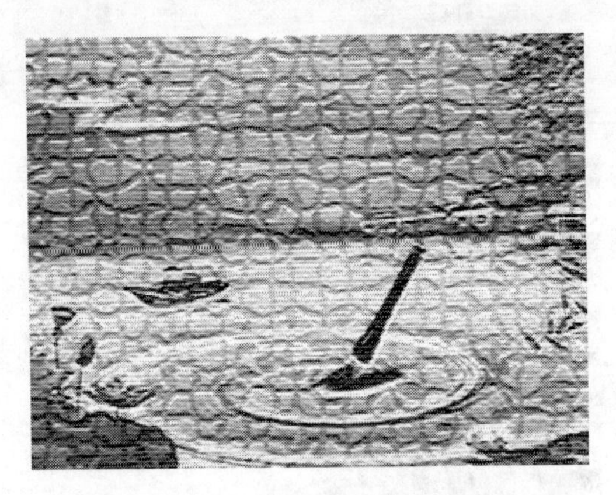

图 10-15　应用滤镜效果

10.2　独立滤镜的使用

PhotoshopCS6 中提供了 5 种独立的滤镜命令，分别是“自适应广角”、“镜头校正”、“液化”、“油画”、“消失点滤镜”。下面就这几个独立滤镜分别进行介绍。

10.2.1　“自适应广角”滤镜

“自适应广角”滤镜主要用来校正倾斜的画面，处理画面中变形的图像。打开素材图片(第 10 章\素材\鼓楼.jpg)，如图 10-16 所示。

图 10-16　素材图像

选择“滤镜”|“自适应广角”命令，“自适应广角”滤镜的校正方式主要有 4 种，分别是“鱼眼”、“透视”、“自动”、“完整球面”。

(1)“鱼眼”校正：焦距主要用来调整图像广角变形的大小，数值越小时变形越大，数值越大时变形越小，如图 10-17 和图 10-18 所示。

裁剪因子主要调整图像在画面中所裁切形状的大小，当裁剪因子调整为最小时，图像被裁剪为接近于圆形的多边形，如图 10-19 所示。

选择对话框中的“约束工具” ，在图像的下方画出一条线，这条线上会出现方形和圆形的控制点，如图 10-20 所示。拖曳约束线上的控制点对图像进行校正。

图 10-17　焦距数值较小时效果

图 10-18　焦距数值最大时效果

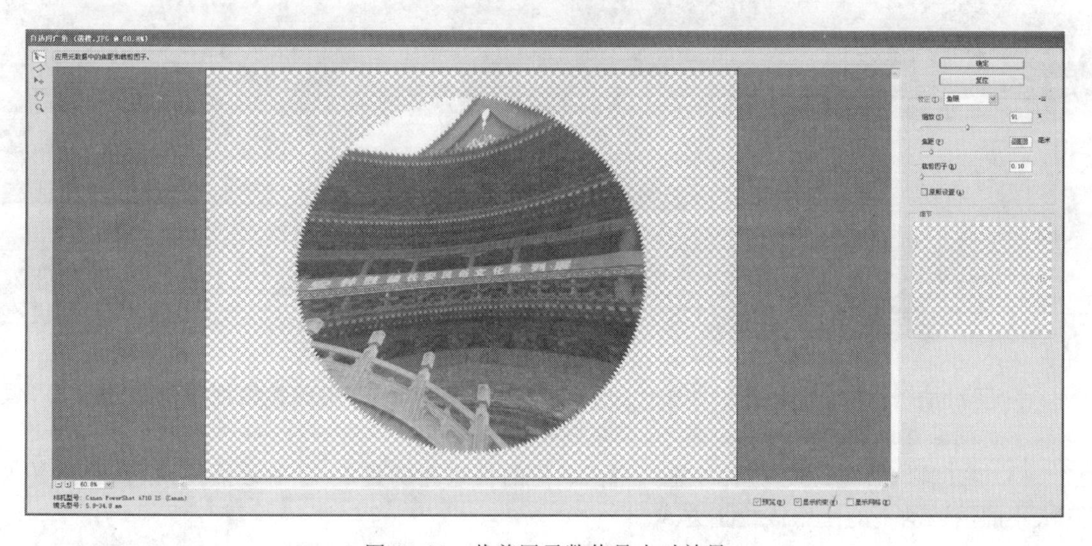

图 10-19　裁剪因子数值最小时效果

图 10-20　第一条约束线

依次在画面上画出其他三条约束线，如图 10-21 所示，并对控制点进行调整，校正图像，校正完成后对图像进行放大处理，使图像充满整个画面，如图 10-22 所示。然后，单击“确定”按钮，最终效果如图 10-23 所示。

图 10-21　4 条约束线

(2)“透视”校正：焦距主要用来调整图像广角变形的大小，数值越小时变形越大，数值越大时变形越小。

调整裁剪因子的大小，焦距也会随之调整。裁剪因子的数值调整到最小状态时，焦距变为最小，图像以球状显示；裁剪因子的数值调整到最大时，焦距也变为最大，图像以原始状态显示。

(3)“自动”校正：图像会自动适应广角，缩放功能用来调整图像在画面中的显示大小，数据越小时图像在画面中的显示也越小，反之则大。

(4)“完整球面”校正：这种校正只有当图像的长宽比例是 1∶2 时才能使用，其他长宽比例大小的图像均不能使用该校正方式。

图 10-22　放大图像

10.2.2 "镜头校正"滤镜

"镜头校正"滤镜对有扭曲、歪斜等情况的照片进行校正。打开素材(第 10 章\素材\楼房.jpg),如图 10-24 所示。

图 10-23　效果图

图 10-24　素材图

选择"滤镜"|"镜头校正"命令,打开"镜头校正"对话框,如图 10-25 所示。

- "移去扭曲工具"：向中心拖曳或脱离中心以校正失真。
- "拉直工具"：绘制一条直线以将图像拉直到新的横轴或纵轴。
- "移动网格工具"：拖曳以移动网格。

在"镜头校正"对话框里,有"自动校正"和"自定"两类校正方式。"自动校正"是提前预置品牌镜头型号的参数,自动修正照片中的变形、暗角、紫边等缺陷。"自定"则是根据不同参数对照片进行校正。

选择"自定"对图像进行校正。选择"拉直工具",在图像的相应位置画出一条纵轴线,使图像产生新的垂直线,如图 10-26 所示,得到如图 10-27 所示的效果。

图 10-25 “镜头校正”对话框

图 10-26 画出新的纵轴线

图 10-27 应用新的纵轴线

单击“确定”按钮，得到最终效果，如图 10-28 所示。

10.2.3 “液化”滤镜

“液化”滤镜主要用于对图像的变形，如扭曲、膨胀、褶皱等，Photoshop CS6 中对该滤镜进行了优化，提高了画面载入和处理效率。

打开素材(第 10 章\素材\小猫.jpg)，如图 10-29 所示。选择“滤镜”|“液化”命令，打开“液化”对话框，如图 10-30 所示，该滤镜默认的编辑模式为“高级模式”。

图 10-28　效果图

图 10-29　素材图

图 10-30　“液化”对话框

对话框左上角的工具箱中包含了 10 种应用工具，包括“向前变形工具”、“重建工具”、“顺时针旋转扭曲工具”、“褶皱工具”、“膨胀工具”、“左推工具”、“冻结蒙版工具”、“解冻蒙版工具”、“抓手工具”以及“缩放工具”。

下面，分别对这些工具加以介绍。

- “向前变形工具”：该工具可以移动图像中的像素，得到变形的效果。
- “重建工具”：使用该工具在变形的区域单击鼠标或拖曳鼠标进行涂抹，可以使变形区域的图像恢复到原始状态。
- “顺时针旋转扭曲工具”：使用该工具在图像中单击或移动鼠标时，图像会被顺时针旋转扭曲；当按住 Alt 键单击时，图像则会被逆时针旋转扭曲。

- “褶皱工具”：使用该工具在图像中单击或移动鼠标时，可以使像素向画笔中间区域的中心移动，使图像产生收缩的效果。
- “膨胀工具”：使用该工具在图像中单击或移动鼠标时，可以使像素向画笔中心区域以外的方向移动，使图像产生膨胀的效果。
- “左推工具”：该工具的使用可以使图像产生挤压变形的效果。使用该工具垂直向上拖曳鼠标时，像素向左移动；向下拖曳鼠标时，像素向右移动。当按住 Alt 键垂直向上拖曳鼠标时，像素向右移动；向下拖曳鼠标时，像素向左移动。若使用该工具围绕对象顺时针拖曳鼠标，可增加其大小；若逆时针拖曳鼠标，则减小其大小。
- “冻结蒙版工具”：使用该工具可以在预览窗口绘制出冻结区域，在调整时，冻结区域内的图像不会受到变形工具的影响。
- “解冻蒙版工具”：使用该工具涂抹冻结区域能够解除该区域的冻结。
- “抓手工具”：放大图像的显示比例后，可使用该工具移动图像，以观察图像的不同区域。
- “缩放工具”：使用该工具在预览区域中单击可放大图像的显示比例；按下 Alt 键在该区域中单击，则会缩小图像的显示比例。

图 10-31　画笔大小设置

- 选择“膨胀工具”，在工具属性中设置画笔大小，如图 10-31 所示，再使用该工具在画面中小猫的两个眼睛上分别单击，对双眼进行放大，可根据需要进行多次点击放大，如图 10-32 所示。

设置完成后，单击对话框中的“确定”按钮，最终效果如图 10-33 所示。

图 10-32　用“膨胀工具”单击双眼

图 10-33　双眼放大后效果图

10.2.4　“油画”滤镜

“油画”滤镜通过改变画笔和光照设置的属性参数来调整出油画效果。

打开素材图(第 10 章\素材\西方美女.jpg)，如图 10-34 所示，选择“滤镜”|“油画”命令，打开“油画”滤镜对话框，如图 10-35 所示。对属性进行相应设置，设置完成后单击“确定”按钮，效果如图 10-36 所示。

- “样式化”：用来调整笔触之间的衔接，数值越小时笔触越细碎，数值越大时笔触越连贯。
- “清洁度”：用来调整画笔描边的清洁度，清洁度的数值越高时画面越干净。

图 10-34 素材图像

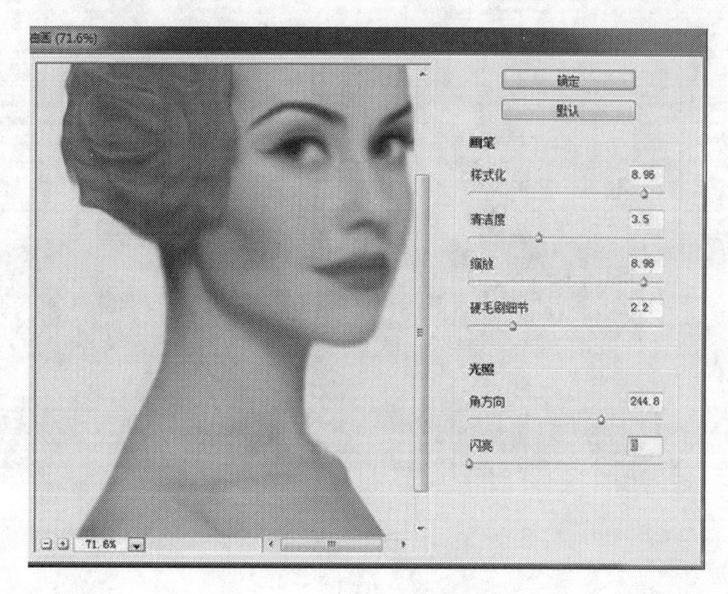

图 10-35 “油画”滤镜对话框

- “缩放”：用来调整画笔描边的大小，数值越大时笔刷越大，数值越小时笔刷越小。
- “硬毛刷细节”：用来调整画笔硬毛笔刷的细节，数值越大细节越精细，数值越小细节越粗糙。
- “角方向”：用来设置光源的角度。
- “闪亮”：笔触反射的亮度，数值越大反射的亮度越高，数值越小反射的亮度越低。

图 10-36 “油画”滤镜效果

10.2.5 “消失点”滤镜

“消失点”滤镜可以在创建的图像选区内进行复制、粘贴等操作，同时使用 Photoshop CS6“消失点”滤镜可以根据透视原理，在 Photoshop CS6 图像中生成带有透视效果的图像，另外该滤镜还可以根据透视原理对图像进行校正，使 Photoshop CS6 图像内容产生正确的透视变形效果。

下面通过一个简单的实例(制作“西方美女封面”)来说明“消失点”滤镜的使用步骤。

图 10-37 素材图像

(1) 打开第一幅素材图像(第 10 章\素材\小花.jpg)，如图 10-37 所示，全选并复制图像。

(2) 打开第二幅图像(图 10-36“油画”滤镜效果)，选择“滤镜”|“消失点”命令，打开“消失点”对话框，如图 10-38 所示。

(3) 选择对话框左上角的“创建平面工具”，在图像的适当位置创建一个透视平面，并利用“编辑平面工具”对透视平面进行编辑，效果如图 10-39 所示。

(4) 按 Ctrl+V 键，在对话框中粘贴步骤(1)中的素材图像，如图 10-40 所示。

图 10-38 “消失点”对话框

图 10-39 创建透视平面

图 10-40 粘贴图像

(5) 用鼠标将粘贴过来的图像拖曳到矩形透视平面内，运用“变换工具”，调整图像到合适大小，再单击“确定”按钮。效果如图 10-41 所示。

(6) 用“文字工具”T添加文字信息，并利用“字符”面板进行属性设置，最终效果如图 10-42 所示。

图 10-41 “消失点”透视效果

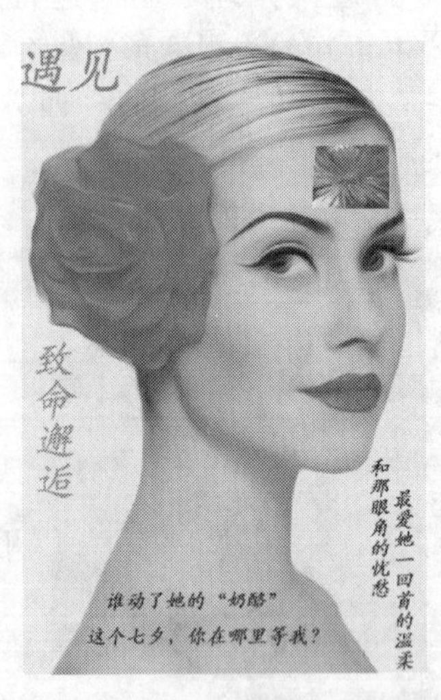

图 10-42 西方美女封面

10.2.6　独立滤镜应用实例——制作“裙舞飞扬”

1. 实例简介

本实例介绍为一张图片局部添加液化效果的方法。在本例中用到的主要工具有“液化”滤镜、“图层样式”、“文字工具”、“魔棒工具”等。通过本实例的制作，使读者熟悉 Photoshop CS6 中“液化”滤镜及其他相关工具的使用。

该实例最终效果如图 10-43 所示。

2. 实例制作步骤

(1) 打开素材图像。运行 Photoshop CS6，选择“文件”|“打开”命令；或按 Ctrl+O 组合键；或在页面空白区域双击，打开素材图像“第 10 章\素材\裙舞美女.jpg”，并对图层进行复制，效果如图 10-44 所示。

图 10-43　“裙舞飞扬”效果图

图 10-44　“裙舞美女”素材图

(2) 选择“滤镜”|“液化”命令，打开“液化”滤镜对话框，如图 10-45 所示。

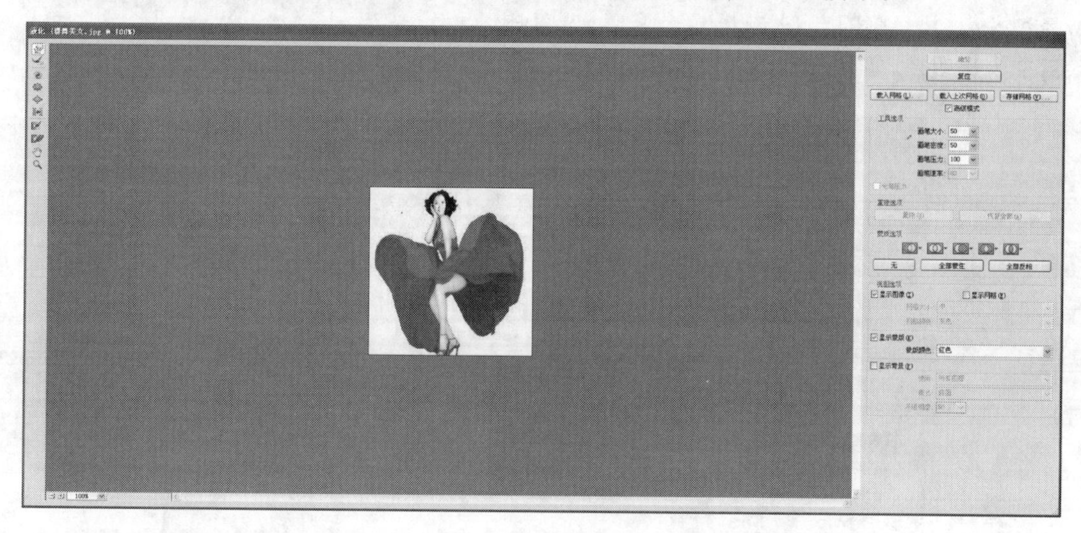

图 10-45　“液化”滤镜对话框

(3) 选择“向前变形工具”，设置画笔大小，并在图像的相应位置拖曳，效果如图 10-46 所示，单击“确定”按钮。

图 10-46 “向前变形工具”的应用

(4) 在图像中输入并设置文字属性。选择工具箱中的文字工具,单击“横排文字工具”T,在图像上输入文字并在“字符”面板中进行相应的设置,系统将自动生成文字图层,设置完成后效果如图 10-47 所示。

图 10-47 文字的输入

(5) 在文字图层双击,打开“图层样式”对话框,选择“描边”命令,属性设置如图 10-48 所示。单击“确定”后,效果如图 10-49 所示。

(6) 打开另一幅素材图像“第 10 章\素材\蝴蝶.jpg”,如图 10-50 所示,图像背景色为白色。选择“魔棒工具”,在图像背景白色区域单击,白色背景被选中,执行删除命令,删除白色背景,背景删除后变为透明色,效果如图 10-51 所示。

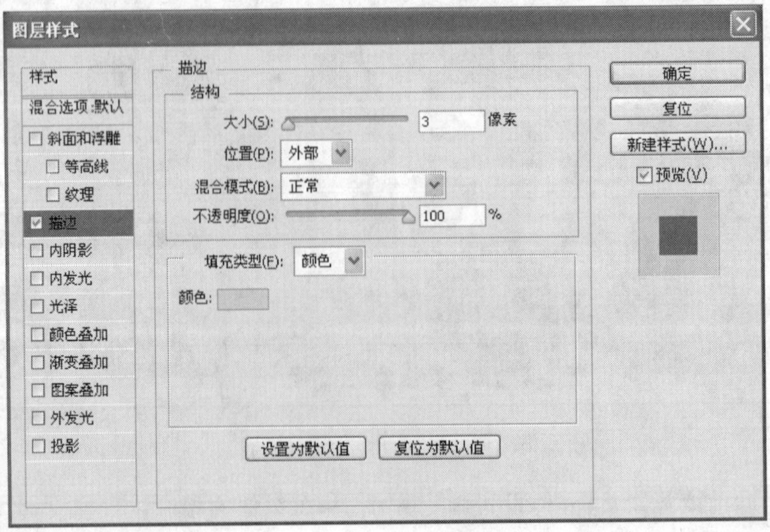

图 10-48 “图层样式”对话框

专家点拨：用“魔棒工具”建立的选区，适用于对象与背景色颜色对比明显的图像，用魔棒工具直接在背景处单击即可创建选区。

(7) 新建图层命名为“蝴蝶”，将透明的蝴蝶图像复制，粘贴到蝴蝶图层，按 Ctrl＋T 组合键对蝴蝶进行大小设置。双击蝴蝶图层，打开“图层样式”对话框，选择“阴影”样式，属性为默认设置，单击“确定”按钮后阴影效果如图 10-52 所示。

(8) 复制“蝴蝶”图层，得到“蝴蝶副本”图层，选择“编辑”|“变换”|“水平翻转”命令，并将复制的蝴蝶放置在合适位置，如图 10-53 所示。

(9) 制作完成，保存到“效果图”文件夹中，并命名为“裙舞飞扬.psd”。最终效果见图 10-43。

图 10-49　应用“描边”样式

图 10-50　背景为白色的素材

图 10-51　背景为透明色的素材

图 10-52　添加蝴蝶

图 10-53　为蝴蝶添加阴影样式

10.3　其他滤镜组的使用

除了滤镜库和独立滤镜外，Photoshop CS6 还有其他滤镜组，包括“风格化”、“模糊”、“扭曲”、“锐化”、“视频”、“像素化”、“渲染”、“杂色”等。每个滤镜组还包含了很多单独的滤镜命令，如图 10-54 所示。通过选择不同的滤镜命令，制作丰富多彩的滤镜效果。

10.3.1　“风格化”滤镜组

“风格化”滤镜是通过置换像素和通过查找并增加图像的对比度，在选区中生成绘画或印象派的效果。风格化滤镜组菜单如图 10-55 所示。

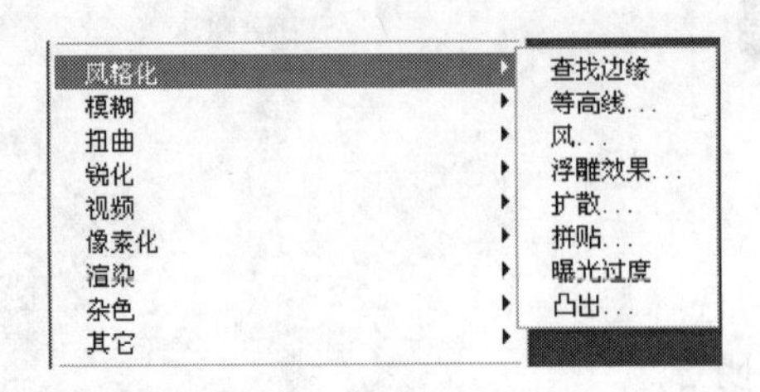

图 10-54 其他滤镜组

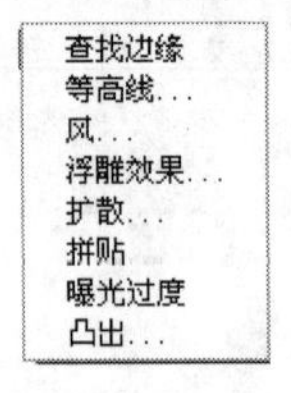

图 10-55 “风格化”滤镜组菜单

1. 查找边缘

“查找边缘”用于标识图像中有明显过渡的区域并强调边缘。与“等高线”滤镜一样,“查找边缘”在白色背景上用深色线条勾画图像的边缘,对于在图像周围创建边框非常有用。

2. 等高线

“等高线”用于查找主要亮度区域的过渡,并对于每个颜色通道用细线勾画它们,得到与等高线图中的线相似的结果。

3. 风

“风”用于在图像中创建细小的水平线以及模拟刮风的效果(具有风、大风、飓风等功能)。

4. 浮雕效果

“浮雕效果”通过将选区的填充色转换为灰色,并用原填充色描画边缘,从而使选区显得凸起或压低。

5. 扩散

“扩散”根据选中的选项搅乱选区中的像素,使选区显得不十分聚焦,有一种溶解一样的扩散效果,对象是字体时,该效果呈现在边缘。

6. 拼贴

“拼贴”将图像分解为一系列拼贴(像瓷砖方块),并使每个方块上都含有部分图像。

7. 曝光过度

“曝光过度”混合正片和负片图像,与在冲洗过程中将照片简单地曝光以加亮相似。

8. 凸出

“凸出”滤镜可以将图像转化为三维立方体或锥体,以此来改变图像或生成特殊的三维背景效果。

用风格化滤镜组制作的图像效果如图 10-56 所示(各菜单属性均采用默认设置,素材图像为“第 10 章\素材\铅笔.jpg”)。

10.3.2 “模糊”滤镜组

在 Photoshop CS6 中“模糊”滤镜效果共包括 14 种滤镜,“模糊”滤镜可以使图像中过于清晰或对比度过于强烈的区域,产生模糊效果。它通过平衡图像中已定义的线条和遮蔽区域的清晰边缘旁边的像素,使变化显得柔和。“模糊”滤镜组菜单如图 10-57 所示。

1. 场景模糊

这是 Photoshop CS6 的新增功能,更为细致地对景深进行控制,可以通过添加更多的控制点以及更为细致地分配每个控制点的模糊参数以达到更精确的景深。

2. 光圈模糊

这是 Photoshop CS6 的新增功能,“光圈模糊”命令相对于“场景模糊”命令使用方法要简

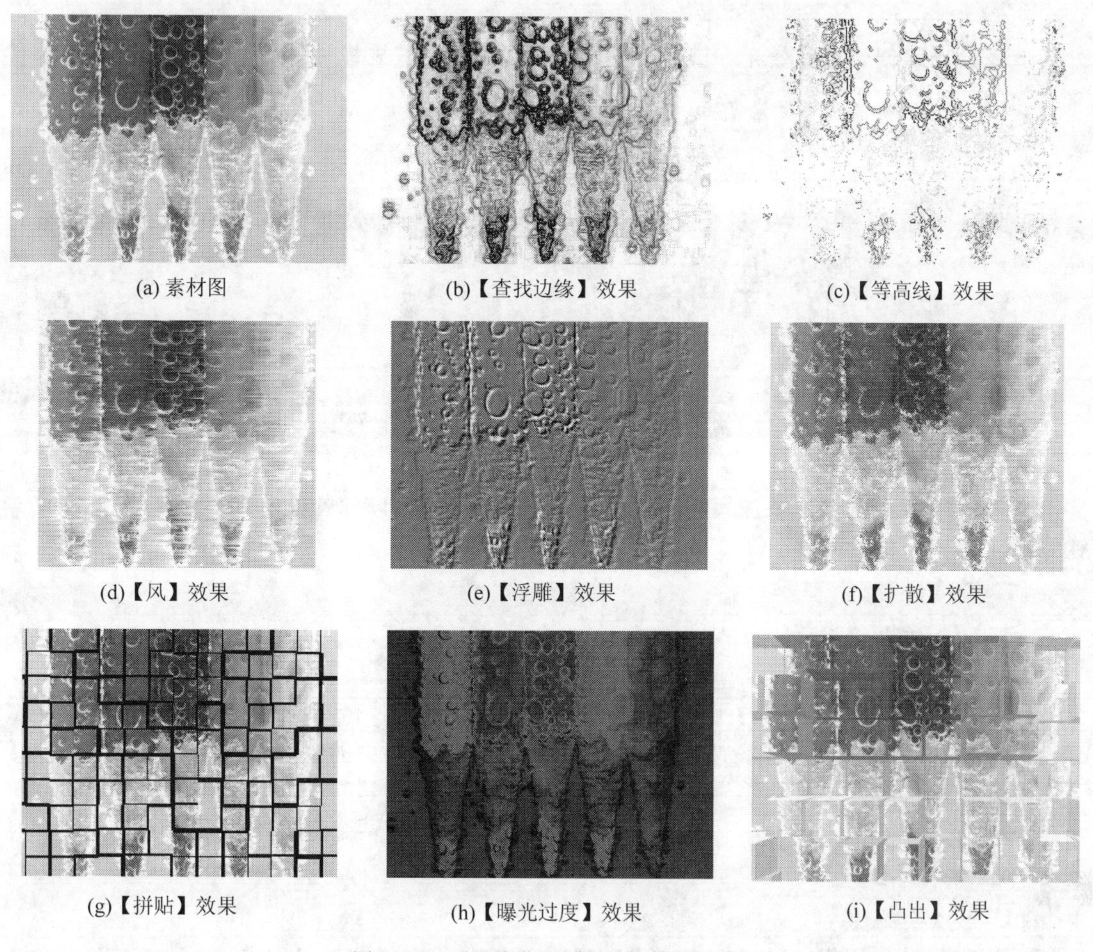

(a) 素材图　(b)【查找边缘】效果　(c)【等高线】效果

(d)【风】效果　(e)【浮雕】效果　(f)【扩散】效果

(g)【拼贴】效果　(h)【曝光过度】效果　(i)【凸出】效果

图 10-56　“风格化”滤镜组各菜单效果

单很多。通过控制点选择模糊位置及调整范围框控制模糊作用范围，再利用面板设置模糊的强度数值控制形成景深的浓重程度。

场景模糊...
光圈模糊...
倾斜偏移...
表面模糊...
动感模糊...
方框模糊...
高斯模糊...
进一步模糊
径向模糊...
镜头模糊...
模糊
平均
特殊模糊...
形状模糊...

图 10-57　“模糊”滤镜组菜单

3. 倾斜偏移

这是 Photoshop CS6 的新增功能，“倾斜偏移”滤镜与“光圈模糊”滤镜并没有本质上的差别（指模糊方式上），只是控制的区域由椭圆形变成了平行线。中央圆圈上下共 4 条直线定义了从清晰（原图）到模糊区的过渡范围，同样可以改变模糊的程度，4 条水平直线也可以转动倾斜。

4. 表面模糊

此滤镜用于创建特殊效果并消除杂色或粒度，在保留边缘的同时模糊图像。“半径”选项指定模糊取样区域的大小；“阈值”选项控制相邻像素色调值与中心像素值相差多大时才能成为模糊的一部分，色调值差小于阈值的像素被排除在模糊之外。

5. 动感模糊

“动感模糊”滤镜可以产生动态模糊的效果，此滤镜的效果类似于以固定的曝光时间给一个移动的对象拍照。

6. 方框模糊

此滤镜用于创建特殊效果，基于相邻像素的平均颜色值来模糊图像。它用来计算给定像素平均值的区域大小，半径越大，产生的模糊效果越好。

7. 高斯模糊

“高斯”是指当Adobe Photoshop将加权平均应用于像素时生成的钟形曲线。“高斯模糊”滤镜添加低频细节，并产生一种朦胧效果。在进行字体的特殊效果制作时，在通道内经常应用此滤镜的效果。

8. 进一步模糊

该滤镜生成的效果比“模糊”滤镜强3～4倍。

9. 径向模糊

“径向模糊”模拟前后移动相机或旋转相机所产生的模糊效果。

10. 镜头模糊

“镜头模糊”向图像中添加模糊以产生更窄的景深效果，以便使图像中的一些对象在焦点内，而使另一些区域变模糊。

11. 模糊

它产生轻微的模糊效果。

12. 平均

该滤镜找出图像或选区的平均颜色，然后用该颜色填充图像或选区以创建平滑的外观。例如，如果选择了草坪区域，该滤镜会将该区域更改为一块均匀的绿色部分。

13. 特殊模糊

“特殊模糊”滤镜可以产生一种清晰边界的模糊。该滤镜能够找到图像边缘并只模糊图像边界线以内的区域。

14. 形状模糊

“形状模糊”使用指定的内核来创建模糊。从自定形状预设列表中选取一种内核，并使用“半径”滑块来调整其大小。通过单击三角按钮并从列表中进行选取，可以载入不同的形状库。半径决定了内核的大小；内核越大，模糊效果越好。

用模糊滤镜组制作的图像效果如图10-58所示(各菜单属性均采用默认设置，素材图像为“第10章\素材\水杯.jpg”)。

10.3.3 其他滤镜组应用实例之一——制作“骏马奔腾”

1. 实例简介

本实例介绍一种为静物图片添加动感运动的方法。在本实例的制作过程中，使用“滤镜”|“模糊”|“动感模糊”命令和“通道”、“图像”|“调整”、“渐变填充”等工具进行操作。通过本实例的制作，使读者掌握使用“动感模糊”滤镜为静物添加动感效果的方法。

该实例最终效果如图10-59所示。

2. 实例制作步骤

(1) 打开素材图像。运行Photoshop CS6，选择“文件”|“打开”命令；或按Ctrl＋O组合键；或在页面空白区域双击，打开素材图像“第10章\素材\骏马奔腾.jpg”，并对图层进行复制，效果如图10-60所示。

(2) 调整图像颜色。选中复制图层，选择“图像”|“调整”|“色阶”命令，打开“色阶”对话框，对图像进行颜色调整，调整颜色后效果如图10-61所示。

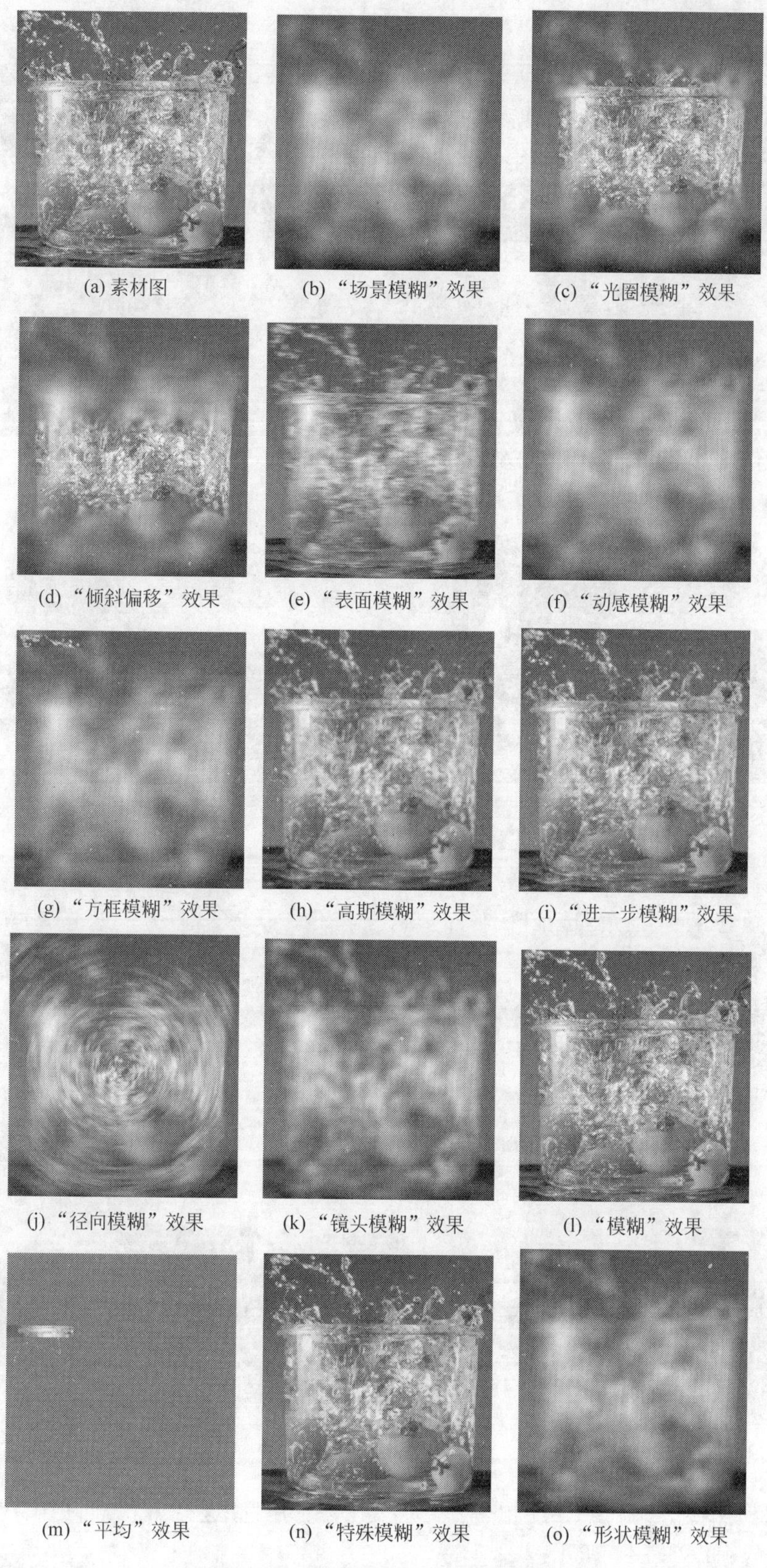

(a) 素材图　(b)“场景模糊”效果　(c)“光圈模糊”效果

(d)“倾斜偏移”效果　(e)“表面模糊”效果　(f)“动感模糊”效果

(g)“方框模糊”效果　(h)“高斯模糊”效果　(i)“进一步模糊”效果

(j)“径向模糊”效果　(k)“镜头模糊”效果　(l)“模糊”效果

(m)“平均”效果　(n)“特殊模糊”效果　(o)“形状模糊”效果

图 10-58 “模糊”滤镜组各菜单效果

图 10-59 “骏马奔腾”效果图

图 10-60 骏马奔腾素材图

(3) 打开“通道”面板，选择通道中颜色对比最明显的“红”通道，效果如图 10-62 所示。复制红通道，得到“红副本”通道，通道效果如图 10-63 所示。

图 10-61 调整图像颜色

图 10-62 红通道图像

(4) 选择“红副本”通道，选择“图像”|“调整”|“色阶”命令，打开“色阶”对话框，对图像进行颜色调整，调整颜色后效果如图 10-64 所示。选择“画笔工具”，将前景色设置为黑色，用画笔对图像进行修饰，使图像整体都成为黑色。同理，用白色画笔将背景色都设置为白色，设置完成后效果如图 10-65 所示。

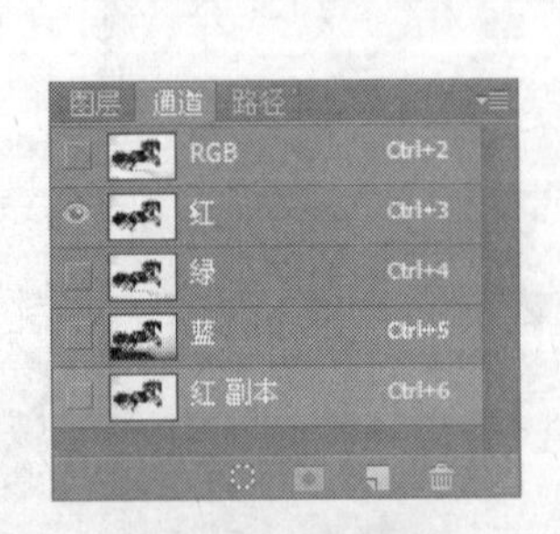

图 10-63 复制红通道

图 10-64 调整图像颜色

(5) 选择“图像”|“调整”|“反相”命令，将调整好的图像进行反相，即把图像变为白色，背景设置为黑色，如图 10-66 所示。

图 10-65　继续调整图像颜色

图 10-66　反相

专家点拨：通道里越是白色的地方越能被选中，越是黑色的地方越选不中；通道就是一个选区，通过选取白色、舍弃黑色把由白到黑的不同色阶选取出来。

(6) 单击通道面板下方的“将通道作为选区载入”按钮 ，将通道设置为选区，单击“RGB”通道，返回图层面板，效果如图 10-67 所示。

(7) 按 Ctrl+C 键，将图像复制到新建图层“图层 1”中，抠图成功，图层效果如图 10-68 所示。

图 10-67　返回图层面板后图像效果

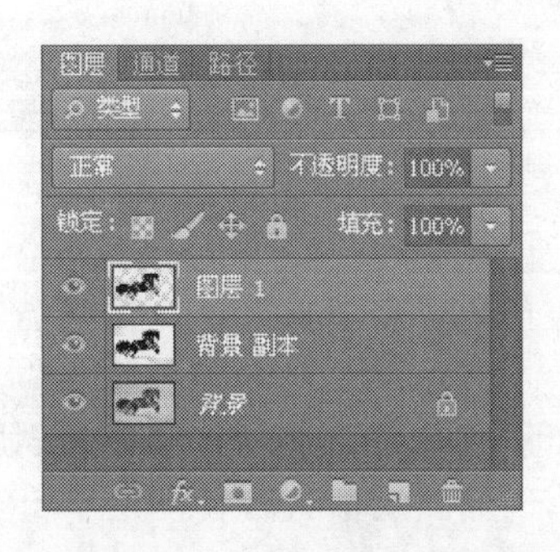

图 10-68　将骏马抠图复制到新建图层中

(8) 选择“背景副本”图层，按 Ctrl+D 键取消选区。选择“滤镜”|“模糊”|“动感模糊”命令，打开“动感模糊”对话框，属性设置如图 10-69 所示。设置完成后单击“确定”按钮，图像效果如图 10-70 所示。

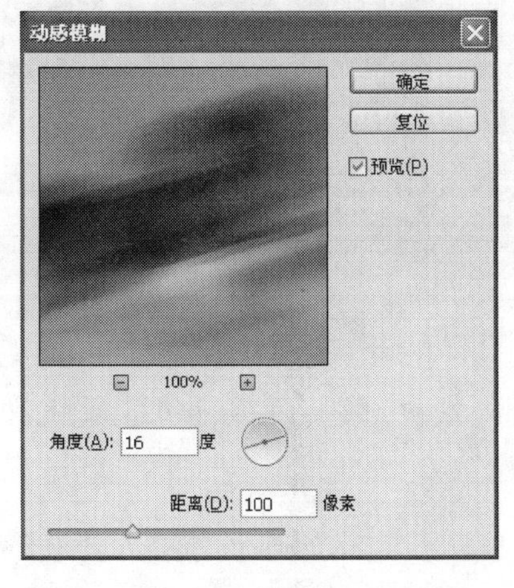

图 10-69　“动感模糊”对话框图

图 10-70　“动感模糊”效果

(9) 按 Ctrl+A 键将整个图片选取,用“选择”菜单中的“存储选区”命令将选择区域存储为一个新的通道,如图 10-71 所示。

(10) 双击“线性渐变工具”,打开“渐变编辑器”对话框,进行属性设置,如图 10-72 所示,制作一个由白到黑的渐变。

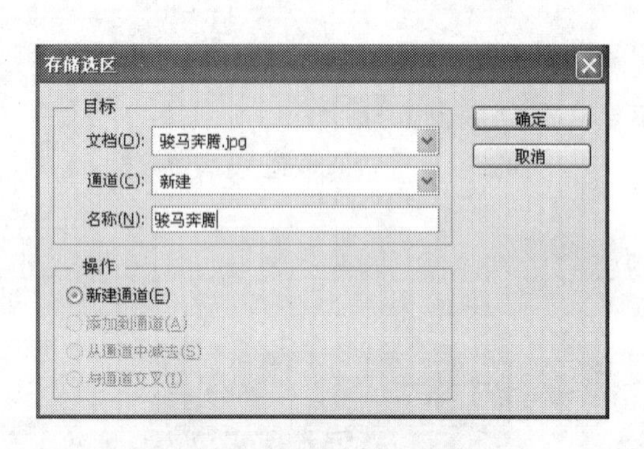

图 10-71 新建通道

图 10-72 “渐变编辑器”对话框

(11) 在新建的通道中,用“线性渐变工具”顺着骏马奔跑的角度从左到右拉出一个渐变,按 Ctrl+～组合键返回 RGB 通道,然后在新建通道上按住鼠标左键不放,然后将其拖曳至通道面板下的“将通道作为选区载入”按钮上。

(12) 返回图层面板,对“图层 1”中的骏马,执行菜单“编辑”|“选择性粘贴”|“贴入”命令,将骏马粘贴到“图层 2”中,并移动至合适位置,如图 10-73 所示。图层面板如图 10-74 所示。

图 10-73 移动图像到合适位置

图 10-74 图层面板

(13) 制作完成,保存到“效果图”文件夹中,并命名为“骏马奔腾.psd”,最终效果见图 10-59。

10.3.4 “扭曲”滤镜组

“扭曲”滤镜是用几何学原理把一幅图像变形,以制作三维效果或其他的整体变化。处理图像时，使用它们可以生成形象逼真的波纹、漩涡、挤压等艺术效果。“扭曲”滤镜组菜单如图 10-75 所示。

1．波浪

“波浪”滤镜可以根据设定的波长产生波浪效果。

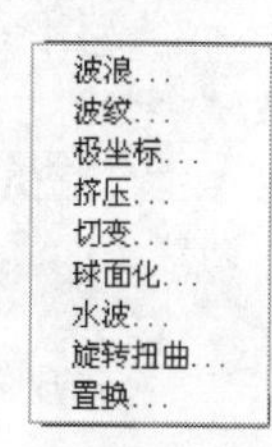

图 10-75　“扭曲”滤镜组菜单

2．波纹

“波纹”滤镜用来生产水波荡漾的涟漪效果。

3．极坐标

“极坐标”滤镜可以将图像从直角坐标系转化成极坐标系，或从极坐标系转化为直角坐标系。

4．挤压

“挤压”滤镜可以使全部图像或图像的选定区域产生向外或向内挤压变形效果。

5．切变

“切变”滤镜能够在垂直方向按设定的弯曲路径来扭曲图像。

6．球面化

“球面化”滤镜用来模拟将图像包在球上并扭曲、伸展来适合球面，从而产生球面化效果。

7．水波

“水波”滤镜模仿水面上产生起伏状的水波纹和旋转效果。

8．旋转扭曲

“旋转扭曲”滤镜用来产生旋转风轮效果，旋转中心为物体的中心。

9．置换

“置换”滤镜用来产生移位效果，它的移位方向不仅跟对话框中的参数设置有关，还跟位移图有密切关系，所以效果图像素的移位方向很难判断。该滤镜需要两个文件才能完成，一个文件是要编辑的图像文件，另一个是位移图文件，位移文件充当移位模板，用来控制位移的方向。

用“模糊”滤镜组制作的图像效果如图 10-76 所示(各菜单属性均采用默认设置，素材图像为“第 10 章\素材\小花.jpg”)。

(a) 素材图　(b)【波浪】效果　(c)【波纹】效果

(d)【极坐标】效果　(e)【挤压】效果　(f)【切变】效果

图 10-76　“扭曲”滤镜组各菜单效果

(g)【球面化】效果

(h)【水波】效果

(i)【旋转扭曲】效果

(j)【置换】效果

图 10-76 （续）

10.3.5 "锐化"滤镜组

"锐化"滤镜组中的滤镜命令可用于提高图像像素的对比值，让模糊的画面变得清晰，使图像特定区域的色彩更加鲜明。"锐化"滤镜组菜单如图 10-77 所示。

1. USM 锐化

USM 锐化是一个常用的技术，简称 USM，是用来锐化图像中的边缘的。它可以快速调整图像边缘细节的对比度，并在边缘的两侧生成一条亮线和一条暗线，使画面整体更加清晰。对于高分辨率的输出，通常锐化效果在屏幕上显示比印刷效果更明显。

图 10-77 "锐化"滤镜组菜单

2. 进一步锐化

"进一步锐化"滤镜可以产生强烈的锐化效果，用于提高对比度和清晰度。"进一步锐化"滤镜比"锐化"滤镜应用更强的锐化效果。应用"进一步锐化"滤镜可以获得执行多次"锐化"滤镜的效果。

3. 锐化

"锐化"滤镜可以通过增加相邻像素点之间的对比，使图像清晰化，提高对比度，使画面更加鲜明。此滤镜锐化程度较为轻微。

4. 锐化边缘

"锐化边缘"滤镜只锐化图像的边缘，同时保留总体的平滑度。使用此滤镜在不指定数量的情况下锐化边缘。

5. 智能锐化

"智能锐化"滤镜具有"USM 锐化"滤镜所没有的锐化控制功能，可以设置锐化算法，或控制在阴影和高光区域中的锐化量，而且能避免色晕等问题，起到使图像细节清晰的作用。

用"锐化"滤镜组制作的图像效果如图 10-78 所示（各菜单属性均采用默认设置，素材图像为"第 10 章\素材\小狗.jpg"）。

(a) 素材图

(b)【USM锐化】效果

(c)【进一步锐化】效果

(d)【锐化】效果

(e)【锐化边缘】效果

(f)【智能锐化】效果

图 10-78 “锐化”滤镜组各菜单效果

10.3.6 “视频”滤镜组

“视频”滤镜属于 Photoshop 的外部接口程序，用来从摄像机输入图像或将图像输出到录像带上。“视频”滤镜组菜单如图 10-79 所示。

1. NTSC 颜色

NTSC 颜色将色域限制在电视机重现可接受的范围内，以防止过饱和颜色渗到电视扫描行中。此滤镜对基于视频的因特网系统上的 Web 图像处理有帮助。注意，此滤镜不能应用于灰度、CMYK 和 Lab 模式的图像。

图 10-79 “视频”滤镜组菜单

2. 逐行

“逐行”通过去掉视频图像中的奇数或偶数交错行，使在视频上捕捉的运动图像变得平滑，可以选择“复制”或“插值”来替换去掉的行。注意，此滤镜不能应用于 CMYK 模式的图像。

10.3.7 “像素化”滤镜组

“像素化”滤镜组中的滤镜可以将相邻的颜色值、相近的颜色像素接成块，从而产生晶格状、点状和马赛克等特殊效果。“像素化”滤镜组菜单如图 10-80 所示。

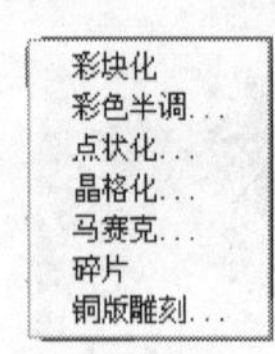

图 10-80 “像素化”滤镜组菜单

1. 彩块化

彩块化作用是使用纯色或相近的像素色块结块构图，相当于手绘图的效果，它没有调节参数。

2. 彩色半调

彩色半调将图像的每一个通道都提取出来，每个通道的色块用圆形进行填充。

3. 点状化

点状化将图像分解为随机分布的网点，模拟点状绘画的效果；使用背景色填充网点之间的空白区域；参数是单元格的大小设置，越大图像就会越面目全非。

4. 晶格化

晶格化是用多边形纯色块重新绘制图像，其参数是单元格的大小设置，越大图像就会越面目全非。

5. 马赛克

马赛克可以将像素结块，电视中为了不暴露人的真实面目就会用到马赛克。其参数是单元格大小，参数越大越面目全非。

6. 碎片

碎片将图像创建 4 个不同角度偏移效果，制作重影的效果，它无参数。

7. 铜版雕刻

铜版雕刻使用黑白或颜色完全饱和的网点图案重新绘制图像，其参数类型共有 10 种，包括精细点、中等点、粒状点等。

用像素化滤镜组制作的图像效果如图 10-81 所示（各菜单属性均采用默认设置，素材图像为“第 10 章\素材\小猫.jpg”）。

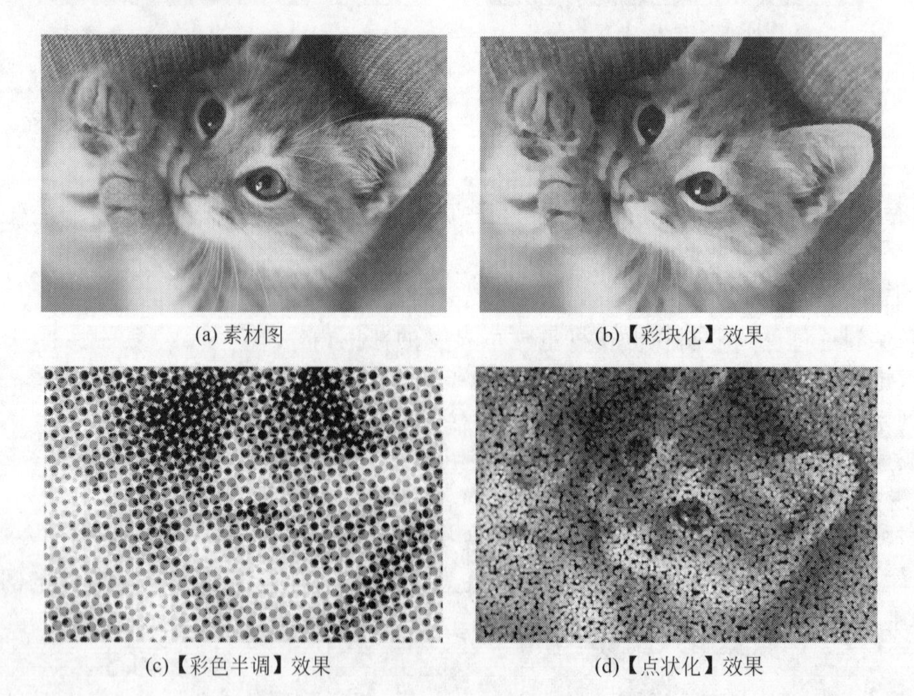

(a) 素材图　(b)【彩块化】效果

(c)【彩色半调】效果　(d)【点状化】效果

图 10-81 “像素化”滤镜组各菜单效果

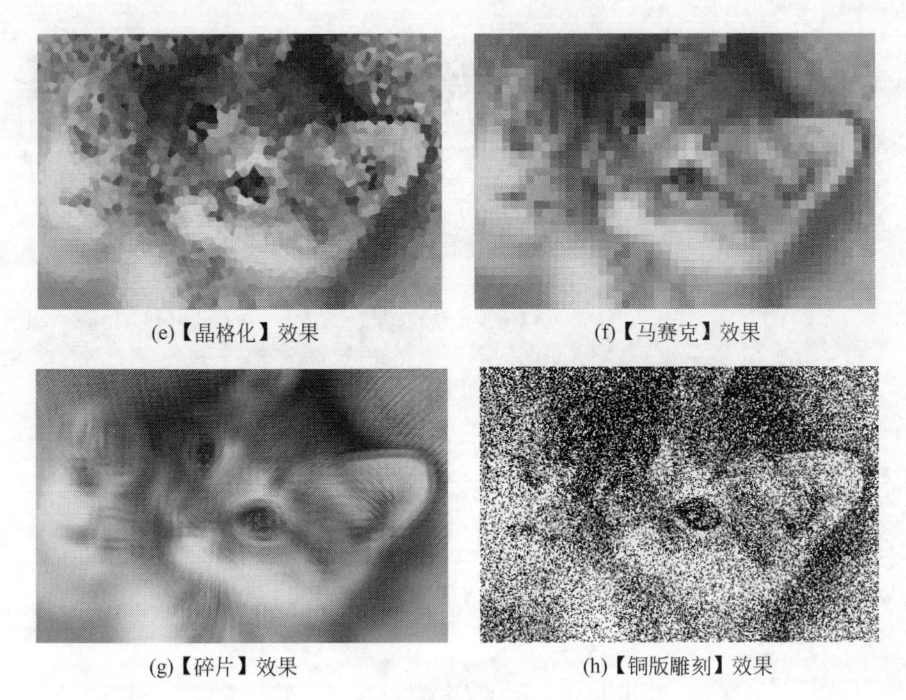

(e)【晶格化】效果　(f)【马赛克】效果

(g)【碎片】效果　(h)【铜版雕刻】效果

图 10-81　（续）

10.3.8　“渲染”滤镜组

“渲染”滤镜可在图像中创建云彩图案、折射图案和模拟光的反射效果，还可在灰度图像中创建纹理填充以产生 3D 的光照效果。“渲染”滤镜组菜单如图 10-82 所示。

分层云彩
镜头光晕...
纤维...
云彩

图 10-82　“渲染”滤镜组菜单

1. 分层云彩

“分层云彩”使用随机生成的介于前景色与背景色之间的值，生成云彩图案。

2. 镜头光晕

“镜头光晕”模拟亮光照射到相机镜头所产生的折射。通过点按图像缩览图的任一位置或拖曳十字线，指定光晕中心的位置。

3. 纤维

它可以使用前景色和背景色创建编织纤维的外观。

4. 云彩

它可以使用介于前景色与背景色之间的随机值，生成柔和的云彩图案。若要生成色彩较为分明的云彩图案，请按住 Alt 键并选择“滤镜”|“渲染”|“云彩”命令。

用“渲染”滤镜组制作的图像效果如图 10-83 所示（各菜单属性均采用默认设置，素材图像为“第 10 章\素材\小鸟. jpg”）。

10.3.9　其他滤镜组应用实例之二——制作巧克力广告

1. 实例简介

本实例介绍一种巧克力广告的制作方法。在本实例的制作过程中，使用多种“滤镜”工具和“图层样式”、“图像”|“调整”、“文字工具”、“吸管工具”、“自定形状”等工具进行操作。通过本实例的制作，使读者掌握使用“渲染”滤镜、“扭曲”滤镜、“滤镜库”滤镜的方法。

(a) 素材图

(b)【分层云彩】效果

(c)【镜头光晕】效果

(d)【纤维】效果

(e)【云彩】效果

图 10-83 “渲染”滤镜组各菜单效果

本实例最终效果如图 10-84 所示。

2. 实例制作步骤

(1) 新建文件。运行 Photoshop CS6，执行“文件”|“新建”命令；或按 Ctrl＋N 键，打开新建对话框，新建一个文件，新建文件属性如图 10-85 所示。

图 10-84 巧克力广告效果图

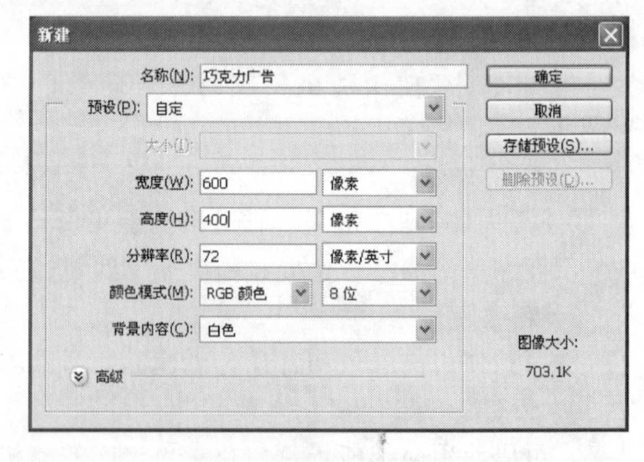

图 10-85 新建文件

(2) 将背景层填充为黑色，执行菜单“滤镜”|“渲染”|“镜头光晕”命令，打开“镜头光晕”对话框，并进行如图 10-86 所示的属性设置，设置完成后单击“确定”按钮，效果如图 10-87 所示。

(3) 执行“滤镜”|“扭曲”|“波浪”命令，打开“波浪”对话框，并进行如图 10-88 所示的属性设置，设置完成后单击“确定”按钮，效果如图 10-89 所示。

(4) 执行“滤镜”|“滤镜库”|“素描”|“铬黄渐变”命令，打开“铬黄渐变”对话框，并进行如图 10-90 所示的属性设置，设置完成后单击“确定”按钮，效果如图 10-91 所示。

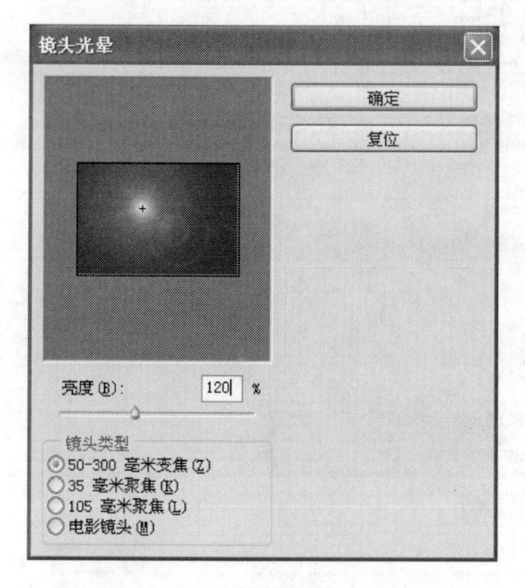

图 10-86　“镜头光晕”对话框

图 10-87　“镜头光晕”效果

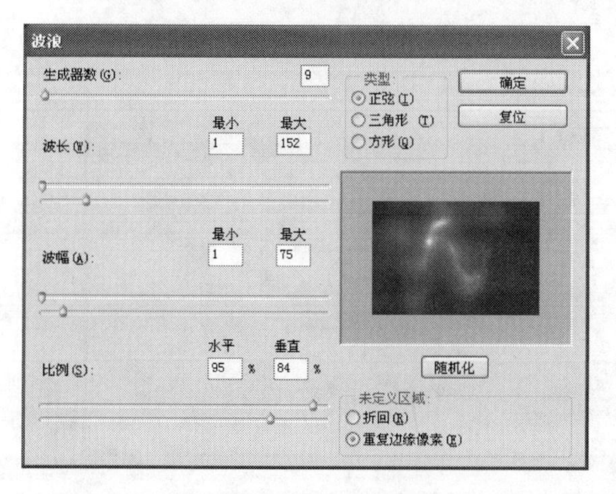

图 10-88　“波浪”对话框

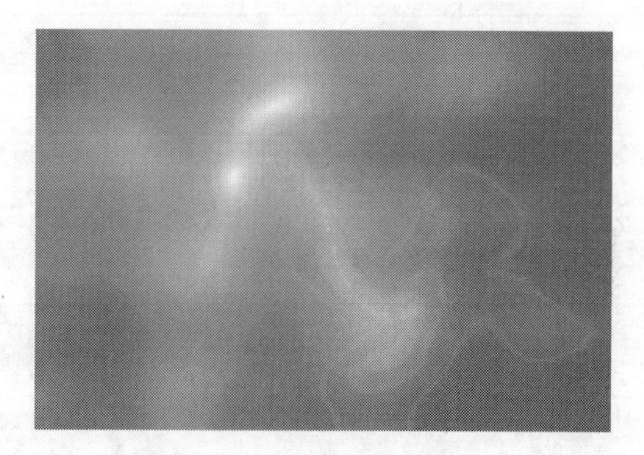

图 10-89　“波浪”效果

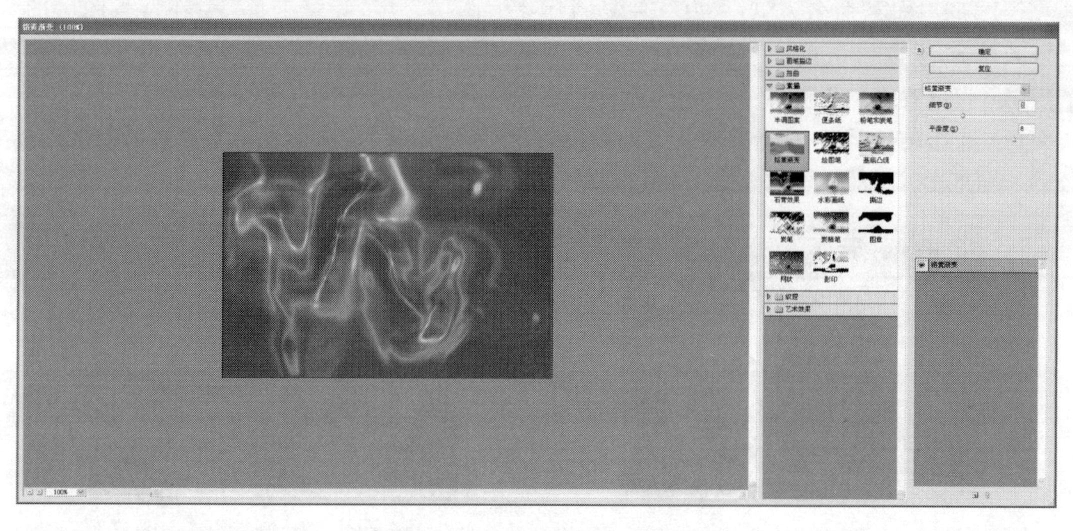

图 10-90　“铬黄渐变”对话框

(5) 执行“滤镜”|“扭曲”|“旋转扭曲”命令，打开“旋转扭曲”对话框，并进行如图 10-92 所示的属性设置，设置完成后单击“确定”按钮，效果如图 10-93 所示。

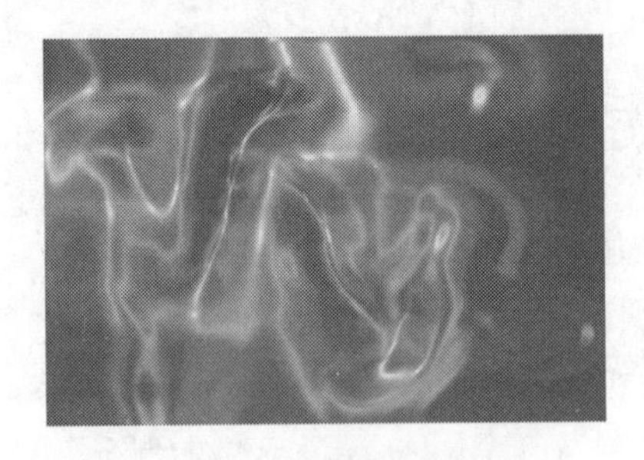

图 10-91 “铬黄渐变”效果

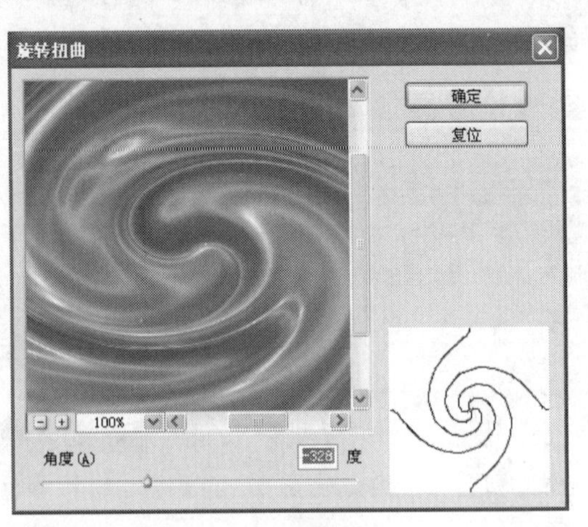

图 10-92 “旋转扭曲”对话框

(6) 执行“图像”|“调整”|“色彩平衡”命令，打开“色彩平衡”对话框，并进行如图 10-94 所示的属性设置，设置完成后单击“确定”按钮，效果如图 10-95 所示。

图 10-93 “旋转扭曲”效果

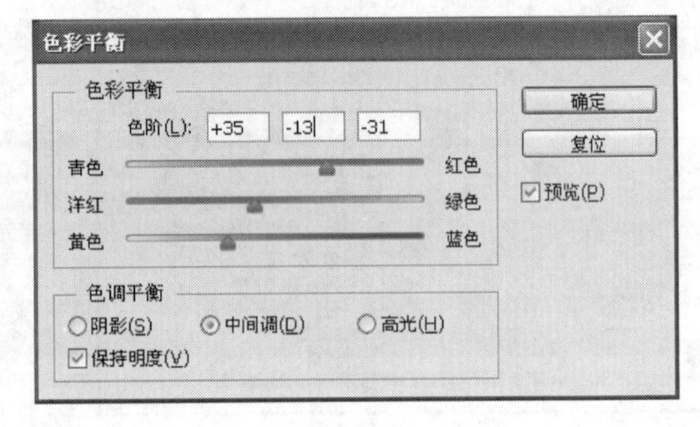

图 10-94 “色彩平衡”对话框

(7) 新建图层，命名为“巧克力”，并复制巧克力图层。用“吸管工具”在背景图层的合适区域单击，吸取前景颜色。选择“自定形状工具”，选择工具模式为“路径”，形状为“心形”，在适当位置绘制心形路径。

(8) 选择路径面板，单击面板下方的“将路径作为选区载入”，将心形路径转换为选区，按 Alt+Del 键，用前景色填充选区，填充效果如图 10-96 所示。

图 10-95 “色彩平衡”效果

图 10-96 绘制心形图形

(9) 双击图层“巧克力”,打开“图层样式”对话框,选择“斜面和浮雕”命令,并进行如图 10-97 所示的属性设置,设置完成后单击“确定”按钮,效果如图 10-98 所示。

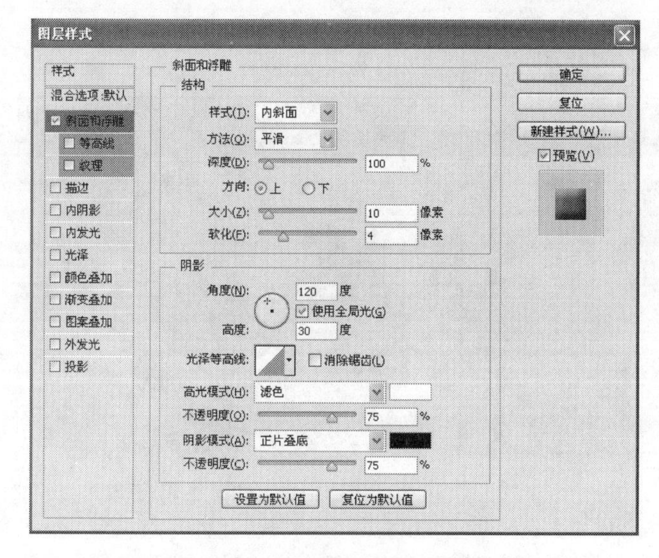

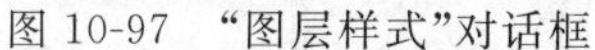

图 10-97 “图层样式”对话框

图 10-98 “图层样式”效果

(10) 选择“巧克力副本”图层,按 Ctrl+T 组合键,巧克力图形周围出现控制点,按住 Shift 键的同时拖曳对角线控制点,对图像进行等比例缩小。双击图层“巧克力副本”,打开“图层样式”对话框,选择“斜面和浮雕”命令,并进行如图 10-99 所示的属性设置,设置完成后单击“确定”按钮,效果如图 10-100 所示。

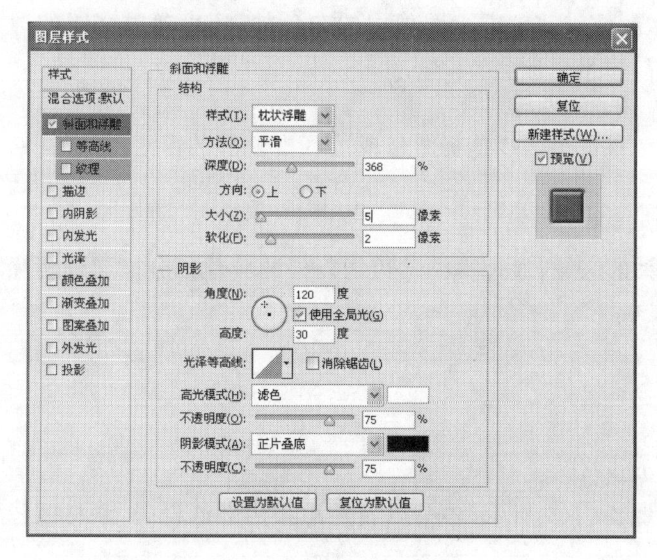

图 10-99 “图层样式”对话框

图 10-100 “图层样式”效果

(11) 选择“横排文字工具” T ,在图像上输入文字,双击文字图层,打开“图层样式”对话框,选择“斜面和浮雕”命令,并进行如图 10-101 所示的属性设置,设置完成后单击“确定”按钮,效果如图 10-102 所示。

(12) 用同样方法添加其他文字,制作完成,保存到“效果图”文件夹中,并命名为“巧克力广告.psd”。

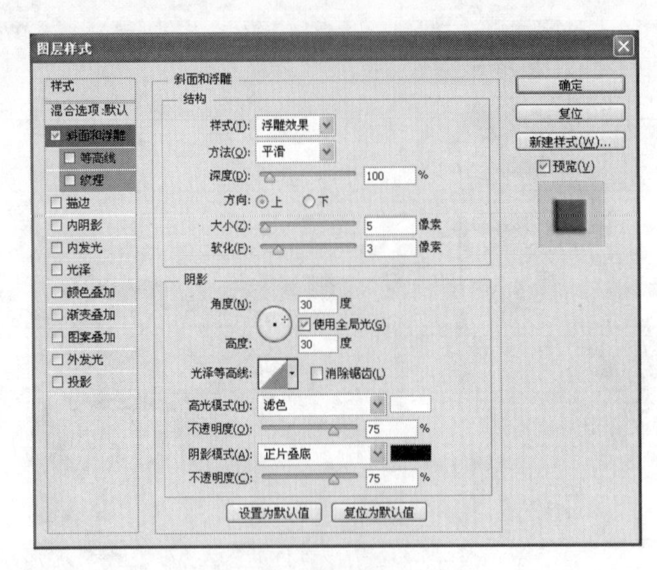

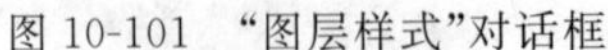

图 10-101 “图层样式”对话框

图 10-102 “图层样式”效果

10.3.10 “杂色”滤镜组

“杂色”滤镜主要用来在图像中添加杂点来表现图像效果，也可删除图像中因为扫描所产生的杂点。杂色滤镜各菜单如图 10-103 所示。

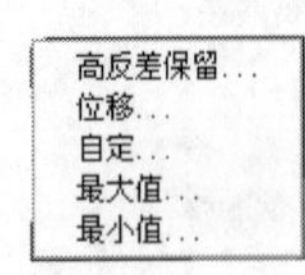

图 10-103 “杂色”滤镜组菜单

1. 减少杂色

该滤镜用来减少杂色，除了基本的通过强度、保留细节、锐化细节来减少图像中的杂色外，还可通过高级的通道功能来减少杂色。

2. 蒙尘与划痕

该滤镜可以捕捉图像或选区中相异的像素，并将其融入周围的图像中去。

3. 去斑

该滤镜检测图像边缘颜色变化较大的区域，通过模糊除边缘以外的其他部分以起到消除杂色的作用，但不损失图像的细节。

4. 添加杂色

该滤镜将添入的杂色与图像相混合。

5. 中间值

该滤镜通过混合像素的亮度来减少杂色。

用杂色滤镜组制作的图像效果如图 10-104 所示(各菜单属性均采用默认设置，素材图像为“第 10 章\素材\杂点照片.jpg”)。

10.3.11 “其他”滤镜组

除了上述滤镜组外，Photoshop 还有其他滤镜，如“高反差保留”、“位移”、“自定”、“最大值”、“最小值”，菜单如图 10-105 所示。

1. 高反差保留

该滤镜按指定的半径保留图像边缘的细节。

(a) 素材图　(b)【减少杂色】效果　(c)【蒙尘与划痕】效果

(d)【去斑】效果　(e)【添加杂色】效果　(f)【中间值】效果

图 10-104　“杂色”滤镜组各菜单效果

2. 位移

该滤镜按照输入的值在水平和垂直的方向上移动图像。

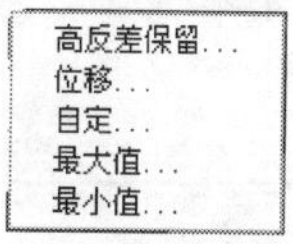

高反差保留...
位移...
自定...
最大值...
最小值...

图 10-105　“其他”滤镜组菜单

3. 自定

该滤镜根据预定义的数学运算更改图像中每个像素的亮度值，可以模拟出锐化、模糊或浮雕的效果，还可以将自己设置的参数存储起来以备日后调用。

4. 最大值

该滤镜可以扩大图像的亮区和缩小图像的暗区，当前的像素的亮度值将被所设定的半径范围内的像素的最大亮度值替换。

5. 最小值

该滤镜效果与最大值滤镜刚好相反。

用其他滤镜组制作的图像效果如图 10-106 所示（各菜单属性均采用默认设置，素材图像为“第 10 章\素材\金鱼.jpg”）。

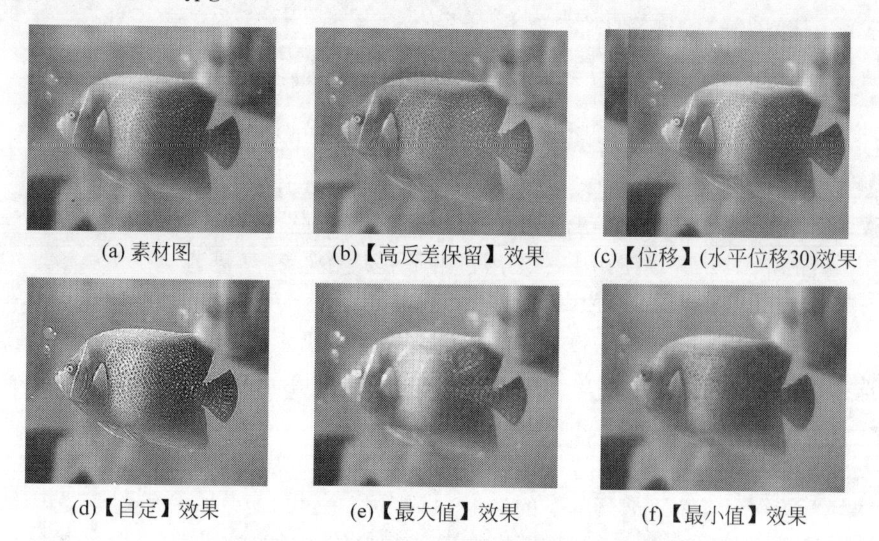

(a) 素材图　(b)【高反差保留】效果　(c)【位移】(水平位移30)效果

(d)【自定】效果　(e)【最大值】效果　(f)【最小值】效果

图 10-106　“其他”滤镜组各菜单效果

10.3.12 Digimarc 滤镜

Digimarc 滤镜的主要作用是为 Photoshop 格式的图像加入著作权信息。当用户使用这类用滤镜处理过的图像时，就会提醒用户，该图像受到一个数字化水印的保护。数字水印以杂纹形式添加到图像上，它不会影响图像的特征，却能屏蔽多种图像操作，如色彩校正、滤镜作用、打印等。Digimarc 滤镜菜单如图 10-107 所示。

1. 读取水印

该滤镜可以查看并阅读该图像的版权信息。

2. 嵌入水印

该滤镜在图像中产生水印。

读取水印...
嵌入水印...

图 10-107 Digimarc 滤镜组菜单

10.4 本章小结

滤镜的应用是 Photoshop 重要的功能之一，本章通过对 Photoshop CS6 滤镜的介绍，学习了各种滤镜的基本应用。通过本章的学习，用户应能了解和掌握滤镜的基本使用方法和操作技巧。

10.5 本章习题

1. 填空题

(1) 在________颜色模式下不可使用 Photoshop 的全部滤镜。

(2) 在“模糊滤镜组”中，属于 Photoshop CS6 新增的滤镜有________、________、________。

2. 单项选择题

(1) 在 photoshop CS6 中(　　)是最重要、最精彩、最不可缺少的一部分，是一种特殊的软件处理模块，也是一种特殊的图像效果处理技术。

A. “图层”　　B. “蒙版”　　C. “工具”　　D. “滤镜”

(2) 当要对文字图层执行滤镜效果时，首先应当做(　　)什么？

A. 选择“图层”|“栅格化”|“文字”命令

B. 直接在滤镜菜单下选择一个滤镜命令

C. 确认文字图层和其他图层没有链接

D. 使得这些文字变成选择状态，然后在滤镜菜单下选择一个滤镜命令

(3) 如果扫描的图像不够清晰，可用下列(　　)滤镜弥补？

A. 噪音　　B. 风格化　　C. 锐化　　D. 扭曲

(4) Photoshop 中要重复使用上一次用过的滤镜应按(　　)键。

A. Ctrl＋F　　B. Alt＋F

C. Ctrl＋Shift＋F　　D. Alt＋Shift＋F

(5) 选择“滤镜”|“扭曲”子菜单下的(　　)命令，可以在垂直方向上按设定的弯曲路径来扭曲图像。

A. “水波”　　B. “挤压”　　C. “切变”　　D. “波浪”

(6) 选择“滤镜”|“模糊”子菜单下的(　　)菜单命令，可以产生旋转模糊效果。

A. “模糊”　　B. “高斯模糊”　　C. “动感模糊”　　D. “径向模糊”

(7) 选择"滤镜"|"杂色"菜单下的(　　)命令，可以用来向图像随机地混合杂点，并添加一些细小的颗粒状像素。

A. "添加杂色"　　B. "中间值"　　C. "去斑"　　D. "蒙尘与划痕"

(8) 选择"滤镜"|"渲染"子菜单下的(　　)命令，可以设置光源、光色、物体的反射特性等，产生较好的灯光效果。

A. "光照效果"　　B. "分层云彩"　　C. "3D 变幻"　　D. "云彩"

10.6 上机练习

练习1　制作水墨画效果

根据图10-108提供的素材图"第10章\练习素材\公园.jpg"，综合运用Photoshop CS6中的滤镜工具，制作如图10-109所示的水墨画效果。

图10-108　素材图

图10-109　水墨公园效果

主要制作步骤提示如下。

(1) 复制背景图层，调整图像亮度。

(2) 使用"特殊模糊"、"高斯模糊"滤镜为图像添加模糊效果，使用"查找边缘"命令为图像查找边缘。

(3) 设置图层的混合模式。

(4) 使用"直排文字工具"添加需要的文字。

(5) 存储文件到"效果图"文件夹，名称为"水墨公园.psd"。

练习 2　制作特效文字

综合运用 Photoshop CS6 中的滤镜工具，制作如图 10-110 所示的特效文字效果。

图 10-110　特效文字

主要制作步骤提示如下。

(1) 新建白色背景文件，用“文字工具”输入文字。用“魔棒工具”选择文字，并进行颜色填充。

(2) 利用“彩色半调”滤镜命令制作文字的点状效果。

(3) 利用“编辑”|“变换”工具对文字进行扭曲。

(4) 利用“渐变填充工具”填充背景的渐变色。

(5) 利用“自定形状”工具添加心形形状。

(6) 存储文件到“效果图”文件夹，名称为“特效文字.psd”。

练习 3　制作光晕效果

综合运用 Photoshop CS6 中的滤镜工具，制作如图 10-111 所示的光晕特效。

图 10-111　光晕效果

主要制作步骤提示如下。

(1) 新建白色背景文件。

(2) 利用“云彩”和“铜板雕刻”滤镜制作随机的点状效果，然后使用“径向模糊”制作线条效果，最后利用“高斯模糊”和“混合模式”制作光晕效果。

(3) 利用“文字工具”创建文字，并用“图层样式”添加发光效果。

(4) 存储文件到“效果图”文件夹，名称为“光晕效果.psd”。

第11章 图像自动化处理

在处理图片的过程中，经常会碰到需要将大量图片处理成统一大小、统一格式的情况，使用 Photoshop 中的批量处理可以实现自动化处理，大大减少工作量。

在 Photoshop 中，利用动作功能可以在处理图像时同时完成多项命令，该功能通过将多个操作步骤记录下来，在编辑图像时 Photoshop 可以自动执行这些操作步骤。使用动作功能能够简化图像操作的步骤，提高图像处理的效率，在多个图像处理时获得一致的效果。

本章主要介绍 Photoshop CS6 中常用动作的新建、修改与使用方法，同时也还介绍自动处理图像的"自动"菜单命令的应用。通过本章的学习，可以了解有关动作的各种操作方法，掌握图像自动化处理的方法和技巧。

本章主要内容：

- 动作的操作；
- "自动"菜单命令；
- 自带动作组的使用。

11.1 动作的操作

当需要对大量的图片进行相同的处理时，如转换格式、转换色彩模式、调整尺寸等，就需要自动化功能对图片进行批处理。批处理就是对一组照片进行相同的处理，以提高对照片修饰的效率。批处理是通过一组动作来实现的。Photoshop 所提供的动作功能可以将一系列的命令组合起来，执行这个单独的动作就相当于执行了这一系列的命令，从而使执行多个命令的过程自动化，极大地简化了编辑图像的重复性操作。

11.1.1 动作的基本知识

Photoshop 的动作是将一系列的命令组合为一个单独的操作，它是一种对图像进行多步骤操作时的批处理，使用动作能够极大地提高了工作效率。在 Photoshop 中对动作的各项操作，是通过"动作"调板来完成的。

按 Alt+F9 键；或选择"窗口"|"动作"命令，可以打开动作面板，如图 11-1 所示。默认情况下，面板中只有一个"默认动作"组，单击动作组前面的三角按钮，可以展开动作组，如图 11-2 所示。

左侧第 1 列 ✓ 为切换项目开/关：当按钮显示时，表示该组中的动作或命令可以正常执行；当按钮没有显示时，则该组中的所有动作都不能执行；当按钮显示的为红色时，则该组中的部分动作或命令不能执行。

图 11-1　动作面板

图 11-2　“默认动作”组

左侧第 2 列 为切换对话开/关：当按钮显示为图标时，在执行动作的过程中，会在弹出对话框时暂停，单击“确定”按钮后才能继续；当按钮没有显示图标时，Photoshop 就会按动作中的设定逐一执行，直到动作执行完成；当按钮显示的图标为红色时，表示文件夹中有部分动作或命令设置了暂停操作。

动作名称前的三角 为展开动作按钮：单击此按钮可以展开文件夹中的所有动作。

在面板的下方是动作的编辑按钮。

下方第 1 个按钮 为停止播放/记录：可停止当前的录制操作，此按钮只有在录制动作按钮被按下时才可以使用。

下方第 2 个按钮 为开始记录：可录制一个新的动作，当处于录制过程中时，该按钮为红色。

下方第 3 个按钮 为播放动作：可执行当前选定的动作。

下方第 4 个按钮 为新建组：建立一个新的动作组，用来存放一些新的动作。

下方第 5 个按钮 为新建动作：建立一个新的动作，新建的动作将出现在当前选定的文件夹中。

下方第 6 个按钮 为删除动作：将当前选定的动作或文件夹删除。

“动作”面板菜单：单击右侧 按钮可以打开“动作”面板菜单，执行面板菜单中的命令，可以实现各种操作，其中包括“按钮模式”、“新建动作”、“新建组”、“复制”、“删除”、“播放”、“开始记录”、“再次记录”、“插入菜单项目”、“插入停止”、“插入路径”、“动作选项”、“回放选项”、“允许工具记录”“清除全部动作”、“复位动作”、“载入动作”、“替换动作”、“存储动作”以及显示一些 Photoshop 预设的动作文件夹名称，如图 11-3 所示。

在 Photoshop 中，单击“动作”面板菜单中右上角 按钮，弹出动作面板菜单。单击“按钮模式”按钮后，“动作”面板中的各个动作将以按钮模式显示，如图 11-4 所示。

此时，面板显示以动作名称为主的按钮，使用按钮模式的显示方式主要是为了更快捷、更方便地执行动作的功能。在这种模式下，只需单击要使用的动作按钮就可以执行该动作。在这种模式下，动作是无法进行编辑和修改的。

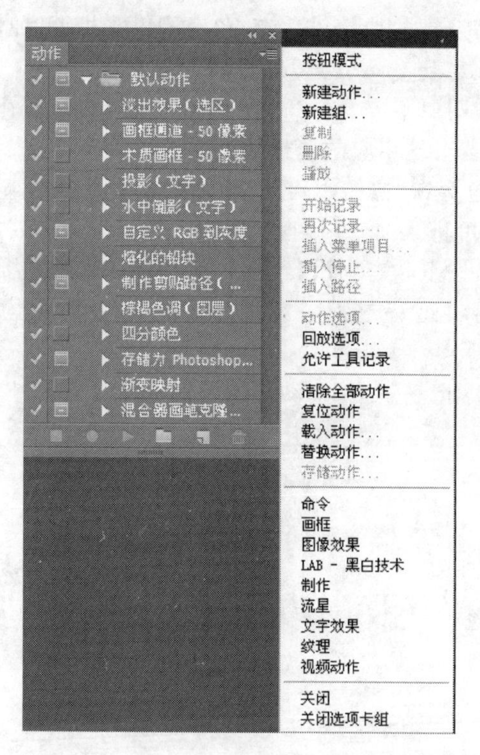

图 11-3　动作面板菜单

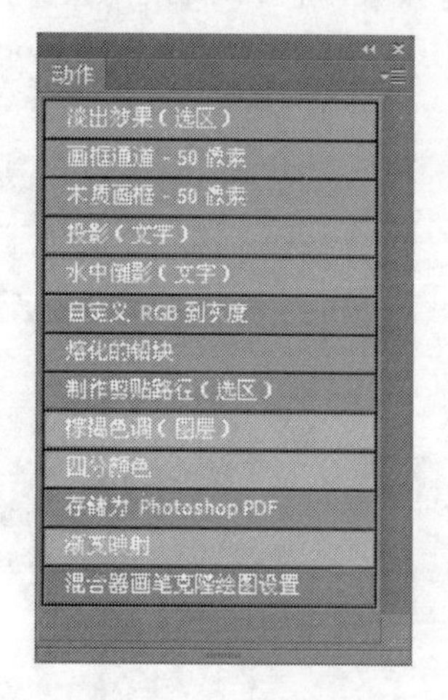

图 11-4　按钮模式

11.1.2　动作的创建和记录

下面通过一个实例操作来说明动作的创建和记录。

(1) 单击“动作”面板中的新建文件夹按钮或执行面板菜单中的“新建组”命令，弹出“新建组”对话框，如图 11-5 所示。

在“名称”文本框中可以设定新建文件夹的名称，单击“确定”按钮后，面板中就会多了一个新的文件夹。建立该文件夹之后便可以和 Photoshop 自带的动作相区分。如果要更改新建文件夹的名称，双击该文件夹名称，出现选定状态后直接输入新的名称就可以了。

(2) 打开“第 11 章\素材\桂林 1.jpg”文件。

(3) 执行“动作”面板菜单中的“新建动作”命令，弹出如图 11-6 所示的对话框。

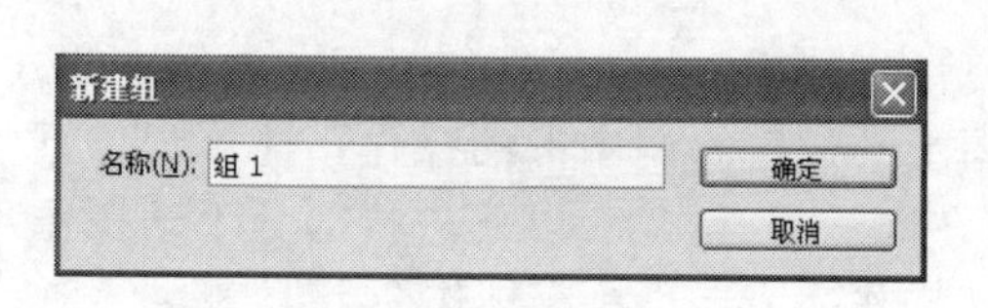

图 11-5　新建组

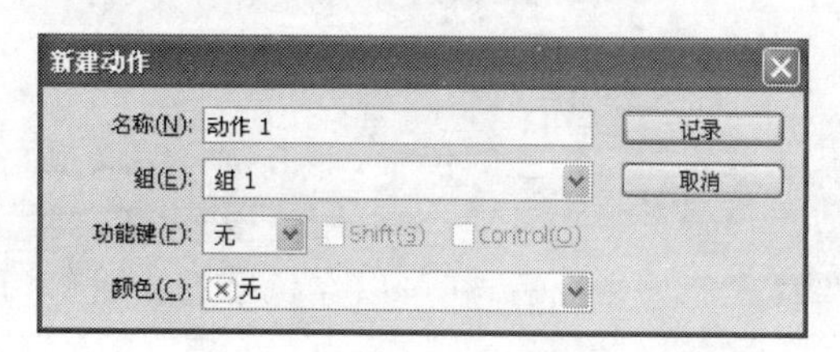

图 11-6　新建动作

(4) 在“新建动作”对话框中可以进行各种设置。

- 名称：用于设置新动作的名称。
- 组：显示“动作”控制面板中的所有文件夹，打开下拉工具列表即可进行选择。如果已经选定了组，那么打开对话框后，在“序列”列表框中将自动显示已选定的组。

- 功能键：用于设定新建动作并使其执行的快捷键。有 F2～F12 键共 11 种快捷键，当选择了其中的一项后，其右边的 Shift 与 Control 复选框将会被置亮，这样三者相互组合便可以产生 44 种快捷键。通常，用户不需要打开列表框来选择，而只需在键盘上按下用户设定的快捷键，对话框中就会出现相应的选择结果。
- 颜色：用于选择动作的颜色，该颜色会在“按钮模式”的动作面板中显示出来。

参数设置完成后，单击“记录”按钮，即可进入命令录制状态。

(5) 进入录制状态后，录制动作按钮呈按下状态，且以红色显示。接下来把需要录制的动作，按顺序逐一操作一遍，Photoshop 就会将这一过程录制下来。图 11-7 所示为进入录制状态。

(6) 录制完毕，单击“停止播放/记录”停止录制，一个动作的录制完成了。图 11-8 所示为录制完成的状态。

图 11-7　录制状态

图 11-8　结束状态

用户可以在动作中人为地插入想要执行的命令，这些命令在动作面板的操作菜单中，包括插入菜单项目、插入停止、插入路径三种命令。

(7) 插入菜单项目。

执行面板菜单中的“插入菜单项目”命令就可以在选中的动作中插入想要执行的动作命令。执行该命令后会弹出一个如图 11-9 所示的“插入菜单项目”对话框。

在菜单中单击来指定命令，被指定的命令将出现在“菜单项目”的后面，设定后单击“确定”按钮即可将命令插入到动作中去，如图 11-10 所示。

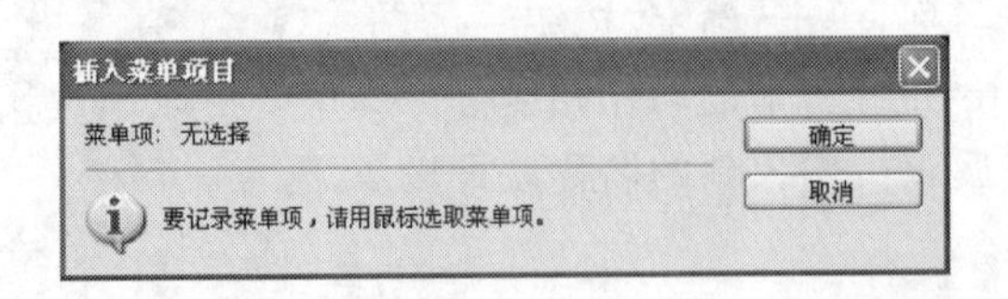

图 11-9　“插入菜单项目”对话框

图 11-10　插入菜单项目

(8) 插入停止命令。

选取要插入停止的位置，单击“动作”面板菜单中的“插入停止”命令即可在动作中插入一个暂停设置。在记录动作时，用喷枪、画笔等绘图工具进行绘制图形的操作不能被记录下来，如果插入暂停命令后，就可以在执行动作时停留在这一步操作上，以便进行部分手动操作，待这些操作完成后再执行动作命令。

图 11-11　记录停止

在“动作”面板菜单中选择“插入停止”命令后，会弹出如图 11-11 所示的“记录停止”对话框，在“信息”文本框中可以输入文本内容作为显示暂停对话框时的提示信息，动作运行到这一步时就会弹出信息提示框，而该提示框中会显示设定的文本内容。

(9) 插入路径命令。

由于在记录动作时不能同时记录绘制路径的操作,因此 Photoshop 提供一种专门在动作中插入路径的命令。如果当前图像中不存在路径,则“插入路径”命令不可用。首先在图像中新建路径,然后在“动作”面板中指定要插入的位置,最后在“动作”面板菜单中选择“插入路径”命令,即可在动作中插入一个路径,如图 11-12 所示。当用户回放该动作时,工作路径即被设置为所记录的路径。

此时,查看动作面板,可以看到刚才插入的停止和路径命令,如图 11-13 所示。

图 11-12　插入路径

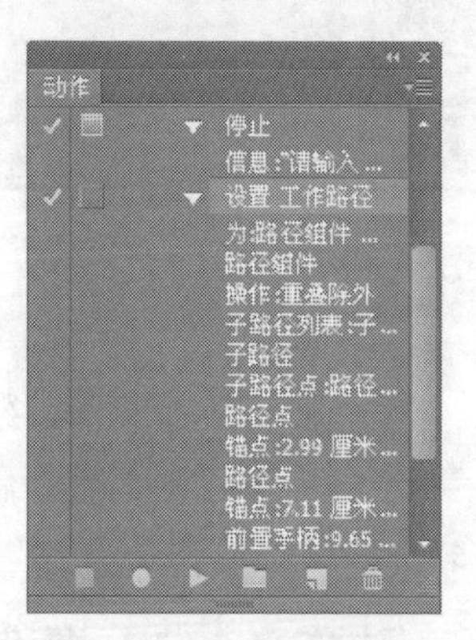

图 11-13　路径

(10) 保存图片,图片的最终效果及动作面板,如图 11-14 所示。

图 11-14　最终效果

11.1.3　动作面板的个性设置

用户在使用过程中,可以根据自己的习惯来改变一些动作面板相关的设置内容。

“动作选项”功能可用于帮助用户修改动作的名称、功能键、颜色等属性。选中需要修改的动作后，执行“动作”面板菜单中的“动作选项”命令，弹出如图 11-15 所示的“动作选项”对话框。在“名称”文本框中输入更改的名称、功能键或动作按钮的显示颜色，单击“确定”按钮更改完成。

11.1.4　回放选项

“回放选项”对话框如图 11-16 所示，其中各项作用如下。

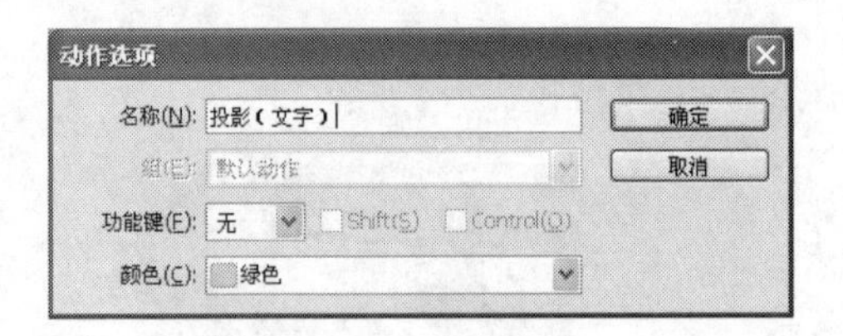

图 11-15　动作选项

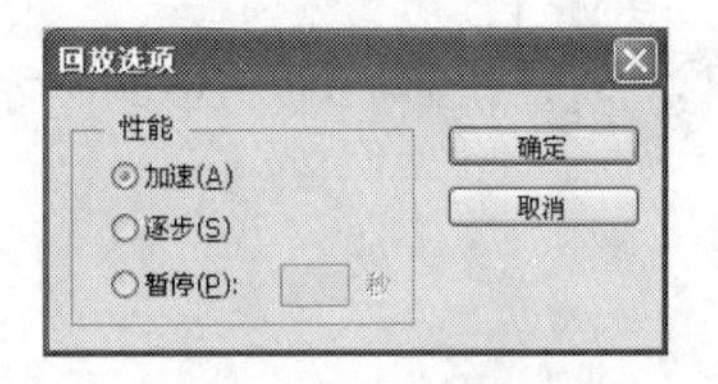

图 11-16　回放选项

- 加速：为默认设置，以正常速度播放动作。
- 逐步：顺序完成每个命令并重绘图像，再执行下一个命令。
- 暂停：顺序输入执行各个命令后的暂停时间，其暂停时间由其后的文本框设置的数值决定，数值的变化范围是 1～60s。

11.1.5　动作的播放、复制、移动与删除

1. 播放动作

选中要执行的动作，单击“动作”面板上的“播放选定的动作”按钮，如图 11-17 所示。或选择“动作”面板菜单中的“播放”命令即可。

在按钮模式下，只需单击动作按钮即可，如图 11-18 所示。

若此动作设置了组合键，可直接使用设置的组合键来快速执行该动作。

2. 复制动作

复制动作有两种操作方法，可以直接拖曳一个动作到“新建动作按钮”上；也可以在选中动作后，单击动作面板菜单中的“复制”命令，如图 11-19 所示。

图 11-17　动作面板播放动作

图 11-18　按钮状态播放动作

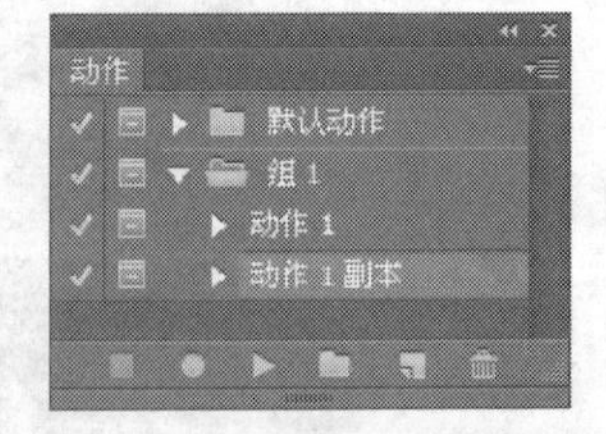

图 11-19　复制动作

3. 移动动作

移动动作比较简单，只需选中需要移动的动作，拖曳至适当位置释放即可，如图 11-20 所示。

4. 删除动作

删除动作与复制动作类似，也有两种方法，直接拖曳一个动作到“删除动作”按钮上即可；也可以在选中动作后，单击“动作”面板菜单中的“删除”命令，此时会弹出如图 11-21 所示的提示框，单击“确定”按钮确认删除。

图 11-20 移动动作

图 11-21 删除动作

11.1.6 动作的复位、存储、载入、替换与清除全部

1. 复位动作

选择“动作”面板菜单中的“复位动作”命令,会出现“复位动作”对话框,单击“确定”按钮,即可将预先设置的动作替换当前窗口内的动作。如图 11-22 所示,若单击“追加”按钮,可将预先设置的动作追加到当前的“动作”面板中。

2. 存储动作

用户可将自定义的动作存储起来,先选取某个想要存储的动作集,再从“动作”面板的弹出菜单中选择“存储动作”命令,即可实现动作的存储,保存后的文件扩展名为 ATN,如图 11-23 所示。

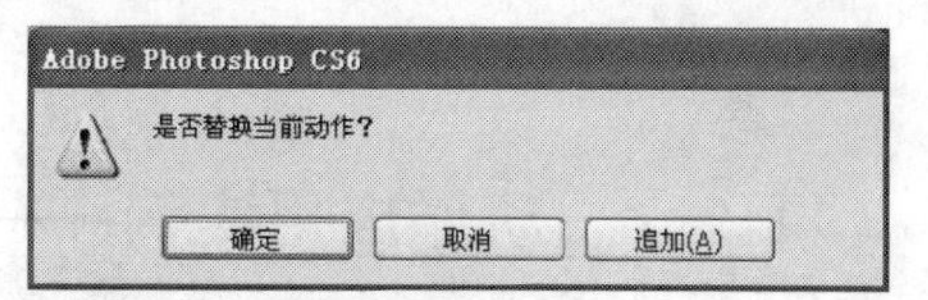

图 11-22 复位动作

图 11-23 存储动作

3. 载入动作

如果要将已存储的动作集再次载入并且播放,用户可以从“动作”面板的弹出菜单中选择“载入动作”命令。在打开的对话框中选择即将载入的动作集,即可将存储的动作集载入到“动作”面板上,如图 11-24 所示。

4. 替换动作

如果要替换“动作”面板上的动作集,可以从“动作”面板的弹出菜单中选择“替换动作”命令,即可将“动作”面板上的动作取代,替换动作与载入动作的对话框相同,因为替换的目的就是将载入的新动作替换当前的动作。

5. 清除全部动作

如果要将“动作”面板上所有的动作集清除,可以直接从“动作”面板的弹出菜单中选择“清除所有动作"命令即可,然后确认是否删除所有动作,如图 11-25 所示。

图 11-24 载入动作

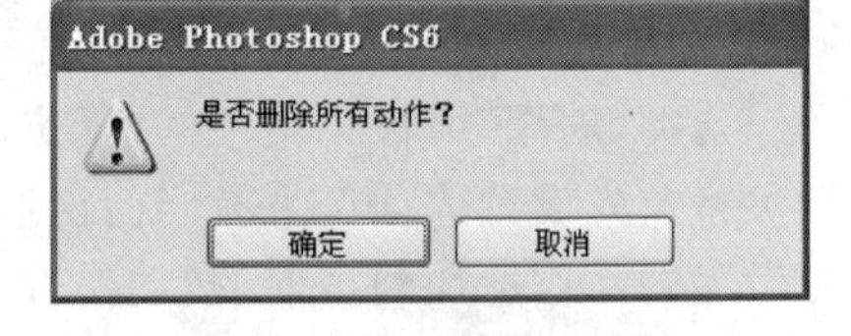

图 11-25 清除全部动作

11.1.7 动作应用实例——图像边框的制作

1. 实例简介

本实例通过一种边框的制作介绍动作的应用。通过本实例的制作,读者将进一步熟悉动作的操作及前期所学滤镜的使用。

2. 实例制作步骤

(1) 打开"第 11 章\素材\h1.jpg"文件,双击图层解锁背景层,如图 11-26 所示。

(2) 在"动作"面板新建一个动作,名称为"画框",组使用默认的动作组即可,如图 11-27 所示。

图 11-26 打开文件

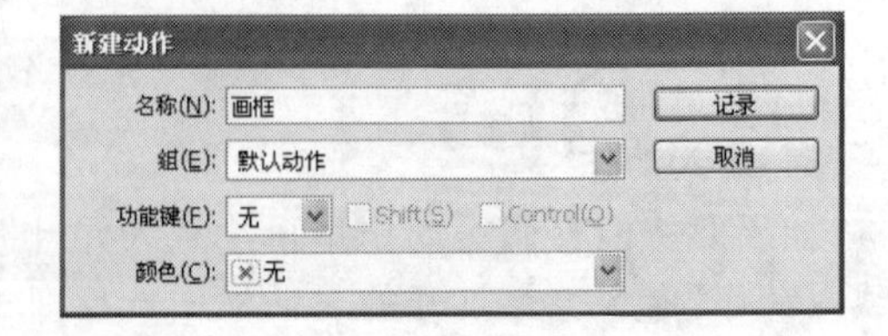

图 11-27 新建动作

(3) 绘制一个矩形的选框,如图 11-28 所示。

(4) 进入快速蒙版,如图 11-29 所示。

(5) 选择"滤镜"|"滤镜库"|"素描"|"水彩画纸"命令(设定 30、80、60),如图 11-30 所示。

(6) 选择"滤镜"|"模糊"|"径向模糊"命令(设置值为 60),如图 11-31 所示。

(7) 选择"编辑"|"消隐径向模糊"命令(设置值为 50),如图 11-32 所示。

图 11-28　绘制矩形选框

图 11-29　进入快速蒙版

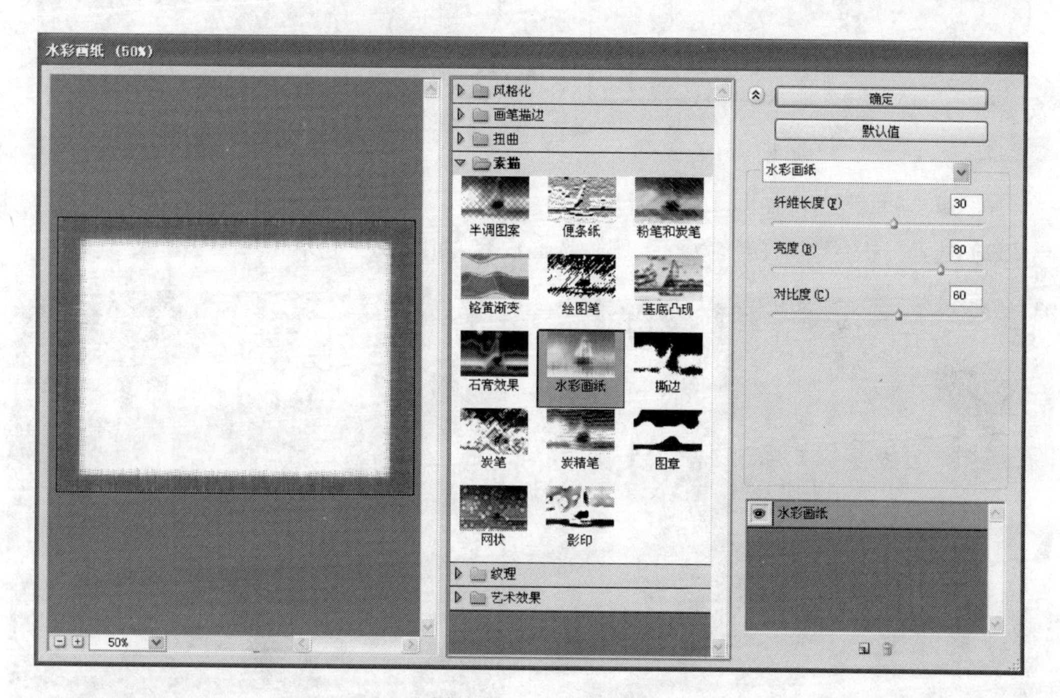

图 11-30　水彩画纸

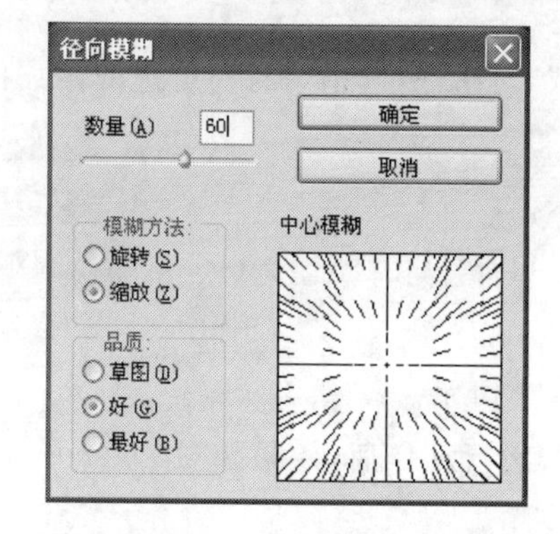

图 11-31　径向模糊

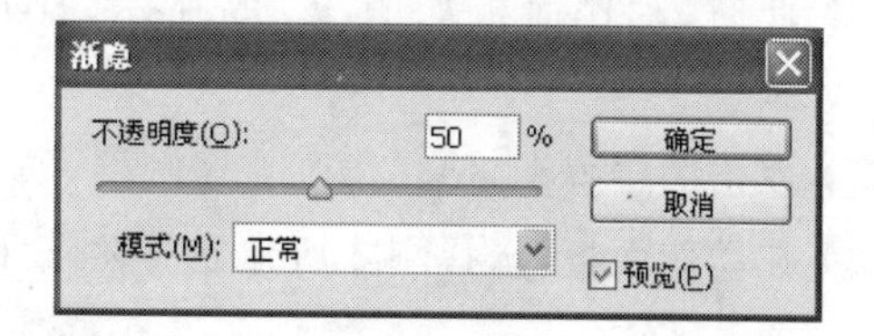

图 11-32　模糊

(8) 选择“滤镜”|“像素化”|“马赛克”命令(设置值为10),如图11-33所示。

(9) 选择“滤镜”|“锐化”命令,执行一次命令后,按三次Ctrl+F键后,图片效果如图11-34所示。

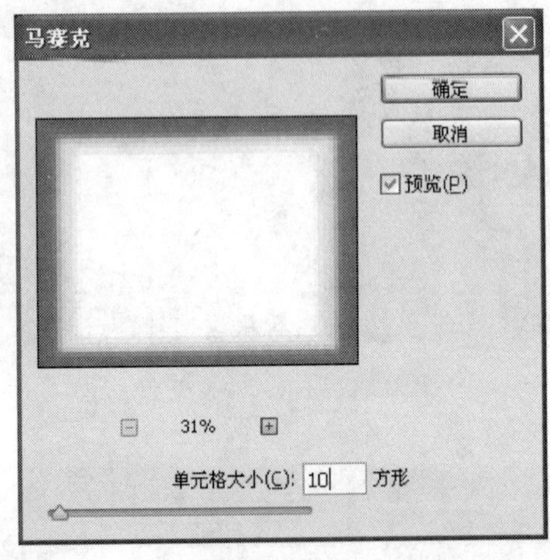

图11-33 马赛克

图11-34 锐化4次后效果

(10) 退出快速蒙版,如图11-35所示。

(11) 选择“选择”|“反向”命令后,删除选区内容,如图11-36所示。

图11-35 退出快速蒙版

图11-36 删除选区内容

(12) 选择“选择”|“图层样式”命令,打开“图层样式”对话框,选中“描边”复选框,如图11-37所示。

(13) 取消选区后,图片另存,效果如图11-38所示。

(14) 此时,动作面板如图11-39所示,打开“第11章\素材\g2.jpg”文件,如图11-40所示。

(15) 双击图层解锁,使其成为普通图层,如图11-41所示。

(16) 在动作面板,选择刚才所建立的动作“画框”,运行动作后,效果如图11-42所示。

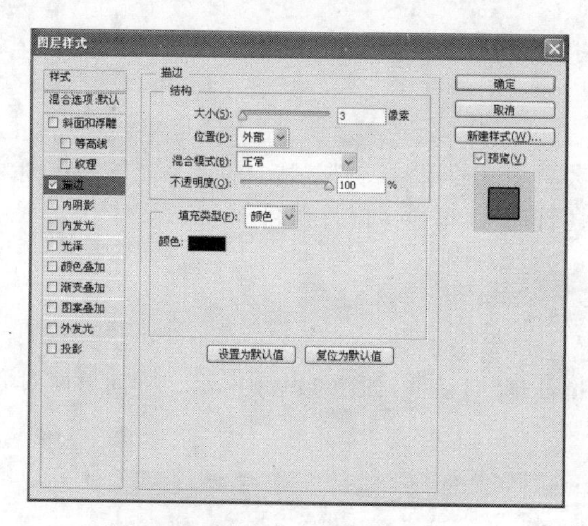

图 11-37 “描边”

图 11-38 最终效果

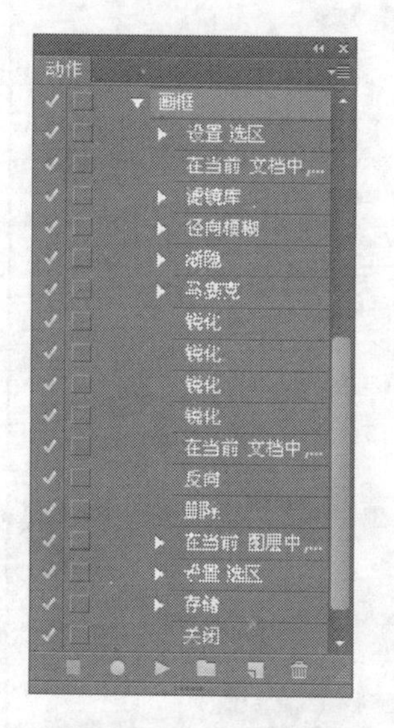

图 11-39 “动作”面板

图 11-40 素材图片

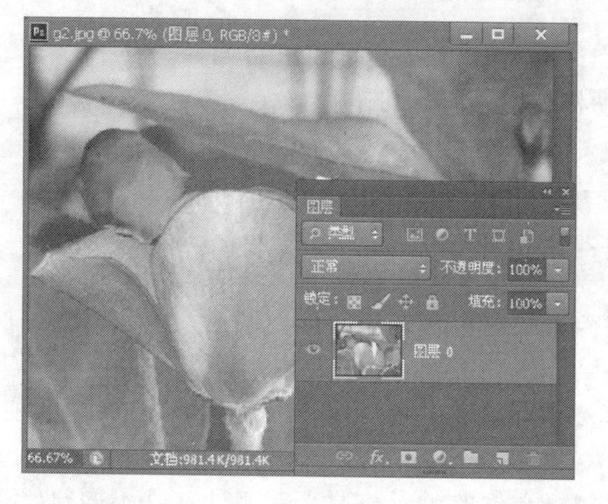

图 11-41 “图层”面板

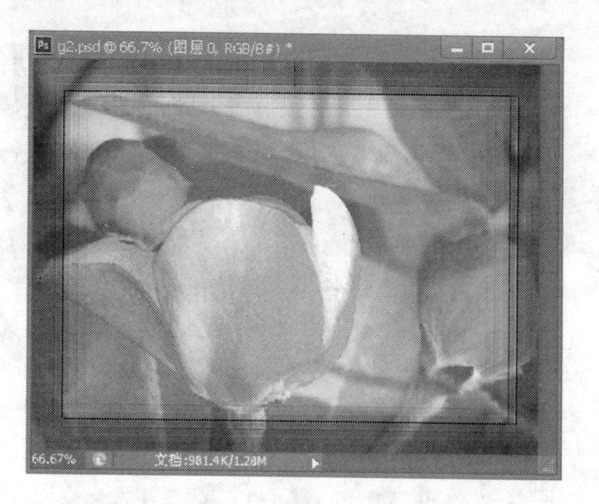

图 11-42 图片效果

11.2 “自动”菜单命令

“自动”菜单位于 Photoshop 的“文件”下拉菜单中。使用“自动”菜单中的命令能够简化图像的编辑操作，提高图像处理的效率。本节将对“自动”菜单命令进行介绍。

11.2.1 “批处理”命令

1. 功能说明

选择“文件”|“自动”|“批处理”命令，打开“批处理”对话框，如图 11-43 所示。下面讲解对话框中各部分的功能。

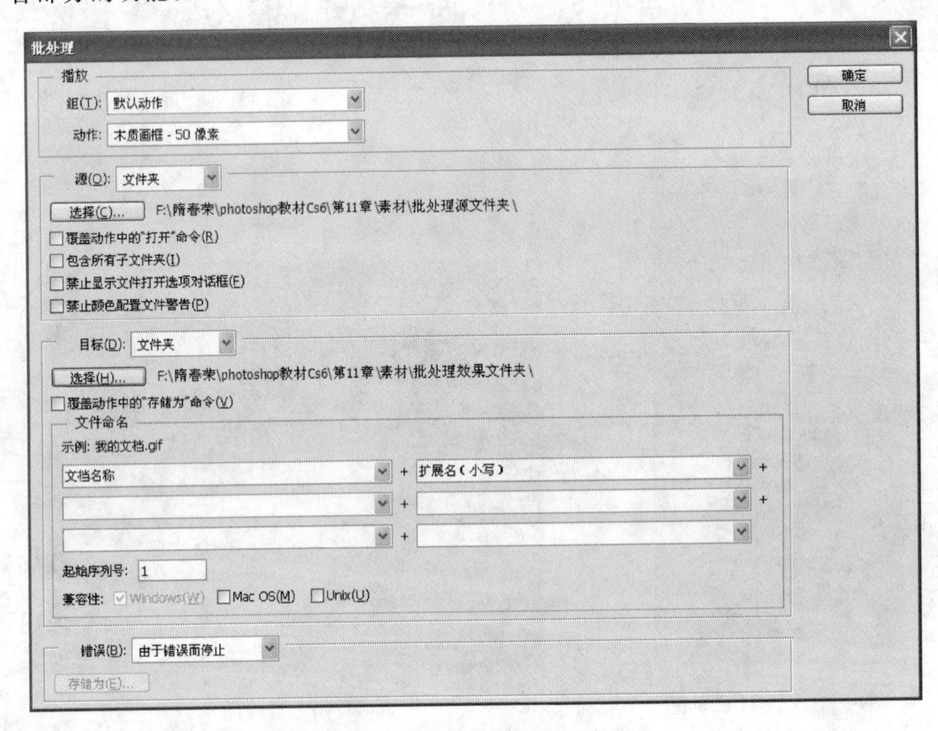

图 11-43 “批处理”对话框的设置

(1) 组：用于显示“动作”调板中的所有动作组，打开该列表框即可进行选择。

(2) 动作：用于显示在序列列表框中选定动作组中的所有动作。

(3) 源：用于指定图片的来源，当选择“文件夹”选项时，从中可以指定图片文件夹的路径。在“选择”按钮下面有 4 个复选框，这 4 个复选框是为“文件夹”选项设置的。

- “覆盖动作中的“打开”命令”复选框：在指定的动作中，若包含“打开”命令的话，在进行批处理操作时，就会自动跳过该命令。
- “包括所有子文件夹”复选框：指定的文件夹中若包含有子文件夹的话，会一并执行批处理动作。
- “禁止显示文件打开选项对话框”复选框：表示在执行批处理操作时不弹出文件选项对话框。
- “禁止颜色配置文件警告”复选框：表示打开文件的色彩与原来定义的文件不同时，不弹出提示对话框。

（4）目标：用于设定执行完动作后文件保存的位置。

- 当选择“无”选项时，表示不保存。使用批处理命令选项保存文件时，它总是将文件保存为与原文件相同的格式。如果要使用批处理命令将文件保存为新的格式，则在录制的过程中，记录保存为或保存副本命令，并记录关闭命令为原动作的一部分。然后，在设置批处理时对目标选取“无”即可。
- 当选择“存储并关闭”选项时，表示执行批处理命令后的文件以原文件名保存后关闭。
- 当选择“文件夹”选项时，表示指定处理后生成的目标文件保存到指定的文件夹里，单击下面的“选择”按钮，可以选择目标文件所在的文件夹。
- 当选中“覆盖动作中的“打开”命令”选项时，表示指定生成目标文件时覆盖动作保存在命令。选择该项可以确保进行批处理操作后，文件被保存在指定的目标文件夹内，而不会保存到使用“保存为”或“保存副本”命令来记录的位置。

（5）错误：用于指定批处理过程中产生错误时的操作。

- 当选择“由于错误而停止”选项时，则在批处理的过程中会弹出出现错误的提示信息，与此同时中止动作继续往下执行。
- 当选择了“将错误记录到文件”选项时，则在批处理的过程中出现错误时，动作还是继续往下执行，不过 Photoshop 将会把出现的错误记录下来，并保存到文件夹中。

2. 实例

下面通过一个实例来进行简单说明。

（1）新建文件夹“批处理源文件夹”和“批处理效果文件夹”，将准备处理的文件放入文件夹“批处理源文件夹”中。

（2）选择“文件”|“自动”|“批处理”命令，打开“批处理”对话框。这里分别设置“动作”、“源”、“目标”项目，如图 11-44 所示。

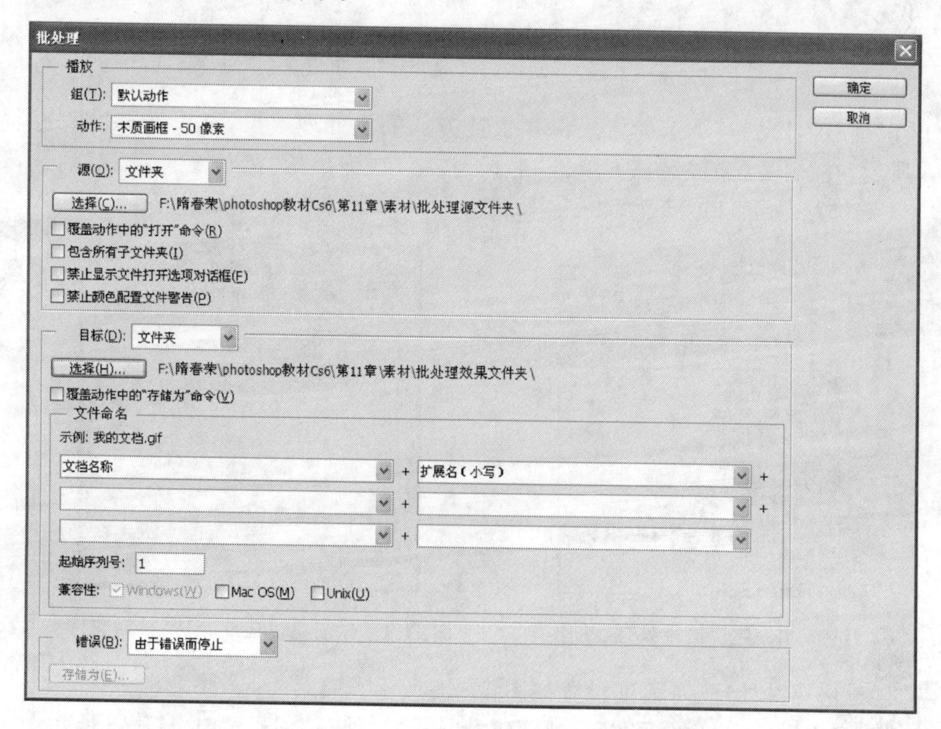

图 11-44 “批处理”对话框的设置

(3) 完成设置后，Photoshop 将按照设置对源文件夹中的图像依次使用选择的动作效果，在效果文件夹中可以看到执行所选择动作后的效果图像。

11.2.2 “创建快捷批处理”命令

“创建快捷批处理”命令就像是一个应用程序，当建立批处理文件后，可以直接把需要处理的图片拖曳到批处理图标上，Photoshop 会自动对图片进行批处理，为了使用方便，一般把批处理快捷方式存储在易于找到的地方。

下面通过具体操作来说明。

(1) 打开 photoshop，执行“文件”|“自动”|“创建快捷批处理”命令，在弹出的“创建快捷批处理”对话框中单击“选择”按钮，给快捷方式选择存储位置，这里选择存储到桌面上，如图 11-45 所示。

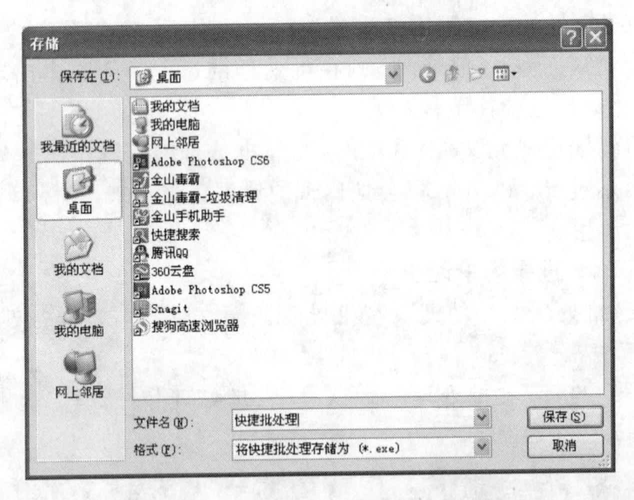

图 11-45 “创建快捷批处理”存储位置

(2) 在“播放”|“动作”下选择需要保存快捷方式的批处理效果，这里选择“四分颜色”，如图 11-46 所示，在“目标(文件夹)”下单击“选择”按钮，在弹出的“浏览文件夹”对话框，选择存储快捷方式的位置，如图 11-47 所示。

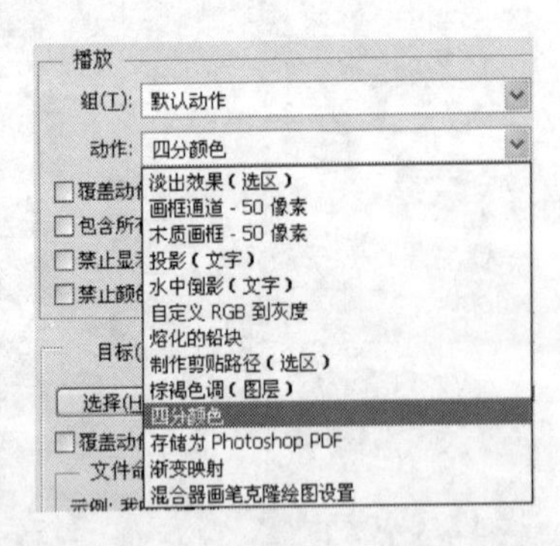

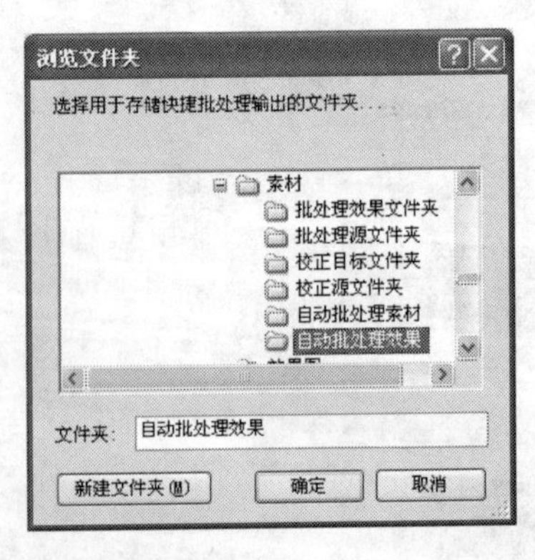

图 11-46 “创建快捷批处理”动作　　　　图 11-47 “创建快捷批处理”目标文件夹

(3) “创建快捷批处理”对话框设置如图 11-48 所示。

(4) 创建完成后，在桌面上可以看到创建的“快捷批处理”图标，如图 11-49 所示。

(5) 拖曳准备好的图像到快捷方式上，Photoshop 将自动运行，对图片进行批处理，保存

创建快捷批处理

将快捷批处理存储为

选择(C)...　C:\Documents and Settings\Administrator\桌面\快捷批处理.exe

确定

取消

播放

组(T): 默认动作

动作: 四分颜色

☐覆盖动作中的"打开"命令(R)

☐包含所有子文件夹(I)

☐禁止显示文件打开选项对话框(F)

☐禁止颜色配置文件警告(P)

目标(D): 文件夹

选择(H)...　F:\隋春荣\photoshop教材Cs6\第11章\素材\自动批处理效果\

☐覆盖动作中的"存储为"命令(V)

文件命名

示例: 我的文档.gif

文档名称 + 扩展名(小写) +

起始序列号: 1

兼容性: ☑Windows(W)　☐Mac OS(M)　☐Unix(U)

错误(B): 由于错误而停止

存储为(S)...

图 11-48　"创建快捷批处理"对话框

到目标位置。如果拖曳的是文件夹，那么就可以对文件夹中的所有文件进行批量处理。

（6）双击保存的图片，可以看到原素材图片已经被处理过了，如图 11-50 所示。

图 11-49　"创建快捷批处理"桌面快捷方式

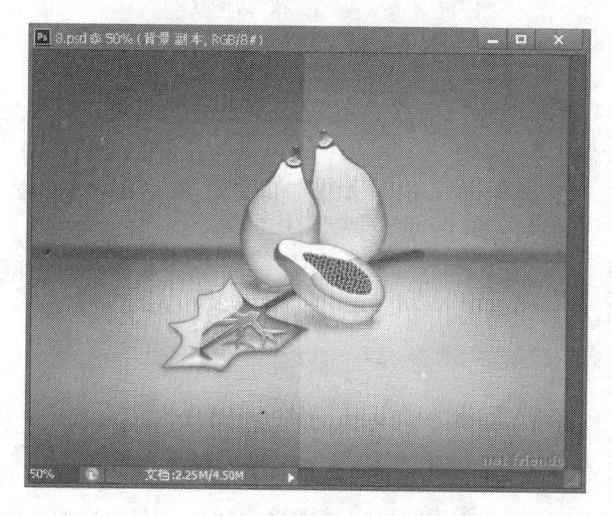

图 11-50　"创建快捷批处理"处理后的图片

11.2.3　"PDF 演示文稿"命令

打开 photoshop，执行"文件"|"自动"|"PDF 演示文稿"命令，打开的对话框如图 11-51 所示。在这个对话框中可以对要输出的 pdf 演示文稿进行一些设置，如作者信息等内容。

设置后单击“浏览”按钮，选择所有需要加入 PDF 文档中的文件。将图片导入，导入后，导入的图片会显示在左上方的列表中，此时可以通过拖曳改变图片显示顺序，也可以移除不需要的图片。

单击“存储”按钮，将 PDF 文件保存到硬盘的某个位置，此时会弹出 PDF 存储对话框，如图 11-52 所示。

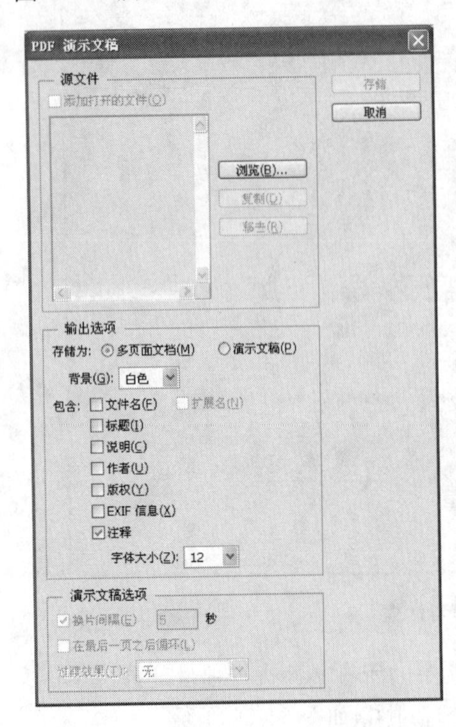

图 11-51 “PDF 演示文稿”命令对话框

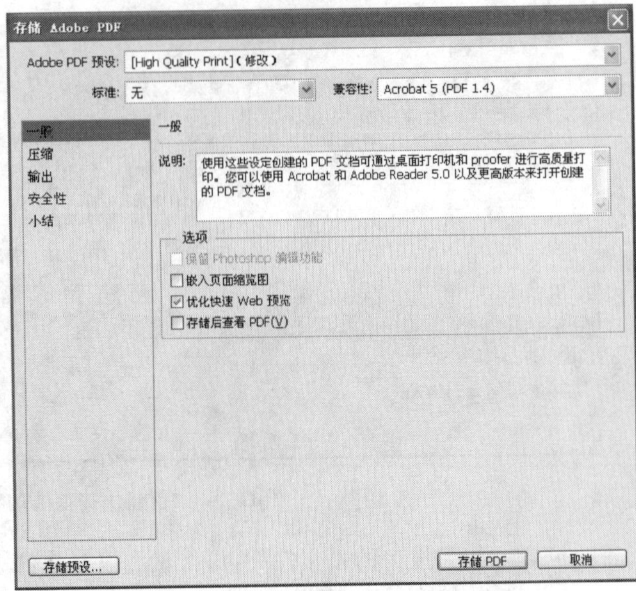

图 11-52 “PDF 演示文稿”存储对话框

此对话框主要是设置输出的 PDF 文档是否包含缩略图显示，图片压缩质量以及输出的一些配置，可根据需要调整。

设置完成后单击“存储 PDF”按钮，此时 Photoshop 开始导入图片并输出 PDF 文档，在输出的过程中，不要手动控制 Photoshop 软件，输出时会自动打开图片、关闭图片，直到输出结束。输出完成后，可以在目标文件夹看到文件，如图 11-53 所示。

图 11-53 “PDF 演示文稿”命令生成文件

11.2.4 “镜头校正”命令

“镜头校正”命令是能够实现自动镜头校正的功能，利用数码图片的数据信息自动修正图像的几何失真，修饰图像周边曝光不足的暗角晕影以及修复边缘出现彩色光晕的色像差的功能。下面介绍“镜头校正”命令的使用方法。

(1) 新建文件夹“校正源文件夹”和“校正目标文件夹”，将准备处理的文件放入“校正源文件夹”中。

(2) 选择“文件”|“自动”|“镜头校正”命令，打开“镜头校正”对话框。这里分别设置“源文件”、“目标文件夹”及“校正选项”项目，如图 11-54 所示。

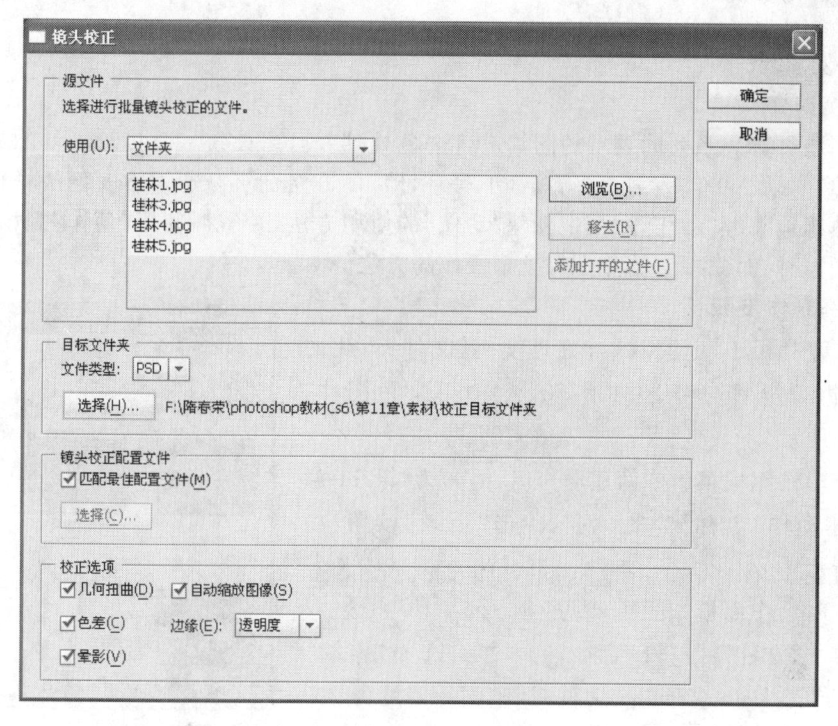

图 11-54　“镜头校正”对话框

(3) 完成设置后，Photoshop 将按照设置对源文件夹中的图像依次使用“镜头校正”命令，在目标文件夹中可以看到执行所选择命令后的效果图像。

11.2.5　“裁剪并修齐照片”命令

“裁剪并修齐照片”命令是一项自动化功能，可以通过多图像文件创建单独的图像文件。它能够在图像中识别各个图片，并旋转，使它们在水平方向和垂直方向上对齐，然后再将它们复制到新文档中，生成单独的文件，并保持原始文档不变。

(1) 打开“第 11 章\素材\倾斜图片.jpg”文件，如图 11-55 所示。

(2) 选择“文件”|“自动”|“裁剪并修齐照片”命令，Photoshop 软件会自动对图片进行修整，生成三个副本文件，最终效果如图 11-56 所示。

图 11-55　倾斜图片

图 11-56　“裁剪并修齐照片”后效果

11.2.6 “批处理”命令应用实例——批处理文件

1. 实例简介

本实例通过对一系列同类型的图片进行去色处理并且修改统一宽度为300像素，修改完成后按名称“水果＋一位数字＋扩展名(小写字母)”的方法命名。通过本实例的操作，可以使用户能够熟练地掌握“动作”命令中新建“动作”的使用方法，并掌握利用“动作”等相关命令处理图片的技巧，同时掌握对图片进行批量操作的方法。

2. 实例制作步骤

(1) 打开“第11章\素材\批处理实例”文件夹，此文件夹中文件，分辨率均为1024×768，为RGB彩色图片，如图11-57所示。

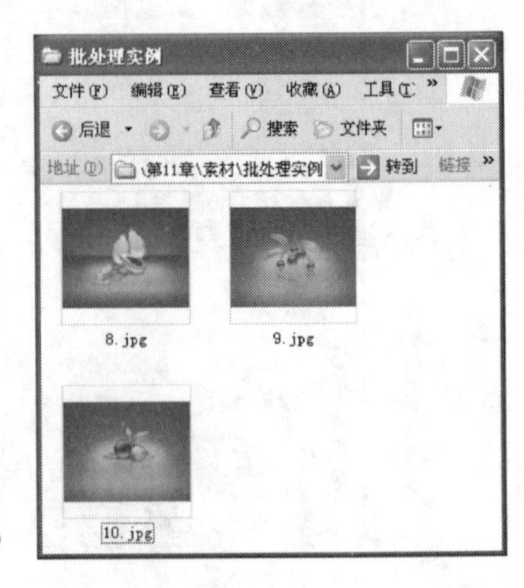

图11-57 “批处理”实例文件夹

(2) 在动作面板菜单中新建动作组，组名为“第11章实例”，新建动作“名称”为“去色”，单击“记录”按钮，如图11-58所示。

(3) 此时动作面板如图11-59所示。

(4) 单击“文件”|“打开”命令，打开“第11章\素材\批处理实例”文件夹，选择一个文件，调整图片宽度为300像素，如图11-60所示。

(5) 依次单击“图像”|“调整”|“去色”，选择“文件”|“另存为”命令，选择保存位置及名称，然后选择“文件”|“关闭”命令，关闭文件并保存对文件的修改。再单击录制停止按钮，如图11-61所示。

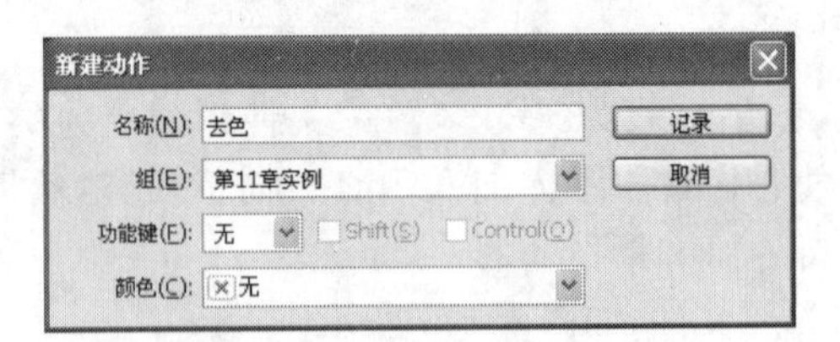

图11-58 新建动作

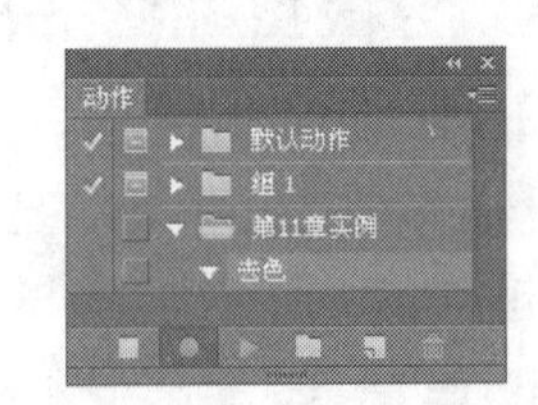

图11-59 录制动作面板

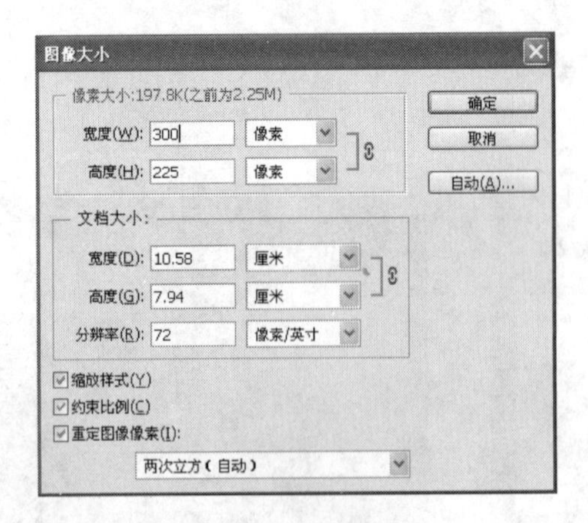

图11-60 调整图像大小

图11-61 录制动作面板

(6) 执行"文件"|"自动"|"批处理"命令，按如图 11-62 所示选择刚才建立的组及录制的动作，并设置源文件夹和目标文件夹等内容，最后按要求设置文件的名称。

批处理

播放
组(T): 第11章实例
动作: 去色
确定
取消
源(O): 文件夹
选择(C)... F:\隋春荣\photoshop教材Cs6\第11章\素材\批处理实例\
覆盖动作中的"打开"命令(R)
包含所有子文件夹(I)
禁止显示文件打开选项对话框(F)
禁止颜色配置文件警告(P)
目标(D): 文件夹
选择(H)... F:\隋春荣\photoshop教材Cs6\第11章\素材\批处理实例效果\
覆盖动作中的"存储为"命令(V)
文件命名
示例: 水果1.gif
水果 + 1 位数序号 +
扩展名（小写） +
起始序列号: 1
兼容性: Windows(W) Mac OS(M) Unix(U)
错误(B): 由于错误而停止
存储为(E)...

图 11-62　设置参数

(7) 打开目标文件夹，可以看到所有的文件已经改为统一宽度，黑白色并且文件名称也统一改变为同样的规则名称，如图 11-63 所示。

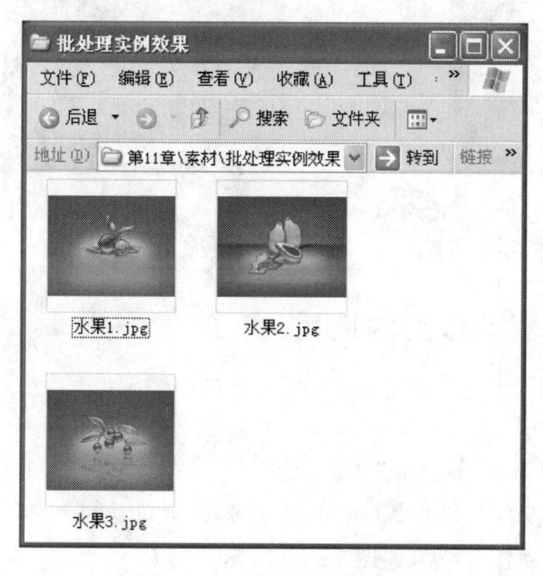

图 11-63　文件最终效果图

11.3 自带动作组的使用

Photoshop 自带多种动作组，按 Alt+F9 键打开动作面板，在动作面板上最初只有一个动作组是“默认动作”组，单击“默认动作”组前面的三角按钮，可以显示“默认动作”组的所有动作，如图 11-64 所示。在“动作”面板上单击右上角的 按钮，可以打开操作菜单，如图 11-65 所示，这些动作按完成任务的不同分为多种类型，如有“画框”动作组、“文字效果”动作组和“纹理”动作组等，可以实现多种不同的功能，为各种对象创建不同的效果。下面将以实例的形式来介绍 Photoshop 自带的典型动作的使用方法。

图 11-64 “默认动作”组

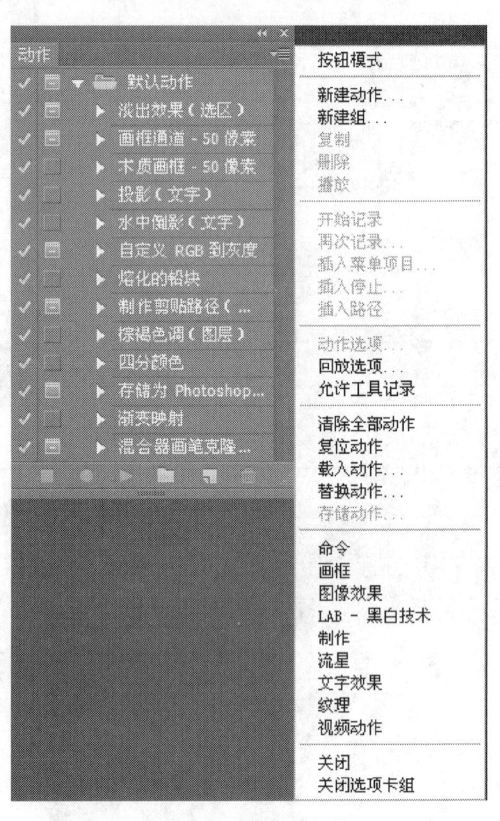

图 11-65 动作菜单

11.3.1 “画框”动作组的使用

画框动作集包含 14 个动作，使用这些动作，能自动为图像添加边框效果。下面介绍画框动作的使用方法。

(1) 打开“第 11 章\素材\h1.jpg”文件。

(2) 单击“动作”调板右上角的 按钮，打开调板菜单，选择菜单栏中最下面的“画框”命令，将画框动作组载入“动作”调板，如图 11-66 所示。

(3) 在“动作”调板中选择“波形画框”动作，单击调板的“播放选定的动作”按钮 。动作开始执行，图像被添加边框效果，如图 11-67 所示。

图 11-66　载入“画框”动作组

图 11-67　添加边框

11.3.2 “文字效果”动作组的使用

Photoshop 提供了文字效果动作组，动作组中的动作可用于创建各种文字特效。下面介绍文字效果动作组中动作的使用方法。

文字效果动作集包含 17 个动作，使用这些动作，能自动为图像添加文字效果。下面介绍文字效果动作组的使用方法。

(1) 打开“第 11 章\素材\桂林 1.jpg”文件，使用“横排文字工具”在图像中创建文字，如图 11-68 所示。

(2) 单击“动作”调板右上角的 按钮，打开调板菜单，选择菜单栏中最下面的“文字效果”命令，将文字效果动作组载入“动作”调板，如图 11-69 所示。

图 11-68　输入文字

图 11-69　载入“文字效果”动作组

(3) 在“动作”调板中选择“粗轮廓线(文字)”动作,单击调板的“播放选定的动作”按钮▶。动作开始执行,图像被添加文字效果,如图 11-70 所示。

(4) 播放“水中倒影(文字)”动作,为文字添加特效,动作执行后的文字效果,如图 11-71 所示。

图 11-70 “粗轮廓线(文字)”效果

图 11-71 “水中倒影(文字)”效果

11.4 本章小结

本章讲解 Photoshop 对批量文件的自动操作功能,也讲解 Photoshop 的动作功能及应用,同时也简单介绍了常用的“自动”菜单命令的使用。使用动作可以方便地完成 Photoshop 中需要批量完成的工作,灵活地使用动作能够有效地提高图像处理的效率。通过本章的学习,读者将了解动作的功能,掌握动作的创建方法和使用技巧,熟练地使用“动作”调板来实现对动作的各种操作,掌握动作编辑和修改的技巧。

11.5 本章习题

1. 填空题

(1) Photoshop 的动作是将一系列的命令组合为一个________,它是一种对图像进行多步骤操作时的________,使用动作能够大大提高工作效率。

(2) 按________,或选择“窗口”|________,可以打开动作面板。

(3) “创建快捷批处理”命令位于________菜单。

(4) 用户可以在动作中人为地插入想要执行的命令,这些命令在动作面板的操作菜单中,有________、________、________三种命令。

(5) 在“新建动作”对话框中可以进行组、________、________和________设置。

2. 单项选择题

(1) 打开“动作”调板的快捷键是(　　)。

A. Ctrl+F1　　B. Alt+F1　　C. Ctrl+F9　　D. Alt+F9

(2) 在“批处理”对话框中,(　　)下拉列表框用于指定操作应用的图像。

A. “组”下拉列表框　　B. “源”下拉列表框

C. “目标”下拉列表框　　D. “错误”下拉列表框

(3) 当需要修改动作中某个命令的参数时，可采用(　　)操作。

A. 在“动作”调板中选择命令，在调板菜单中选择“再次记录”命令

B. 在“动作”调板中选择命令，单击“开始记录”按钮开始重新录制操作

C. 在“动作”调板中选择命令，在调板菜单中选择“插入菜单项目”命令

D. 在“动作”调板中选择命令，在调板菜单中选择“复位动作”命令

11.6　上机练习

练习 1　同一文件夹内文件统一修改大小与重命名

利用“批处理”命令将“第 11 章\练习素材\练习 1”文件夹内的一组图片统一调整为 400×400 像素大小，并且将文件名称统一命名为“风景 1”～“风景 n”。文件处理前，文件夹如图 11-72 所示，文件处理后，文件夹如图 11-73 所示。

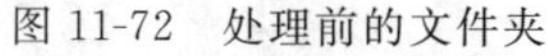
图 11-72　处理前的文件夹

图 11-73　处理后的文件夹

主要制作步骤提示如下。

(1) 在动作面板菜单中选择新建组，组名称为“第 11 章练习”。

(2) 新建动作，在对话框中输入，动作名称为“改变图像大小”，组为刚才所建立的“第 11 章练习”，单击“记录”按钮。

(3) 选择“文件”|“打开”命令，打开“第 11 章\练习素材\练习 2”文件夹，选择一个文件，调整图片大小。

(4) 选择“文件”|“保存”，保存对文件的修改。

(5) 选择“文件”|“自动”|“批处理”命令，在打开的对话框中，设置组及录制的动作，设置操作源文件夹和目标文件夹，给文件命名为统一类型的文件名，注意选择“覆盖动作中的‘打开’和‘存储为’命令”，因为在录制动作中，已经存在命令，如图 11-74 所示。

练习 2　使用默认动作组制作边框

主要制作步骤提示如下。

(1) 打开“第 11 章\练习素材\练习 2\2.jpg”文件，图片如图 11-75 所示。

(2) 播放“画框”动作组中的“浪花形画框”动作，图片效果如图 11-76 所示。

(3) 打开“第 11 章\练习素材\练习 2\h2.jpg”文件，图片如图 11-77 所示。

批处理

播放

组(T): 第11章练习

动作: 改变图像大小

源(O): 文件夹

选择(C)... F:\隋春荣\photoshop教材Cs6\第11章\练习素材\练习1\

☑覆盖动作中的"打开"命令(R)

☐包含所有子文件夹(I)

☐禁止显示文件打开选项对话框(F)

☐禁止颜色配置文件警告(P)

目标(D): 文件夹

选择(H)... F:\隋春荣\photoshop教材Cs6\第11章\练习素材\目标文件夹\

☑覆盖动作中的"存储为"命令(V)

文件命名

示例: 风景1.gif

风景 + 1 位数序号 +

扩展名(小写) + +

+

起始序列号: 1

兼容性: ☑Windows(W) ☐Mac OS(M) ☐Unix(U)

错误(B): 由于错误而停止

存储为(E)...

确定

取消

图 11-74　批处理对话框

(4) 播放"画框"动作组中的"木质画框-50 像素"动作，图片效果如图 11-78 所示。

图 11-75　原文件

图 11-76　添加边框效果

图 11-77　原文件

图 11-78　添加边框效果

练习3 校正图片

使用“镜头校正”命令校正图片。

主要制作步骤提示如下。

选择“文件”|“自动”|“镜头校正”命令，打开“镜头校正”命令对话框，选择需要处理的素材文件夹“第11章\练习素材\练习3”后进行相应设置。使用命令前的文件夹如图11-79所示，执行命令后，在文件夹内自动产生一个results文件夹，用来存放处理后的文件，如图11-80所示。

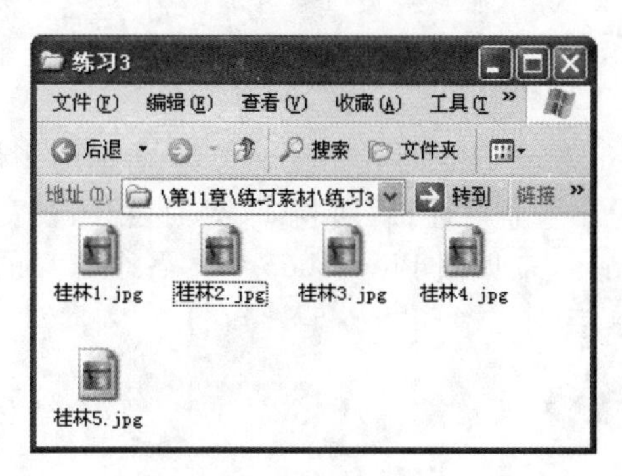

图11-79 执行命令前文件夹

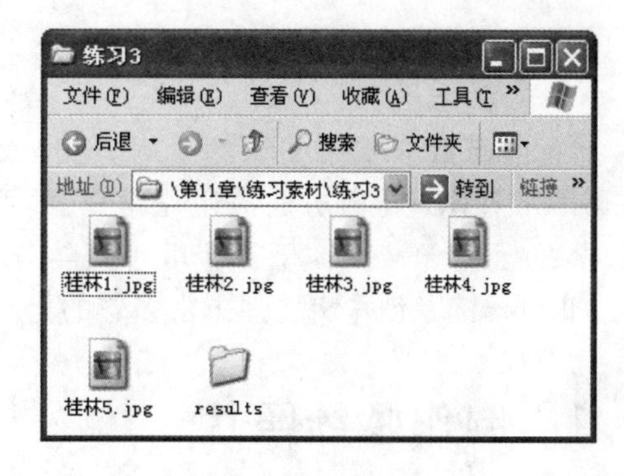

图11-80 执行命令后文件夹

第12章 综合实例制作

通过前面章节基础知识的学习，已经对 Photoshop CS6 的各个工具有了基本的了解，Photoshop 在图像处理方面应用非常广泛，主要涉及平面设计、后期装饰、界面设计、视觉创意、影像创意等领域。本章通过几则综合实例的制作，来巩固 Photoshop CS6 各个工具的使用，以此引导读者创作出更加丰富多彩的作品。

12.1 制作婚纱照片

1. 实例简介

对婚纱照片进行后期处理和合成是 Photoshop 的一项很重要的用途，本实例应用到的工具主要有“矩形选框工具”、“魔棒工具”、“移动工具”、“自由变换工具”、“图像调整菜单”、“图层面板”等。

2. 实例制作步骤

(1) 运行 Photoshop CS6，选择“文件”|“新建”命令；或按 Ctrl＋N 键，弹出“新建”对话框，并对属性进行相应设置，如图 12-1 所示。

(2) 新建图层，命名为“蓝色矩形”，选择“矩形选框工具”在“婚纱照”文件中绘制一矩形选区，并进行颜色填充，如图 12-2 所示。

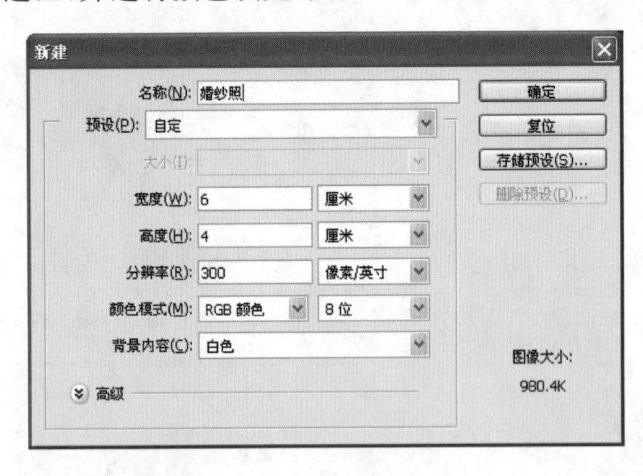

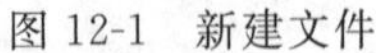
图 12-1 新建文件

图 12-2 矩形选区

(3) 复制“蓝色矩形”图层，得到图层“蓝色矩形副本”，按 Ctrl＋T 键对复制的选区进行上下拖曳变形，并设置图层的不透明度为 53%，如图 12-3 所示。设置完成后的效果如图 12-4 所示。

图 12-3　设置不透明度

图 12-4　不透明度设置后的效果

(4) 选择“蓝色矩形”和“蓝色矩形副本”两个图层，单击图层下方的“链接图层”，将两个图层进行链接，链接后图层面板如图 12-5 所示。

(5) 新建图层，命名为“蓝色细条”，选择“矩形选框工具”在文件中绘制一矩形选区，并进行颜色填充，如图 12-6 所示。

图 12-5　链接图层

图 12-6　矩形细条选区

(6) 选择“文件”|“打开”命令；或按 Ctrl+O 键；或在页面空白区域双击，打开素材图像“第 12 章\素材\婚纱照片 1.jpg 和婚纱照片 2.jpg”，素材效果如图 12-7 所示。

婚纱照片1

婚纱照片2

图 12-7　婚纱照片素材图

(7) 选择“移动工具”，将打开的两张素材照片拖曳到“婚纱照”文件中，如图 12-8 所示。

(8) 将新生成的照片图层分别命名为“照片 1”、“照片 2”，分别选择两个图层，按 Ctrl+T 键对素材照片进行大小设置，并放在合适的位置，设置完成后的效果如图 12-9 所示。

图 12-8 将婚纱照片素材图拖曳到文件中

图 12-9 调整素材大小并放在适合位置

(9) 选择"文件"|"打开"命令；或按 Ctrl＋O 键；或在页面空白区域双击，打开素材图像"第 12 章\素材\文字素材 1.jpg"，效果如图 12-10 所示。选择"魔棒工具"，在图像的白色背景上单击，生成选区，按 Del 键删除选区，将白色背景修改为透明色，透明背景如图 12-11 所示。

(10) 将透明背景的文字素材拖曳到文件中，并设置大小和位置，效果如图 12-12 所示。

图 12-10 白色背景素材

图 12-11 透明背景素材

图 12-12 将文字素材方在文件中

(11) 同理，将另外两幅素材"第 12 章\素材\花边"和"第 12 章\素材\文字素材 2"拖曳到文件中，调整图层属性及图像大小设置，设置完成后，图层效果如图 12-13 所示，图像效果如图 12-14 所示。

图 12-13 图层设置

图 12-14 图像效果

(12) 选中所有图层，进行合并，得到新的“背景层”，如图 12-15 所示。

(13) 选择“图像”|“调整”|“自然饱和度”命令，打开其对话框，进行如图 12-16 所示的设置，设置完成后图像效果如图 12-17 所示。

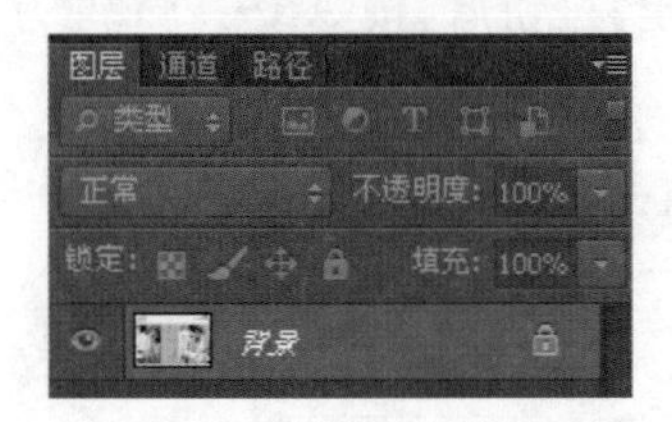

图 12-15　合并所有图层

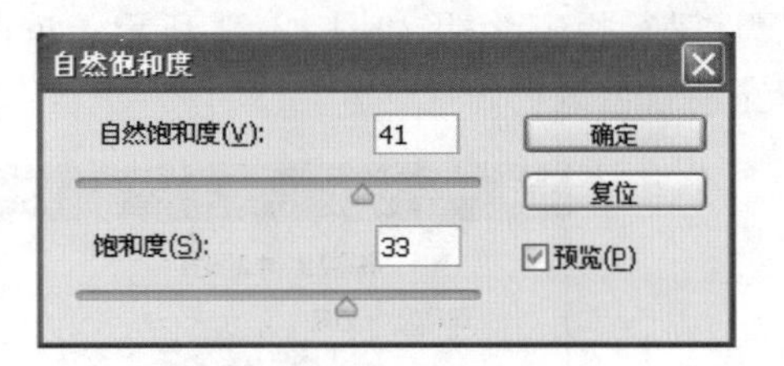

图 12-16　“自然饱和度”对话框

(14) 选择“图像”|“调整”|“可选颜色”命令，打开其对话框，进行如图 12-18 所示的设置，设置完成后图像效果如图 12-19 所示。

图 12-17　设置“饱和度”后图像效果

图 12-18　“可选颜色”对话框

(15) 制作完成，保存到“效果图”文件夹中，并命名为“婚纱照.psd”，最终效果如图 12-20 所示。

图 12-19　设置“可选颜色”后图像效果

图 12-20　婚纱照片效果图

12.2　制作电影海报

1. 实例简介

本实例主要制作一则电影海报，涉及的 Photoshop 主要工具有“文本工具”、“图层面

板”、“图层样式”、“图像”|“调整”、“滤镜”等。

2．实例制作步骤

(1) 运行 Photoshop CS6，选择“文件”|“新建”命令；或按 Ctrl＋N 键，弹出“新建”对话框，并对属性进行相应设置，如图 12-21 所示。单击“确定”按钮后，按 Alt＋Del 键为新建文件的图层填充前景色黑色。

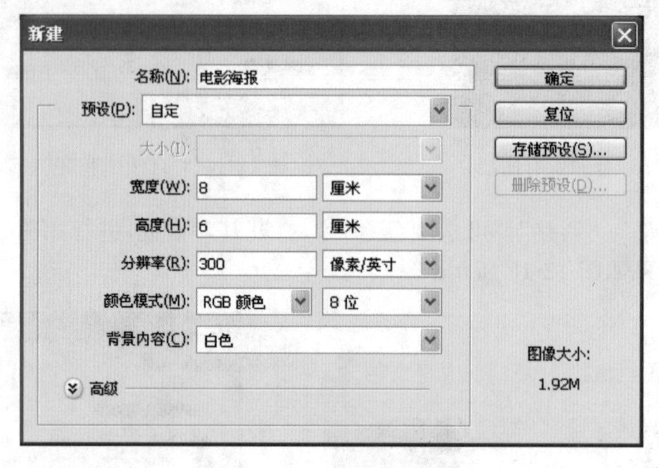

图 12-21　新建文件

(2) 选择“横排文字工具”，输入文字，并在“字符”面板中对文字属性进行相应设置，设置完成后文字效果如图 12-22 所示。

(3) 选择“文字”|“转换为形状”命令，将普通文字转换为形状，选择“直接选择工具”，单击文字，文字周围出现控制点，如图 12-23 所示。拖曳控制点，改变文字的形状，效果如图 12-24 所示。

图 12-22　输入文字

图 12-23　点击文字

(4) 同理，用“直接选择工具”改变其他三个文字的形状，改变后效果如图 12-25 所示。

图 12-24　改变文字形状

图 12-25　改变所有文字形状

(5) 双击文字图层，在弹出的“图层样式”对话框中，为文字图层添加“斜面和浮雕”样式和“渐变叠加”样式，各属性设置如图 12-26 所示。设置完成后单击“确定”按钮，得到如图 12-27 所示的效果。

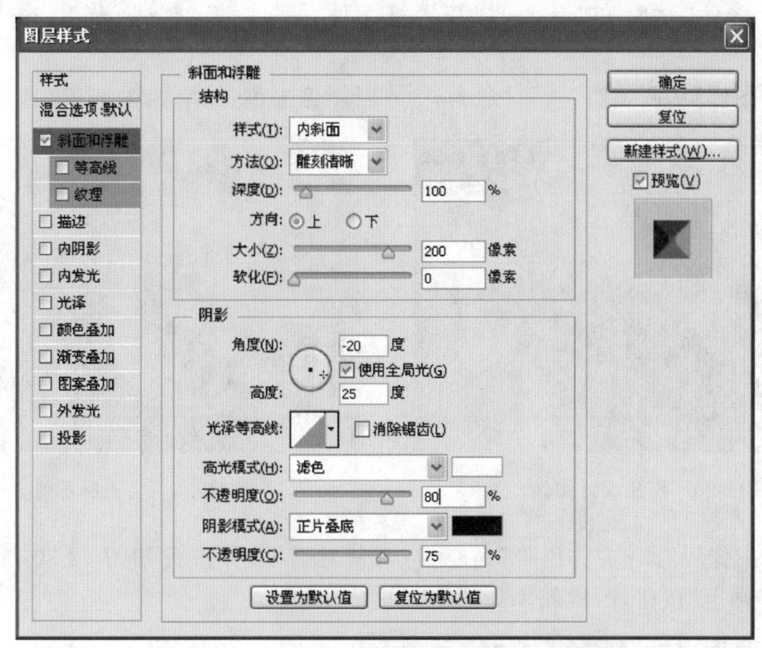

(a)“斜面和浮雕”属性设置

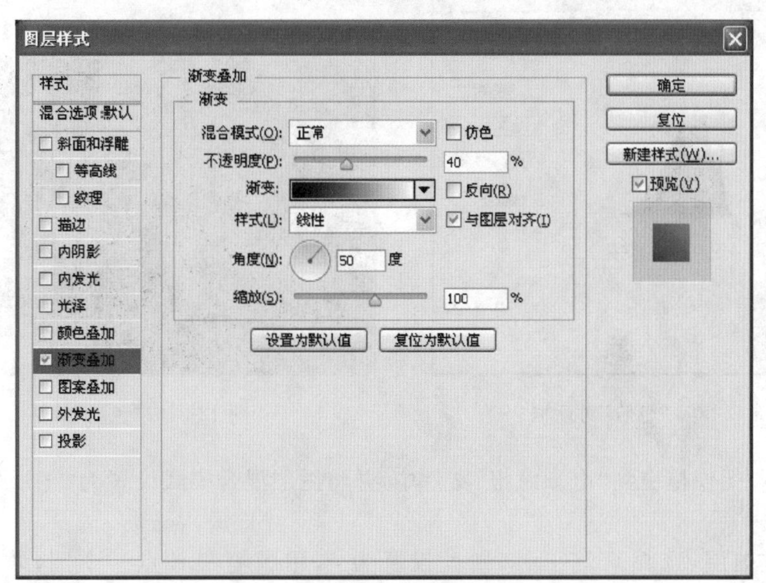

(b)“渐变叠加”属性设置

图 12-26　“图层样式”对话框设置

图 12-27　图层样式效果

(6) 选择“文件”|“打开”命令，打开素材文件“第 12 章\素材\漩涡.jpg”，如图 12-28 所示。

(7) 选择“图像”|“调整”|“去色”命令，为素材图像去色，效果如图 12-29 所示。

图 12-28　打开素材图像

图 12-29　为素材图像去色

(8) 选择“图像”|“调整”|“色阶”命令，打开其对话框，并进行如图 12-30 所示的设置，设置完成后单击“确定”按钮，图像效果如图 12-31 所示。

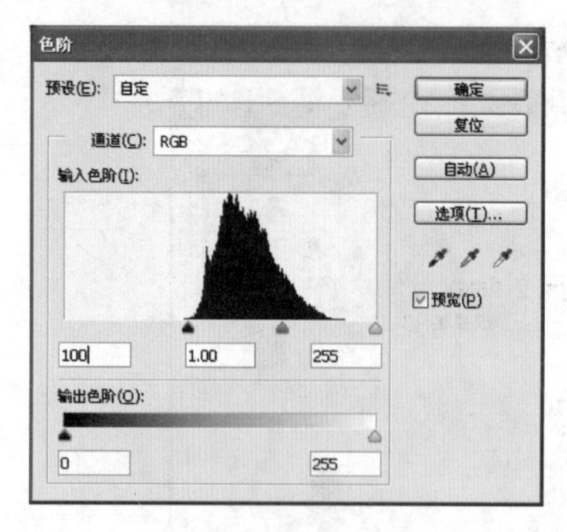

图 12-30　“色阶”对话框

图 12-31　“色阶”效果

(9) 将素材图像拖曳到“电影海报”文件中，并将图层混合模式设置为“正片叠底”，效果如图 12-32 所示。

(10) 新建图层，选择画笔工具，硬度设置为 0，用画笔工具点一个圆，效果如图 12-33 所示。

图 12-32　正片叠底效果

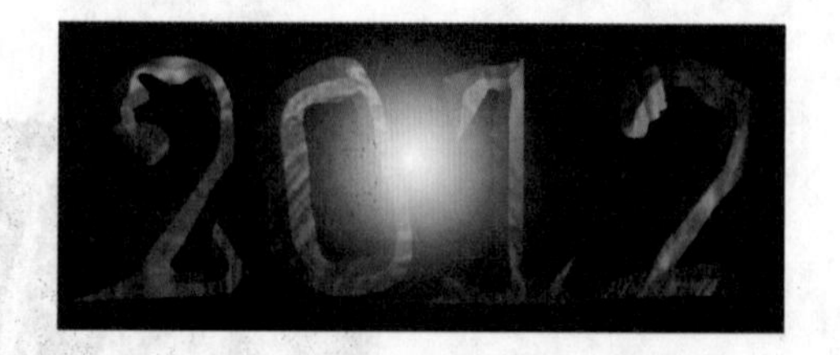

图 12-33　用画笔工具画一个圆

(11) 选择“滤镜”|“模糊”|“高斯模糊”命令，打开其对话框，进行如图 12-34 所示设置，设置完成后，单击“确定”按钮，效果如图 12-35 所示。

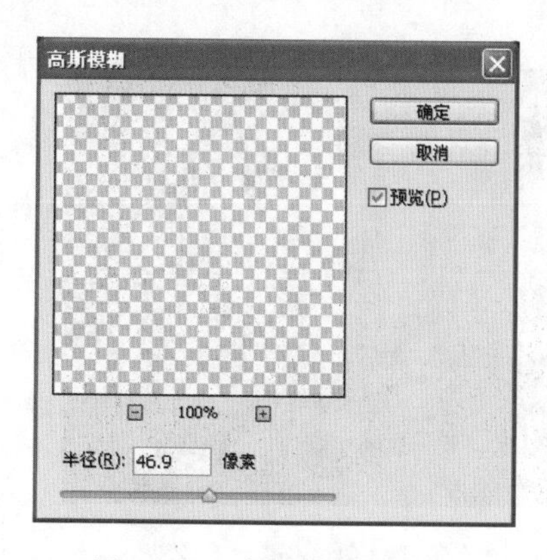

图 12-34 高斯模糊对话框

图 12-35 高斯模糊效果

(12) 选择“文件”|“打开”命令，打开素材文件“第 12 章\素材\海难.jpg”，如图 12-36 所示。

图 12-36 打开素材图像

(13) 将该素材图像拖曳至文件“电影海报”中，并将自动生成的“图层 3”拖曳至“背景”层的上方，图层效果如图 12-37 所示，图像效果如图 12-38 所示。

(14) 合并所有图层为新的“背景层”，为背景层添加“色相/饱和度”调整图层，参数设置如图 12-39 所示，单击“确定”按钮后效果如图 12-40 所示。

图 12-37 改变图层顺序

图 12-38 图像效果

(15) 选择“直排文字工具”，在适当位置输入文字。双击文字图层，在弹出的“图层样式”对话框中，为文字图层添加“斜面和浮雕”样式，各属性设置如图 12-41 所示。设置完成后单击“确定”按钮，得到如图 12-42 所示的效果。

(16) 选择“横排文字工具”，在适当位置输入文字，并在“字符”面板中进行相应设置，效果如图 12-43 所示。

(17) 制作完成，保存到“效果图”文件夹中，并命名为“电影海报.psd”，最终效果如图 12-44 所示。

属性
色相/饱和度
预设：自定
全图
色相：+20
饱和度：-23
明度：-8
着色

图 12-39 “色相/饱和度”设置

图 12-40 “色相/饱和度”设置后效果

图层样式
样式
混合选项:默认
斜面和浮雕
等高线
纹理
描边
内阴影
内发光
光泽
颜色叠加
渐变叠加
图案叠加
外发光
投影
斜面和浮雕
结构
样式(T): 内斜面
方法(Q): 雕刻清晰
深度(D): 144 %
方向: 上 下
大小(Z): 131 像素
软化(F): 0 像素
阴影
角度(N): -20 度
使用全局光(G)
高度: 25 度
光泽等高线: 消除锯齿(L)
高光模式(H): 滤色
不透明度(O): 75 %
阴影模式(A): 正片叠底
不透明度(C): 75 %
设置为默认值 复位为默认值
确定
复位
新建样式(W)...
预览(V)

图 12-41 “图层样式”对话框

图 12-42 “图层样式”效果

图 12-43 输入文字

图 12-44 电影海报效果图

12.3　制作荷花镜框

1. 实例简介

本实例主要制作一副镜框，涉及的 Photoshop 主要工具有“仿制图章工具”、“文本工具”、“图层面板”、“图层样式”、“图像”|“调整”、“通道”、“蒙版”、“滤镜”等，制作的效果如图 12-79 所示。

2. 实例制作步骤

(1) 运行 Photoshop CS6，执行“文件”|“打开”命令；或按 Ctrl＋O 键；或在页面空白区域双击，打开素材图像“第 12 章\素材\荷花. jpg”，效果如图 12-45 所示。

(2) 选择“仿制图章工具”，按住 Alt 键在图像的不同绿色区域多次单击获取源点，然后在图像最下方的广告文字上单击，擦除掉多余文字，擦除后效果如图 12-46 所示。

图 12-45　打开素材图像

图 12-46　删除素材图像上的多余文字

(3) 选择“图像”|“调整”|“亮度/对比度”命令，打开其对话框，进行如图 12-47 所示的设置，单击“确定”按钮后的图像效果如图 12-48 所示。

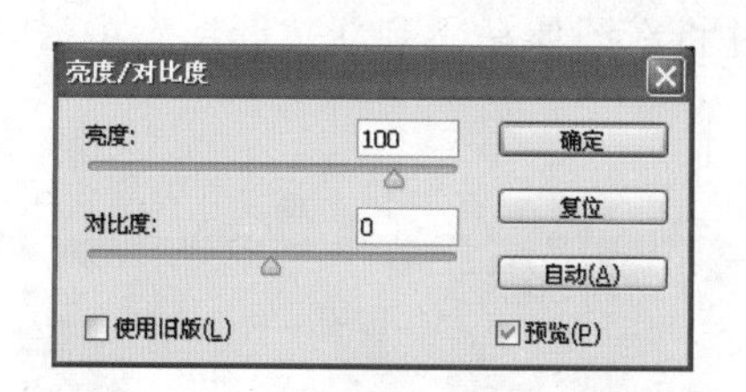

图 12-47　“亮度/对比度”设置

图 12-48　“亮度/对比度”效果

(4) 复制背景图层，得到图层“背景副本”，打开“通道”面板，在红、绿、蓝三个通道中选择颜色对比最明显的“红”通道进行复制，得到“红副本”通道，通道面板如图 12-49 所示。

(5) 选择“红副本”通道，选择“图像”|“调整”|“色阶”命令，打开其对话框，进行如图 12-50 所示的设置，单击“确定”按钮后的图像效果如图 12-51 所示。

(6) 选择“画笔工具”，在图像的杂点位置单击，将图像上的杂点处理干净，使背景色全黑，图像色全白，效果如图 12-52 所示。

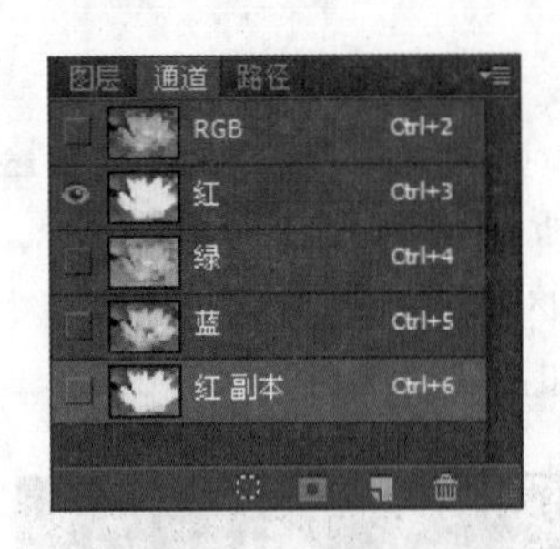

图 12-49　复制红通道

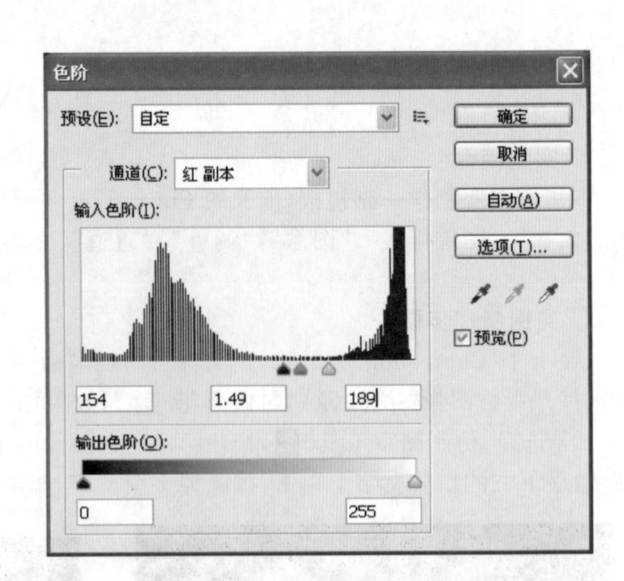

图 12-50　色阶设置

图 12-51　色阶效果

图 12-52　黑白图像

(7) 单击通道面板下方的"将通道作为选区载入"，将白色的图像部分生成选区，如图 12-53 所示。

(8) 单击 RGB 通道，回到图层面板，复制图像，并将新图像粘贴到新建图层 1 中，抠图效果如图 12-54 所示，图层面板如图 12-55 所示。

图 12-53　将通道生成选区

图 12-54　抠图后的图像

（9）选择图层“背景副本”，选择“滤镜”|“模糊”|“动感模糊”命令，打开其对话框，进行如图12-56所示的设置，单击“确定”按钮后的图像效果如图12-57所示。

（10）选择“图像”|“调整”|“色相/饱和度”命令，打开其对话框，进行如图12-58所示的设置，单击“确定”按钮后的图像效果如图12-59所示。

（11）按住Ctrl键，单击“图层1”缩略图（抠出的荷花图层），调出荷花的选区，再回到背景副本图层按Ctrl+J键得到“图层2”，此时图层面板如图12-60所示，图像效果如图12-61所示。

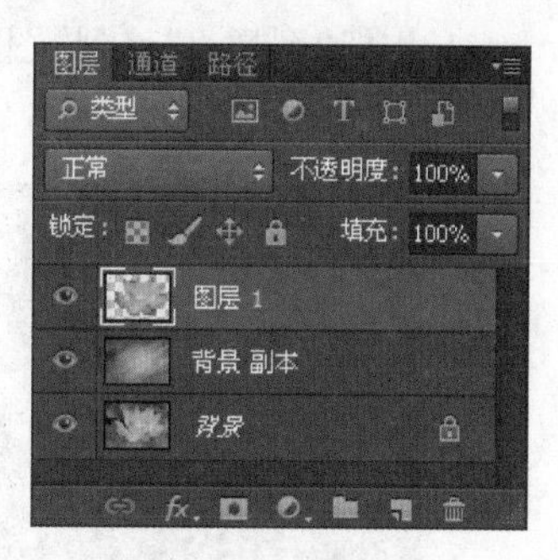

图12-55　图层面板

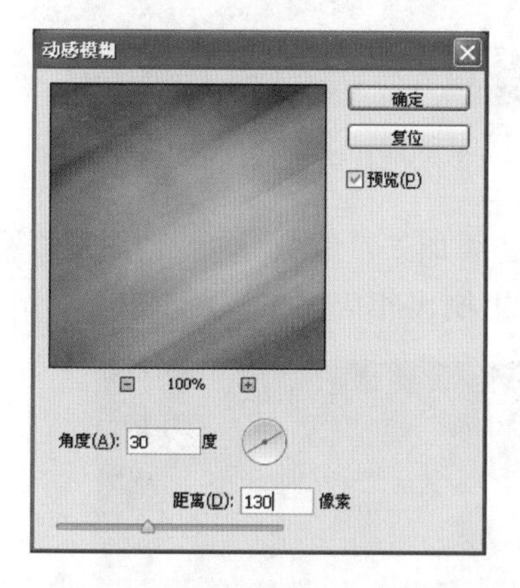

图12-56　“动感模糊”设置

图12-57　“动感模糊”效果

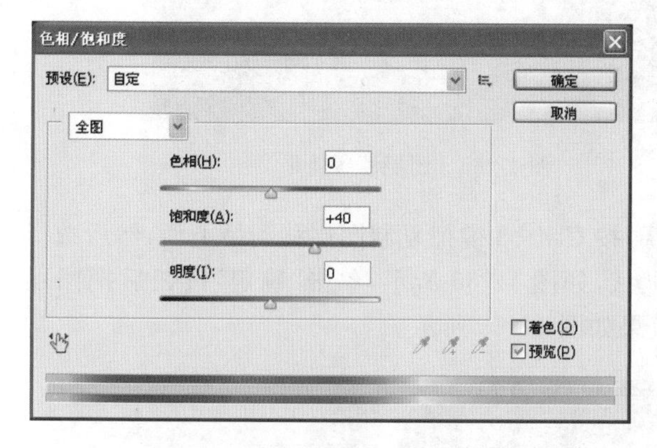

图12-58　“色相/饱和度”设置

图12-59　“色相/饱和度”效果

图12-60　图层面板

图12-61　新图像效果

(12) 把“图层 2”移到“图层 1”的上面，选择“图层 2”，单击图层面板下方的第 4 个按钮 为“图层 2”添加“照片滤镜”，属性设置如图 12-62 所示，确定后的效果如图 12-63 所示。

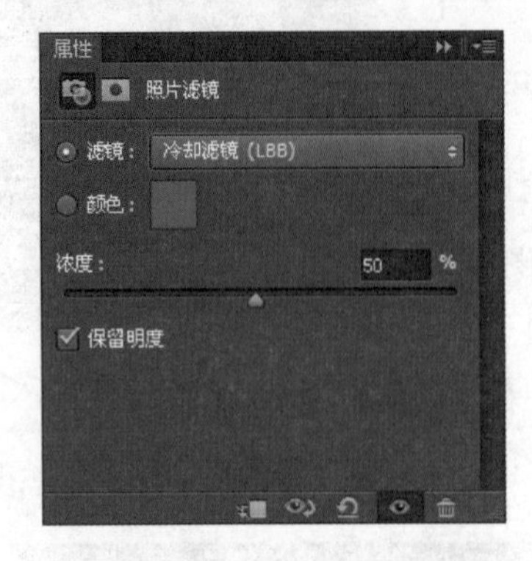

图 12-62 “照片滤镜”设置

图 12-63 “照片滤镜”效果

(13) 选择“图层 2”，单击图层面板下放的第 3 个按钮“添加矢量蒙版” 给“图层 2”添加蒙版，如图 12-64 所示。选择“画笔工具” ，在图层蒙版上刷出相应效果如图 12-65 所示。

图 12-64 添加图层蒙版

图 12-65 图层蒙版效果

(14) 回到“图层 1”，按 Ctrl+J 键复制一层，按 Ctrl+I 键把复制图层移到最上面，然后选择“滤镜”|“艺术效果”|“干笔画”命令，数值为默认，如图 12-66 所示，单击“确定”按钮后把图层属性进行如图 12-67 的设置，设置完成后的效果如图 12-68 所示。

图 12-66 滤镜设置

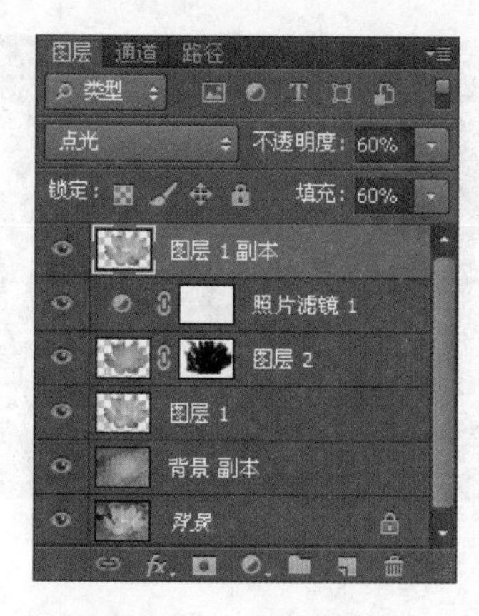

图 12-67　图层面板

图 12-68　图像效果

(15) 用"直排文字工具"输入相应文字,并利用"字符"面板设置文字属性,效果如图 12-69 所示。

(16) 执行"文件"|"打开"命令;或按 Ctrl+O 键;或在页面空白区域双击,打开素材图像"第 12 章\素材\荷花字.jpg",效果如图 12-70 所示。

(17) 选择"魔棒工具"在素材图像的白色背景处单击,创建选区后按住 Del 键删除成透明背景,如图 12-71 所示。

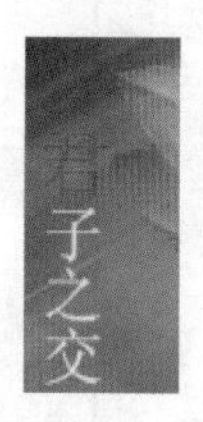

图 12-69　输入文字

图 12-70　打开素材文字

图 12-71　透明背景的文字

(18) 将透明素材文字拖曳到图像中,自动生成"图层 3",设置"图层 3"的属性如图 12-72 所示,设置完成后图像效果如图 12-73 所示。

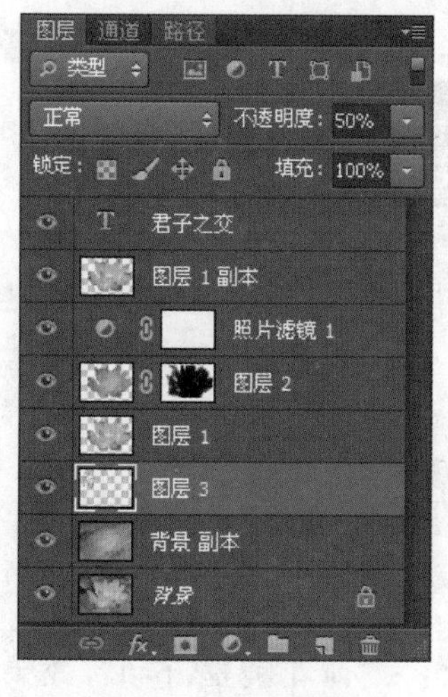

图 12-72　图层设置

图 12-73　文字素材效果

（19）将所有图层进行合并，得到新的“背景层”。按 Ctrl＋J 键得到“图层 1”，选择“图层 1”，按住 Ctrl＋T 键对其进行缩小，效果如图 12-74 所示。

（20）双击“图层 1”，打开“图层样式”对话框，选择“外发光”样式，并进行如图 12-75 所示的设置，单击“确定”按钮后得到如图 12-76 所示的效果。

（21）双击背景层，打开“图层样式”对话框，选择“内发光”样式，并进行如图 12-77 所示的设置，单击“确定”按钮后得到如图 12-78 所示的效果。

图 12-74　缩小图像

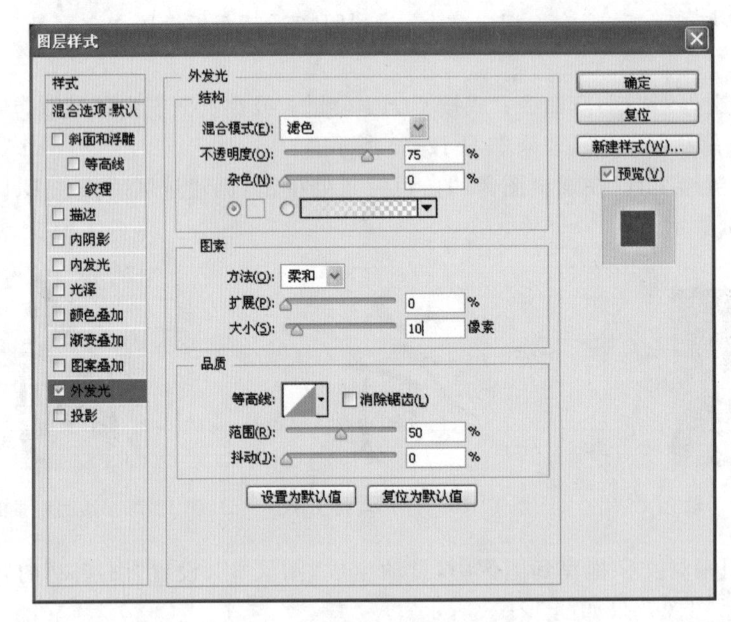

图 12-75　“图层样式”设置

图 12-76　“图层样式”效果

（22）制作完成，保存到“效果图”文件夹中，并命名为“荷花镜框. psd”，效果如图 12-79 所示。

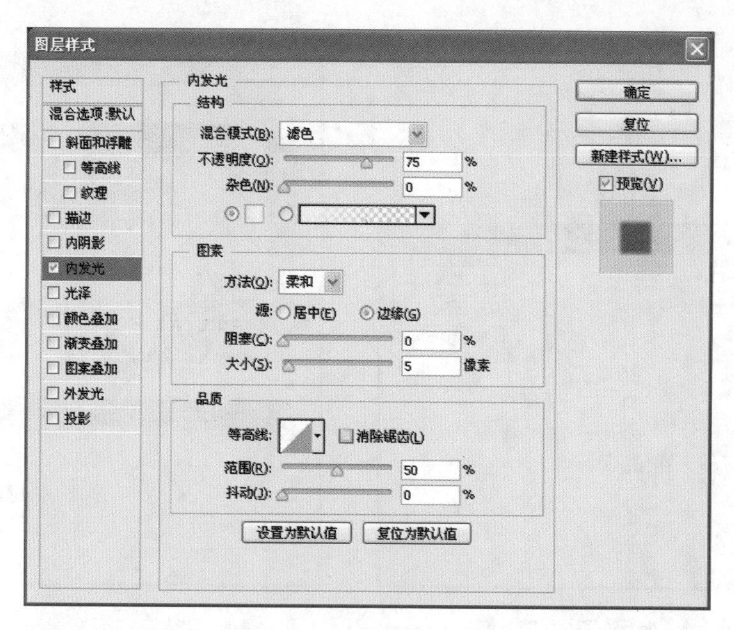

图 12-77　“图层样式”设置

图 12-78　“图层样式”效果

图 12-79　荷花镜框效果图

12.4　制作教师节贺卡

1. 实例简介

本实例主要制作一张教师节贺卡，涉及的 Photoshop 工具有“渐变填充工具”、“文字工具”、“图层面板”、“图层样式”、“选框工具”、“羽化”、“路径”、“滤镜”等，制作的效果如图 12-105 所示。

2. 实例制作步骤

(1) 运行 Photoshop CS6，选择“文件”|“新建”命令；或按 Ctrl＋N 键，弹出“新建”对话框，并对属性进行相应设置，如图 12-80 所示。单击“确定”按钮完成新文件创建。

(2) 选择“渐变填充工具”，打开渐变编辑器，进行如图 12-81 所示的设置，单击“确定”按钮后，用渐变色对背景进行径向渐变填充，填充效果如图 12-82 所示。

(3) 选择“文件”|“打开”命令；或按 Ctrl＋O 键；或在页面空白区域双击，打开素材图像“第 12 章\素材\蜡烛.jpg”，效果如图 12-83 所示。

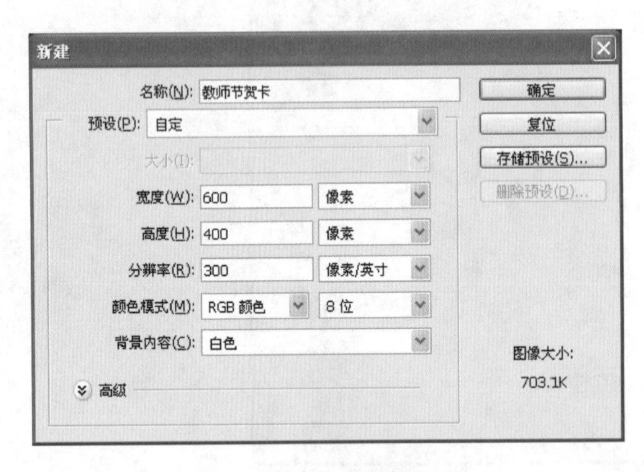

图 12-80 “新建”对话框

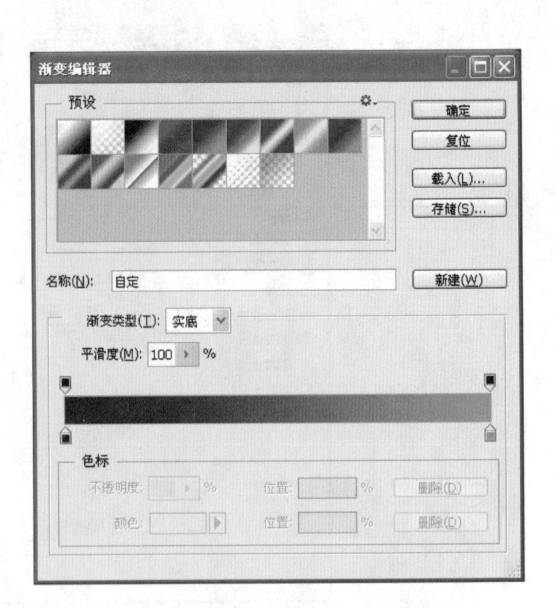

图 12-81 “渐变编辑器”对话框

图 12-82 渐变效果

图 12-83 打开素材

(4) 利用“移动工具”,将素材图像复制到教师节贺卡文件中,按 Ctrl+T 键对素材进行大小改变,并放在合适位置,效果如图 12-84 所示。

(5) 选择“套索工具”,建立一个如图 12-85 所示的选区。

图 12-84 把蜡烛素材放在文件中

图 12-85 建立选区

(6) 选择“选择”|“修改”|“羽化”命令，设置羽化值为30，如图12-86所示。按Del键删除选区内容，为了让素材图像跟背景更加融合，可以多删除几次选区，羽化效果如图12-87所示。

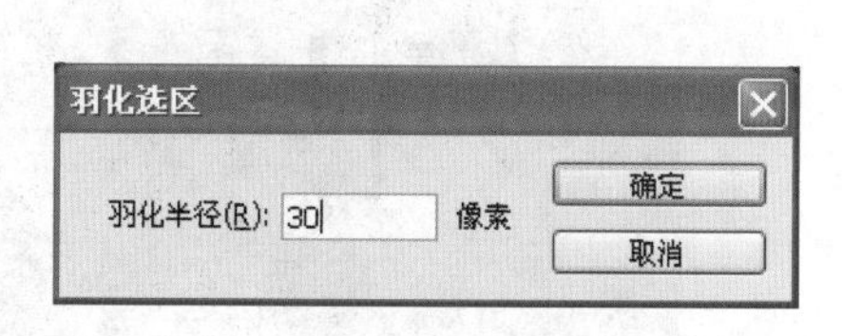

图12-86　设置“羽化”

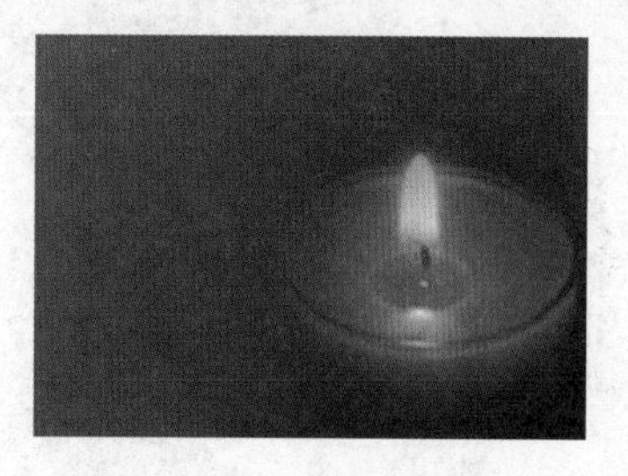

图12-87　“羽化”效果

(7) 选择“文件”|“打开”命令；或按Ctrl+O键；或在页面空白区域双击，打开素材图像“第12章\素材\康乃馨.jpg”，效果如图12-88所示。选择“魔棒工具”，在图像背景白色区域单击，删除背景，使图像成为透明背景，效果如图12-89所示。

图12-88　白色背景素材

图12-89　透明背景素材

(8) 利用“移动工具”，将透明素材图像复制到教师节贺卡文件中，按Ctrl+T键对素材进行大小改变，并放在合适位置，再进行如图12-90所示图层透明度的设置，设置完成后效果如图12-91所示。

图12-90　图层属性设置

图12-91　图像效果

(9) 选择“横排文字工具”，在图像的适当位置分别输入“师”“因”“心”三个字，并在“字符”面板中进行相应的属性设置，效果如图12-92所示。

(10) 新建图层，选择“自定形状工具”中的心形，模式为“路径”，绘制一个心形路径，如图12-93所示。

(11) 设置“画笔工具”笔尖形态为■，间距为70%，如图12-94所示。选择“路径选择工具”，右击路径，在弹出的快捷菜单中选择“描边路径”命令，工具为“画笔”。在路径上单击，为路径描边，描边效果如图 12-95 所示，之后将路径删除，删除路径后效果如图 12-96 所示。

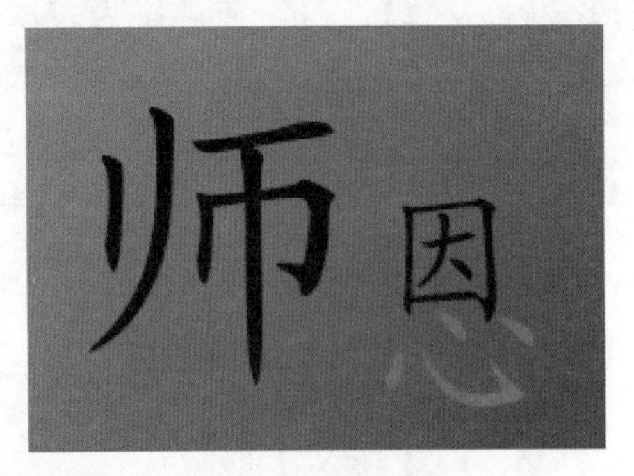

图 12-92　添加文字

图 12-93　绘制心形路径

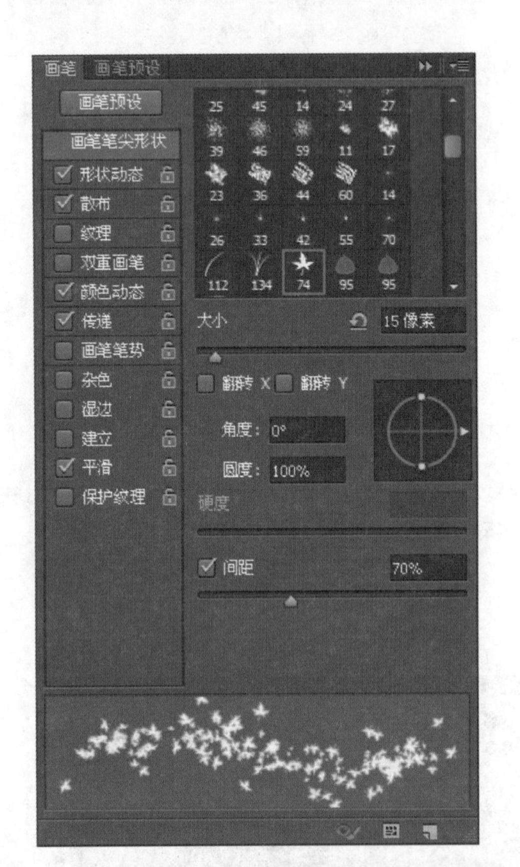

图 12-94　画笔属性设置

图 12-95　描边路径

图 12-96　删除路径

(12) 双击文字“师”图层，在弹出的“图层样式”对话框中选择“描边”样式，颜色为红色，其他属性为默认属性。双击“因”图层，在弹出的“图层样式”对话框中选择“外发光”样式，属性均为默认。双击“心”图层，在弹出的“图层样式”对话框中选择“斜面和浮雕”样式，并进行如图 12-97 所示的属性设置，设置完成后单击“确定”按钮。三个文字应用图层样式后的效果如图 12-98 所示。

(13) 选择“直排文字工具”输入文字，并进行属性设置，选择“文字”|“变形文字”命令，打开“变形文字”对话框，进行如图 12-99 所示的设置。单击“确定”按钮后，文字变形效果如图 12-100 所示。

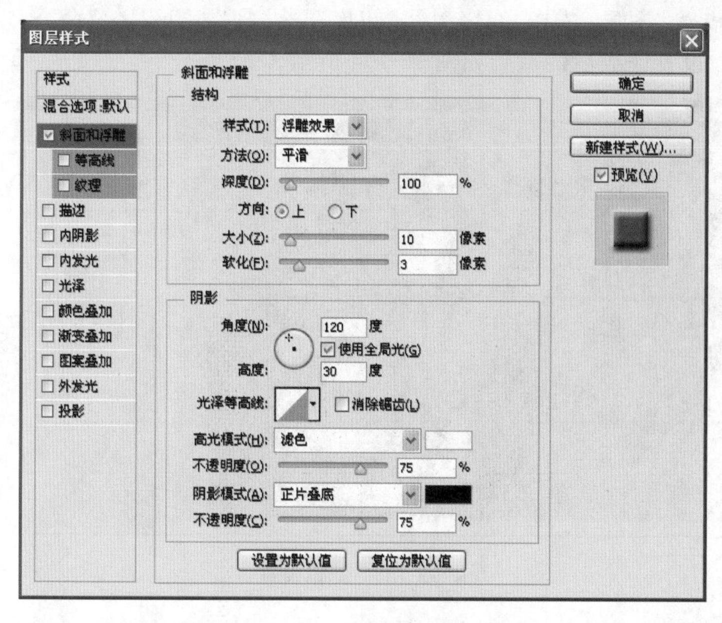

图 12-97 “心”图层样式属性设置

图 12-98 文字图层样式效果

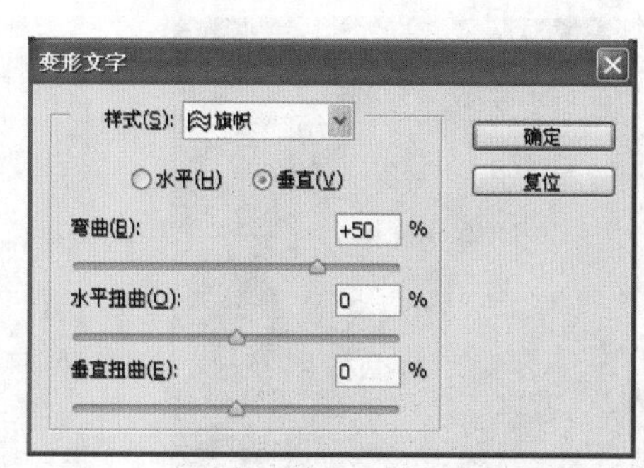

图 12-99 “变形文字”属性设置

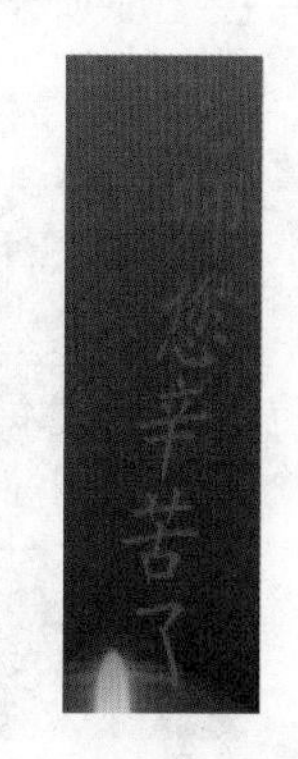

图 12-100 变形效果

(14) 新建图层,选择“矩形选框工具”,围绕背景内侧建立一个矩形选区,并扩展选区,如图 12-101 所示。将选区转换为路径后,用设置好的前景色填充路径,再将路径删除,只留填充色,效果如图 12-102 所示。

图 12-101 矩形选区

图 12-102 填充选区

(15) 选择"背景"图层，选择"滤镜"|"滤镜库"|"纹理"|"纹理化"命令，进行如图 12-103 所示的属性设置，设置完成后的背景如图 12-104 所示。

图 12-103 滤镜设置

(16) 制作完成，保存到"效果图"文件夹中，并命名为"教师节贺卡. psd"，最终效果如图 12-105 所示。

图 12-104 滤镜效果

图 12-105 教师节贺卡效果图

上机练习

练习 1 制作飘雪效果

综合运用 Photoshop 知识，根据图 12-106 提供的素材图制作如图 12-107 所示的飘雪效果图。

主要制作步骤提示如下。

(1) 打开素材图像"第 12 章\素材\春景. jpg"，并对背景图层进行复制。

(2) 对复制的背景图层选择"滤镜"|"像素化"|"点状化"命令，确定雪花大小。

(3) 对复制的背景图层选择"图像"|"调整"|"阈值"命令，确定雪花分布。

(4) 对复制的背景图层选择"滤镜"|"模糊"|"动感模糊"命令，确定雪花的方向和速度。

(4) 将复制的背景图层的图层混合模式设置为"滤色"模式，使其与背景图层相混合，得到雪花降落的效果。

(5) 存储文件到"效果图"文件夹，名称为"飘雪. psd"。

图 12-106　素材图

图 12-107　飘雪效果图

练习 2　制作名片

综合运用 Photoshop 知识，制作如图 12-108 所示的名片效果图。

主要制作步骤提示如下。

图 12-108　名片效果图

（1）新建文件，进行渐变色填充。

（2）打开素材“第 12 章\练习素材\小草.jpg”，运用“魔棒工具”对素材进行抠图后移动到新建文件中。对抠图过来的小草进行复制、大小设置。

（3）打开素材“第 12 章\素材\小鸟.jpg”，运用“魔棒工具”对素材进行抠图后移动到新建文件中。对抠图过来的小鸟进行复制、大小、翻转设置。

（4）运用“直排文字工具”输入文字后在“字符”面板中进行相应设置。双击文字图层，应用“描边”、“渐变叠加”、“投影”图层样式。

（5）运用“横排文字工具”，输入文字后在“字符”面板中进行相应设置。

（6）合并以上所有图层。

（7）新建图层，填充为“蓝色”，并将蓝色填充图层放在最下端，做出名片的蓝边效果。

（8）存储文件到“效果图”文件夹，名称为“名片.psd”。

练习 3　制作拼图

综合运用 Photoshop 知识，根据图 12-109 提供的素材图制作如图 12-110 所示的拼图效果图。

图 12-109　素材图

图 12-110　拼图效果图

主要制作步骤提示如下。

(1) 新建长宽等大的透明文件。

(2) 用“矩形选框工具”创建固定大小的正方形选区并填充不同颜色,用“椭圆选框工具”在已填充的矩形的合适位置上创建4个固定大小的正圆选区,并按Del键删除选区,选择“编辑”|“定义图案”命令,将该文件定义为图案,如图12-111所示。

(3) 打开素材图“第12章\练习素材\恐龙.jpg”。新建图层,选择“编辑”|“填充”命令,用定义好的图案进行填充。

(4) 双击新建图层,添加“斜面和浮雕”图层样式,制作出立体效果。

(5) 选择“图像”|“调整”|“去色”命令,消除杂乱颜色,并将图层的混合模式设置为“变暗”。

(6) 选择“图像”|“调整”|“亮度/对比度”命令,显示背景图层。

(7) 存储文件到“效果图”文件夹,名称为“拼图.psd”。

图12-111 定义图案

附录 习题参考答案

第 1 章

1. 填空题
(1) 点阵
(2) 数学的矢量方式
(3) 加色模式
2. 单项选择题
(1) B (2) C (3) A (4) A (5) A

第 2 章

1. 填空题
(1) 十
(2) 快捷键
(3) 工具选项栏
(4) “缩放栏”、“文本行”、“预览框”
(5) 复位
(6) “标准屏幕模式”、“带有菜单栏的全屏模式”、“全屏模式”
2. 单项选择题
(1) D (2) B (3) A

第 3 章

1. 填空题
(1) 矩形；椭圆；单行；单列
(2) Ctrl＋A；Ctrl ＋D；Ctrl ＋Shift＋I
(3) 新选区、添加到选区、从选区中减去
2. 单项选择题
(1) B (2) C (3) D (4) C (5) A

第 4 章

1. 填空题
(1) 黑色、白色

(2) 前景色、图案
(3) 硬边画笔、软边画笔、图案画笔
(4) 线性渐变、径向渐变、角度渐变、对称渐变、菱形渐变
(5) 背景橡皮擦工具
(6) 图案图章工具
(7) 历史记录面板
2. 单项选择题
(1) D　(2) C　(3) C　(4) C　(5) C　(6) A

第 5 章

1. 填空题
(1) RGB、CMYK
(2) 黑、白
(3) 256
(4) 色相、饱和度、亮度
(5) 明暗程度
2. 单项选择题
(1) C　(2) A　(3) D　(4) B　(5) B

第 6 章

1. 填空题
(1) 普通图层、背景图层
(2) 移动工具、移动工具、右
(3) 最顶层、向上移动一层、向下移动一层、背景层之上
(4) 合并、合并、所有图层、合并
(5) 透出、透明、不透明
(6) 投影、内阴影、斜面和浮雕
(7) 渐变填充图层、图案填充图层
2. 单项选择题
(1) D　(2) D　(3) D　(4) A　(5) D　(6) C

第 7 章

1. 填空题
(1) 曲线、锚点
(2) 直线选择工具
(3) 转换点工具
(4) Shift+Alt、矩形
2. 选择题
(1) A B C　(2) D　(3) B

第 8 章

1. 填空题
(1) 存储选区
(2) Ctrl、"选择"|"载入选区"
(3) 图层蒙版、剪切蒙版、矢量蒙版
(4) Shift
2. 选择题
(1) A B　(2) A　(3) D　(4) C

第 9 章

1. 填空题
(1) 点文字、段落文字
(2) 清除覆盖、保持覆盖、通过合并覆盖重新定义字符样式
2. 单项选择题
(1) D　(2) A　(3) D　(4) D　(5) C

第 10 章

1. 填空题
(1) 索引
(2) 场景模糊、光圈模糊、倾斜偏移
2. 单项选择题
(1) D　(2) A　(3) C　(4) A　(5) C　(6) D　(7) A　(8) A

第 11 章

1. 填空题
(1) 单独的操作、批处理、自动化
(2) Alt+F9、动作
(3) 文件
(4) 插入菜单项目、插入停止、插入路径
(5) 名称、功能键、颜色
2. 单项选择题
(1) D　(2) B　(3) A

参 考 文 献

[1] 段欣. Photoshop CS6 平面设计案例教程[M]. 北京：高等教育出版社，2014.
[2] 陶晓欣. Photoshop CS6 图形图像处理基础与实例[M]. 北京：海洋出版社，2014.
[3] 李晓静. Photoshop 图形图像处理[M]. 北京：清华大学出版社，2014.
[4] 龙天才. Photoshop CS5 图形图像处理[M]. 北京：高等教育出版社，2013.
[5] 汤智华. Photoshop CS5 图像处理教程[M]. 北京：人民邮电出版社，2012.
[6] 李长安. Photoshop 图像处理教程[M]. 北京：人民邮电出版社 2011.
[7] 沈洪，朱军，江鸿宾. Photoshop 图像处理技术[M]. 北京：中国铁道出版，2011.
[8] 吴建平. Photoshop CS5 图形图像处理教程[M]. 北京：机械工业出版社，2011.
[9] 张宏彬、许开维. 图形图像处理技术项目化教程[M]. 北京：化学工业出版社，2010.
[10] 崔英敏. Photoshop CS3 中文版图像处理基础教程[M]. 北京：人民邮电出版社，2008.
[11] 赵道强. Photoshop 数码照片处理 108 招[M]. 北京：中国铁道出版社，2007.
[12] Adobe 公司. Adobe Photoshop CS2 必修课堂[M]. 北京：人民邮电出版社，2007.
[13] 汪可. Adobe Photoshop CS2 认证考试指南[M]. 北京：人民邮电出版社，2007.
[14] 神龙工作室. Photoshop 课堂轻松实录[M]. 北京：人民邮电出版社，2006.
[15] 何文生. 图形图像处理基础教程[M]. 北京：人名邮电出版社，2006.